MyBatis技术内幕

徐郡明 编著

电子工业出版社
Publishing House of Electronics Industry
北京·BEIJING

内 容 简 介

本书以 MyBatis 3.4 为基础，针对 MyBatis 的架构设计和实现细节进行了详细分析，其中穿插介绍了 MyBatis 源码中涉及的基础知识、设计模式以及笔者自己在实践中的思考。本书共 4 章，从 MyBatis 快速入门开始，逐步分析了 MyBatis 的整体架构以及核心概念，对 MyBatis 的基础支持层、核心处理层中各个模块的功能和实现细节进行了深入的剖析。除此之外，还分析了 MyBatis 插件的应用场景和实现原理，介绍了 MyBatis 与 Spring 集成开发的示例和原理，以及一些实践中的小技巧和小工具的使用方法。

本书旨在为读者理解 MyBatis 的设计原理、阅读 MyBatis 源码、扩展 MyBatis 功能提供帮助和指导，让读者更加深入地了解 MyBatis 的运行原理、设计理念。希望本书能够帮助读者全面提升自身的技术能力，让读者在设计业务系统时，可以参考 MyBatis 的优秀设计，更好地应用 MyBatis。

未经许可，不得以任何方式复制或抄袭本书之部分或全部内容。
版权所有，侵权必究。

图书在版编目（CIP）数据

MyBatis 技术内幕 / 徐郡明编著. —北京：电子工业出版社，2017.7
ISBN 978-7-121-31787-3

Ⅰ．①M… Ⅱ．①徐… Ⅲ．①JAVA 语言－程序设计 Ⅳ．①TP312.8

中国版本图书馆 CIP 数据核字（2017）第 129499 号

责任编辑：陈晓猛
印　　刷：北京盛通商印快线网络科技有限公司
装　　订：北京盛通商印快线网络科技有限公司
出版发行：电子工业出版社
　　　　　北京市海淀区万寿路 173 信箱　　　邮编：100036
开　　本：787×980　1/16　　印张：27.75　　字数：532 千字
版　　次：2017 年 7 月第 1 版
印　　次：2022 年 11 月第 12 次印刷
定　　价：79.00 元

凡所购买电子工业出版社图书有缺损问题，请向购买书店调换。若书店售缺，请与本社发行部联系，联系及邮购电话：（010）88254888，88258888。
质量投诉请发邮件至 zlts@phei.com.cn，盗版侵权举报请发邮件至 dbqq@phei.com.cn。
本书咨询联系方式：010-51260888-819，faq@phei.com.cn。

前　言

　　面向对象程序设计是企业级开发常用的设计方式，在实践中常用的编程语言大多都是面向对象的编程语言。而在实际生产环境中常用的数据库产品，如 MySQL、Oracle 等，都是关系型数据库。虽然 NoSQL 数据库在最近一段时间有飞速的发展，但是关系型数据库凭借多年的发展和技术积累，依然占据着市场的主导地位。

　　MyBatis 作为一个优秀的 Java 持久化框架，可以帮助程序员完成 ORM 映射、查询缓存等常用功能。MyBatis 以其高性能、易优化、易维护、可扩展等优点，受到越来越多的开发人员的青睐，也有越来越多的设计人员开始将 MyBatis 作为其首选的 Java 持久化框架。

　　MyBatis 的前身是 Apache 的一个开源项目——iBatis，2010 年 iBatis 项目由 Apache 基金会迁移到了 Google Code，并正式更名为 MyBatis。2013 年 11 月，MyBatis 迁移到 Github。目前，越来越多的互联网公司开始使用 MyBatis，其中包括网易、搜狗、华为等，依赖 MyBatis 搭建的创业项目更是数不胜数。

　　MyBatis 的亮点有很多，比如灵活的动态 SQL 语句、强大的 ORM 映射功能等，同时还提供了二级缓存等常用功能。MyBatis 同时支持 XML 和注解两种配置方式，帮助程序员屏蔽了近乎所有的 JDBC 代码、参数设置、结果集处理等工作，极大地提升了开发效率。

　　MyBatis 中有很多令人称赞的功能和优秀的设计，但至今还没有一本书籍深入剖析 MyBatis 的内部设计和实现细节，希望本书的出现可以填补此项空白。

　　本书以 MyBatis 3.4 为基础，针对 MyBatis 的架构设计和实现细节进行了详细分析，其中穿插介绍了 MyBatis 源码中涉及的基础知识、设计模式以及笔者自己在实践中的思考。除此之外，还分析了 MyBatis 插件的应用场景和实现原理，介绍了 MyBatis 与 Spring 集成开发的示例和原理，以及一些实践中的小技巧和小工具的使用。

如何阅读本书

由于篇幅限制，本书并没有详细介绍 Java 的基础知识，但为了便于读者理解 MyBatis 的设计思想和实现细节，笔者介绍了一些必需且重要的基础内容，例如涉及的多种设计模式。

本书共 4 章，它们互相之间的联系并不是很强，读者可以从头开始阅读，也可以选择自己感兴趣的章节进行学习。

第 1 章是 MyBatis 的快速入门，其中介绍了 MyBatis 出现的背景、与其他 Java 持久化框架的比较以及 MyBatis 的入门示例。之后介绍了 MyBatis 的整体架构，并简述了 MyBatis 中各个模块的基本功能。

第 2 章介绍 MyBatis 基础支持层中各个模块的功能，其中包括数据源模块、事务管理模块、缓存模块、binding 模块、反射模块、类型转换模块、日志模块、资源加载模块和解析器模块。这些模块相对独立，读者在实践中如果遇到类似的需求，可以直接参考 MyBatis 的实现。

第 3 章介绍 MyBatis 核心处理层的主要功能，其中包括 MyBatis 初始化过程、动态 SQL 的解析过程、结果集的映射原理、SQL 语句的参数绑定、KeyGenerator、StatementHandler 以及 Executor 等组件的实现原理。同时，还介绍了 MyBatis 接口层的设计原理。

第 4 章介绍 MyBatis 插件的编写和配置方式、运行原理以及常见的应用场景，并分析了笔者在实践中使用的分页插件和分表插件的具体实现。之后，介绍了 MyBatis 与 Spring 集成开发的相关内容，搭建了 Spring 4.3、MyBatis 3.4、Spring MVC 的集成开发环境，剖析了 MyBatis-Spring 中核心组件的实现原理。最后介绍了一些在使用 MyBatis 时用到的小技巧和一些小工具的使用方法。

在本书中，除了介绍 MyBatis 的实现细节，还介绍了其中涉及的设计模式，可以帮助读者了解 MyBatis 源码背后的设计思想。

如果读者在阅读本书的过程中，发现任何不妥之处，请将您宝贵的意见和建议发送到邮箱 xxxlxy2008@163.com，也欢迎读者朋友通过此邮箱与笔者进行交流。

致谢

感谢电子工业出版社博文视点的陈晓猛老师，是您的辛勤工作让本书的出版成为可能。同时还要感谢许多我不知道名字的幕后工作人员为本书付出的努力。

感谢朱碧颖、逢志强、杨俊灵、李全才、曾君实等朋友在百忙之中抽出时间对本书进行审阅和推荐。感谢米秀明、曾天宁、葛彬、杨杉、文静宇、刘浩、杨鹏林、路恒、藤少广等同事，帮助我解决工作中的困难。

这里特别感谢王鲁老师，在软件架构、设计模式等方面对我的指导。

感谢冯玉玉、李成伟，是你们让写作的过程变得妙趣横生，是你们让我更加积极、自信，也是你们的鼓励让我完成了本书的写作。

最后，特别感谢我的母亲大人，谢谢您默默为我做出的牺牲和付出，您是我永远的女神。

徐郡明

读者服务

轻松注册成为博文视点社区用户（www.broadview.com.cn），扫码直达本书页面。

- **下载资源**：本书如提供示例代码及资源文件，均可在 <u>下载资源</u> 处下载。
- **提交勘误**：您对书中内容的修改意见可在 <u>提交勘误</u> 处提交，若被采纳，将获赠博文视点社区积分（在您购买电子书时，积分可用来抵扣相应金额）。
- **交流互动**：在页面下方 <u>读者评论</u> 处留下您的疑问或观点，与我们和其他读者一同学习交流。

页面入口：http://www.broadview.com.cn/31787

专家推荐

（排名不分先后）

《MyBatis 技术内幕》深入浅出地讲解了 MyBatis 的底层原理，清晰的写作思路、翔实的内容让我受益匪浅，这是一本优秀的进阶书籍。

——中量财富（北京）策略研发中心总经理　朱碧颖

MyBatis 现在已经是 Java 企业级开发中的主流框架之一。《MyBatis 技术内幕》全面地剖析了 MyBatis 的架构设计，同时作者也分享了很多实践经验，值得一读。

——小米科技高级研发工程师　逄志强

《MyBatis 技术内幕》深入分析了 MyBatis 的设计思想，帮助读者了解 MyBatis 的运行原理，作者分析源码时思路清晰、讲解到位，是一本非常难得的好书。

——华为高级研发工程师　杨俊灵

《MyBatis 技术内幕》展示了 MyBatis 框架的全景，其中特别喜欢作者将设计模式的讲解与 MyBatis 源码剖析相结合的写作方式，让我们不仅了解了设计模式的概念，还学习到了这些模式的最佳实践。

——搜狗高级开发工程师　李全才

我特别喜欢著名作家侯捷说过的一句话："源码面前，了无秘密"。《MyBatis 技术内幕》可以让读者深入透彻地理解 MyBatis 内部结构。对于 Java 程序员来说，是一本不可错过的佳作。

——微医集团 Java 高级研发工程师　曾君实

目 录

第 1 章 MyBatis 快速入门 1
- 1.1 ORM 简介 1
- 1.2 常见持久化框架 3
- 1.3 MyBatis 示例 7
- 1.4 MyBatis 整体架构 10
  - 1.4.1 基础支持层 11
  - 1.4.2 核心处理层 13
  - 1.4.3 接口层 15
- 1.5 本章小结 15

第 2 章 基础支持层 16
- 2.1 解析器模块 16
  - 2.1.1 XPath 简介 20
  - 2.1.2 XPathParser 23
- 2.2 反射工具箱 32
  - 2.2.1 Reflector&ReflectorFactory 32
  - 2.2.2 TypeParameterResolver 40
  - 2.2.3 ObjectFactory 49
  - 2.2.4 Property 工具集 51
  - 2.2.5 MetaClass 54
  - 2.2.6 ObjectWrapper 59
  - 2.2.7 MetaObject 62
- 2.3 类型转换 66
  - 2.3.1 TypeHandler 67

      2.3.2 TypeHandlerRegistry ... 69
      2.3.3 TypeAliasRegistry ... 77
  2.4 日志模块 ... 79
      2.4.1 适配器模式 ... 79
      2.4.2 日志适配器 ... 81
      2.4.3 代理模式与 JDK 动态代理 ... 83
      2.4.4 JDBC 调试 ... 88
  2.5 资源加载 ... 93
      2.5.1 类加载器简介 ... 93
      2.5.2 ClassLoaderWrapper ... 95
      2.5.3 ResolverUtil ... 97
      2.5.4 单例模式 ... 100
      2.5.5 VFS ... 104
  2.6 DataSource ... 106
      2.6.1 工厂方法模式 ... 107
      2.6.2 DataSourceFactory ... 108
      2.6.3 UnpooledDataSource ... 109
      2.6.4 PooledDataSource ... 112
  2.7 Transaction ... 123
  2.8 binding 模块 ... 125
      2.8.1 MapperRegistry&MapperProxyFactory ... 126
      2.8.2 MapperProxy ... 128
      2.8.3 MapperMethod ... 130
  2.9 缓存模块 ... 140
      2.9.1 装饰器模式 ... 141
      2.9.2 Cache 接口及其实现 ... 143
      2.9.3 CacheKey ... 155
  2.10 本章小结 ... 158

第3章 核心处理层 ... 159
  3.1 MyBatis 初始化 ... 159
      3.1.1 建造者模式 ... 160
      3.1.2 BaseBuilder ... 161
      3.1.3 XMLConfigBuilder ... 163

- 3.1.4 XMLMapperBuilder ... 173
- 3.1.5 XMLStatementBuilder ... 195
- 3.1.6 绑定 Mapper 接口 ... 205
- 3.1.7 处理 incomplete*集合 ... 207
- 3.2 SqlNode&SqlSource ... 208
  - 3.2.1 组合模式 ... 209
  - 3.2.2 OGNL 表达式简介 ... 210
  - 3.2.3 DynamicContext ... 214
  - 3.2.4 SqlNode ... 215
  - 3.2.5 SqlSourceBuilder ... 229
  - 3.2.6 DynamicSqlSource ... 233
  - 3.2.7 RawSqlSource ... 234
- 3.3 ResultSetHandler ... 236
  - 3.3.1 handleResultSets()方法 ... 237
  - 3.3.2 ResultSetWrapper ... 242
  - 3.3.3 简单映射 ... 244
  - 3.3.4 嵌套映射 ... 260
  - 3.3.5 嵌套查询&延迟加载 ... 278
  - 3.3.6 多结果集处理 ... 294
  - 3.3.7 游标 ... 298
  - 3.3.8 输出类型的参数 ... 301
- 3.4 KeyGenerator ... 303
  - 3.4.1 Jdbc3KeyGenerator ... 303
  - 3.4.2 SelectkeyGenerator ... 306
- 3.5 StatementHandler ... 309
  - 3.5.1 RoutingStatementHandler ... 310
  - 3.5.2 BaseStatementHandler ... 311
  - 3.5.3 ParameterHandler ... 312
  - 3.5.4 SimpleStatementHandler ... 314
  - 3.5.5 PreparedStatementHandler ... 316
- 3.6 Executor ... 317
  - 3.6.1 模板方法模式 ... 318
  - 3.6.2 BaseExecutor ... 320
  - 3.6.3 SimpleExecutor ... 329
  - 3.6.4 ReuseExecutor ... 330

  3.6.5 BatchExecutor 332
  3.6.6 CachingExecutor 335
3.7 接口层 344
  3.7.1 策略模式 346
  3.7.2 SqlSession 347
  3.7.3 DefaultSqlSessionFactory 349
  3.7.4 SqlSessionManager 350
3.8 本章小结 353

第 4 章 高级主题 354

4.1 插件模块 354
  4.1.1 责任链模式 354
  4.1.2 Interceptor 355
  4.1.3 应用场景分析 360
4.2 MyBatis 与 Spring 集成 389
  4.2.1 Spring 基本概念 389
  4.2.2 Spring MVC 介绍 391
  4.2.3 集成环境搭建 393
  4.2.4 Mybatis-Spring 剖析 402
4.3 拾遗 413
  4.3.1 应用<sql>节点 414
  4.3.2 OgnlUtils 工具类 418
  4.3.3 SQL 语句生成器 422
  4.3.4 动态 SQL 脚本插件 424
  4.3.5 MyBatis-Generator 逆向工程 426
4.4 本章小结 432

第 1 章
MyBatis 快速入门

1.1　ORM 简介

　　面向对象程序设计是企业级开发常用的设计方式，我们在实践中常用的编程语言，如 Java、.Net、C++等，都是面向对象的编程语言。在实际生产环境中常用的数据库产品，如 MySQL、Oracle 等，则都是关系型数据库。虽然 NoSQL 数据库，如 HBase、MongoDB、Couchbase 等，在最近一段时间有了飞速的发展，也有一部分互联网应用开始尝试使用 NoSQL 数据库管理其部分数据，但是关系型数据库凭借多年的发展和技术积累，以及众多成功的案例等优势，依然占据着市场的主要地位。

　　在系统开发过程中，开发人员需要使用面向对象的思维实现业务逻辑，但设计数据库表或是操作数据库记录时，则需要通过关系型的思维方式考虑问题。应用程序与关系型数据库之间进行交互时，数据在对象和关系结构中的表、列、字段等之间进行转换。

　　JDBC 是 Java 与数据库交互的统一 API，实际上它分为两组 API，一组是面向 Java 应用程序开发人员的 API，另一组是面向数据库驱动程序开发人员的 API。前者是一个标准的 Java API 且独立于各个厂家的数据库实现，后者则是数据库驱动程序开发人员用于编写数据库驱动，是前者的底层支持，一般与具体的数据库产品相关。

　　在实际开发 Java 系统时，我们可以通过 JDBC 完成多种数据库操作。这里以传统 JDBC 编程中的查询操作为例进行说明，其主要步骤如下：

　　（1）注册数据库驱动类，明确指定数据库 URL 地址、数据库用户名、密码等连接信息。

　　（2）通过 DriverManager 打开数据库连接。

（3）通过数据库连接创建 Statement 对象。

（4）通过 Statement 对象执行 SQL 语句，得到 ResultSet 对象。

（5）通过 ResultSet 读取数据，并将数据转换成 JavaBean 对象。

（6）关闭 ResultSet、Statement 对象以及数据库连接，释放相关资源。

上述步骤 1～步骤 4 以及步骤 6 在每次查询操作中都会出现，在保存、更新、删除等其他数据库操作中也有类似的重复性代码。在实践中，为了提高代码的可维护性，可以将上述重复性代码封装到一个类似 DBUtils 的工具类中。步骤 5 中完成了关系模型到对象模型的转换，要使用比较通用的方式封装这种复杂的转换是比较困难的。

为了解决该问题，ORM（Object Relational Mapping，对象-关系映射）框架应运而生。如图 1-1 所示，ORM 框架的主要功能就是根据映射配置文件，完成数据在对象模型与关系模型之间的映射，同时也屏蔽了上述重复的代码，只暴露简单的 API 供开发人员使用。

图 1-1

另外，实际生产环境中对系统的性能是有一定要求的，数据库作为系统中比较珍贵的资源，极易成为整个系统的性能瓶颈，所以我们不能像上述 JDBC 操作那样简单粗暴地直接访问数据库、直接关闭数据库连接。应用程序一般需要通过集成缓存、数据源、数据库连接池等组件进行优化，如果没有 ORM 框架的存在，就要求开发人员熟悉相关组件的 API 并手动编写集成相关的代码，这就提高了开发难度并延长了开发周期。

很多 ORM 框架都提供了集成第三方缓存、第三方数据源等组件的接口，而且这些接口都是业界统一的，开发和运维人员可以通过简单的配置完成第三方组件的集成。当系统需要更换第三方组件时，只要选择支持该接口的组件并更新配置即可，这不仅提高了开发效率，而且提高了系统的可维护性。

最后，建议读者在开发大中型项目时，优先考虑使用 ORM 框架，并根据下文的介绍选择合适的 ORM 框架。之所以这么说，是因为笔者在设计某些项目时，未使用 ORM 框架，到项目的中后期时为了便于项目的扩展和维护，使用各种设计模式等相关知识对程序的 DAO 层（Data Access Object，数据访问对象）进行了重构，最后得到一个不完善的、类似于 ORM 框架的设计。这也算是笔者实践中的一个教训，希望对读者有一定参考价值。

1.2 常见持久化框架

Hibernate

Hibernate 是一款 Java 世界中最著名的 ORM 框架之一，笔者撰稿时 Hibernate 的最新版本是 5.2 版本。作为一个老牌的 ORM 框架，Hibernate 经受住了 Java EE 企业级应用的考验，替代了复杂的 Java EE 中 EJB 解决方案，一度成为 Java ORM 领域的首选框架。

Hibernate 通过 hbm.xml 映射文件维护 Java 类与数据库表的映射关系。通过 Hibernate 的映射，Java 开发人员可以用看待 Java 对象的角度去看待数据库表中的数据行。数据库中所有的表通过 hbm.xml 配置文件映射之后，都对应一个 Java 类，表中的每一行数据在运行过程中会被映射成相应的 Java 对象。在 Java 对象之间存在一对多、一对一、多对多等复杂的层次关系，Hibernate 的 hbm.xml 映射文件也可以维护这种层次关系，并将这种关系与数据库中的外键、关联表等进行映射，这也就是所谓的"关联映射"。

例如，一个用户（User）可以创建多个订单（Order），而一个订单（Order）只属于一个用户，两者之间存在一对多的关系。在 Java 代码中可以在 User 类中添加一个 List<Order>类型的字段来维护这种一对多关系，在数据库中可以在订单表（t_order）中添加一个 user_id 列作为外键，指向用户表（t_user）的主键 id，从而维护这种一对多的关系，如图 1-2 所示。

在 Hibernate 中，可以通过如下 User.hbm.xml 配置文件将这两种关系进行映射。

```xml
<hibernate-mapping>
    <!-- 表和类之间的映射 -->
    <class name="com.xxx.User" table="t_user">
        <!-- 主键映射 -->
        <id name="id" column="id"/>
        <!-- 属性映射 -->
        <property name="name" column="name"/>
        <!-- 表之间关系映射 -->
        <set name="orders" cascade="save-update,delete">
            <key column="user_id"/>
            <one-to-many class="com.xxx.Order"/>
        </set>
    </class>
</hibernate-mapping>
```

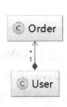
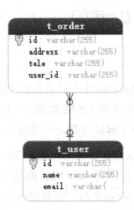

图 1-2

如果是双向关联,则在 Order 中添加 User 类型的字段指向关联的 User 对象,并使用相应的 Order.hbm.xml 配置文件进行配置,示例如下:

```xml
<hibernate-mapping>
    <!-- 表和类之间的映射 -->
    <class name="com.xxx.Order" table="t_order">
        <!-- 主键映射 -->
        <id name="id" column="id"/>
        <!-- 属性映射 -->
        <property name="address" column="address"/>
        <property name="tele" column="tele"/>
        <!-- 表之间关系映射 -->
        <many-to-one name="user" column="user_id"></many-to-one>
    </class>
</hibernate-mapping>
```

一对一、多对多等关联映射与上述配置类似,这里就不再赘述,感兴趣的读者可以参考 Hibernate 的相关资料进行学习。

Hibernate 除了能够实现对象模型与关系模型的映射,还可以帮助开发人员屏蔽不同数据库产品中 SQL 语句的细微差异。现在不同的关系型数据库产品对 SQL 标准的支持不尽相同,这就会出现同一条 SQL 语句在 MySQL 上可以正常执行,而在 Oracle 数据库上执行报错的情况。Hibernate 封装了数据库层面的全部操作,开发人员不再需要直接编写 SQL 语句,只需要使用 Hibernate 提供的简单易懂的 API 即可完成数据库操作。例如,Hibernate 提供的 Criteria 是一个完全面向对象、可扩展的条件查询 API,使用它查询数据库时完全不需要考虑数据库底层如何实现、SQL 语句如何编写。除了 Criteria，Hibernate 还提供了一种称为 HQL（Hibernate Query Language）的语言，从语句的结构上来看，HQL 语句与 SQL 语句十分类似，但它是一种面向对象的查询语言。对于复杂的数据库查询，开发人员可以按照面向对象的思维方式编写 HQL 实现，Hibernate 会根据实际配置的数据库方言，将 HQL 语句生成对应的 SQL 语句。Hibernate 通过其简洁的 API 以及统一的 HQL 语句，帮助上层程序屏蔽掉底层数据库的差异，增强了程序的可移植性。

另外，Hibernate 的 API 没有侵入性，业务逻辑不需要继承 Hibernate 的任何接口。Hibernate 默认提供了一级缓存和二级缓存，这有利于提高系统的性能，降低数据库压力。Hibernate 还有其他的特性和优点，例如，支持透明的持久化、延迟加载、由对象模型自动生成数据库表等，感兴趣的读者可以查阅 Hibernate 的相关资料进行学习。

但是，Hibernate 并不是一颗万能药。数据库本身有自己的组织方式，并不是数据库中所有的概念都能在面向对象的世界中找到合适的映射，例如，索引、存储过程、函数等，尤其是索引，它对数据库查询的性能帮助很大，适当优化 SQL 语句，选择使用合适的索引会提高整个查询的速度。但是，我们很难修改 Hibernate 生成的 SQL 语句，当数据量比较大、数据库结构比较复杂时，Hibernate 生成 SQL 语句会非常复杂，而且要让生成的 SQL 语句使用正确的索引也比较困难，这就会导致出现大量慢查询的情况。在有些大数据量、高并发、低延迟的场景下，Hibernate 并不是特别适合。最后，Hibernate 对批处理的支持并不是很友好，这也会影响部分性能。后来出现了 iBatis（Mybatis 的前身）这种半自动化的映射方式来解决性能问题。

JPA

JPA（Java Persistence API）是 EJB 3.0 中持久化部分的规范，但它可以脱离 EJB 的体系单独作为一个持久化规范进行使用。Gavin King 作为 Hibernate 创始人，同时也参与了 JPA 规范的编写，所以在 JPA 规范中可以看到很多与 Hibernate 类似的概念和设计。这里需要读者了解的是，JPA 仅仅是一个持久化的规范，它并没有提供具体的实现。其他持久化厂商会提供 JPA 规范的具体实现，例如，Hibernate、EclipseLink 等都提供了 JPA 规范的具体实现。JPA 规范的愿景很美好，但是并没有得到很好的发展，现在在实践中的出场率也不是很高。如果读者对 JPA 感兴趣，可以查阅相关资料进行学习，这里就不再做过多介绍了。

Spring JDBC

严格来说，Spring JDBC 并不能算是一个 ORM 框架，它仅仅是使用模板方式对原生 JDBC 进行了一层非常薄的封装。使用 Spring JDBC 可以帮助开发人员屏蔽创建数据库连接对、Statement 对象、异常处理以及事务管理的重复性代码，提高开发效率。

Spring JDBC 中没有映射文件、对象查询语言、缓存等概念，而是直接执行原生 SQL 语句。Spring JDBC 中提供了多种 Template 类，可以将对象中的属性映射成 SQL 语句中绑定的参数，

Spring JDBC 还提供了很多 ORM 化的 Callback，这些 Callback 可以将 ResultSet 转化成相应的对象列表。在有些场景中，我们需要直接使用 JDBC 原生对象，例如，操作 JDBC 原生的 ResultSet，则可以直接返回 SqlRowSet 对象，该对象是原生 ResultSet 对象的简单封装。Spring JDBC 在功能上不及 Hibernate 强大，但它凭借高度的灵活性，也在 Java 持久化中占有了一席之地。

除此之外，Spring JDBC 本身就位于 Spring 核心包中，也是 Spring 框架的基础模块之一，天生与 Spring 框架无缝集成。凭借 Spring 框架的强大功能，Spring JDBC 可以实现集成多种开源数据源、管理声明式事务等功能。总的来说，Spring JDBC 可以算作一个封装良好、功能强大的 JDBC 工具集。Spring JDBC 整体架构设计非常优秀，其源码也非常值得分析，感兴趣的读者可以深入学习一下。

MyBatis

最后要压轴登场的是本书的主角——MyBatis。MyBatis 前身是 Apache 基金会的开源项目 iBatis，在 2010 年该项目脱离 Apache 基金会并正式更名为 MyBatis。在 2013 年 11 月，MyBatis 迁移到了 GitHub。

MyBatis 与前面介绍的持久化框架一样，可以帮助开发人员屏蔽底层重复性的原生 JDBC 代码。MyBatis 通过映射配置文件或相应注解将 ResultSet 映射为 Java 对象，其映射规则可以嵌套其他映射规则以及子查询，从而实现复杂的映射逻辑，也可以实现一对一、一对多、多对多映射以及双向映射。

相较于 Hibernate，MyBatis 更加轻量级，可控性也更高，在使用 MyBatis 时我们直接在映射配置文件中编写待执行的原生 SQL 语句，这就给了我们直接优化 SQL 语句的机会，让 SQL 语句选择合适的索引，能更好地提高系统的性能，比较适合大数据量、高并发等场景。在编写 SQL 语句时，我们也可以比较方便地指定查询返回的列，而不是查询所有列并映射对象后返回，这在列比较多的时候也能起到一定的优化效果。

在实际业务中，对同一数据集的查询条件可能是动态变化的，如果读者有使用 JDBC 或其他类似框架的经历就能体会到，根据不同条件拼接 SQL 语句是一件非常麻烦的事情，尤其是拼接过程中要确保在合适的位置添加"where"、"and"、"in"等 SQL 语句的关键字以及空格、逗号、等号等分隔符，而且这个拼接过程非常枯燥、没有技术含量，可能经过反复调试才能得到一个可执行的 SQL 语句。MyBatis 提供了强大的动态 SQL 功能来帮助开发人员摆脱这种窘境，开发人员只需要在映射配置文件中编写好动态 SQL 语句，MyBatis 就可以根据执行时传入的实际参数值拼凑出完整的、可执行的 SQL 语句。

通过上面的介绍，我们对常见的持久化框架有了一定认识，那我们如何选择合适的持久化框架呢？从性能角度来看，Hibernate 生成的 SQL 语句难以优化，Spring JDBC 和 MyBatis 直接使用原生 SQL 语句，优化空间比较大，MyBatis 和 Hibernate 有设计良好的缓存机制，三者都可以与第三方数据源配合使用；从可移植性角度来看，Hibernate 帮助开发人员屏蔽了底层数据库方言，而 Spring JDBC 和 MyBatis 在该方面没有做很好的支持，但实践中很少有项目会来回切换底层使用的数据库产品，所以这点并不是特别重要；从开发效率的角度来看，Hibernate 和 MyBatis 都提供了 XML 映射配置文件和注解两种方式实现映射，Spring JDBC 则是通过 ORM 化的 Callback 的方式进行映射。读者在进行技术选型时，可以从更多角度进行比较，权衡性能、可扩展性、开发人员技术栈等多个方面选择合适的框架。

1.3 MyBatis 示例

在开始介绍 MyBatis 整体架构之前，先来通过一个 MyBatis 示例帮助读者快速了解 MyBatis 中常见的概念。首先来看 mybatis-config.xml 配置文件，这是 MyBatis 中的基础配置文件，其中配置了数据库的 URL 地址、数据库用户名和密码、别名信息、映射配置文件的位置以及一些全局配置信息，如下所示。

```xml
<?xml version="1.0" encoding="UTF-8" ?>
<!DOCTYPE configuration PUBLIC ... >
<configuration>
    <properties> <!-- 定义属性值 -->
        <property name="username" value="root"/>
        <property name="id" value="123"/>
    </properties>
    <settings><!-- 全局配置信息 -->
        <setting name="cacheEnabled" value="true"/>
        ... ...
    </settings>
    <typeAliases>
        <!-- 配置别名信息，在映射配置文件中可以直接使用 Blog 这个别名代替 com.xxx.Blog 这个类 -->
        <typeAlias type="com.xxx.Blog" alias="Blog"/>
        ... ...
    </typeAliases>
    <environments default="development">
        <environment id="development">
            <!-- 配置事务管理器的类型 -->
            <transactionManager type="JDBC"/>
            <!-- 配置数据源的类型，以及数据库连接的相关信息 -->
            <dataSource type="POOLED">
                <property name="driver" value="com.mysql.jdbc.Driver"/>
```

```xml
                <property name="url" value="jdbc:mysql://localhost:3306/test"/>
                <property name="username" value="root"/>
                <property name="password" value=""/>
            </dataSource>
        </environment>
    </environments>
    <!-- 配置映射配置文件的位置 -->
    <mappers>
        <mapper resource="com/xxx/BlogMapper.xml"/>
    </mappers>
</configuration>
```

了解了 mybatis-config.xml 配置文件的大致结构之后，我们来看一下 BlogMapper.xml 映射配置文件的结构，具体代码如下：

```xml
<?xml version="1.0" encoding="UTF-8"?>
<!DOCTYPE mapper PUBLIC "-//mybatis.org//DTD Mapper 3.0//EN" ... >
<mapper namespace="com.xxx.BlogMapper">
    <!-- 定义映射规则 -->
    <resultMap id="detailedBlogResultMap" type="Blog">
        <constructor> <!-- 构造函数映射 -->
            <idArg column="blog_id" javaType="int"/>
        </constructor>
        <!-- 属性映射 -->
        <result property="title" column="blog_title"/>
        <!-- 对象属性的映射，同时也是一个嵌套映射，后面会详细分析嵌套映射的处理过程 -->
        <association property="author" resultMap="authorResult"/>
        <!-- 集合映射，也是一个匿名的嵌套映射 -->
        <collection property="posts" ofType="Post">
            <id property="id" column="post_id"/>
            <result property="content" column="post_content"/>
        </collection>
    </resultMap>

    <resultMap id="authorResult" type="Author">
        <id property="id" column="author_id"/>
        <result property="username" column="username"/>
        <result property="password" column="password"/>
```

```xml
        <result property="email" column="email"/>
    </resultMap>

    <!-- 定义 SQL 语句，除了 select 节点，还可以定义 insert、update、delete 节点。为了便于描述，
后面统称为"SQL 节点" -->
    <select id="selectBlogDetails" resultMap="detailedBlogResultMap">
        select B.id as blog_id, B.title as blog_title, B.author_id as blog_author_id,
        A.id as author_id, A.username as author_username, A.password as author_password,
        A.email as author_email, P.id as post_id, P.blog_id as post_blog_id,
        P.content as post_content
        from Blog B  left outer join Author A on B.author_id = A.id
        left outer join Post P on B.id = P.blog_id  where B.id = #{id}
    </select>
</mapper>
```

最后我们来看一下 Java 程序中如何加载上述配置文件以及如何使用 MyBatis 的 API。应用程序首先会加载 mybatis-config.xml 配置文件，并根据配置文件的内容创建 SqlSessionFactory 对象；然后，通过 SqlSessionFactory 对象创建 SqlSession 对象，SqlSession 接口中定义了执行 SQL 语句所需要的各种方法；之后，通过 SqlSession 对象执行映射配置文件中定义的 SQL 语句，完成相应的数据操作；最后，通过 SqlSession 对象提交事务，关闭 SqlSession 对象。整个过程的具体实现如下所示。

```java
public class Main {
    public static void main(String[] args) throws Exception {
        String resource = "com/xxx/mybatis-config.xml";
        InputStream inputStream = Resources.getResourceAsStream(resource);
        // 加载 mybatis-config.xml 配置文件，并创建 SqlSessionFactory 对象
        SqlSessionFactory sqlSessionFactory = new SqlSessionFactoryBuilder()
                .build(inputStream);
        // 创建 SqlSession 对象
        SqlSession session = sqlSessionFactory.openSession();
        try {
            Map<String, Object> parameter = new HashMap<>();
            parameter.put("id",1);
            // 执行 select 语句，将 ResultSet 映射成对象并返回
            Blog blog = (Blog) session.selectOne("com.xxx.BlogMapper.selectBlogDetails",
                    parameter);
            // 输出 Blog 对象
```

```
            System.out.println(blog);
        } finally {
            session.close();
        }
    }
}
```

上面涉及的 Blog、Author、Post 等都是普通的 JavaBean 对象,下面简略看一下这几个类的定义:

```
public class Blog implements Serializable {
    private int id;
    private String title;
    private Author author;
    private List<Post> posts;
    // ... 省略全部的 getter/setter 方法
}
public class Author implements Serializable{
    private int id;
    private String username;
    private String password;
    private String email;
    // ... 省略全部的 getter/setter 方法
}

public class Post {
    protected int id;
    protected Author author;
    protected String content;
    // ... 省略全部的 getter/setter 方法
}
```

本节介绍的示例是非常典型的 MyBatis 使用方式。为便于读者理解,在后面介绍 MyBatis 源代码时,还会以这种方式使用 MyBatis。

1.4 MyBatis 整体架构

MyBatis 的整体架构分为三层,分别是基础支持层、核心处理层和接口层,如图 1-3 所示。

图 1-3

1.4.1 基础支持层

基础支持层包含整个 MyBatis 的基础模块，这些模块为核心处理层的功能提供了良好的支撑。下面简单描述各个模块的功能，在第 2 章将会详细分析基础支持层中每个模块的实现原理。

- **反射模块**

  Java 中的反射虽然功能强大，但对大多数开发人员来说，写出高质量的反射代码还是有一定难度的。MyBatis 中专门提供了反射模块，该模块对 Java 原生的反射进行了良好的封装，提供了更加简洁易用的 API，方便上层使调用，并且对反射操作进行了一系列优化，例如缓存了类的元数据，提高了反射操作的性能。

- **类型转换模块**

  正如前面示例所示，MyBatis 为简化配置文件提供了别名机制，该机制是类型转换模块的主要功能之一。类型转换模块的另一个功能是实现 JDBC 类型与 Java 类型之间的转换，该功能在为 SQL 语句绑定实参以及映射查询结果集时都会涉及。在为 SQL 语句绑定实参时，会将数据由 Java 类型转换成 JDBC 类型；而在映射结果集时，会将数据由 JDBC 类型转换成 Java 类型。类型转换模块的具体原理在第 2 章详述。

- **日志模块**

  无论在开发测试环境中，还是在线上生产环境中，日志在整个系统中的地位都是非常重要的。良好的日志功能可以帮助开发人员和测试人员快速定位 Bug 代码，也可以帮助运维人员快速定位性能瓶颈等问题。目前的 Java 世界中存在很多优秀的日志框架，例如 Log4j、Log4j2、slf4j 等。MyBatis 作为一个设计优良的框架，除了提供详细的日志输出信息，还要能够集成多种日志框架，其日志模块的一个主要功能就是集成第三方日志框架。

- **资源加载模块**

  资源加载模块主要是对类加载器进行封装，确定类加载器的使用顺序，并提供了加载类文件以及其他资源文件的功能。

- **解析器模块**

  解析器模块的主要提供了两个功能：一个功能是对 XPath 进行封装，为 MyBatis 初始化时解析 mybatis-config.xml 配置文件以及映射配置文件提供支持；另一个功能是为处理动态 SQL 语句中的占位符提供支持。

- **数据源模块**

  数据源是实际开发中常用的组件之一。现在开源的数据源都提供了比较丰富的功能，例如，连接池功能、检测连接状态等，选择性能优秀的数据源组件对于提升 ORM 框架乃至整个应用的性能都是非常重要的。MyBatis 自身提供了相应的数据源实现，当然 MyBatis 也提供了与第三方数据源集成的接口，这些功能都位于数据源模块之中。在第 2 章会详细介绍该模块。

- **事务管理**

  MyBatis 对数据库中的事务进行了抽象，其自身提供了相应的事务接口和简单实现。在很多场景中，MyBatis 会与 Spring 框架集成，并由 Spring 框架管理事务，在第 4 章会介绍 MyBatis 如何与 Spring 集成开发，其中就会涉及 Spring 框架管理事务相关的配置。

- **缓存模块**

  在优化系统性能时，优化数据库性能是非常重要的一个环节，而添加缓存则是优化数据库时最有效的手段之一。正确、合理地使用缓存可以将一部分数据库请求拦截在缓存这一层，如图 1-4 所示，这就能够减少相当一部分数据库的压力。

  MyBatis 中提供了一级缓存和二级缓存，而这两级缓存都是依赖于基础支持层中的缓存模块实现的。这里需要读者注意的是，MyBatis 中自带的这两级缓存与 MyBatis 以及整个应用是运行在同一个 JVM 中的，共享同一块堆内存。如果这两级缓存中的数据量较大，则可能影响系统中其他功能的运行，所以当需要缓存大量数据时，优先考虑使用 Redis、Memcache 等缓存产品。

- **Binding 模块**

  通过前面的示例我们知道，在调用 SqlSession 相应方法执行数据库操作时，需要指定映射文件中定义的 SQL 节点，如果出现拼写错误，我们只能在运行时才能发现相应的异常。为了尽早发现这种错误，MyBatis 通过 Binding 模块将用户自定义的 Mapper 接口与映射配置文件关联起来，系统可以通过调用自定义 Mapper 接口中的方法执行相应的 SQL 语句完成数据库操作，从而避免上述问题。

值得读者注意的是，开发人员无须编写自定义 Mapper 接口的实现，MyBatis 会自动为其创建动态代理对象。在有些场景中，自定义 Mapper 接口可以完全代替映射配置文件，但有的映射规则和 SQL 语句的定义还是写在映射配置文件中比较方便，例如动态 SQL 语句的定义。

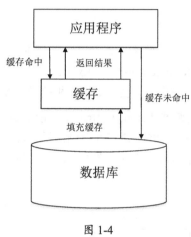

图 1-4

1.4.2 核心处理层

介绍完 MyBatis 的基础支持层之后，我们来分析 MyBatis 的核心处理层。在核心处理层中实现了 MyBatis 的核心处理流程，其中包括 MyBatis 的初始化以及完成一次数据库操作的涉及的全部流程。下面简单描述各个模块的功能，在第 3 章将会详细分析核心处理层的实现原理。

- **配置解析**

  在 MyBatis 初始化过程中，会加载 mybatis-config.xml 配置文件、映射配置文件以及 Mapper 接口中的注解信息，解析后的配置信息会形成相应的对象并保存到 Configuration 对象中。例如，示例中定义的<resultMap>节点（即 ResultSet 的映射规则）会被解析成 ResultMap 对象；示例中定义的<result>节点（即属性映射）会被解析成 ResultMapping 对象。之后，利用该 Configuration 对象创建 SqlSessionFactory 对象。

  待 MyBatis 初始化之后，开发人员可以通过初始化得到 SqlSessionFactory 创建 SqlSession 对象并完成数据库操作。

- SQL 解析与 scripting 模块

  拼凑 SQL 语句是一件烦琐且易出错的过程，为了将开发人员从这项枯燥无趣的工作中解脱出来，MyBatis 实现动态 SQL 语句的功能，提供了多种动态 SQL 语句对应的节点，例如，<where> 节点、<if> 节点、<foreach> 节点等。通过这些节点的组合使用，开发人员可以写出几乎满足所有需求的动态 SQL 语句。

  MyBatis 中的 scripting 模块会根据用户传入的实参，解析映射文件中定义的动态 SQL 节点，并形成数据库可执行的 SQL 语句。之后会处理 SQL 语句中的占位符，绑定用户传入的实参。

- SQL 执行

  SQL 语句的执行涉及多个组件，其中比较重要的是 Executor、StatementHandler、ParameterHandler 和 ResultSetHandler。Executor 主要负责维护一级缓存和二级缓存，并提供事务管理的相关操作，它会将数据库相关操作委托给 StatementHandler 完成。

  StatementHandler 首先通过 ParameterHandler 完成 SQL 语句的实参绑定，然后通过 java.sql.Statement 对象执行 SQL 语句并得到结果集，最后通过 ResultSetHandler 完成结果集的映射，得到结果对象并返回。图 1-5 展示了 MyBatis 执行一条 SQL 语句的大致过程。

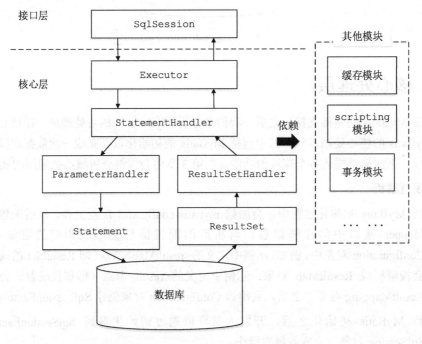

图 1-5

- **插件**

  Mybatis 自身的功能虽然强大,但是并不能完美切合所有的应用场景,因此 MyBatis 提供了插件接口,我们可以通过添加用户自定义插件的方式对 MyBatis 进行扩展。用户自定义插件也可以改变 Mybatis 的默认行为,例如,我们可以拦截 SQL 语句并对其进行重写。由于用户自定义插件会影响 MyBatis 的核心行为,在使用自定义插件之前,开发人员需要了解 MyBatis 内部的原理,这样才能编写出安全、高效的插件。

1.4.3 接口层

接口层相对简单,其核心是 SqlSession 接口,该接口中定义了 MyBatis 暴露给应用程序调用的 API,也就是上层应用与 MyBatis 交互的桥梁。接口层在接收到调用请求时,会调用核心处理层的相应模块来完成具体的数据库操作。SqlSession 接口及其具体实现将在第 3 章介绍。

1.5 本章小结

本章首先介绍了 ORM 框架出现的背景、意义以及相关概念。然后介绍了 Hibernate、JPA、Spring JDBC、MyBatis 这些常见持久化框架的优缺点,希望读者在进行技术选型时能有所参考。之后通过一个简单的示例,介绍了 MyBatis 中的 mybatis-config.xml 配置文件、映射配置文件中的核心配置,以及 MyBatis 的使用方式,帮助读者快速熟悉 MyBatis。最后我们介绍了 MyBatis 的整体架构,并简单介绍了 MyBatis 的基础支持层、核心处理层以及接口层中的主要模块的功能。

第 2 章
基础支持层

本章将介绍 MyBatis 中基础支持层的功能,如图 2-1 中阴影部分所示,基础支持层位于 MyBatis 整体架构的最底层,支撑着 MyBatis 的核心处理层,是整个框架的基石。基础支持层中封装了多个较为通用的、独立的模块,不仅仅为 MyBatis 提供基础支撑,也可以在合适的场景中直接复用。

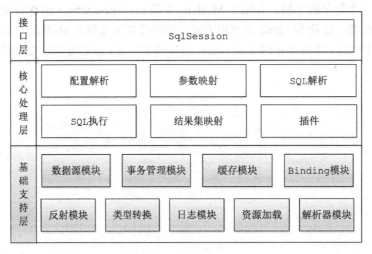

图 2-1

2.1 解析器模块

在 MyBatis 中涉及多个 XML 配置文件,因此我们首先介绍 XML 解析的相关内容。XML

解析常见的方式有三种，分别是：DOM（Document Object Model）解析方式和 SAX（Simple API for XML）解析方式，以及从 JDK 6.0 版本开始，JDK 开始支持的 StAX（Streaming API for XML）解析方式。在开始介绍 MyBatis 的 XML 解析功能之前，先介绍这几种常见的 XML 处理方式。

DOM

DOM 是基于树形结构的 XML 解析方式，它会将整个 XML 文档读入内存并构建一个 DOM 树，基于这棵树形结构对各个节点（Node）进行操作。XML 文档中的每个成分都是一个节点：整个文档是一个文档节点，每个 XML 标签对应一个元素节点，包含在 XML 标签中的文本是文本节点，每一个 XML 属性是一个属性节点，注释属于注释节点。现有一个 XML 文档（文件名是 inventory.xml）如下所示，在后面介绍 DOM 和 XPath 使用时，还会使用到该 XML 文件：

```xml
<inventory>
    <book year="2000">
        <title>Snow Crash</title>
        <author>Neal Stephenson</author>
        <publisher>Spectra</publisher>
        <isbn>0553380958</isbn>
        <price>14.95</price>
    </book>
    <book year="2005">
        <title>Burning Tower</title>
        <author>Larry Niven</author>
        <author>Jerry Pournelle</author>
        <publisher>Pocket</publisher>
        <isbn>0743416910</isbn>
        <price>5.99</price>
    </book>
    <book year="1995">
        <title>Zodiac</title>
        <author>Neal Stephenson</author>
        <publisher>Spectra</publisher>
        <isbn>0553573862</isbn>
        <price>7.50</price>
    </book>
    <!-- more books... -->
</inventory>
```

经过 DOM 解析后得到的树形结构如图 2-2 所示。

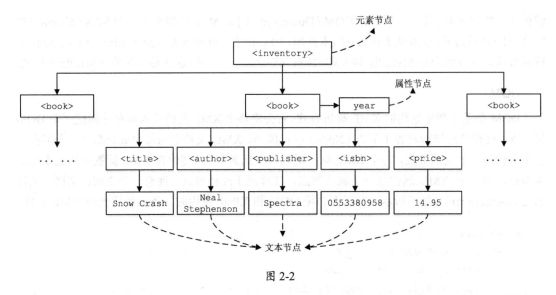

图 2-2

DOM 解析方式最主要的好处是易于编程，可以根据需求在树形结构的各节点之间导航。例如导航到当前节点的父节点、兄弟节点、子节点等都是比较方便的，这样就可以轻易地获取到自己需要的数据，也可以很容易地添加和修改树中的元素。因为要将整个 XML 文档加载到内存中并构造树形结构，当 XML 文档的数据量较大时，会造成较大的资源消耗。

SAX

SAX 是基于事件模型的 XML 解析方式，它并不需要将整个 XML 文档加载到内存中，而只需将 XML 文档的一部分加载到内存中，即可开始解析，在处理过程中并不会在内存中记录 XML 中的数据，所以占用的资源比较小。当程序处理过程中满足条件时，也可以立即停止解析过程，这样就不必解析剩余的 XML 内容。

当 SAX 解析器解析到某类型节点时，会触发注册在该类型节点上的回调函数，开发人员可以根据自己感兴趣的事件注册相应的回调函数。一般情况下，开发人员只需继承 SAX 提供的 DefaultHandler 基类，重写相应事件的处理方法并进行注册即可。如图 2-3 所示，事件是由解析器产生并通过回调函数发送给应用程序的，这种模式我们也称为"推模式"。

SAX 的缺点也非常明显，因为不存储 XML 文档的结构，所以需要开发人员自己负责维护业务逻辑涉及的多层节点之间的关系，例如，某节点与其父节点之间的父子关系、与其子节点之间的父子关系。当 XML 文档非常复杂时，维护节点间关系的复杂度较高，工作量也就会比较大。另一方面，因为是流式处理，所以处理过程只能从 XML 文档开始向后单向进行，无法像 DOM 方式那样，自由导航到之前处理过的节点上重新处理，也无法支持 XPath。SAX 没有提供写 XML 文档的功能。

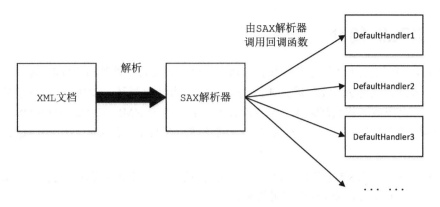

图 2-3

StAX

JAXP 是 JDK 提供的一套用于解析 XML 的 API，它很好地支持 DOM 和 SAX 解析方式，JAXP 是 JavaSE 的一部分，它由 javax.xml、org.w3c.dom、org.xml.sax 包及其子包组成。从 JDK 6.0 开始，JAXP 开始支持另一种 XML 解析方式，也就是下面要介绍的 StAX 解析方式。

StAX 解析方式与 SAX 解析方式类似，它也是把 XML 文档作为一个事件流进行处理，但不同之处在于 StAX 采用的是"拉模式"。所谓"拉模式"是应用程序通过调用解析器推进解析的进程，如图 2-4 所示。在 StAX 解析方式中，应用程序控制着整个解析过程的推进，可以简化应用处理 XML 文档的代码，并且决定何时停止解析，而且 StAX 可以同时处理多个 XML 文档。

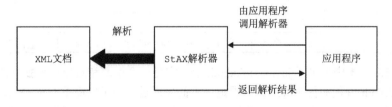

图 2-4

StAX 实际上包括两套处理 XML 文档的 API，分别提供了不同程度的抽象。一种是基于指针的 API，这是一种底层 API，效率高但抽象程度较低。另一种 API 是基于迭代器的 API，它允许应用程序把 XML 文档作为一系列事件对象来处理，效率较略低但抽象程度较高。

本节只是对常见的 XML 解析方式做简单介绍，帮助读者快速入门，感兴趣的读者可以查阅相关材料进行学习。

2.1.1 XPath 简介

MyBatis 在初始化过程中处理 mybatis-config.xml 配置文件以及映射文件时，使用的是 DOM 解析方式，并结合使用 XPath 解析 XML 配置文件。正如前文所述，DOM 会将整个 XML 文档加载到内存中并形成树状数据结构，而 XPath 是一种为查询 XML 文档而设计的语言，它可以与 DOM 解析方式配合使用，实现对 XML 文档的解析。XPath 之于 XML 就好比 SQL 语言之于数据库。

XPath 使用路径表达式来选取 XML 文档中指定的节点或者节点集合，与常见的 URL 路径有些类似。表 2-1 展示了 XPath 中常用的表达式。

表 2-1

表达式	含 义
nodename	选取指定节点的所有子节点
/	从根节点选取指定节点
//	根据指定的表达式，在整个文档中选取匹配的节点，这里并不会考虑匹配节点在文档中的位置
.	选取当前节点
..	选取当前节点的父节点
@	选取属性
*	匹配任何元素节点
@*	匹配任何属性节点
node()	匹配任何类型的节点
text()	匹配文本节点
|	选取若干个路径
[]	指定某个条件，用于查找某个特定节点或包含某个指定值的节点

在 JDK 5.0 版本中推出了 javax.xml.xpath 包，它是一个引擎和对象模型独立的 XPath 库。Java 中使用 XPath 编程的代码模式比较固定，下面先通过一个示例简单介绍 DOM 解析方式和 XPath 库的使用方式。在该示例中，解析前面介绍的 inventory.xml 文档，并查找作者为 Neal Stephenson 所有书籍的标题。

首先，我们需要构造该查询对应的 XPath 表达式。查找所有书籍的 XPath 表达式是："//book"。查找作者为 Neal Stephenson 的所有图书需要指定 <author> 节点的值，得到表达式："//book[author='Neal Stephenson']"。为了找出这些图书的标题，需要选取<title>节点，得到表达式："//book[author='Neal Stephenson']/title"。最后，真正需要的信息是<title>节点中的文本节点，得到的完整 XPath 表达式是："//book[author="Neal Stephenson"]/title/text()"。

下面提供一个简单的示例程序，它通过 Java 语言执行上述 XPath 查询表达式，并把找到的所有图书标题打印出来，具体实现如下：

```java
public class XPathTest {
    public static void main(String[] args) throws Exception {
        DocumentBuilderFactory documentBuilderFactory =
                DocumentBuilderFactory.newInstance();

        // 开启验证
        documentBuilderFactory.setValidating(true);
        documentBuilderFactory.setNamespaceAware(false);
        documentBuilderFactory.setIgnoringComments(true);
        documentBuilderFactory.setIgnoringElementContentWhitespace(false);
        documentBuilderFactory.setCoalescing(false);
        documentBuilderFactory.setExpandEntityReferences(true);

        // 创建 DocumentBuilder
        DocumentBuilder builder = documentBuilderFactory.newDocumentBuilder();
        // 设置异常处理对象
        builder.setErrorHandler(new ErrorHandler() {
            @Override
            public void error(SAXParseException exception) throws SAXException {
                System.out.println("error:" + exception.getMessage());
            }

            @Override
            public void fatalError(SAXParseException exception) throws SAXException {
                System.out.println("fatalError:" + exception.getMessage());
            }

            @Override
            public void warning(SAXParseException exception) throws SAXException {
                System.out.println("WARN:" + exception.getMessage());
            }
        });

        // 将文档加载到一个 Document 对象中
        Document doc = builder.parse("src/com/xxx/inventory.xml");
```

```java
// 创建 XPathFactory
XPathFactory factory = XPathFactory.newInstance();
// 创建 XPath 对象
XPath xpath = factory.newXPath();
// 编译 XPath 表达式
XPathExpression expr =
        xpath.compile("//book[author='Neal Stephenson']/title/text()");
// 通过 XPath 表达式得到结果,第一个参数指定了 XPath 表达式进行查询的上下文节点,也就是在指定
// 节点下查找符合 XPath 的节点。本例中的上下文节点是整个文档;第二个参数指定了 XPath 表达式
// 的返回类型。
Object result = expr.evaluate(doc, XPathConstants.NODESET);
System.out.println("查询作者为 Neal Stephenson 的图书的标题:");
NodeList nodes = (NodeList) result; // 强制类型转换
for (int i = 0; i < nodes.getLength(); i++) {
    System.out.println(nodes.item(i).getNodeValue());
}

System.out.println("查询1997年之后的图书的标题");
nodes = (NodeList) xpath.evaluate("//book[@year>1997]/title/text()",
        doc , XPathConstants.NODESET);
for (int i = 0; i < nodes.getLength(); i++) {
    System.out.println(nodes.item(i).getNodeValue());
}

System.out.println("查询1997年之后的图书的属性和标题: ");
nodes = (NodeList) xpath
    .evaluate("//book[@year>1997]/@*|//book[@year>1997]/title/text()",
        doc , XPathConstants.NODESET);
for (int i = 0; i < nodes.getLength(); i++) {
    System.out.println(nodes.item(i).getNodeValue());
}
    }
}
```

注意 XPathExpression.evaluate()方法的第二参数,它指定了 XPath 表达式查找的结果类型,在 XPathConstants 类中提供了 nodeset、boolean、number、string 和 Node 五种类型。

另外,如果 XPath 表达式只使用一次,可以跳过编译步骤直接调用 XPath 对象的 evaluate()

方法进行查询。但是如果同一个 XPath 表达式要重复执行多次，则建议先进行编译，然后进行查询，这样性能会好一点。

2.1.2 XPathParser

MyBatis 提供的 XPathParser 类封装了前面涉及的 XPath、Document 和 EntityResolver，如图 2-5 所示。

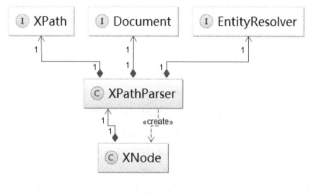

图 2-5

XPathParser 中各个字段的含义和功能如下所示。

```
private Document document; // Document 对象

private boolean validation; // 是否开启验证

private EntityResolver entityResolver; // 用于加载本地 DTD 文件

private Properties variables; // mybatis-config.xml 中<properties>标签定义的键值对集合

private XPath xpath; // XPath 对象
```

默认情况下，对 XML 文档进行验证时，会根据 XML 文档开始位置指定的网址加载对应的 DTD 文件或 XSD 文件。如果解析 mybatis-config.xml 配置文件，默认联网加载 http://mybatis.org/dtd/mybatis-3-config.dtd 这个 DTD 文档，当网络比较慢时会导致验证过程缓慢。在实践中往往会提前设置 EntityResolver 接口对象加载本地的 DTD 文件，从而避免联网加载 DTD 文件。XMLMapperEntityResolver 是 MyBatis 提供的 EntityResolver 接口的实现类，如图 2-6 所示。

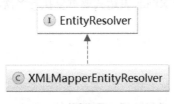

图 2-6

EntityResolver 接口的核心是 resolveEntity()方法，XMLMapperEntityResolver 的实现如下所示。

```java
public class XMLMapperEntityResolver implements EntityResolver {

    // 指定mybatis-config.xm 文件和映射文件对应的 DTD 的 SystemId
    private static final String IBATIS_CONFIG_SYSTEM = "ibatis-3-config.dtd";
    private static final String IBATIS_MAPPER_SYSTEM = "ibatis-3-mapper.dtd";
    private static final String MYBATIS_CONFIG_SYSTEM = "mybatis-3-config.dtd";
    private static final String MYBATIS_MAPPER_SYSTEM = "mybatis-3-mapper.dtd";

    // 指定mybatis-config.xm 文件和映射文件对应的 DTD 文件的具体位置
    private static final String MYBATIS_CONFIG_DTD =
        "org/apache/ibatis/builder/xml/mybatis-3-config.dtd";
    private static final String MYBATIS_MAPPER_DTD =
        "org/apache/ibatis/builder/xml/mybatis-3-mapper.dtd";

    // resolveEntity()方法是 EntityResolver 接口中定义的方法，具体实现如下：
    public InputSource resolveEntity(String publicId, String systemId)
            throws SAXException {
        try {
            if (systemId != null) {
                String lowerCaseSystemId = systemId.toLowerCase(Locale.ENGLISH);
                // 查找 systemId 指定的 DTD 文档，并调用 getInputSource()方法读取 DTD 文档
                if (lowerCaseSystemId.contains(MYBATIS_CONFIG_SYSTEM) ||
                        lowerCaseSystemId.contains(IBATIS_CONFIG_SYSTEM)) {
                    return getInputSource(MYBATIS_CONFIG_DTD, publicId, systemId);
                } else if (lowerCaseSystemId.contains(MYBATIS_MAPPER_SYSTEM) ||
                        lowerCaseSystemId.contains(IBATIS_MAPPER_SYSTEM)) {
                    return getInputSource(MYBATIS_MAPPER_DTD, publicId, systemId);
                }
```

```
            }
            return null;
        } catch (Exception e) {
            throw new SAXException(e.toString());
        }
    }
    ......// getInputSource()方法负责读取 DTD 文档并形成 InputSource 对象, 代码比较简单(略)
}
```

介绍完 XMLMapperEntityResolver 之后, 回到对 XPathParser 的分析。在 XPathParser.createDocument()方法中封装了前面介绍的创建 Document 对象的过程并触发了加载 XML 文档的过程, 具体实现如下:

```
private void commonConstructor(boolean validation,
                    Properties variables, EntityResolver entityResolver) {
    this.validation = validation;
    this.entityResolver = entityResolver;
    this.variables = variables;
    XPathFactory factory = XPathFactory.newInstance();
    this.xpath = factory.newXPath();
}

// 调用 createDocument()方法之前一定要先调用 commonConstructor()方法完成初始化
private Document createDocument(InputSource inputSource) {
    try {
        // 创建 DocumentBuilderFactory 对象
        DocumentBuilderFactory factory = DocumentBuilderFactory.newInstance();

        // ...对 DocumentBuilderFactory 对象进行一系列配置(略)

        // 创建 DocumentBuilder 对象并进行配置
        DocumentBuilder builder = factory.newDocumentBuilder();
        // 设置 EntityResolver 接口对象
        builder.setEntityResolver(entityResolver);
        builder.setErrorHandler(new ErrorHandler() {
            // ...其中实现的 ErrorHandler 接口的方法都是空实现(略)
        });
        // 加载 XML 文件
```

```
        return builder.parse(inputSource);
    } catch (Exception e) {
        throw new BuilderException("Error creating document instance. Cause: " + e, e);
    }
}
```

XPathParser 中提供了一系列的 eval*()方法用于解析 boolean、short、long、int、String、Node 等类型的信息，它通过调用前面介绍的 XPath.evaluate()方法查找指定路径的节点或属性，并进行相应的类型装换。具体代码比较简单，就不贴出来了。这里需要注意的是 XPathParser.evalString()方法，其中会调用 PropertyParser.parse()方法处理节点中相应的默认值。具体实现如下：

```
public String evalString(Object root, String expression) {
    String result = (String) evaluate(expression, root, XPathConstants.STRING);
    result = PropertyParser.parse(result, variables);
    return result;
}
```

在 PropertyParser 中指定了是否开启使用默认值的功能以及默认的分隔符，相关字段如下所示。

```
private static final String KEY_PREFIX = "org.apache.ibatis.parsing.PropertyParser.";

// 在 mybatis-config.xml 中<properties>节点下配置是否开启默认值功能的对应配置项
public static final String KEY_ENABLE_DEFAULT_VALUE = KEY_PREFIX
            + "enable-default-value";

// 配置占位符与默认值之间的默认分隔符的对应配置项
public static final String KEY_DEFAULT_VALUE_SEPARATOR = KEY_PREFIX
            + "default-value-separator";

// 默认情况下，关闭默认值的功能
private static final String ENABLE_DEFAULT_VALUE = "false";

// 默认分隔符是冒号
private static final String DEFAULT_VALUE_SEPARATOR = ":";
```

PropertyParser.parse()方法中会创建 GenericTokenParser 解析器，并将默认值的处理委托给

GenericTokenParser.parse()方法，实现如下：

```java
public static String parse(String string, Properties variables) {
    VariableTokenHandler handler = new VariableTokenHandler(variables);
    // 创建 GenericTokenParser 对象，并指定其处理的占位符格式为"${}"
    GenericTokenParser parser = new GenericTokenParser("${", "}", handler);
    return parser.parse(string);
}
```

GenericTokenParser 是一个通用的字占位符解析器，其字段的含义如下：

```java
private final String openToken; // 占位符的开始标记
private final String closeToken; // 占位符的结束标记

private final TokenHandler handler; // TokenHandler 接口的实现会按照一定的逻辑解析占位符
```

GenericTokenParser.parse()方法的逻辑并不复杂，它会顺序查找 openToken 和 closeToken，解析得到占位符的字面值，并将其交给 TokenHandler 处理，然后将解析结果重新拼装成字符串并返回。该方法的实现如下：

```java
public String parse(String text) {
    // ... ... 检测 text 是否为空（略）
    char[] src = text.toCharArray();
    int offset = 0;
    // 查找开始标记
    int start = text.indexOf(openToken, offset);
    // ... ...检测 start 是否为-1（略）
    // 用来记录解析后的字符串
    final StringBuilder builder = new StringBuilder();
    // 用来记录一个占位符的字面值
    StringBuilder expression = null;
    while (start > -1) {
        if (start > 0 && src[start - 1] == '\\') {
            // 遇到转义的开始标记，则直接将前面的字符串以及开始标记追加到 builder 中
            builder.append(src, offset, start - offset - 1).append(openToken);
            offset = start + openToken.length();
        } else {
            // 查找到开始标记，且未转义
            if (expression == null) {
```

```java
            expression = new StringBuilder();
        } else {
            expression.setLength(0);
        }
        // 将前面的字符串追加到 builder 中
        builder.append(src, offset, start - offset);
        offset = start + openToken.length(); // 修改 offset 的位置
        // 从 offset 向后继续查找结束标记
        int end = text.indexOf(closeToken, offset);
        while (end > -1) {
            if (end > offset && src[end - 1] == '\\') {
                // 处理转义的结束标记
                expression.append(src, offset, end - offset - 1).append(closeToken);
                offset = end + closeToken.length();
                end = text.indexOf(closeToken, offset);
            } else {
                // 将开始标记和结束标记之间的字符串追加到 expression 中保存
                expression.append(src, offset, end - offset);
                offset = end + closeToken.length();
                break;
            }
        }
        if (end == -1) {// 未找到结束标记
            builder.append(src, start, src.length - start);
            offset = src.length;
        } else {
            // 将占位符的字面值交给 TokenHandler 处理，并将处理结果追加到 builder 中保存，
            // 最终拼凑出解析后的完整内容
            builder.append(handler.handleToken(expression.toString()));
            offset = end + closeToken.length();
        }
    }
    start = text.indexOf(openToken, offset); // 移动 start
}
if (offset < src.length) {
    builder.append(src, offset, src.length - offset);
}
return builder.toString();
}
```

占位符由 TokenHandler 接口的实现进行解析，TokenHandler 接口总共有四个实现，图 2-7 所示。

图 2-7

通过对 PropertyParser.parse()方法的介绍，我们知道 PropertyParser 是使用 VariableTokenHandler 与 GenericTokenParser 配合完成占位符解析的。VariableTokenHandler 是 PropertyParser 中的一个私有静态内部类，其字段的含义如下：

```
private final Properties variables;  // <properties>节点下定义的键值对，用于替换占位符

private final boolean enableDefaultValue; // 是否支持占位符中使用默认值的功能

private final String defaultValueSeparator; // 指定占位符和默认值之间的分隔符
```

VariableTokenHandler 实现了 TokenHandler 接口中的 handleToken()方法，该实现首先会按照 defaultValueSeparator 字段指定的分隔符对整个占位符切分，得到占位符的名称和默认值，然后按照切分得到的占位符名称查找对应的值，如果在<properties>节点下未定义相应的键值对，则将切分得到的默认值作为解析结果返回。

```
public String handleToken(String content) {
    if (variables != null) { // 检测 variables 集合是否为空
        String key = content;
        if (enableDefaultValue) { // 检测是否支持占位符中使用默认值的功能
            // 查找分隔符
            final int separatorIndex = content.indexOf(defaultValueSeparator);
            String defaultValue = null;
            if (separatorIndex >= 0) {
                // 获取占位符的名称
                key = content.substring(0, separatorIndex);
                // 获取默认值
                defaultValue = content.substring(separatorIndex +
                    defaultValueSeparator.length());
            }
            if (defaultValue != null) {
```

```
            // 在 variables 集合中查找指定的占位符
            return variables.getProperty(key, defaultValue);
        }
    }
    // 不支持默认值的功能，则直接查找 variables 集合
    if (variables.containsKey(key)) {
        return variables.getProperty(key);
    }
}
return "${" + content + "}"; // variables 集合为空
}
```

这里通过一个示例解释 PropertyParser 的工作原理，在该示例中配置的数据库用户名为 "${username:root}"，其中 ":" 是占位符和默认值的分隔符。PropertyParser 会在解析后使用 username 在 variables 集合中查找相应的值，如果查找不到，则使用 root 作为数据库用户名的默认值。

需要注意的是，GenericTokenParser 不仅仅用于这里的默认值解析，还会用于后面对动态 SQL 语句的解析。很明显，GenericTokenParser 只是查找到指定的占位符，而具体的解析行为会根据其持有的 TokenHandler 实现的不同而有所不同，这有点策略模式的意思，策略模式在后面会详细介绍。

回到对 XPathParser 的分析，XPathParser.evalNode()方法返回值类型是 XNode，它对 org.w3c.dom.Node 对象做了封装和解析，其各个字段的含义如下：

```
private Node node;     // org.w3c.dom.Node 对象

private String name;   // Node 节点名称

private String body;   // 节点的内容

private Properties attributes; // 节点属性集合

private Properties variables; //mybatis-config.xml 配置文件中<properties>节点下定义的键值对

// 前面介绍的 XPathParser 对象，该 XNode 对象由此 XPathParser 对象生成
private XPathParser xpathParser;
```

XNode 的构造函数中会调用其 parseAttributes() 方法和 parseBody() 方法解析

org.w3c.dom.Node 对象中的信息，初始化 attributes 集合和 body 字段，具体初始化过程如下：

```java
private Properties parseAttributes(Node n) {
    Properties attributes = new Properties();
    // 获取节点的属性集合
    NamedNodeMap attributeNodes = n.getAttributes();
    if (attributeNodes != null) {
        for (int i = 0; i < attributeNodes.getLength(); i++) {
            Node attribute = attributeNodes.item(i);
            // 使用 PropertyParser 处理每个属性中的占位符
            String value = PropertyParser.parse(attribute.getNodeValue(), variables);
            attributes.put(attribute.getNodeName(), value);
        }
    }
    return attributes;
}

private String parseBody(Node node) {
    String data = getBodyData(node);
    if (data == null) { // 当前节点不是文本节点
        NodeList children = node.getChildNodes(); // 处理子节点
        for (int i = 0; i < children.getLength(); i++) {
            Node child = children.item(i);
            data = getBodyData(child);
            if (data != null) {
                break;
            }
        }
    }
    return data;
}

private String getBodyData(Node child) {
    if (child.getNodeType() == Node.CDATA_SECTION_NODE
            || child.getNodeType() == Node.TEXT_NODE) { // 只处理文本内容
        String data = ((CharacterData) child).getData();
        // 使用 PropertyParser 处理文本节点中的占位符
        data = PropertyParser.parse(data, variables);
```

```
        return data;
    }
    return null;
}
```

XNode 中提供了多种 get*()方法获取所需的节点信息，这些信息主要来自上面介绍的 attribute 集合、body 字段、node 字段，这些方法比较简单，就不再贴出来了，请读者参考源码。另外，我们也可以使用 XNode.eval*()方法结合 XPath 查询需要的信息，eval*()系列方法是通过调用其封装的 XPathParser 对象的 eval*()方法实现的。这里要注意的是，eval*()系列方法的上下文节点是当前的 XNode.node，也就是查找该节点下的符合 XPath 表达式的信息。

2.2 反射工具箱

MyBatis 在进行参数处理、结果映射等操作时，会涉及大量的反射操作。Java 中的反射虽然功能强大，但是代码编写起来比较复杂且容易出错，为了简化反射操作的相关代码，MyBatis 提供了专门的反射模块，该模块位于 org.apache.ibatis.reflection 包中，它对常见的反射操作做了进一步封装，提供了更加简洁方便的反射 API。本节就来为读者介绍该模块中核心代码的实现。

2.2.1 Reflector&ReflectorFactory

为了后面描述的方便，也为了避免产生混淆，这里简单回顾一下 JavaBean 规范：类中定义的成员变量也称为"字段"，属性则是通过 getter/setter 方法得到的，属性只与类中的方法有关，与是否存在对应成员变量没有关系。例如，存在 getA()方法和 setA(String)方法，无论类中是否定义了字段 String a，我们都认为该类中存在属性 a。在后面的分析中，属性的 getter/setter 方法与同名的字段虽然会一起出现，但还是有必要让读者区分这两个概念。

Reflector 是 MyBatis 中反射模块的基础，每个 Reflector 对象都对应一个类，在 Reflector 中缓存了反射操作需要使用的类的元信息。Reflector 中各个字段的含义如下：

```
private Class<?> type; // 对应的 Class 类型

// 可读属性的名称集合，可读属性就是存在相应 getter 方法的属性，初始值为空数组
private String[] readablePropertyNames = EMPTY_STRING_ARRAY;

// 可写属性的名称集合，可写属性就是存在相应 setter 方法的属性，初始值为空数组
private String[] writeablePropertyNames = EMPTY_STRING_ARRAY;
```

```java
// 记录了属性相应的setter方法，key是属性名称，value是Invoker对象，它是对setter方法对应
// Method对象的封装，后面会详细介绍
private Map<String, Invoker> setMethods = new HashMap<String, Invoker>();

// 属性相应的getter方法集合，key是属性名称，value也是Invoker对象
private Map<String, Invoker> getMethods = new HashMap<String, Invoker>();

// 记录了属性相应的setter方法的参数值类型，key是属性名称，value是setter方法的参数类型
private Map<String, Class<?>> setTypes = new HashMap<String, Class<?>>();

// 记录了属性相应的getter方法的返回值类型，key是属性名称，value是getter方法的返回值类型
private Map<String, Class<?>> getTypes = new HashMap<String, Class<?>>();

private Constructor<?> defaultConstructor; // 记录了默认构造方法

// 记录了所有属性名称的集合
private Map<String, String> caseInsensitivePropertyMap = new HashMap<String, String>();
```

在 Reflector 的构造方法中会解析指定的 Class 对象，并填充上述集合，具体实现如下：

```java
public Reflector(Class<?> clazz) {
    type = clazz; // 初始化type字段
    // 查找clazz的默认构造方法（无参构造方法），具体实现是通过反射遍历所有构造方法，代码并不复杂，
    // 就不再贴出来了
    addDefaultConstructor(clazz);
    addGetMethods(clazz); // 处理clazz中的getter方法，填充getMethods集合和getTypes集合
    addSetMethods(clazz); // 处理clazz中的setter方法，填充setMethods集合和setTypes集合
    addFields(clazz); // 处理没有getter/setter方法的字段

    // 根据getMethods/setMethods集合，初始化可读/写属性的名称集合
    readablePropertyNames = getMethods.keySet().toArray(
            new String[getMethods.keySet().size()]);
    writeablePropertyNames = setMethods.keySet().toArray(
            new String[setMethods.keySet().size()]);

    // 初始化caseInsensitivePropertyMap集合，其中记录了所有大写格式的属性名称
    for (String propName : readablePropertyNames) {
        caseInsensitivePropertyMap.put(propName.toUpperCase(Locale.ENGLISH), propName);
```

```
        }
        for (String propName : writeablePropertyNames) {
            caseInsensitivePropertyMap.put(propName.toUpperCase(Locale.ENGLISH), propName);
        }
    }
```

Reflector.addGetMethods()方法主要负责解析类中定义的 getter 方法,Reflector.addSetMethods()方法负责解析类中定义的 setter 方法,两者的逻辑类似,这里以 addGetMethods()方法为例进行介绍,addSetMethods()方法不再详细介绍,请读者参考源码学习。Reflector.addGetMethods()方法有如下三个核心步骤。

(1)首先,调用 Reflector.getClassMethods()方法获取当前类以及其父类中定义的所有方法的唯一签名以及相应的 Method 对象。

```
private Method[] getClassMethods(Class<?> cls) {
    // 用于记录指定类中定义的全部方法的唯一签名以及对应的 Method 对象
    Map<String, Method> uniqueMethods = new HashMap<String, Method>();
    Class<?> currentClass = cls;
    while (currentClass != null) {
        // 记录 currentClass 这个类中定义的全部方法
        addUniqueMethods(uniqueMethods, currentClass.getDeclaredMethods());
        // 记录接口中定义的方法
        Class<?>[] interfaces = currentClass.getInterfaces();
        for (Class<?> anInterface : interfaces) {
            addUniqueMethods(uniqueMethods, anInterface.getMethods());
        }
        currentClass = currentClass.getSuperclass(); // 获取父类,继续 while 循环
    }

    Collection<Method> methods = uniqueMethods.values();
    return methods.toArray(new Method[methods.size()]); // 转换成 Methods 数组返回
}
```

在 Reflector.addUniqueMethods()方法中会为每个方法生成唯一签名,并记录到 uniqueMethods 集合中,具体实现如下:

```
private void addUniqueMethods(Map<String, Method> uniqueMethods, Method[] methods) {
    for (Method currentMethod : methods) {
        if (!currentMethod.isBridge()) {
```

```java
        // 通过Reflector.getSignature()方法得到的方法签名是：返回值类型#方法名称:参
        // 数类型列表。例如，Reflector.getSignature(Method)方法的唯一签名是：
        // java.lang.String#getSignature:java.lang.reflect.Method
        // 通过Reflector.getSignature()方法得到的方法签名是全局唯一的，可以作为该方法
        // 的唯一标识
        String signature = getSignature(currentMethod);
        // 检测是否在子类中已经添加过该方法，如果在子类中已经添加过，则表示子类覆盖了该方法，
        // 无须再向uniqueMethods集合中添加该方法了
        if (!uniqueMethods.containsKey(signature)) {
            if (canAccessPrivateMethods()) {
                // ... try/catch 代码块比较简单，省略
                currentMethod.setAccessible(true);
            }
            // 记录该签名和方法的对应关系
            uniqueMethods.put(signature, currentMethod);
        }
    }
}
```

（2）然后，按照JavaBean的规范，从Reflector.getClassMethods()方法返回的Method数组中查找该类中定义的getter方法（具体哪些方法算是getter方法，后面会详细介绍），将其记录到conflictingGetters集合中。conflictingGetters集合（HashMap<String, List<Method>>()类型）的key为属性名称，value是该属性对应的getter方法集合。

（3）当子类覆盖了父类的getter方法且返回值发生变化时，在步骤1中就会产生两个签名不同的方法。例如现有类A及其子类SubA，A类中定义了getNames()方法，其返回值类型是List<String>，而在其子类SubA中，覆写了其getNames()方法且将返回值修改成ArrayList<String>类型，这种覆写在Java语言中是合法的。最终得到的两个方法签名分别是java.util.List#getNames和java.util.ArrayList#getNames，在Reflector.addUniqueMethods()方法中会被认为是两个不同的方法并添加到uniqueMethods集合中，这显然不是我们想要的结果。

所以，步骤3会调用Reflector.resolveGetterConflicts()方法对这种覆写的情况进行处理，同时会将处理得到的getter方法记录到getMethods集合，并将其返回值类型填充到getTypes集合。Reflector.resolveGetterConflicts()方法的具体实现如下：

```java
private void resolveGetterConflicts(Map<String, List<Method>> conflictingGetters) {
    for (String propName : conflictingGetters.keySet()){//遍历conflictingGetters集合
        List<Method> getters = conflictingGetters.get(propName);
```

```java
            Iterator<Method> iterator = getters.iterator();
Method firstMethod = iterator.next();
if (getters.size() == 1) {
    // 该字段只有一个getter方法，直接添加到getMethods集合并填充getTypes集合
    addGetMethod(propName, firstMethod);
} else {
    // 同一属性名称存在多个getter方法，则需要比较这些getter方法的返回值，选择getter方法
    // 迭代过程中的临时变量，用于记录迭代到目前为止，最适合作为getter方法的Method
    Method getter = firstMethod;
    // 记录返回值类型
    Class<?> getterType = firstMethod.getReturnType();
    while (iterator.hasNext()) {
        Method method = iterator.next();
        Class<?> methodType = method.getReturnType(); // 获取方法返回值
        if (methodType.equals(getterType)) {
            // 返回值相同，这种情况应该在步骤1中被过滤掉，如果出现，则抛出异常
            throw new ReflectionException("...");
        } else if (methodType.isAssignableFrom(getterType)) {
            // 当前最适合的方法的返回值是当前方法返回值的子类，什么都不做，当前最适合的方法
            // 依然不变
        } else if (getterType.isAssignableFrom(methodType)) {
            // 当前方法的返回值是当前最适合的方法的返回值的子类，更新临时变量getter，当前的
            // getter方法成为最适合的getter方法
            getter = method;
            getterType = methodType;
        } else { // 返回值相同，二义性，抛出异常
            throw new ReflectionException("...");
        }
    }
    addGetMethod(propName, getter);
}
}
```

正如上面所描述的那样，在 Reflector.addGetMethod()方法中完成了对 getMethods 集合和 getTypes 集合的填充，具体实现如下：

```java
private void addGetMethod(String name, Method method) {
```

```
        if (isValidPropertyName(name)) { // 检测属性名是否合法
            // 将属性名以及对应的 MethodInvoker 对象添加到 getMethods 集合中，Invoker 的内容会
            // 在后面详细介绍
            getMethods.put(name, new MethodInvoker(method));
            // 获取返回值的 Type, TypeParameterResolver 会在后面详细分析
            Type returnType = TypeParameterResolver.resolveReturnType(method, type);
            // 将属性名称及其 getter 方法的返回值类型添加到 getTypes 集合中保存, typeToClass() 方法
            // 后面会详细分析
            getTypes.put(name, typeToClass(returnType));
        }
    }
```

了解了 Reflector.addGetMethods() 方法的三个核心步骤之后，下面来看其具体实现：

```
private void addGetMethods(Class<?> cls) {
    // conflictingGetters 集合的 key 为属性名称, value 是相应 getter 方法集合, 因为子类可能覆盖父
    // 类的 getter 方法, 所以同一属性名称可能会存在多个 getter 方法
    Map<String, List<Method>> conflictingGetters = new HashMap<String, List<Method>>();
    // 步骤 1: 获取指定类以及其父类和接口中定义的方法
    Method[] methods = getClassMethods(cls);

    // 步骤 2: 按照 JavaBean 规范查找 getter 方法, 并记录到 conflictingGetters 集合中
    for (Method method : methods) {
        String name = method.getName();
        // JavaBean 中 getter 方法的方法名长度大于 3 且必须以 "get" 开头
        if (name.startsWith("get") && name.length() > 3) {
            if (method.getParameterTypes().length == 0) { // 方法的参数列表为空
                // 按照 JavaBean 的规范, 获取对应的属性名称
                name = PropertyNamer.methodToProperty(name);
                // 将属性名与 getter 方法的对应关系记录到 conflictingGetters 集合中
                addMethodConflict(conflictingGetters, name, method);
            }
        } else if (name.startsWith("is") && name.length() > 2) {
            // ... 对 is 开头的属性进行处理, 逻辑同 get 开头的方法 (略)
        }
    }

    // 步骤 3: 对 conflictingGetters 集合进行处理
```

```java
        resolveGetterConflicts(conflictingGetters);
    }
```

Reflector.addFields()方法会处理类中定义的所有字段,并且将处理后的字段信息添加到 setMethods 集合、setTypes 集合、getMethods 集合以及 getTypes 集合中,这一点与上述的 Reflector.addGetMethods()方法是一致的。Reflector.addFields()方法的具体实现如下:

```java
private void addFields(Class<?> clazz) {
    Field[] fields = clazz.getDeclaredFields();// 获取 clazz 中定义的全部字段
    for (Field field : fields) {
        if (canAccessPrivateMethods()) {
            // ... try/catch 代码块比较简单,省略
            field.setAccessible(true);
        }
        if (field.isAccessible()) {
            // 当 setMethods 集合不包含同名属性时,将其记录到 setMethods 集合和 setTypes 集合
            if (!setMethods.containsKey(field.getName())) {
                int modifiers = field.getModifiers();
                // 过滤掉 final 和 static 修饰的字段
                if (!(Modifier.isFinal(modifiers) && Modifier.isStatic(modifiers))) {
                    // addSetField()方法的主要功能是填充 setMethods 集合和 setTypes 集合,
                    // 与 addGetMethod()方法类似,不再贴出代码
                    addSetField(field);
                }
            }
            // 当 getMethods 集合中不包含同名属性时,将其记录到 getMethods 集合和 getTypes 集合
            if (!getMethods.containsKey(field.getName())) {
                // addGetField()方法的主要功能是填充 getMethods 集合和 getTypes 集合,
                // 与 addSetMethod()方法类似,不再贴出代码
                addGetField(field);
            }
        }
    }
    if (clazz.getSuperclass() != null) {
        addFields(clazz.getSuperclass()); // 处理父类中定义的字段
    }
}
```

Reflector 的初始化过程就介绍到这里了。Reflector 中提供了多个 get*()方法用于读取上述集

合中记录的元信息，代码比较简单，请读者参考源码。

还有一点需要注意的是，add*Method()方法和 add*Field()方法在向上述集合添加元素时，会将 getter/setter 方法对应的 Method 对象以及字段对应的 Field 对象统一封装成 Invoker 对象。Invoker 接口的定义如下所示。

```java
public interface Invoker {
    // 调用获取指定字段的值或执行指定的方法，通过下文对 Invoker 接口实现的介绍，可以更好地理解该方法
    Object invoke(Object target, Object[] args)
            throws IllegalAccessException, InvocationTargetException;

    Class<?> getType(); // 返回属性相应的类型
}
```

Invoker 接口的实现如图 2-8 所示。

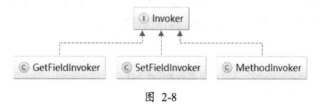

图 2-8

GetFieldInvoker/SetFieldInvoker 通过 field 字段封装了对应的 Field 对象，两者的 invoke()方法是通过调用 Field.get()/set()方法实现的。MethodInvoker 通过 method 字段封装了对应方法的 Method 对象，其 invoke()方法是通过调用 Method.invoke()方法实现的。具体代码比较简单，就不再贴出来了。

ReflectorFactory 接口主要实现了对 Reflector 对象的创建和缓存，该接口定义如下：

```java
public interface ReflectorFactory {

    boolean isClassCacheEnabled(); // 检测该 ReflectorFactory 对象是否会缓存 Reflector 对象

    void setClassCacheEnabled(boolean classCacheEnabled); // 设置是否缓存 Reflector 对象

    Reflector findForClass(Class<?> type); // 创建指定 Class 对应的 Reflector 对象
}
```

MyBatis 只为该接口提供了 DefaultReflectorFactory 这一个实现类，它与 Reflector 的关系如图 2-9 所示。

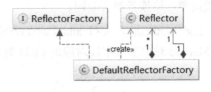

图 2-9

DefaultReflectorFactory 中字段的含义如下：

```
private boolean classCacheEnabled = true; // 该字段决定是否开启对 Reflector 对象的缓存

// 使用 ConcurrentMap 集合实现对 Reflector 对象的缓存
private final ConcurrentMap<Class<?>, Reflector> reflectorMap =
            new ConcurrentHashMap<Class<?>, Reflector>();
```

DefaultReflectorFactory 提供的 findForClass() 方法实现会为指定的 Class 创建 Reflector 对象，并将 Reflector 对象缓存到 reflectorMap 中，具体代码如下：

```
public Reflector findForClass(Class<?> type) {
    if (classCacheEnabled) { // 检测是否开启缓存
        Reflector cached = reflectorMap.get(type);
        if (cached == null) {
            cached = new Reflector(type); // 创建 Reflector 对象
            reflectorMap.put(type, cached); // 放入 ConcurrentMap 中缓存
        }
        return cached;
    } else {
        return new Reflector(type); // 未开启缓存，则直接创建并返回 Reflector 对象
    }
}
```

除了使用 MyBatis 提供的 DefaultReflectorFactory 实现，我们还可以在 mybatis-config.xml 中配置自定义的 ReflectorFactory 实现类，从而实现功能上的扩展。在后面介绍 MyBatis 初始化流程时，还会提到该扩展点。

2.2.2 TypeParameterResolver

在开始介绍 TypeParameterResolver 之前，先简单介绍一下 Type 接口的基础知识。Type 是

所有类型的父接口，它有四个子接口和一个实现类，如图 2-10 所示。

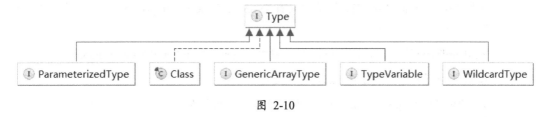

图 2-10

下面来看这些子接口和子类所代表的类型。

- Class 比较常见，它表示的是原始类型。Class 类的对象表示 JVM 中的一个类或接口，每个 Java 类在 JVM 里都表现为一个 Class 对象。在程序中可以通过"类名.class"、"对象.getClass()"或是"Class.forName("类名")"等方式获取 Class 对象。数组也被映射为 Class 对象，所有元素类型相同且维数相同的数组都共享同一个 Class 对象。
- ParameterizedType 表示的是参数化类型，例如 List<String>、Map<Integer,String>、Service<User>这种带有泛型的类型。

  ParameterizedType 接口中常用的方法有三个，分别是：

  o Type getRawType()——返回参数化类型中的原始类型，例如 List<String>的原始类型为 List。

  o Type[] getActualTypeArguments()——获取参数化类型的类型变量或是实际类型列表，例如 Map<Integer, String>的实际泛型列表 Integer 和 String。需要注意的是，该列表的元素类型都是 Type，也就是说，可能存在多层嵌套的情况。

  o Type getOwnerType()——返回是类型所属的类型，例如存在 A<T>类，其中定义了内部类 InnerA<I>，则 InnerA<I>所属的类型为 A<T>，如果是顶层类型则返回 null。这种关系比较常见的示例是 Map<K,V>接口与 Map.Entry<K,V>接口，Map<K,V>接口是 Map.Entry<K,V>接口的所有者。

- TypeVariable 表示的是类型变量,它用来反映在 JVM 编译该泛型前的信息。例如 List<T>中的 T 就是类型变量，它在编译时需被转换为一个具体的类型后才能正常使用。

  该接口中常用的方法有三个，分别是：

  o Type[] getBounds()——获取类型变量的上边界，如果未明确声明上边界则默认为 Object。例如 class Test<K extends Person>中 K 的上界就是 Person。

  o D getGenericDeclaration()——获取声明该类型变量的原始类型，例如 class Test<K extends Person>中的原始类型是 Test。

  o String getName()——获取在源码中定义时的名字，上例中为 K。

- GenericArrayType 表示的是数组类型且组成元素是 ParameterizedType 或 TypeVariable。例如 List<String>[]或 T[]。该接口只有 Type getGenericComponentType()一个方法，它返回数组的组成元素。
- WildcardType 表示的是通配符泛型，例如? extends Number 和? super Integer。

  WildcardType 接口有两个方法，分别是：
  - Type[] getUpperBounds()——返回泛型变量的上界。
  - Type[] getLowerBounds()——返回泛型变量的下界。

介绍完 Type 接口的基础知识，我们回到对 TypeParameterResolver 介绍。在对 Reflector 的分析过程中，我们看到了 TypeParameterResolver 的身影，它是一个工具类，提供了一系列静态方法来解析指定类中的字段、方法返回值或方法参数的类型。TypeParameterResolver 中各个静态方法之间的调用关系大致如图 2-11 所示，为保持清晰，其中递归调用没有表现出来，在后面的代码分析过程中会进行强调。

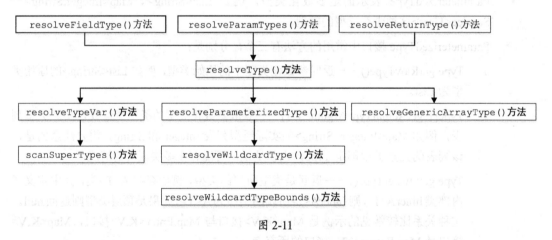

图 2-11

TypeParameterResolver 中通过 resolveFieldType() 方法、resolveReturnType() 方法、resolveParamTypes()方法分别解析字段类型、方法返回值类型和方法参数列表中各个参数的类型。这三个方法的逻辑基本类似，这里以 resolveFieldType()方法为例进行介绍，剩余两个方法请读者参考源码学习。TypeParameterResolver.resolveFieldType()方法的具体实现如下：

```
public static Type resolveFieldType(Field field, Type srcType) {
    Type fieldType = field.getGenericType();// 获取字段的声明类型
    // 获取字段定义所在的类的 Class 对象
    Class<?> declaringClass = field.getDeclaringClass();
    // 调用 resolveType()方法进行后续处理
```

```
    return resolveType(fieldType, srcType, declaringClass);
}
```

如图 2-11 所示，上述三个方法都会调用 resolveType()方法，该方法会根据其第一个参数的类型，即字段、方法返回值或方法参数的类型，选择合适的方法进行解析。resolveType()方法的第二个参数表示查找该字段、返回值或方法参数的起始位置。第三个参数则表示该字段、方法定义所在的类。TypeParameterResolver.resolveType()方法代码如下：

```
private static Type resolveType(Type type, Type srcType, Class<?> declaringClass) {
    if (type instanceof TypeVariable) { // 解析 TypeVariable 类型
        return resolveTypeVar((TypeVariable<?>) type, srcType, declaringClass);
    } else if (type instanceof ParameterizedType) { // 解析 ParameterizedType 类型
        return resolveParameterizedType((ParameterizedType) type,
                srcType, declaringClass);
    } else if (type instanceof GenericArrayType) { // 解析 GenericArrayType 类型
        return resolveGenericArrayType((GenericArrayType) type,
                srcType, declaringClass);
    } else {
        return type; // Class 类型
    }
    // 字段、返回值、参数不可能直接定义成 WildcardType 类型，但可以嵌套在别的类型中，后面会分析到
}
```

为了读者便于理解，这里通过一个示例分析 resolveType()方法，假设有三个类——ClassA、SubClassA、TestType，代码如下：

```
public class ClassA <K, V> {
    protected Map<K, V> map;
    // ... map 的 getter/setter 方法（略）
}

public class SubClassA <T> extends ClassA<T,T> { ... ... }

public class TestType {

    SubClassA <Long> sa = new SubClassA<>();

    public static void main(String[] args) throws Exception {
        Field f = A.class.getDeclaredField("map");
```

```java
System.out.println(f.getGenericType());
System.out.println(f.getGenericType() instanceof ParameterizedType);
// 输出是:
// java.util.Map<K, V>
// true

// 解析SubA<Long>(ParameterizedType类型)中的map字段,注意: ParameterizedTypeImpl是
// 在sun.reflect.generics.reflectiveObjects包下的ParameterizedType接口实现
Type type = TypeParameterResolver.resolveFieldType(f, ParameterizedTypeImpl
    .make(SubClassA.class, new Type[]{Long.class}, TestType.class));
// 也可以使用下面的方式生成上述ParameterizedType对象,
// 并调用TypeParameterResolver.resolveFieldType()方法:
//
// TypeParameterResolver.resolveFieldType(f,
//     TestType.class.getDeclaredField("sa").getGenericType());

System.out.println(type.getClass());
// 输出: class TypeParameterResolver$ParameterizedTypeImpl
// 注意, TypeParameterResolver$ParameterizedTypeImpl是ParameterizedType接口的实现
ParameterizedType p = (ParameterizedType) type;
System.out.println(p.getRawType());
// 输出: interface java.util.Map
System.out.println(p.getOwnerType());
// 输出: null
for (Type t : p.getActualTypeArguments()) {
    System.out.println(t);
}
// 输出:
// class java.lang.Long
// class java.lang.Long
    }
}
```

根据前面对 Type 接口的介绍,上例中 ClassA.map 字段声明的类型 Map<K,V> 是 ParameterizedType 类型, resolveType() 方法会调用 resolveParameterizedType() 方法进行解析。首先介绍 resolveParameterizedType() 方法的参数:第一个参数是待解析的 ParameterizedType 类型;第二个参数是解析操作的起始类型;第三个参数为定义该字段或方法的类的 Class 对象。在该示例中第一个参数是 Map<K,V> 对应的 ParameterizedType 对象,第二个参数是

TypeText.SubA<Long>对应的 ParameterizedType 对象，第三个参数是 ClassA（声明 map 字段的类）相应的 Class 对象。TypeParameterResolver.resolveParameterizedType()方法代码如下：

```java
private static ParameterizedType resolveParameterizedType(
        ParameterizedType parameterizedType, Type srcType, Class<?> declaringClass) {
    // 在该示例中，得到原始类型 Map 对应的 Class 对象
    Class<?> rawType = (Class<?>) parameterizedType.getRawType();
    Type[] typeArgs = parameterizedType.getActualTypeArguments(); // 类型变量为 K 和 V
    Type[] args = new Type[typeArgs.length]; // 用于保存解析后的结果
    for (int i = 0; i < typeArgs.length; i++) { // 解析 K 和 V
        if (typeArgs[i] instanceof TypeVariable) { // 解析类型变量
            args[i] = resolveTypeVar((TypeVariable<?>) typeArgs[i], srcType,
                        declaringClass);
        } else if (typeArgs[i] instanceof ParameterizedType) {
            // 如果嵌套了 ParameterizedType，则调用 resolveParameterizedType()方法进行处理
            args[i] = resolveParameterizedType((ParameterizedType) typeArgs[i], srcType,
                        declaringClass);
        } else if (typeArgs[i] instanceof WildcardType) {
            // 如果嵌套了 WildcardType，则调用 resolveWildcardType()方法进行处理
            args[i] = resolveWildcardType((WildcardType) typeArgs[i], srcType,
                        declaringClass);
        } else {
            args[i] = typeArgs[i];
        }
    }
    // 将解析结果封装成 TypeParameterResolver 中定义的 ParameterizedType 实现并返回，本例中 args
    // 数组中的元素都是 Long.class
    return new ParameterizedTypeImpl(rawType, null, args);
}
```

TypeParameterResolver.resolveTypeVar()方法负责解析 TypeVariable，本例会调用该方法解析 SubClassA.map 字段的 K 和 V。在该示例中，第一个参数是类型变量 K 对应的 TypeVariable 对象，第二个参数依然是 TypeText.SubA<Long>对应的 ParameterizedType 对象，第三个参数是 ClassA（声明 map 字段的类）对应的 Class 对象。TypeParameterResolver.resolveTypeVar()方法的具体实现如下：

```java
private static Type resolveTypeVar(TypeVariable<?> typeVar, Type srcType,
        Class<?> declaringClass) {
```

```java
    Type result = null;
    Class<?> clazz = null;
    if (srcType instanceof Class) {
        clazz = (Class<?>) srcType;
    } else if (srcType instanceof ParameterizedType) {
        // 本例中 SubA<Long>是 ParameterizedType 类型，clazz 为 SubClassA 对应的 Class 对象
        ParameterizedType parameterizedType = (ParameterizedType) srcType;
        clazz = (Class<?>) parameterizedType.getRawType();
    } else {
        throw new IllegalArgumentException("...");
    }

    // 因为 SubClassA 继承了 ClassA 且 map 字段定义在 ClassA 中，故这里的 srcType 与 declaringClass
    // 并不相等。如果 map 字段定义在 SubClassA 中，则可以直接结束对 K 的解析
    if (clazz == declaringClass) {
        Type[] bounds = typeVar.getBounds();// 获取上界
        if (bounds.length > 0) {
            return bounds[0];
        }
        return Object.class;
    }
    // 获取声明的父类类型，即 ClassA<T,T>对应的 ParameterizedType 对象
    Type superclass = clazz.getGenericSuperclass();
    // 通过扫描父类进行后续解析，这是递归的入口
    result = scanSuperTypes(typeVar, srcType, declaringClass, clazz, superclass);
    if (result != null) {
        return result;
    }

    Type[] superInterfaces = clazz.getGenericInterfaces(); // 获取接口
    // ... 通过扫描接口进行后续解析，逻辑同扫描父类（略）

    return Object.class; // 若在整个继承结构中都没有解析成功，则返回 Object.class
}
```

我们继续分析 scanSuperTypes()方法，该方法会递归整个继承结构并完成类型变量的解析。在该示例之中，第一个参数是 K 对应的 TypeVariable 对象，第二个参数是 TypeText.SubA<Long> 对应的 ParameterizedType 对象，第三个参数是 ClassA（声明 map 字段的类）对应的 Class 对象，

第四个参数是 SubClassA 对应的 Class 对象,第五个参数是 Class<T,T>对应的 ParameterizedType 对象。scanSuperTypes()方法的具体实现如下:

```java
private static Type scanSuperTypes(TypeVariable<?> typeVar, Type srcType,
        Class<?> declaringClass, Class<?> clazz, Type superclass) {
    Type result = null;
    // superclass 是 ClassA<T,T>对应的 ParameterizedType 对象,条件成立
    if (superclass instanceof ParameterizedType) {
        ParameterizedType parentAsType = (ParameterizedType) superclass;
        // 原始类型是 ClassA
        Class<?> parentAsClass = (Class<?>) parentAsType.getRawType();
        if (declaringClass == parentAsClass) { // map 字段定义在 ClassA 中,条件成立
            Type[] typeArgs = parentAsType.getActualTypeArguments();// {T,T}
            // ClassA 中定义的类型变量是 K 和 V
            TypeVariable<?>[] declaredTypeVars = declaringClass.getTypeParameters();
            for (int i = 0; i < declaredTypeVars.length; i++) {
                if (declaredTypeVars[i] == typeVar) { // 解析的目标类型变量是 K
                    if (typeArgs[i] instanceof TypeVariable) { // T 是类型变量,条件成立
                        // SubClassA 只有一个类型变量 T,且声明的父类是 ClassA<T,T>,本例中 T 被参数
                        // 化为 Long,则 K 参数化为 Long
                        TypeVariable<?>[] typeParams = clazz.getTypeParameters();
                        for (int j = 0; j < typeParams.length; j++) {
                            if (typeParams[j] == typeArgs[i]) {
                                if (srcType instanceof ParameterizedType) {
                                    result = ((ParameterizedType) srcType)
                                            .getActualTypeArguments()[j];
                                }
                                break;
                            }
                        }
                    } else {
                        // 如果 SubClassA 继承了 ClassA<Long,Long>,则 typeArgs[i]不是
                        // TypeVariable 类型,直接返回 Long.class
                        result = typeArgs[i];
                    }
                }
            }
        } else if (declaringClass.isAssignableFrom(parentAsClass)) {
```

```java
            // 继续解析父类，直到解析到定义该字段的类
            result = resolveTypeVar(typeVar, parentAsType, declaringClass);
        }
    } else if (superclass instanceof Class) {
        // 声明的父类不再含有类型变量且不是定义该字段的类，则继续解析
        if (declaringClass.isAssignableFrom((Class<?>) superclass)) {
            result = resolveTypeVar(typeVar, superclass, declaringClass);
        }
    }
    return result;
}
```

为了便于读者理解 scanSuperTypes()方法的功能，图 2-12 展示了 scanSuperTypes()方法解析类型变量的核心逻辑。

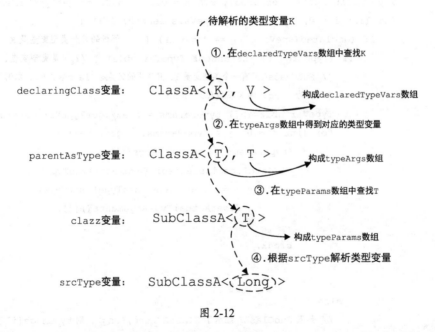

图 2-12

介绍完 TypeParameterResolver.resolveTypeVar()和 resolveParameterizedType()两个方法之后，再来看 resolveGenericArrayType()方法，该方法负责解析 GenericArrayType 类型的变量，它会根据数组元素的类型选择合适的 resolve*()方法进行解析，具体实现如下：

```java
private static Type resolveGenericArrayType(GenericArrayType genericArrayType,
        Type srcType, Class<?> declaringClass) {
```

```java
    Type componentType = genericArrayType.getGenericComponentType();// 获取数组元素的类型
    Type resolvedComponentType = null;
    // 根据数组元素类型选择合适的方法进行解析
    if (componentType instanceof TypeVariable) {
        // resolveTypeVar()方法已经介绍过了, 不再赘述
        resolvedComponentType = resolveTypeVar((TypeVariable<?>) componentType,
                    srcType, declaringClass);
    } else if (componentType instanceof GenericArrayType) {
        // 递归调用 resolveGenericArrayType()方法
        resolvedComponentType = resolveGenericArrayType(
            (GenericArrayType) componentType, srcType, declaringClass);
    } else if (componentType instanceof ParameterizedType) {
        // resolveParameterizedType()方法已经介绍过了, 不再赘述
        resolvedComponentType = resolveParameterizedType(
            (ParameterizedType) componentType, srcType, declaringClass);
    }
    // 根据解析后的数组项类型构造返回类型
    if (resolvedComponentType instanceof Class) {
        return Array.newInstance((Class<?>) resolvedComponentType, 0).getClass();
    } else {
        return new GenericArrayTypeImpl(resolvedComponentType);
    }
}
```

最后我们来看一下 TypeParameterResolver.resolveWildcardType()方法, 该方法负责解析 WildcardType 类型的变量。它首先解析 WildcardType 中记录的上下界, 然后通过解析后的结果构造 WildcardTypeImpl 对象返回。具体解析过程与上述 resolve*()方法类似, 不再贴出代码了。

通过前面的分析可知, 当存在复杂的继承关系以及泛型定义时, TypeParameterResolver 可以帮助我们解析字段、方法参数或方法返回值的类型, 这是前面介绍的 Reflector 类的基础。

另外, MyBatis 源代码中提供了 TypeParameterResolverTest 这个测试类, 其中从更多角度测试了 TypeParameterResolver 的功能, 感兴趣的读者可以参考该测试类的实现, 可以更全面地了解 TypeParameterResolver 的功能。

2.2.3 ObjectFactory

MyBatis 中有很多模块会使用到 ObjectFactory 接口, 该接口提供了多个 create()方法的重载, 通过这些 create()方法可以创建指定类型的对象。ObjectFactory 接口的定义如下:

```
public interface ObjectFactory {

    void setProperties(Properties properties); // 设置配置信息

    <T> T create(Class<T> type); // 通过无参构造器创建指定类的对象

    // 根据参数列表，从指定类型中选择合适的构造器创建对象
    <T> T create(Class<T> type, List<Class<?>> constructorArgTypes,
        List<Object> constructorArgs);

    // 检测指定类型是否为集合类型，主要处理java.util.Collection及其子类
    <T> boolean isCollection(Class<T> type);
}
```

DefaultObjectFactory 是 MyBatis 提供的 ObjectFactory 接口的唯一实现，它是一个反射工厂，其 create() 方法通过调用 instantiateClass() 方法实现。DefaultObjectFactory.instantiateClass() 方法会根据传入的参数列表选择合适的构造函数实例化对象，具体实现如下：

```
<T> T instantiateClass(Class<T> type, List<Class<?>> constructorArgTypes,
    List<Object> constructorArgs) {
    try {
        Constructor<T> constructor;
        // 通过无参构造函数创建对象
        if (constructorArgTypes == null || constructorArgs == null) {
            constructor = type.getDeclaredConstructor();
            if (!constructor.isAccessible()) {
                constructor.setAccessible(true);
            }
            return constructor.newInstance();
        }
        // 根据指定的参数列表查找构造函数，并实例化对象
        constructor = type.getDeclaredConstructor(constructorArgTypes
            .toArray(new Class[constructorArgTypes.size()]));
        if (!constructor.isAccessible()) {
            constructor.setAccessible(true);
        }
        return constructor.newInstance(constructorArgs
            .toArray(new Object[constructorArgs.size()]));
```

```
    } catch (Exception e) {
        throw new ReflectionException("...");
    }
}
```

除了使用 MyBatis 提供的 DefaultObjectFactory 实现，我们还可以在 mybatis-config.xml 配置文件中指定自定义的 ObjectFactory 接口实现类，从而实现功能上的扩展，在后面介绍 MyBatis 初始化的流程时，还会提到该扩展点。

2.2.4　Property 工具集

本小节主要介绍反射模块中使用到的三个属性工具类，分别是 PropertyTokenizer、PropertyNamer 和 PropertyCopier。

在使用 MyBatis 的过程中，我们经常会碰到一些属性表达式，例如，在查询某用户（User）的订单（Order）的结果集如表 2-2 所示。

表 2-2

user_name	order	item1	item2	...
Mary	124640	IPhone	Computer	...
Lisa	46546	MX	Watcher	...
...	...	...	...	...

对应的对象模型如图 2-13 所示。

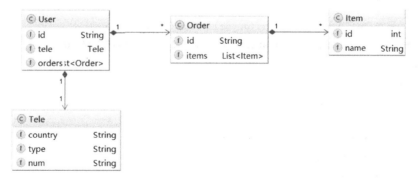

图 2-13

假设现在需要将结果集中的 item1 列与用户第一个订单（Order）的第一条目（Item）的名称映射，item2 列与用户第一个订单（Order）的第二条目（Item）的名称映射（这里仅仅是一

个示例,在实际生产中很少这样设计),我们可以得到下面的映射规则:

```xml
<resultMap id="rm4testProTool" type="User">
    <id column="id" property="id"/>
    <result property="orders[0].items[0].name" column="item1"/>
    <result property="orders[0].items[1].name" column="item2"/>
    ...
</resultMap>
```

在上例中,"orders[0].items[0].name"这种由"."和"[]"组成的表达式是由PropertyTokenizer进行解析的。PropertyTokenizer中各字段的含义如下:

```java
private String name;  // 当前表达式的名称

private String indexedName;  // 当前表达式的索引名

private String index;  // 索引下标

private String children;  // 子表达式
```

在PropertyTokenizer的构造方法中会对传入的表达式进行分析,并初始化上述字段,具体实现如下:

```java
public PropertyTokenizer(String fullname) {
    int delim = fullname.indexOf('.');  // 查找"."的位置
    if (delim > -1) {
        name = fullname.substring(0, delim);  // 初始化name
        children = fullname.substring(delim + 1);  // 初始化children
    } else {
        name = fullname;
        children = null;
    }
    indexedName = name;  // 初始化indexedName
    delim = name.indexOf('[');
    if (delim > -1) {
        index = name.substring(delim + 1, name.length() - 1);  // 初始化index
        name = name.substring(0, delim);
    }
}
```

PropertyTokenizer 继承了 Iterator 接口，它可以迭代处理嵌套多层表达式。PropertyTokenizer.next()方法中会创建新的 PropertyTokenizer 对象并解析 children 字段记录的子表达式。为了便于读者理解，这里继续使用前面的订单示例进行说明，描述解析属性表达式"orders[0].items[0].name"的迭代过程，如图 2-14 所示。

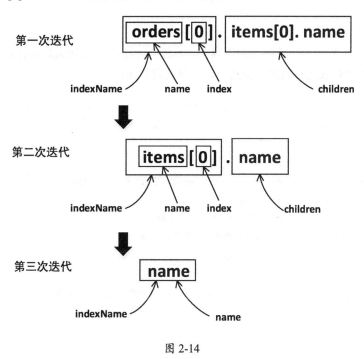

图 2-14

PropertyNamer 是另一个工具类，提供了下列静态方法帮助完成方法名到属性名的转换，以及多种检测操作。

```
public final class PropertyNamer {
    // methodToProperty()方法会将方法名转换成属性名
    public static String methodToProperty(String name) {
        // ... 具体逻辑是将方法名开头的"is"、"get"或"set"截掉，并将首字母小写（略）
    }

    // isProperty()方法负责检测方法名是否对应属性名
    public static boolean isProperty(String name) {
        // ... 具体逻辑方法名是否以"get"、"set"或"is"开头（略）
    }
```

```java
// isGetter()方法负责检测方法是否为getter方法
public static boolean isGetter(String name) { ... ... }

// isSetter()方法负责检测方法是否为setter方法
public static boolean isSetter(String name) { ... ... }
}
```

PropertyCopier 是一个属性拷贝的工具类，其核心方法是 copyBeanProperties()方法，主要实现相同类型的两个对象之间的属性值拷贝，具体实现如下：

```java
public static void copyBeanProperties(Class<?> type, Object sourceBean,
                                      Object destinationBean) {
    Class<?> parent = type;
    while (parent != null) {
        final Field[] fields = parent.getDeclaredFields();
        for(Field field : fields) {
            // ... try/catch 代码块比较简单，省略
            // 将sourceBean对象中的属性值设置到destinationBean对象中
            field.set(destinationBean, field.get(sourceBean));
        }
        parent = parent.getSuperclass(); // 继续拷贝父类中定义的字段
    }
}
```

2.2.5 MetaClass

MetaClass 通过 Reflector 和 PropertyTokenizer 组合使用，实现了对复杂的属性表达式的解析，并实现了获取指定属性描述信息的功能。MetaClass 中各个字段的含义如下：

```java
// 在创建MetaClass时会指定一个类，该Reflector对象会用于记录该类相关的元信息
private Reflector reflector;

// ReflectorFactory对象，用于缓存Reflector对象，不再赘述
private ReflectorFactory reflectorFactory;
```

MetaClass 的构造函数中会为指定的 Class 创建相应的 Reflector 对象，并用其初始化 MetaClass.reflector 字段，具体代码如下：

```java
// MetaClass 的构造方法是使用 private 修饰的
private MetaClass(Class<?> type, ReflectorFactory reflectorFactory) {
    this.reflectorFactory = reflectorFactory;
    // 创建 Reflector 对象，DefaultReflectorFactory.findForClass()方法已介绍过了，不再赘述
    this.reflector = reflectorFactory.findForClass(type);
}

// 使用静态方法创建 MetaClass 对象
public static MetaClass forClass(Class<?> type, ReflectorFactory reflectorFactory) {
    return new MetaClass(type, reflectorFactory);
}
```

MetaClass 中比较重要的是 findProperty() 方法，它是通过调用 MetaClass.buildProperty() 方法实现的，而 buildProperty() 方法会通过 PropertyTokenizer 解析复杂的属性表达式，具体实现如下：

```java
public String findProperty(String name) {
    // 委托给 buildProperty()方法实现
    StringBuilder prop = buildProperty(name, new StringBuilder());
    return prop.length() > 0 ? prop.toString() : null;
}

// 下面是 findProperty()方法的具体实现：
private StringBuilder buildProperty(String name, StringBuilder builder) {
    PropertyTokenizer prop = new PropertyTokenizer(name); // 解析属性表达式
    if (prop.hasNext()) { // 是否还有子表达式
        // 查找 PropertyTokenizer.name 对应的属性
        String propertyName = reflector.findPropertyName(prop.getName());
        if (propertyName != null) {
            builder.append(propertyName); // 追加属性名
            builder.append(".");
            // 为该属性创建对应的 MetaClass 对象
            MetaClass metaProp = metaClassForProperty(propertyName);
            // 递归解析 PropertyTokenizer.children 字段，并将解析结果添加到 builder 中保存
            metaProp.buildProperty(prop.getChildren(), builder);
        }
    } else { // 递归出口
        String propertyName = reflector.findPropertyName(name);
        if (propertyName != null) {
```

```
            builder.append(propertyName);
        }
    }
    return builder;
}

public MetaClass metaClassForProperty(String name) {
    Class<?> propType = reflector.getGetterType(name); // 查找指定属性对应的Class
    // 为该属性创建对应的MetaClass对象
    return MetaClass.forClass(propType, reflectorFactory);
}
```

读者需要注意一下，MetaClass.findProperty()方法只查找"."导航的属性，并没有检测下标。

这里以解析 User 类中的 tele.num 这个属性表达式为例解释上述过程：首先使用 PropertyTokenizer 解析 tele.num 表达式得到其 children 字段为 num，name 字段为 tele；然后将 tele 追加到 builder 中保存，并调用 metaClassForProperty()方法为 Tele 类创建对应的 MetaClass 对象，调用其 buildProperty()方法处理子表达式 num，逻辑同上，此时已经没有待处理的子表达式，最终得到 builder 中记录的字符串为 tele.num。了解了上述递归设计之后，MetaClass 其他的方法就比较好理解了。

MetaClass.hasGetter()和 hasSetter()方法负责判断属性表达式所表示的属性是否有对应的属性，这两个方法逻辑类似，这里以 hasGetter()方法为例进行分析。需要读者注意的是，这两个方法最终都会查找 Reflector.getMethods 集合或 setMethods 集合。根据前面介绍的 Reflector.addFields() 方法，当字段没有对应的 getter/setter 方法时会添加相应的 GetFieldInvoker/SetFieldInvoker 对象，所以 Reflector 有权限访问指定的字段时，这两个方法的行为并不像其方法名所暗示的那样只直接判断属性的 getter/setter 方法。先来看 MetaClass.hasGetter()方法的代码：

```
public boolean hasGetter(String name) {
    PropertyTokenizer prop = new PropertyTokenizer(name); // 解析属性表达式
    if (prop.hasNext()) { // 存在待处理的子表达式
        // PropertyTokenizer.name 指定的属性有 getter 方法，才能处理子表达式
        if (reflector.hasGetter(prop.getName())) {
            // 注意，这里的metaClassForProperty(PropertyTokenizer)方法是上面介绍
            // 的metaClassForProperty(String)方法的重载，但两者逻辑相差有点大，下面会专门分析其实现
            MetaClass metaProp = metaClassForProperty(prop);
```

```
            return metaProp.hasGetter(prop.getChildren()); // 递归入口
        } else {
            return false; // 递归出口
        }
    } else {
        return reflector.hasGetter(prop.getName()); // 递归出口
    }
}
```

MetaClass.metaClassForProperty(PropertyTokenizer)方法底层会调用 MetaClass.getGetterType(PropertyTokenizer)方法,针对 PropertyTokenizer 中是否包含索引信息做进一步处理,代码如下:

```
private MetaClass metaClassForProperty(PropertyTokenizer prop) {
    Class<?> propType = getGetterType(prop); // 获取表达式所表示的属性的类型
    return MetaClass.forClass(propType, reflectorFactory);
}

// 下面是 getGetterType(PropertyTokenizer)方法的实现
private Class<?> getGetterType(PropertyTokenizer prop) {
    Class<?> type = reflector.getGetterType(prop.getName()); // 获取属性类型
    // 该表达式中是否使用"[]"指定了下标,且是 Collection 子类
    if (prop.getIndex() != null && Collection.class.isAssignableFrom(type)) {//---(1)
        // 通过 TypeParameterResolver 工具类解析属性的类型
        Type returnType = getGenericGetterType(prop.getName());
        // 针对 ParameterizedType 进行处理,即针对泛型集合类型进行处理
        if (returnType instanceof ParameterizedType) {  // ---(2)
            Type[] actualTypeArguments =  // 获取实际的类型参数
                ((ParameterizedType) returnType).getActualTypeArguments();
            // 读者可以思考一下,为什么有 actualTypeArguments.length == 1 这个判断条件?
            if (actualTypeArguments != null && actualTypeArguments.length == 1) {
                returnType = actualTypeArguments[0]; // 泛型的类型
                if (returnType instanceof Class) {
                    type = (Class<?>) returnType;
                } else if (returnType instanceof ParameterizedType) {
                    type = (Class<?>) ((ParameterizedType) returnType).getRawType();
                }
            }
        }
    }
}
```

```
    }
    return type;
}

// 下面是 getGenericGetterType()方法的实现：
private Type getGenericGetterType(String propertyName) {
    // ... try/catch 代码块比较简单，省略
    // 根据 Reflector.getMethods 集合中记录的 Invoker 实现类的类型，决定解析 getter 方法返回值
    // 类型还是解析字段类型
    Invoker invoker = reflector.getGetInvoker(propertyName);
    if (invoker instanceof MethodInvoker) {
        Field _method = MethodInvoker.class.getDeclaredField("method");
        _method.setAccessible(true);
        Method method = (Method) _method.get(invoker);
        return TypeParameterResolver.resolveReturnType(method, reflector.getType());
    } else if (invoker instanceof GetFieldInvoker) {
        Field _field = GetFieldInvoker.class.getDeclaredField("field");
        _field.setAccessible(true);
        Field field = (Field) _field.get(invoker);
        return TypeParameterResolver.resolveFieldType(field, reflector.getType());
    }
    return null;
}
```

这里依然通过一个示例分析 MetaClass.hasGetter()方法的执行流程。假设现在通过 orders[0].id 这个属性表达式，检测 User 类中 orders 字段中的第一个元素（Order 对象）的 id 字段是否有 getter 方法，大致步骤如下：

（1）我们调用 MetaClass.forClass()方法创建 User 对应的 MetaClass 对象并调用其 hasGetter()方法开始解析，经过 PropertyTokenizer 对属性表达式的解析后，PropertyTokenizer 对象的 name 值为 orders，indexName 为 orders[0]，index 为 0，children 为 name。

（2）进入到 MetaClass.getGetterType()方法，此时（1）处条件成立，调用 getGenericGetterType() 方法解析 orders 字段的类型，得到 returnType 为 List<Order>对应的 ParameterizedType 对象，此时条件（2）成立，更新 returnType 为 Order 对应的 Class 对象。

（3）继续检测 Order 中的 id 字段是否有 getter 方法，具体逻辑同上。

另外，MetaClass 中有一个 public 修饰的 getGetterType(String)重载，其逻辑与 hasGetter() 类似，也是先对表达式进行解析，然后调用 metaClassForProperty()方法或 getGetterType

(PropertyTokenizer)方法进行下一步处理，代码如下：

```java
public Class<?> getGetterType(String name) {
    PropertyTokenizer prop = new PropertyTokenizer(name); // 解析属性表达式
    if (prop.hasNext()) {
        MetaClass metaProp = metaClassForProperty(prop);// 调用metaClassForProperty()方法
        return metaProp.getGetterType(prop.getChildren());// 递归调用
    }
    return getGetterType(prop); // 调用getGetterType(PropertyTokenizer)重载
}
```

MetaClass 中的其他 get*() 方法比较简单，大多数是直接依赖于 Reflector 的对应方法实现的，代码不贴出来了，请读者参考源码进行学习。

通过本小节的介绍，希望读者了解 MetaClass 中 findProperty()、hasGetter()、hasSetter() 等方法的实现原理。如果在实践中出现解析复杂属性表达式的需求，可以考虑参考该部分的实现代码。

2.2.6 ObjectWrapper

MetaClass 是 MyBatis 对类级别的元信息的封装和处理，下面来看 MyBatis 对对象级别的元信息的处理。ObjectWrapper 接口是对对象的包装，抽象了对象的属性信息，它定义了一系列查询对象属性信息的方法，以及更新属性的方法。

ObjectWrapper 接口的定义如下：

```java
public interface ObjectWrapper {
    // 如果ObjectWrapper中封装的是普通的Bean对象，则调用相应属性的相应getter方法，
    // 如果封装的是集合类，则获取指定key或下标对应的value值
    Object get(PropertyTokenizer prop);

    // 如果ObjectWrapper中封装的是普通的Bean对象，则调用相应属性的相应setter方法，
    // 如果封装的是集合类，则设置指定key或下标对应的value值
    void set(PropertyTokenizer prop, Object value);

    // 查找属性表达式指定的属性，第二个参数表示是否忽略属性表达式中的下画线
    String findProperty(String name, boolean useCamelCaseMapping);

    String[] getGetterNames(); // 查找可写属性的名称集合
```

```
String[] getSetterNames(); // 查找可读属性的名称集合

// 解析属性表达式指定属性的 setter 方法的参数类型
Class<?> getSetterType(String name);
// 解析属性表达式指定属性的 getter 方法的返回值类型
Class<?> getGetterType(String name);

// 判断属性表达式指定属性是否有 getter/setter 方法
boolean hasSetter(String name);
boolean hasGetter(String name);

// 为属性表达式指定的属性创建相应的 MetaObject 对象
MetaObject instantiatePropertyValue(String name,
        PropertyTokenizer prop, ObjectFactory objectFactory);

boolean isCollection(); // 封装的对象是否为 Collection 类型
void add(Object element); // 调用 Collection 对象的 add() 方法
<E> void addAll(List<E> element); // 调用 Collection 对象的 addAll() 方法
}
```

ObjectWrapperFactory 负责创建 ObjectWrapper 对象,如图 2-15 所示。

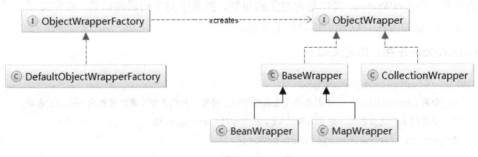

图 2-15

DefaultObjectWrapperFactory 实现了 ObjectWrapperFactory 接口,但它实现的 getWrapperFor() 方法始终抛出异常,hasWrapperFor() 方法始终返回 false,所以该实现实际上是不可用的。但是与 ObjectFactory 类似,我们可以在 mybatis-config.xml 中配置自定义的 ObjectWrapperFactory 实现类进行扩展,在后面介绍 MyBatis 初始化时还会提到该扩展点。

BaseWrapper 是一个实现了 ObjectWrapper 接口的抽象类,其中封装了 MetaObject 对象,并提供了三个常用的方法供其子类使用,如图 2-16 所示。

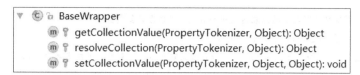

图 2-16

BaseWrapper.resolveCollection()方法会调用 MetaObject.getValue()方法，它会解析属性表达式并获取指定的属性，MetaObject.getValue()方法的实现在后面详细介绍。

BaseWrapper.getCollectionValue()方法和 setCollectionValue()方法会解析属性表达式的索引信息，然后获取/设置对应项。这两个方法的实现类似，这里只分析 getCollectionValue()方法，setCollectionValue()方法请读者参考源码学习。

```
protected Object getCollectionValue(PropertyTokenizer prop, Object collection) {
    if (collection instanceof Map) { // 如果是 Map 类型，则 index 为 key
        return ((Map) collection).get(prop.getIndex());
    } else {
        int i = Integer.parseInt(prop.getIndex());// 如果是其他集合类型，则 index 为下标
        if (collection instanceof List) {
            return ((List) collection).get(i);
        } else if (collection instanceof Object[]) {
            return ((Object[]) collection)[i];
        } else if (collection instanceof char[]) {
            return ((char[]) collection)[i];
        } else if (collection instanceof boolean[]) {
            // ...short、long、int 等其他基本类型的数组的处理（略）
        } else {
            throw new ReflectionException("...");
        }
    }
}
```

BeanWrapper 继承了 BaseWrapper 抽象类，其中封装了一个 JavaBean 对象以及该 JavaBean 类相应的 MetaClass 对象，当然，还有从 BaseWrapper 继承下来的、该 JavaBean 对象相应的 MetaObject 对象。

BeanWrapper.get()方法和 set()方法会根据指定的属性表达式，获取/设置相应的属性值，两者逻辑类似，这里以 get()方法为例进行介绍，具体代码如下，set()方法不再做详细介绍。

```
public Object get(PropertyTokenizer prop) {
```

```
    // 存在索引信息,则表示属性表达式中的 name 部分为集合类型
    if (prop.getIndex() != null) {
        // 通过 MetaObject.getValue()方法获取 object 对象中的指定集合属性
        Object collection = resolveCollection(prop, object);
        // 获取集合元素,前面已介绍过
        return getCollectionValue(prop, collection);
    } else {
        // 不存在索引信息,则 name 部分为普通对象,查找并调用 Invoker 相关方法获取属性
        return getBeanProperty(prop, object);
    }
}

private Object getBeanProperty(PropertyTokenizer prop, Object object) {
    // ... try/catch 代码块比较简单,省略
    // 根据属性名称,查找 Reflector.getMethods 集合中相应的 GetFieldInvoker 或 MethodInvoker
    Invoker method = metaClass.getGetInvoker(prop.getName());
    return method.invoke(object, NO_ARGUMENTS); // 获取属性值
}
```

CollectionWrapper 实现了 ObjectWrapper 接口,其中封装了 Collection<Object>类型的对象,但它大部分实现方法都会抛出 UnsupportedOperationException 异常,代码不贴出来了。

MapWrapper 是 BaseWrapper 的另一个实现类,其中封装的是 Map<String, Object>类型对象,了解了 MetaObject 和 BeanWrapper 实现后,相信读者可以轻松读懂 MapWrapper 的代码,这里不再赘述。

2.2.7 MetaObject

通过 2.2.6 节对 ObjectWrapper 的介绍我们知道,ObjectWrapper 提供了获取/设置对象中指定的属性值、检测 getter/setter 等常用功能,但是 ObjectWrapper 只是这些功能的最后一站,我们省略了对属性表达式解析过程的介绍,而该解析过程是在 MetaObject 中实现的。

本小节将详细介绍 MetaObject 是如何完成属性表达式的解析的。MetaObject 中字段的含义如下:

```
private Object originalObject; // 原始 JavaBean 对象

// 上文介绍的 ObjectWrapper 对象,其中封装了 originalObject 对象
```

```
private ObjectWrapper objectWrapper;

// 负责实例化 originalObject 的工厂对象，前面已经介绍过，不再重复描述
private ObjectFactory objectFactory;

// 负责创建 ObjectWrapper 的工厂对象，前面已经介绍过，不再重复描述
private ObjectWrapperFactory objectWrapperFactory;

// 用于创建并缓存 Reflector 对象的工厂对象，前面已经介绍过，不再重复描述
private ReflectorFactory reflectorFactory;
```

MetaObject 的构造方法会根据传入的原始对象的类型以及 ObjectFactory 工厂的实现，创建相应的 ObjectWrapper 对象，代码如下：

```
private MetaObject(Object object, ObjectFactory objectFactory,
        ObjectWrapperFactory objectWrapperFactory, ReflectorFactory reflectorFactory) {
    // 初始化上述字段
    this.originalObject = object;
    this.objectFactory = objectFactory;
    this.objectWrapperFactory = objectWrapperFactory;
    this.reflectorFactory = reflectorFactory;

    if (object instanceof ObjectWrapper) { // 若原始对象已经是 ObjectWrapper 对象，则直接使用
        this.objectWrapper = (ObjectWrapper) object;
    } else if (objectWrapperFactory.hasWrapperFor(object)) {
        // 若 ObjectWrapperFactory 能够为该原始对象创建对应的 ObjectWrapper 对象，则由优先使用
        // ObjectWrapperFactory，而 DefaultObjectWrapperFactory.hasWrapperFor() 始终
        // 返回 false。用户可以自定义 ObjectWrapperFactory 实现进行扩展
        this.objectWrapper = objectWrapperFactory.getWrapperFor(this, object);
    } else if (object instanceof Map) {
        // 若原始对象为 Map 类型，则创建 MapWrapper 对象
        this.objectWrapper = new MapWrapper(this, (Map) object);
    } else if (object instanceof Collection) {
        // 若原始对象是 Collection 类型，则创建 CollectionWrapper 对象
        this.objectWrapper = new CollectionWrapper(this, (Collection) object);
    } else {
        // 若原始对象是普通的 JavaBean 对象，则创建 BeanWrapper 对象
        this.objectWrapper = new BeanWrapper(this, object);
```

```java
        }
    }

    // MetaObject 的构造方法是 private 修改的，只能通过 forObject() 这个静态方法创建 MetaObject 对象
    public static MetaObject forObject(Object object, ObjectFactory objectFactory,
            ObjectWrapperFactory objectWrapperFactory, ReflectorFactory reflectorFactory) {
        if (object == null){
            // 若 object 为 null，则统一返回 SystemMetaObject.NULL_META_OBJECT 这个标志对象
            return SystemMetaObject.NULL_META_OBJECT;
        } else {
            return new MetaObject(object, objectFactory,
                objectWrapperFactory, reflectorFactory);
        }
    }
```

MetaObject 和 ObjectWrapper 中关于类级别的方法，例如 hasGetter()、hasSetter()、findProperty() 等方法，都是直接调用 MetaClass 的对应方法实现的，不再赘述。其他方法都是关于对象级别的方法，这些方法都是与 ObjectWrapper 配合实现，例如 MetaObject.getValue()/setValue() 方法。这里以 getValue() 方法为例进行介绍，具体代码如下，setValue() 的实现类似，不再赘述。

```java
public Object getValue(String name) {
    PropertyTokenizer prop = new PropertyTokenizer(name); // 解析属性表达式
    if (prop.hasNext()) { // 处理子表达式
        // 根据 PropertyTokenizer 解析后指定的属性，创建相应的 MetaObject 对象
        MetaObject metaValue = metaObjectForProperty(prop.getIndexedName());
        if (metaValue == SystemMetaObject.NULL_META_OBJECT) {
            return null;
        } else {
            return metaValue.getValue(prop.getChildren()); // 递归处理子表达式
        }
    } else {
        return objectWrapper.get(prop); // 通过 ObjectWrapper 获取指定的属性值
    }
}

// 下面是 MetaObject.metaObjectForProperty() 方法的实现:
public MetaObject metaObjectForProperty(String name) {
    Object value = getValue(name); // 获取指定的属性
```

```
    // 创建该属性对象相应的 MetaObject 对象
    return MetaObject.forObject(value, objectFactory,
        objectWrapperFactory, reflectorFactory);
}
```

为了帮助读者理解,这里依然以"orders[0].id"这个属性表达式为例来分析 MetaObject.getValue()方法的执行流程:

(1)创建 User 对象相应的 MetaObject 对象,并调用 MetaObject.getValue()方法,经过 PropertyTokenizer 解析"orders[0].id"表达式之后,其 name 为 orders,indexedName 为 orders[0], index 为 0,children 为 id。

(2)调用 MetaObject.metaObjectForProperty()方法处理"orders[0]"表达式,底层会调用 BeanWrapper.get()方法获取 orders 集合中第一个 Order 对象,其中先通过 BeanWrapper.resolve-Collection()方法获取 orders 集合对象,然后调用 BeanWrapper.getCollectionValue()方法获取 orders 集合中的第一个元素。注意,这个过程中会递归调用 MetaObject.getValue()方法。

(3)得到 Order 对象后,创建其相应的 MetaObject 对象,并调用 MetaObject.getValue()方法处理"id"表达式,逻辑同上,最后得到属性表达式指定属性的值,即 User 对象的 orders 集合属性中第一个 Order 元素的 id 属性值。

图 2-17 展示了该过程的方法调用栈,调用层次由①~⑨逐步深入。

图 2-17

MetaObject.setValue()方法的逻辑与 MetaObject.getValue()方法大致类似,但是其中有一个细节需要读者注意,如果需要设置的值不为空时,会调用 ObjectWrapper.instantiatePropertyValue() 初始化表达式路径上为空的属性,但是不能初始化集合类型字段中的集合元素。ObjectWrapper.instantiatePropertyValue()方法实际上就是调用 ObjectFactory 接口的 create()方法(默认实现是 DefaultObjectFactory)创建对象并将其设置到所属的对象中去。这里简单看一下 BeanWrapper.instantiatePropertyValue()方法的实现:

```
public MetaObject instantiatePropertyValue(String name, PropertyTokenizer prop,
```

```
        ObjectFactory objectFactory) {
    MetaObject metaValue;
    // 获取属性相应的setter方法的参数类型
    Class<?> type = getSetterType(prop.getName());
    // 通过反射的方式，创建属性对象
    Object newObject = objectFactory.create(type);
    metaValue = MetaObject.forObject(newObject, metaObject.getObjectFactory(),
            metaObject.getObjectWrapperFactory(), metaObject.getReflectorFactory());
    // 将上面创建的属性对象，设置到对应的属性或集合中
    set(prop, newObject);
    return metaValue;
}
```

理解了 MetaObject 和 BeanWrapper 如何通过递归的方式处理属性表达式指定的属性值后，其余方法的实现原理就比较容易理解了。例如 getGetterType()、getSetterType()、hasGetter()、hasSetter()等方法，都是先递归处理属性表达式，然后调用 MetaClass 相应方法实现的，这里不再赘述，感兴趣的读者可以参考源码学习。

2.3 类型转换

JDBC 数据类型与 Java 语言中的数据类型并不是完全对应的，所以在 PreparedStatement 为 SQL 语句绑定参数时，需要从 Java 类型转换成 JDBC 类型，而从结果集中获取数据时，则需要从 JDBC 类型转换成 Java 类型。MyBatis 使用类型处理器完成上述两种转换，如图 2-18 所示。

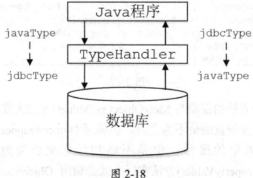

图 2-18

首选需要读者了解的是，在 MyBatis 中使用 JdbcType 这个枚举类型代表 JDBC 中的数据类型，该枚举类型中定义了 TYPE_CODE 字段，记录了 JDBC 类型在 java.sql.Types 中相应的常量编码，并通过一个静态集合 codeLookup（HashMap<Integer,JdbcType>类型）维护了常量编码与

JdbcType 之间的对应关系。

2.3.1 TypeHandler

MyBatis 中所有的类型转换器都继承了 TypeHandler 接口，在 TypeHandler 接口中定义了如下四个方法，这四个方法分为两类：setParameter()方法负责将数据由 Java 类型转换成 JdbcType 类型；getResult()方法及其重载负责将数据由 JdbcType 类型转换成 Java 类型。

```java
public interface TypeHandler<T> {

    // 在通过 PreparedStatement 为 SQL 语句绑定参数时，会将数据由 Java 类型转换成 JdbcType 类型
    void setParameter(PreparedStatement ps, int i, T parameter, JdbcType jdbcType)
        throws SQLException;

    // 从 ResultSet 中获取数据时会调用此方法，会将数据由 JdbcType 类型转换成 Java 类型
    T getResult(ResultSet rs, String columnName) throws SQLException;
    T getResult(ResultSet rs, int columnIndex) throws SQLException;
    T getResult(CallableStatement cs, int columnIndex) throws SQLException;
}
```

为方便用户自定义 TypeHandler 实现，MyBatis 提供了 BaseTypeHandler 这个抽象类，它实现了 TypeHandler 接口，并继承了 TypeReference 抽象类，其继承结构如图 2-19 所示。

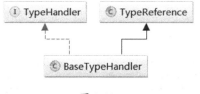

图 2-19

在 BaseTypeHandler 中实现了 TypeHandler.setParameter()方法和 TypeHandler.getResult()方法，具体实现如下所示。需要注意的是，这两个方法对于非空数据的处理都交给了子类实现。

```java
public void setParameter(PreparedStatement ps, int i, T parameter, JdbcType jdbcType)
        throws SQLException {
    if (parameter == null) {
        if (jdbcType == null) {
            throw new TypeException("...");
        }
```

```
        // ... 省略 try/catch 代码块
        ps.setNull(i, jdbcType.TYPE_CODE); // 绑定参数为 null 的处理
    } else {
        // ... 省略 try/catch 代码块
        // 绑定非空参数，该方法抽象方法，由子类实现
        setNonNullParameter(ps, i, parameter, jdbcType);
    }
}

// getResult()方法的其他重载与此实现类似，代码就不贴出来了
public T getResult(ResultSet rs, String columnName) throws SQLException {
    T result;
    // ... ... 省略 try/catch 代码块
    result = getNullableResult(rs, columnName); // 抽象方法，有多个重载，由子类实现
    if (rs.wasNull()) { // 对空值的特殊处理
        return null;
    } else {
        return result;
    }
}
```

BaseTypeHandler 的实现类比较多，如图 2-20 所示，但大多是直接调用 PreparedStatement 和 ResultSet 或 CallableStatement 的对应方法，实现比较简单。

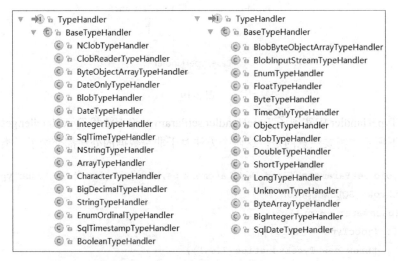

图 2-20

这里以 IntegerTypeHandler 为例简单介绍，其他的实现类请读者参考相关源码：

```java
public class IntegerTypeHandler extends BaseTypeHandler<Integer> {

    @Override
    public void setNonNullParameter(PreparedStatement ps, int i,
                        Integer parameter, JdbcType jdbcType)
        throws SQLException {
      ps.setInt(i, parameter); // 调用 PreparedStatement.setInt()实现参数绑定
    }

    @Override
    public Integer getNullableResult(ResultSet rs, String columnName) throws SQLException {
      return rs.getInt(columnName); // 调用 ResultSet.getInt()获取指定列值
    }

    @Override
    public Integer getNullableResult(ResultSet rs, int columnIndex) throws SQLException {
      return rs.getInt(columnIndex); // 调用 ResultSet.getInt()获取指定列值
    }

    @Override
    public Integer getNullableResult(CallableStatement cs, int columnIndex)
                    throws SQLException {
      return cs.getInt(columnIndex); // 调用 ResultSet.getInt()获取指定列值
    }
}
```

一般情况下，TypeHandler 用于完成单个参数以及单个列值的类型转换，如果存在多列值转换成一个 Java 对象的需求，应该优先考虑使用在映射文件中定义合适的映射规则（<resultMap>节点）完成映射。

2.3.2　TypeHandlerRegistry

介绍完 TypeHandler 接口及其功能之后，MyBatis 如何管理众多的 TypeHandler 接口实现，如何知道何时使用哪个 TypeHandler 接口实现完成转换呢？这是由本小节介绍的 TypeHandlerRegistry 完

成的，在 MyBatis 初始化过程中，会为所有已知的 TypeHandler 创建对象，并实现注册到 TypeHandlerRegistry 中，由 TypeHandlerRegistry 负责管理这些 TypeHandler 对象。

下面先来看看 TypeHandlerRegistry 中的核心字段的含义：

```
// 记录 JdbcType 与 TypeHandler 之间的对应关系，其中 JdbcType 是一个枚举类型，它定义对应的 JDBC 类型
// 该集合主要用于从结果集读取数据时，将数据从 Jdbc 类型转换成 Java 类型
private final Map<JdbcType, TypeHandler<?>> JDBC_TYPE_HANDLER_MAP =
            new EnumMap<JdbcType, TypeHandler<?>>(JdbcType.class);

// 记录了 Java 类型向指定 JdbcType 转换时，需要使用的 TypeHandler 对象。例如：Java 类型中的 String 可能
// 转换成数据库的 char、varchar 等多种类型，所以存在一对多关系
private final Map<Type, Map<JdbcType, TypeHandler<?>>> TYPE_HANDLER_MAP =
            new ConcurrentHashMap<Type, Map<JdbcType, TypeHandler<?>>>();

// 记录了全部 TypeHandler 的类型以及该类型相应的 TypeHandler 对象
private final Map<Class<?>, TypeHandler<?>> ALL_TYPE_HANDLERS_MAP =
            new HashMap<Class<?>, TypeHandler<?>>();

// 空 TypeHandler 集合的标识
private static final Map<JdbcType, TypeHandler<?>> NULL_TYPE_HANDLER_MAP =
            new HashMap<JdbcType, TypeHandler<?>>();
```

1. 注册 TypeHandler 对象

TypeHandlerRegistry.register()方法实现了注册 TypeHandler 对象的功能，该注册过程会向上述四个集合中添加 TypeHandler 对象。register()方法有多个重载，这些重载之间的调用关系如图 2-21 所示。

下面来分析①～⑥这六个 register()方法，其余的 register()方法重载主要完成强制类型转换或初始化 TypeHandler 的功能，然后调用重载①～⑥实现注册功能，故不再做详细分析。

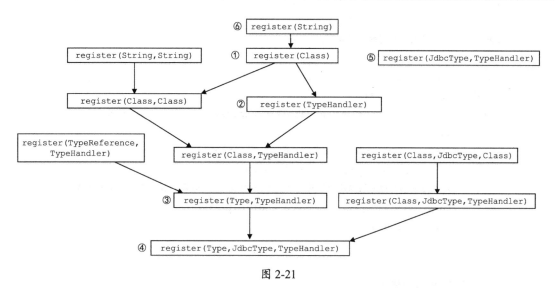

图 2-21

从图 2-21 中可以看出，多数 register()方法最终会调用重载④完成注册功能，我们先来介绍该方法的实现，其三个参数分别指定了 TypeHandler 能够处理的 Java 类型、Jdbc 类型以及 TypeHandler 对象。

```
// register()方法的重载④的实现如下：
private void register(Type javaType, JdbcType jdbcType, TypeHandler<?> handler) {
    if (javaType != null) { // 检测是否明确指定了 TypeHandler 能够处理的 Java 类型
        // 获取指定 Java 类型在 TYPE_HANDLER_MAP 集合中对应的 TypeHandler 集合
        Map<JdbcType, TypeHandler<?>> map = TYPE_HANDLER_MAP.get(javaType);
        if (map == null) { // 创建新的 TypeHandler 集合，并添加到 TYPE_HANDLER_MAP 中
            map = new HashMap<JdbcType, TypeHandler<?>>();
            TYPE_HANDLER_MAP.put(javaType, map);
        }
        map.put(jdbcType, handler); // 将 TypeHandler 对象注册到 TYPE_HANDLER_MAP 集合
    }
    // 向 ALL_TYPE_HANDLERS_MAP 集合注册 TypeHandler 类型和对应的 TypeHandler 对象
    ALL_TYPE_HANDLERS_MAP.put(handler.getClass(), handler);
}
```

在①~③这个三个 register()方法重载中会尝试读取 TypeHandler 类中定义的@MappedTypes 注解和@MappedJdbcTypes 注解，@MappedTypes 注解用于指明该 TypeHandler 实现类能够处理的 Java 类型的集合，@MappedJdbcTypes 注解用于指明该 TypeHandler 实现类能够处理的 JDBC 类型集合。register()方法的重载①~③的具体实现如下：

```java
// register()方法的重载①的实现如下:
public void register(Class<?> typeHandlerClass) {
    boolean mappedTypeFound = false;
    // 获取@MappedTypes注解
    MappedTypes mappedTypes = typeHandlerClass.getAnnotation(MappedTypes.class);
    if (mappedTypes != null) {
        // 根据@MappedTypes注解中指定的Java类型进行注册
        for (Class<?> javaTypeClass : mappedTypes.value()) {
            // 经过强制类型转换以及使用反射创建TypeHandler对象之后,交由重载③继续处理
            register(javaTypeClass, typeHandlerClass);
            mappedTypeFound = true;
        }
    }
    if (!mappedTypeFound) {
        // 未指定@MappedTypes注解,交由重载②继续处理
        register(getInstance(null, typeHandlerClass));
    }
}

// register()方法的重载②的实现如下:
public <T> void register(TypeHandler<T> typeHandler) {
    boolean mappedTypeFound = false;
    // 获取@MappedTypes注解,并根据@MappedTypes注解指定的Java类型进行注册,逻辑与重载①类似
    MappedTypes mappedTypes = typeHandler.getClass().getAnnotation(MappedTypes.class);
    if (mappedTypes != null) {
        for (Class<?> handledType : mappedTypes.value()) {
            register(handledType, typeHandler); // 交由重载③处理
            mappedTypeFound = true;
        }
    }
    // 从3.1.0版本开始,可以根据TypeHandler类型自动查找对应的Java类型,这需要
    // 我们的TypeHandler实现类同时继承TypeReference这个抽象类
    if (!mappedTypeFound && typeHandler instanceof TypeReference) {
        // ... 省略try/catch代码块
        TypeReference<T> typeReference = (TypeReference<T>) typeHandler;
        register(typeReference.getRawType(), typeHandler); // 交由重载③处理
        mappedTypeFound = true;
```

```
    }
    if (!mappedTypeFound) {
        register((Class<T>) null, typeHandler); // 类型转换后，由重载③处理
    }
}

// register()方法的重载③的实现如下：
private <T> void register(Type javaType, TypeHandler<? extends T> typeHandler) {
    // 获取@MappedJdbcTypes注解
    MappedJdbcTypes mappedJdbcTypes
        = typeHandler.getClass().getAnnotation(MappedJdbcTypes.class);
    if (mappedJdbcTypes != null) {
        // 根据@MappedJdbcTypes注解指定的JDBC类型进行注册
        for (JdbcType handledJdbcType : mappedJdbcTypes.value()) {
            register(javaType, handledJdbcType, typeHandler); // 交由重载④完成注册
        }
        if (mappedJdbcTypes.includeNullJdbcType()) {
            register(javaType, null, typeHandler); // 交由重载④完成注册
        }
    } else {
        register(javaType, null, typeHandler); // 交由重载④完成注册
    }
}
```

上述全部的 register()方法重载都是在向 TYPE_HANDLER_MAP 集合和 ALL_TYPE_HANDLERS_MAP 集合注册 TypeHandler 对象，而重载⑤是向 JDBC_TYPE_HANDLER_MAP 集合注册 TypeHandler 对象，其具体实现如下：

```
// register()方法的重载⑤的实现如下：
public void register(JdbcType jdbcType, TypeHandler<?> handler) {
    // 注册JDBC类型对应的TypeHandler
    JDBC_TYPE_HANDLER_MAP.put(jdbcType, handler);
}
```

TypeHandlerRegistry 除了提供注册单个 TypeHandler 的 register()重载，还可以扫描整个包下的 TypeHandler 接口实现类，并将完成这些 TypeHandler 实现类的注册。下面来看重载⑥的具体实现：

```java
// 下面是register()方法的重载⑥的实现,主要用来自动扫描指定包下的TypeHandler实现类并完成注册
public void register(String packageName) {
    ResolverUtil<Class<?>> resolverUtil = new ResolverUtil<Class<?>>();
    // 查找指定包下的TypeHandler接口实现类
    resolverUtil.find(new ResolverUtil.IsA(TypeHandler.class), packageName);
    Set<Class<? extends Class<?>>> handlerSet = resolverUtil.getClasses();
    for (Class<?> type : handlerSet) {
        // 过滤掉内部类、接口以及抽象类
        if (!type.isAnonymousClass() &&
                !type.isInterface() && !Modifier.isAbstract(type.getModifiers())) {
            register(type); // 交由重载①继续后续注册操作
        }
    }
}
```

最后来看TypeHandlerRegistry构造方法,会通过上述register()方法为很多基础类型注册对应的TypeHandler对象,简略代码如下:

```java
public TypeHandlerRegistry() {
    // ... 这里重点来看String相关的TypeHandler对象的注册,其他类型相关的TypeHandler的注册类似(略)

    // StringTypeHandler 能够将数据从 String 类型转换成 null (JdbcType),所以向 TYPE_HANDLER_MAP
    // 集合注册该对象,并向ALL_TYPE_HANDLERS_MAP集合注册StringTypeHandler
    register(String.class, new StringTypeHandler());

    // NStringTypeHandler能够将数据从String类型转换成NVARCHAR,所以向TYPE_HANDLER_MAP
    // 集合注册该对象,并向ALL_TYPE_HANDLERS_MAP集合注册NStringTypeHandler
    register(String.class, JdbcType.NVARCHAR, new NStringTypeHandler());
    // ... ...String还可以转换成VarChar、Char等多种JdbcType,注册与上述代码类似(略)

    // 向JDBC_TYPE_HANDLER_MAP集合注册NVARCHAR对应的NStringTypeHandler
    register(JdbcType.NVARCHAR, new NStringTypeHandler());
    // ... 注册其他JdbcType类型对应的TypeHandler的过程类似(略)
}
```

2. 查找 TypeHandler

介绍完注册 TypeHandler 对象的功能之后，再来介绍 TypeHandlerRegistry 提供的查找 TypeHandler 对象的功能。TypeHandlerRegistry.getTypeHandler()方法实现了从上述四个集合中获取对应 TypeHandler 对象的功能。TypeHandlerRegistry.getTypeHandler()方法有多个重载，这些重载之间的关系如图 2-22 所示。

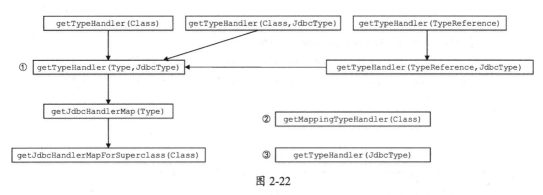

图 2-22

经过一系列类型转换之后，TypeHandlerRegistry.getTypeHandler()方法的多个重载都会调用 TypeHandlerRegistry.getTypeHandle(Type,JdbcType)这个重载方法，它会根据指定的 Java 类型和 JdbcType 类型查找相应的 TypeHandler 对象，具体实现如下：

```
private <T> TypeHandler<T> getTypeHandler(Type type, JdbcType jdbcType) {
    // 查找(或初始化)Java 类型对应的 TypeHandler 集合
    Map<JdbcType, TypeHandler<?>> jdbcHandlerMap = getJdbcHandlerMap(type);
    TypeHandler<?> handler = null;
    if (jdbcHandlerMap != null) {
        // 根据 JdbcType 类型查找 TypeHandler 对象
        handler = jdbcHandlerMap.get(jdbcType);
        if (handler == null) {
            handler = jdbcHandlerMap.get(null);
        }
        if (handler == null) {
            // 如果 jdbcHandlerMap 只注册了一个 TypeHandler，则使用此 TypeHandler 对象
            handler = pickSoleHandler(jdbcHandlerMap);
        }
    }
    return (TypeHandler<T>) handler;
}
```

在 TypeHandlerRegistry.getJdbcHandlerMap()方法中，会检测 TYPE_HANDLER_MAP 集合中指定 Java 类型对应的 TypeHandler 集合是否已经初始化。如果未初始化，则尝试以该 Java 类型的、已初始化的父类对应的 TypeHandler 集合为初始集合；如不存在已初始化的父类，则将其对应的 TypeHandler 集合初始化为 NULL_TYPE_HANDLER_MAP 标识。getJdbcHandlerMap()方法具体实现如下：

```java
private Map<JdbcType, TypeHandler<?>> getJdbcHandlerMap(Type type) {
    // 查找指定 Java 类型对应的 TypeHandler 集合
    Map<JdbcType, TypeHandler<?>> jdbcHandlerMap = TYPE_HANDLER_MAP.get(type);
    if (NULL_TYPE_HANDLER_MAP.equals(jdbcHandlerMap)) { // 检测是否为空集合标识
        return null;
    }

    // 初始化指定 Java 类型的 TypeHandler 集合
    if (jdbcHandlerMap == null && type instanceof Class) {
        Class<?> clazz = (Class<?>) type;
        // 查找父类对应的 TypeHandler 集合，并作为初始集合
        jdbcHandlerMap = getJdbcHandlerMapForSuperclass(clazz);
        if (jdbcHandlerMap != null) {
            TYPE_HANDLER_MAP.put(type, jdbcHandlerMap);
        } else if (clazz.isEnum()) { // 枚举类型的处理
            register(clazz, new EnumTypeHandler(clazz));
            return TYPE_HANDLER_MAP.get(clazz);
        }
    }
    if (jdbcHandlerMap == null) { // 以 NULL_TYPE_HANDLER_MAP 作为 TypeHandler 集合
        TYPE_HANDLER_MAP.put(type, NULL_TYPE_HANDLER_MAP);
    }
    return jdbcHandlerMap;
}

// 下面是 getJdbcHandlerMapForSuperclass()方法的实现：
private Map<JdbcType, TypeHandler<?>> getJdbcHandlerMapForSuperclass(Class<?> clazz) {
    Class<?> superclass = clazz.getSuperclass();
    if (superclass == null || Object.class.equals(superclass)) {
        return null; // 父类为 Object 或 null 则查找结束
    }
    Map<JdbcType, TypeHandler<?>> jdbcHandlerMap = TYPE_HANDLER_MAP.get(superclass);
```

```
        if (jdbcHandlerMap != null) {
            return jdbcHandlerMap;
        } else {
            // 继续递归查找父类对应的 TypeHandler 集合
            return getJdbcHandlerMapForSuperclass(superclass);
        }
    }
```

TypeHandlerRegistry.getMappingTypeHandler()方法会根据指定的 TypeHandler 类型，直接从 ALL_TYPE_HANDLERS_MAP 集合中查找 TypeHandler 对象。

TypeHandlerRegistry.getTypeHandler(JdbcType)方法会根据指定的 JdbcType 类型，从 JDBC_TYPE_HANDLER_MAP 集合中查找 TypeHandler 对象。这两个方法实现相对简单，代码就不贴出来了。

最后，除了 MyBatis 本身提供的 TypeHandler 实现，我们也可以添加自定义的 TypeHandler 接口实现，添加方式是在 mybatis-config.xml 配置文件中的<typeHandlers>节点下，添加相应的<typeHandler>节点配置，并指定自定义的 TypeHandler 接口实现类。在 MyBatis 初始化时会解析该节点，并将该 TypeHandler 类型的对象注册到 TypeHandlerRegistry 中，供 MyBatis 后续使用。在后面介绍 MyBatis 初始化时还会提到该配置。

2.3.3 TypeAliasRegistry

在编写 SQL 语句时，使用别名可以方便理解以及维护，例如表名或列名很长时，我们一般会为其设计易懂易维护的别名。MyBatis 将 SQL 语句中别名的概念进行了延伸和扩展，MyBatis 可以为一个类添加一个别名，之后就可以通过别名引用该类。

MyBatis 通过 TypeAliasRegistry 类完成别名注册和管理的功能，TypeAliasRegistry 的结构比较简单，它通过 TYPE_ALIASES 字段（Map<String, Class<?>>类型）管理别名与 Java 类型之间的对应关系，通过 TypeAliasRegistry.registerAlias()方法完成注册别名，该方法的具体实现如下：

```
public void registerAlias(String alias, Class<?> value) {
    // ... 检测 alias 为 null，则直接抛出异常（略）
    String key = alias.toLowerCase(Locale.ENGLISH); // 将别名转换为小写
    // 检测别名是否已经存在
    if (TYPE_ALIASES.containsKey(key) && TYPE_ALIASES.get(key) != null
            && !TYPE_ALIASES.get(key).equals(value)) {
        throw new TypeException("...");
    }
```

```
TYPE_ALIASES.put(key, value); // 注册别名
}
```

在 TypeAliasRegistry 的构造方法中，默认为 Java 的基本类型及其数组类型、基本类型的封装类及其数组类型、Date、BigDecimal、BigInteger、Map、HashMap、List、ArrayList、Collection、Iterator、ResultSet 等类型添加了别名，代码比较简单，请读者参考 TypeAliasRegistry 的源码进行学习。

TypeAliasRegistry 中还有两个方法需要介绍一下，registerAliases(String, Class<?>)重载会扫描指定包下所有的类，并为指定类的子类添加别名；registerAlias(Class<?>)重载中会尝试读取@Alias 注解。这两个方法的实现如下：

```
public void registerAliases(String packageName, Class<?> superType) {
    ResolverUtil<Class<?>> resolverUtil = new ResolverUtil<Class<?>>();
    // 查找指定包下的 superType 类型类
    resolverUtil.find(new ResolverUtil.IsA(superType), packageName);
    Set<Class<? extends Class<?>>> typeSet = resolverUtil.getClasses();
    for (Class<?> type : typeSet) {
        // 过滤掉略内部类、接口以及抽象类
        if (!type.isAnonymousClass() && !type.isInterface() && !type.isMemberClass()) {
            registerAlias(type);
        }
    }
}

public void registerAlias(Class<?> type) {
    String alias = type.getSimpleName(); // 类的简单名称（不包含包名）
    // 读取@Alias 注解
    Alias aliasAnnotation = type.getAnnotation(Alias.class);
    if (aliasAnnotation != null) {
        alias = aliasAnnotation.value();
    }
    // 检测此别名不存在后，会将其记录到 TYPE_ALIASES 集合中
    registerAlias(alias, type);
}
```

2.4 日志模块

良好的日志在一个软件中占了非常重要的地位，日志是开发与运维管理之间的桥梁。日志可以帮助运维人员和管理人员快速查找系统的故障和瓶颈，也可以帮助开发人员与运维人员沟通，更好地完成开发和运维任务。但日志的信息量会随着软件运行时间不断变多，所以需要定期汇总和清理，避免影响服务器的正常运行。

在 Java 开发中常用的日志框架有 Log4j、Log4j2、Apache Commons Log、java.util.logging、slf4j 等，这些工具对外的接口不尽相同。为了统一这些工具的接口，MyBatis 定义了一套统一的日志接口供上层使用，并为上述常用的日志框架提供了相应的适配器。

2.4.1 适配器模式

首先，我们简单介绍设计模式中有六大原则。

- 单一职责原则：不要存在多于一个导致类变更的原因，简单来说，一个类只负责唯一一项职责。
- 里氏替换原则：如果对每一个类型为 T1 的对象 t1，都有类型为 T2 的对象 t2，使得以 T1 定义的所有程序 P 在所有的对象 t1 都代换成 t2 时，程序 P 的行为没有发生变化，那么类型 T2 是类型 T1 的子类型。遵守里氏替换原则，可以帮助我们设计出更为合理的继承体系。
- 依赖倒置原则：系统的高层模块不应该依赖低层模块的具体实现，二者都应该依赖其抽象类或接口，抽象接口不应该依赖具体实现类，而具体实现类应该于依赖抽象。简单来说，我们要面向接口编程。当需求发生变化时对外接口不变，只要提供新的实现类即可。
- 接口隔离原则：一个类对另一个类的依赖应该建立在最小的接口上。简单来说，我们在设计接口时，不要设计出庞大臃肿的接口，因为实现这种接口时需要实现很多不必要的方法。我们要尽量设计出功能单一的接口，这样也能保证实现类的职责单一。
- 迪米特法则：一个对象应该对其他对象保持最少的了解。简单来说，就是要求我们减低类间耦合。
- 开放-封闭原则：程序要对扩展开放，对修改关闭。简单来说，当需求发生变化时，我们可以通过添加新的模块满足新需求，而不是通过修改原来的实现代码来满足新需求。

在这六条原则中，开放-封闭原则是最基础的原则，也是其他原则以及后文介绍的所有设计模式的最终目标。

下面回到适配器模式的介绍，适配器模式的主要目的是解决由于接口不能兼容而导致类无法使用的问题，适配器模式会将需要适配的类转换成调用者能够使用的目标接口。这里先介绍适配器模式中涉及的几个角色，如下所述。

- 目标接口（Target）：调用者能够直接使用的接口。
- 需要适配的类（Adaptee）：一般情况下，Adaptee 类中有真正的业务逻辑，但是其接口不能被调用者直接使用。
- 适配器（Adapter）：Adapter 实现了 Target 接口，并包装了一个 Adaptee 对象。Adapter 在实现 Target 接口中的方法时，会将调用委托给 Adaptee 对象的相关方法，由 Adaptee 完成具体的业务。

下面来看适配器模式的类图，如图 2-23 所示。

图 2-23

使用适配器模式的好处就是复用现有组件。应用程序需要复用现有的类，但接口不能被该应用程序兼容，则无法直接使用。这种场景下就适合使用适配器模式实现接口的适配，从而完成组件的复用。很明显，适配器模式通过提供 Adapter 的方式完成接口适配，实现了程序复用 Adaptee 的需求，避免了修改 Adaptee 实现接口，这符合"开放-封闭"原则。当有新的 Adaptee 需要被复用时，只要添加新的 Adapter 即可，这也是符合"开放-封闭"原则的。

在 MyBatis 的日志模块中，就使用了适配器模式。MyBatis 内部调用其日志模块时，使用了其内部接口（也就是后面要介绍的 org.apache.ibatis.logging.Log 接口）。但是 Log4j、Log4j2 等第三方日志组件对外提供的接口各不相同，MyBatis 为了集成和复用这些第三方日志组件，在其日志模块中提供了多种 Adapter，将这些第三方日志组件对外的接口适配成了 org.apache.ibatis.logging.Log 接口，这样 MyBatis 内部就可以统一通过 org.apache.ibatis.logging.Log 接口调用第三方日志组件的功能了。

当程序中存在过多的适配器时，会让程序显得非常复杂（后续介绍的所有模式都会有该问题，但是与其带来的好处进行权衡后，这个问题可以忽略不计），增加了把握住核心业务逻辑的难度，例如，程序调用了接口 A，却在又被适配成了接口 B。如果程序中需要大量的适配器，则不再优先考虑使用适配器模式，而是考虑将系统进行重构，这就需要设计人员进行权衡。

2.4.2 日志适配器

前面描述的多种第三方日志组件都有各自的 Log 级别，且都有所不同，例如 java.util.logging 提供了 All、FINEST、FINER、FINE、CONFIG、INFO、WARNING 等 9 种级别，而 Log4j2 则只有 trace、debug、info、warn、error、fatal 这 6 种日志级别。MyBatis 统一提供了 trace、debug、warn、error 四个级别，这基本与主流日志框架的日志级别类似，可以满足绝大多数场景的日志需求。

MyBatis 的日志模块位于 org.apache.ibatis.logging 包中，该模块中通过 Log 接口定义了日志模块的功能，当然日志适配器也会实现此接口。LogFactory 工厂类负责创建对应的日志组件适配器，如图 2-24 所示。

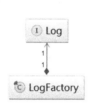

图 2-24

在 LogFactory 类加载时会执行其静态代码块，其逻辑是按序加载并实例化对应日志组件的适配器，然后使用 LogFactory.logConstructor 这个静态字段，记录当前使用的第三方日志组件的适配器，具体代码如下所示。

```
// 记录当前使用的第三方日志组件所对应的适配器的构造方法
private static Constructor<? extends Log> logConstructor;

static {
    // 下面会针对每种日志组件调用 tryImplementation()方法进行尝试加载，具体调用顺序是：
    // useSlf4jLogging()--> useCommonsLogging()--> useLog4J2Logging()-->
    // useLog4JLogging()--> useJdkLogging()--> useNoLogging()
    // 其中，调用 useJdkLogging()方法的代码如下：
    tryImplementation(new Runnable() {
```

```
        @Override
        public void run() {
            useJdkLogging();
        }
    });
    // ... 调用上述每个 use*()方法的代码都与调用 useJdkLogging()方法的类似，代码不再贴出来了
}
```

LogFactory.tryImplementation()方法首先会检测 logConstructor 字段，若为空则调用 Runnable.run()方法（注意，不是 start()方法），如上述代码所示，其中会调用 use*Logging()方法。这里以 useJdkLogging ()为例进行介绍，具体代码如下：

```
public static synchronized void useJdkLogging() {
    setImplementation(org.apache.ibatis.logging.jdk14.Jdk14LoggingImpl.class);
}

private static void setImplementation(Class<? extends Log> implClass) {
    try {
        // 获取指定适配器的构造方法
        Constructor<? extends Log> candidate = implClass.getConstructor(String.class);
        Log log = candidate.newInstance(LogFactory.class.getName()); // 实例化适配器
        // ... 输出日志（略）
        logConstructor = candidate; // 初始化 logConstructor 字段
    } catch (Throwable t) {
        throw new LogException("Error setting Log implementation. Cause: " + t, t);
    }
}
```

Jdk14LoggingImpl 实现了 org.apache.ibatis.logging.Log 接口，并封装了 java.util.logging.Logger 对象，org.apache.ibatis.logging.Log 接口的功能全部通过调用 java.util.logging.Logger 对象实现，这与前面介绍的适配器模式完全一致。Jdk14LoggingImpl 的实现如下：

```
public class Jdk14LoggingImpl implements Log {

    private Logger log; // 底层封装的 java.util.logging.Logger 对象

    public Jdk14LoggingImpl(String clazz) {
        log = Logger.getLogger(clazz); // 初始化 java.util.logging.Logger 对象
```

```
}
// 将请求全部委托给了 java.util.logging.Logger 对象的相应方法
public void error(String s) {  log.log(Level.SEVERE, s); }

public void warn(String s) {   log.log(Level.WARNING, s); }
// ... ... 其他级别的日志输出与 error()方法和 warn()方法类似（略）
}
```

实现了 org.apache.ibatis.logging.Log 接口的其他适配器与 Jdk14LoggingImpl 类似，这里不再赘述，感兴趣的读者可以参考源码进行学习。

2.4.3 代理模式与 JDK 动态代理

在下一小节要介绍的 JDBC 调试功能中会涉及代理模式与 JDK 动态代理的相关知识，所以在继续介绍日志模块中 JDBC 调试功能的实现之前，先来简单介绍一下代理模式以及 JDK 动态代理的实现和原理。

下面先来看代理模式，它的类图如图 2-25 所示。

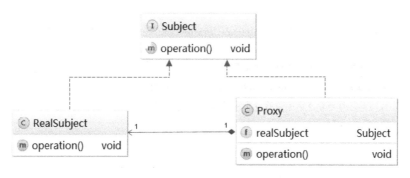

图 2-25

其中，Subject 是程序中的业务逻辑接口，RealSubject 是实现了 Subject 接口的真正业务类，Proxy 是实现了 Subject 接口的代理类，其中封装了 RealSubject 对象。在程序中不会直接调动 RealSubject 对象的方法，而是使用 Proxy 对象实现相关功能。Proxy.operation()方法的实现会调用 RealSubject 对象的 operation()方法执行真正的业务逻辑，但是处理完业务逻辑，Proxy.operation()会在 RealSubject.operation()方法调用前后进行预处理和相关的后置处理。这就是所谓的"代理模式"。

使用代理模式可以控制程序对 RealSubject 对象的访问，或是在执行业务处理的前后进行相关的预处理和后置处理。代理模式还可以用于实现延迟加载的功能，我们知道查询数据库是一个耗时的操作,而有些时候查询到的数据也并没有真正被程序使用。延迟加载功能就可以有效地避免这种浪费,系统访问数据库时,首先可以得到一个代理对象,此时并没有执行任何数据库查询操作,代理对象中自然也没有真正的数据,当系统真正需要使用数据时,再调用代理对象完成数据库查询并返回数据。MyBatis 中延迟加载功能的大致原理也是如此。另外,代理对象可以协调真正 RealSubject 对象与调用者之间的关系,在一定程度上实现了解耦的效果。

上面介绍的这种代理模式也被称为"静态代理模式",这是因为在编译阶段就要为每个 RealSubject 类创建创建一个 Proxy 类,当需要代理的类很多时,这就会出现大量的 Proxy 类。

熟悉 Java 编程的读者可能会说,我们可以使用 JDK 动态代理解决这个问题。JDK 动态代理的核心是 InvocationHandler 接口。这里提供一个 InvocationHandler 的示例实现,代码如下:

```java
public class TestInvokerHandler implements InvocationHandler {

    private Object target; // 真正的业务对象,也就是 RealSubject 对象

    public TestInvokerHandler(Object target) { // 构造方法
        this.target = target;
    }

    public Object invoke(Object proxy, Method method, Object[] args) throws Throwable
    {
        // ...在执行业务方法之前的预处理...
        Object result = method.invoke(target, args);
        // ...在执行业务方法之后的后置处理...
        return result;
    }

    public Object getProxy() {
        // 创建代理对象
        return Proxy.newProxyInstance(Thread.currentThread().getContextClassLoader(),
            target.getClass().getInterfaces(), this);
    }

    // 由于篇幅限制,main()方法不再单独写在另一个类中
    public static void main(String[] args){
        Subject subject = new RealSubject();
        TestInvokerHandler invokerHandler = new TestInvokerHandler(subject);
        // 获取代理对象
```

```java
    Subject proxy = (Subject) invokerHandler.getProxy();
    // 调用代理对象的方法，它会调用 TestInvokerHandler.invoke()方法
    proxy.operation();
   }
}
```

对于需要相同代理行为的业务类，只需要提供一个 InvocationHandler 实现即可。在程序运行时，JDK 会为每个 RealSubject 类动态生成代理类并加载到虚拟机中，之后创建对应的代理对象。

下面来分析 JDK 动态代理创建代理类的原理，笔者使用的 JDK 版本是 1.8.0，不同 JDK 版本的 Proxy 类实现可能有细微差别，但总体思路不变。JDK 动态代理相关实现的入口是 Proxy.newProxyInstance()这个静态方法，它的三个参数分别是加载动态生成的代理类的类加载器、业务类实现的接口、上面介绍的 InvocationHandler 对象。Proxy.newProxyInstance()方法的具体实现如下：

```java
public static Object newProxyInstance(ClassLoader loader, Class<?>[] interfaces,
        InvocationHandler h) throws IllegalArgumentException {

    final Class<?>[] intfs = interfaces.clone();
    // ...省略权限检查等代码
    Class<?> cl = getProxyClass0(loader, intfs);  // 获取代理类
    // ...省略 try/catch 代码块和相关异常处理

    // 获取代理类的构造方法
    final Constructor<?> cons = cl.getConstructor(constructorParams);
    final InvocationHandler ih = h;
    return cons.newInstance(new Object[]{h});  // 创建代理对象
}

// 下面是 getProxyClass0()方法的实现
private static Class<?> getProxyClass0 (ClassLoader loader,
                            Class<?>... interfaces) {
    // ... 限制接口数量（略）

    // 如果指定的类加载器中已经创建了实现指定接口的代理类，则查找缓存
    // 否则通过 ProxyClassFactory 创建实现指定接口的代理类
```

```
        return proxyClassCache.get(loader, interfaces);
    }
```

proxyClassCache 是定义在 Proxy 类中的静态字段，主要用于缓存已经创建过的代理类，定义如下：

```
private static final WeakCache<ClassLoader, Class<?>[], Class<?>>
        proxyClassCache = new WeakCache<>(new KeyFactory(), new ProxyClassFactory());
```

WeakCache.get()方法会首先尝试从缓存中查找代理类，如果查找不到，则会创建 Factory 对象并调用其 get()方法获取代理类。Factory 是 WeakCache 中的内部类，Factory.get()方法会调用 ProxyClassFactory.apply()方法创建并加载代理类。

ProxyClassFactory.apply()方法首先会检测代理类需要实现的接口集合，然后确定代理类的名称，之后创建代理类并将其写入文件中，最后加载代理类，返回对应的 Class 对象用于后续的实例化代理类对象。该方法的具体实现如下：

```
public Class<?> apply(ClassLoader loader, Class<?>[] interfaces) {
    // ... 对interfaces集合进行一系列检测（略）
    // ... 选择定义代理类的包名（略）

    // 代理类的名称是通过包名、代理类名称前缀以及编号这三项组成的
    long num = nextUniqueNumber.getAndIncrement();
    String proxyName = proxyPkg + proxyClassNamePrefix + num;

    // 生成代理类，并写入文件
    byte[] proxyClassFile = ProxyGenerator.generateProxyClass(
            proxyName, interfaces, accessFlags);

    // 加载代理类，并返回Class对象
    return defineClass0(loader, proxyName, proxyClassFile, 0, proxyClassFile.length);
}
```

ProxyGenerator.generateProxyClass()方法会按照指定的名称和接口集合生成代理类的字节码，并根据条件决定是否保存到磁盘上。该方法的具体代码如下：

```
public static byte[] generateProxyClass(final String name, Class[] interfaces) {
    ProxyGenerator gen = new ProxyGenerator(name, interfaces);
    // 动态生成代理类的字节码，具体生成过程不再详细介绍，感兴趣的读者可以继续分析
```

```java
    final byte[] classFile = gen.generateClassFile();
    // 如果 saveGeneratedFiles 值为 true, 会将生成的代理类的字节码保存到文件中
    if (saveGeneratedFiles) {
        java.security.AccessController.doPrivileged(
            new java.security.PrivilegedAction<Void>() {
                public Void run() {
                    // ...省略 try/catch 代码块
                    FileOutputStream file =
                        new FileOutputStream(dotToSlash(name) + ".class");
                    file.write(classFile);
                    file.close();
                    return null;



                }
            }
        );
    }
    return classFile; // 返回上面生成的代理类的字节码
}
```

最后，为了清晰地看到 JDK 动态生成的代理类的真正定义，我们需要将上述生成的代理类的字节码进行反编译。上例中为 RealSubject 生成的代理类，反编译后得到的代码如下：

```java
public final class $Proxy11 extends Proxy implements Subject { // 实现了 Subject 接口
    // ...这里省略了从 Object 类继承下来的相关方法和属性
    private static Method m3;

    static {
        // ...省略了 try/catch 代码块
        // 记录了 operation()方法对应的 Method 对象
        m3 = Class.forName("com.xxx.Subject").getMethod("operation", new Class[0]);
    }

    public $Proxy11(InvocationHandler var1) throws {
        super(var1); // 构造方法的参数就是我们在示例中使用的 TestInvokerHandler 对象
    }

    public final void operation() throws {
```

```
        // ...省略了try/catch代码块
        // 调用TestInvokerHandler对象的invoke()方法,最终调用RealSubject对象的对应方法
        super.h.invoke(this, m3, (Object[]) null);
    }
}
```

通过本小节的介绍我们可以知道,JDK 动态代理的实现原理是动态创建代理类并通过指定类加载器加载,然后在创建代理对象时将 InvokerHandler 对象作为构造参数传入。当调用代理对象时,会调用 InvokerHandler.invoke()方法,并最终调用真正业务对象的相应方法。JDK 动态代理不仅在 MyBatis 的多个模块中都有所涉及,在很多开源框架中也能看到其身影。

2.4.4 JDBC 调试

在 MyBatis 的日志模块中有一个 Jdbc 包,它并不是将日志信息通过 JDBC 保存到数据库中,而是通过 JDK 动态代理的方式,将 JDBC 操作通过指定的日志框架打印出来。这个功能通常在开发阶段使用,它可以输出 SQL 语句、用户传入的绑定参数、SQL 语句影响行数等等信息,对调试程序来说是非常重要的。

BaseJdbcLogger 是一个抽象类,它是 Jdbc 包下其他 Logger 类的父类,继承关系如图 2-26 所示。

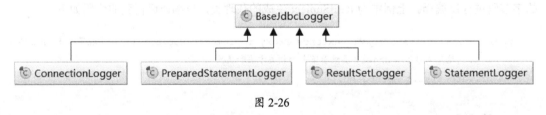

图 2-26

在 BaseJdbcLogger 中定义了 SET_METHODS 和 EXECUTE_METHODS 两个 Set<String>类型的集合,用于记录绑定 SQL 参数相关的 set*()方法名称以及执行 SQL 语句相关的方法名称,其定义以及相关静态代码块如下:

```
// 记录了 PreparedStatement 接口中定义的常用的 set*()方法
protected static final Set<String> SET_METHODS = new HashSet<String>();

// 记录了 Statement 接口和 PreparedStatement 接口中与执行 SQL 语句相关的方法
protected static final Set<String> EXECUTE_METHODS = new HashSet<String>();

static {
```

```java
        SET_METHODS.add("setString");
        SET_METHODS.add("setNString");
        // ...省略其他 set*()方法

        EXECUTE_METHODS.add("execute");
        EXECUTE_METHODS.add("executeUpdate");
        EXECUTE_METHODS.add("executeQuery");
        EXECUTE_METHODS.add("addBatch");
    }
```

BaseJdbcLogger 中核心字段的含义如下：

```java
// 记录了 PreparedStatement.set*()方法设置的键值对
private Map<Object, Object> columnMap = new HashMap<Object, Object>();

// 记录了 PreparedStatement.set*()方法设置的 key 值
private List<Object> columnNames = new ArrayList<Object>();

// 记录了 PreparedStatement.set*()方法设置的 value 值
private List<Object> columnValues = new ArrayList<Object>();

protected Log statementLog; // 用于输出日志的 Log 对象

protected int queryStack; // 记录了 SQL 的层数，用于格式化输出 SQL
```

BaseJdbcLogger 中提供了填充上述集合的方法以及一些简单的工具方法，后面用到时会进行分析。

ConnectionLogger 继承了 BaseJdbcLogger 抽象类，其中封装了 Connection 对象并同时实现了 InvocationHandler 接口。ConnectionLogger.newInstance()方法为会为其封装的 Connection 对象创建相应的代理对象，具体代码如下：

```java
public static Connection newInstance(Connection conn, Log statementLog, int queryStack) {
    // 使用 JDK 动态代理的方式创建代理对象
    InvocationHandler handler = new ConnectionLogger(conn, statementLog, queryStack);
    ClassLoader cl = Connection.class.getClassLoader();
    return (Connection) Proxy.newProxyInstance(cl,
        new Class[]{Connection.class}, handler);
}
```

ConnectionLogger.invoke()方法是代理对象的核心方法,它为 prepareStatement()、prepareCall()、createStatement()等方法提供了代理,具体实现如下:

```java
public Object invoke(Object proxy, Method method, Object[] params) throws Throwable {
    // ...省略了try/catch代码块
    // 如果调用的是从Object继承的方法,则直接调用,不做任何其他处理
    if (Object.class.equals(method.getDeclaringClass())) {
        return method.invoke(this, params);
    }
    // 如果调用的是prepareStatement()方法、prepareCall()方法或createStatement()方法,
    // 则在创建相应Statement对象后,为其创建代理对象并返回该代理对象
    if ("prepareStatement".equals(method.getName())) {
        if (isDebugEnabled()) { // 日志输出
            debug(" Preparing: " + removeBreakingWhitespace((String) params[0]), true);
        }
        // 调用底层封装的Connection对象的prepareStatement()方法,得到PreparedStatement对象
        PreparedStatement stmt = (PreparedStatement) method.invoke(connection, params);
        // 为该PreparedStatement对象创建代理对象
        stmt = PreparedStatementLogger.newInstance(stmt, statementLog, queryStack);
        return stmt;
    } else if ("prepareCall".equals(method.getName())) {
        if (isDebugEnabled()) { // 日志输出
            debug(" Preparing: " + removeBreakingWhitespace((String) params[0]), true);
        }
        PreparedStatement stmt = (PreparedStatement) method.invoke(connection, params);
        stmt = PreparedStatementLogger.newInstance(stmt, statementLog, queryStack);
        return stmt;
    } else if ("createStatement".equals(method.getName())) {
        Statement stmt = (Statement) method.invoke(connection, params);
        stmt = StatementLogger.newInstance(stmt, statementLog, queryStack);
        return stmt;
    } else {
        // 其他方法则直接调用底层Connection对象的相应方法
        return method.invoke(connection, params);
    }
}
```

PreparedStatementLogger中封装了PreparedStatement对象,也继承了BaseJdbcLogger抽象

类并实现了 InvocationHandler 接口。PreparedStatementLogger.newInstance()方法的实现与 ConnectionLogger.newInstance()方法类似，这里不再赘述，感兴趣的读者可以参考源码。

PreparedStatementLogger.invoke()方法会为 EXECUTE_METHODS 集合中的方法、SET_METHODS 集合中的方法、getResultSet()等方法提供代理，具体代码如下：

```java
public Object invoke(Object proxy, Method method, Object[] params) throws Throwable {
    // ... 省略了 try/catch 代码块
    // ... 如果调用的是从 Object 继承的方法，则直接调用，不做任何其他处理（略）

    if (EXECUTE_METHODS.contains(method.getName())){ // 调用了 EXECUTE_METHODS 集合中的方法
        if (isDebugEnabled()) {
            // 日志输出，输出的是参数值以及参数类型
            debug("Parameters: " + getParameterValueString(), true);
        }
        clearColumnInfo(); // 清空 BaseJdbcLogger 中定义的三个 column*集合
        if ("executeQuery".equals(method.getName())) {
            // 如果调用 executeQuery()方法，则为 ResultSet 创建代理对象
            ResultSet rs = (ResultSet) method.invoke(statement, params);
            return rs == null ? null :
                    ResultSetLogger.newInstance(rs, statementLog, queryStack);
        } else { // 不是 executeQuery()方法则直接返回结果
            return method.invoke(statement, params);
        }
    } else if (SET_METHODS.contains(method.getName())) {
        // 如果调用 SET_METHODS 集合中的方法，则通过 setColumn()方法记录到 BaseJdbcLogger 中定义
        // 的三个 column*集合
        if ("setNull".equals(method.getName())) {
            setColumn(params[0], null);
        } else {
            setColumn(params[0], params[1]);
        }
        return method.invoke(statement, params);
    } else if ("getResultSet".equals(method.getName())) {
        // 如果调用 getResultSet()方法，则为 ResultSet 创建代理对象
        ResultSet rs = (ResultSet) method.invoke(statement, params);
        return rs == null ? null :
                ResultSetLogger.newInstance(rs, statementLog, queryStack);
    } else if ("getUpdateCount".equals(method.getName())) {
```

```java
            // 如果调用 getUpdateCount()方法，则通过日志框架输出其结果
            int updateCount = (Integer) method.invoke(statement, params);
            if (updateCount != -1) {
                debug("   Updates: " + updateCount, false);
            }
            return updateCount;
        } else {
            return method.invoke(statement, params);
        }
    }
}
```

StatementLogger 的实现与 PreparedStatementLogger 类似，不再赘述，请读者参考源码学习。

ResultSetLogger 中封装了 ResultSet 对象，也继承了 BaseJdbcLogger 抽象类并实现了 InvocationHandler 接口。ResultSetLogger 中定义的字段如下：

```java
private static Set<Integer> BLOB_TYPES = new HashSet<Integer>(); // 记录了超大长度的类型

private boolean first = true; // 是否是 ResultSet 结果集的第一行

private int rows; // 统计行数

private ResultSet rs; // 真正的 ResultSet 对象

private Set<Integer> blobColumns = new HashSet<Integer>(); // 记录了超大字段的列编号

static {
    BLOB_TYPES.add(Types.BINARY);
    // ... 添加 BLOB、CLOB、LONGNVARCHAR、LONGVARBINARY 等类型的代码同上（略）
}
```

ResultSetLogger.newInstance()方法的实现与 ConnectionLogger.newInstance()类似，它会为 ResultSet 创建代理对象，不再赘述。ResultSetLogger.invoke()方法的实现会针对 ResultSet.next() 方法的调用进行一系列后置操作，通过这些后置操作会将 ResultSet 数据集中的记录全部输出到日志中。具体实现如下：

```java
public Object invoke(Object proxy, Method method, Object[] params) throws Throwable {

    // ... 如果调用的是从 Object 继承的方法，则直接调用，不做任何其他处理（略）
```

```
        Object o = method.invoke(rs, params);
        if ("next".equals(method.getName())) { // 针对ResultSet.next()方法的处理
            if (((Boolean) o)) { // 是否还存在下一行数据
                rows++;
                if (isTraceEnabled()) {
                    ResultSetMetaData rsmd = rs.getMetaData();
                    final int columnCount = rsmd.getColumnCount(); // 获取数据集的列数
                    if (first) { // 如果是第一行数据，则输出表头
                        first = false;
                        // 除了输出表头，还会填充blobColumns集合，记录超大类型的列
                        printColumnHeaders(rsmd, columnCount);
                    }
                    // 输出该行记录，注意会过滤掉blobColumns中记录的列，这些列的数据较大，不会输出到日志
                    printColumnValues(columnCount);
                }
            } else { // 遍历完ResultSet之后，会输出总函数
                debug("     Total: " + rows, false);
            }
        }
        clearColumnInfo(); // 清空BaseJdbcLogger中的column*集合
        return o;
    }
```

2.5 资源加载

2.5.1 类加载器简介

Java 虚拟机中的类加载器（ClassLoader）负责加载来自文件系统、网络或其他来源的类文件。Java 虚拟机中的类加载器默认使用的是双亲委派模式，如图 2-27 所示，其中有三种默认使用的类加载器，分别是 Bootstrap ClassLoader、Extension ClassLoader 和 System ClassLoader（也被称为 Application ClassLoader），每种类加载器都已经确定从哪个位置加载类文件。

在图 2-27 中，Bootstrap ClassLoader 负责加载 JDK 自带的 rt.jar 包中的类文件，它是所有类加载器的父加载器，Bootstrap ClassLoader 没有任何父类加载器。Extension ClassLoader 负责加载 Java 的扩展类库，也就是从 jre/lib/ext 目录下或者 java.ext.dirs 系统属性指定的目录下加载类。

System ClassLoader 负责从 classpath 环境变量中加载类文件，classpath 环境变量通常由 "-classpath" 或 "-cp" 命令行选项来定义，或是由 JAR 中 Manifest 文件的 classpath 属性指定。System ClassLoader 是 Extension ClassLoader 的子加载器。

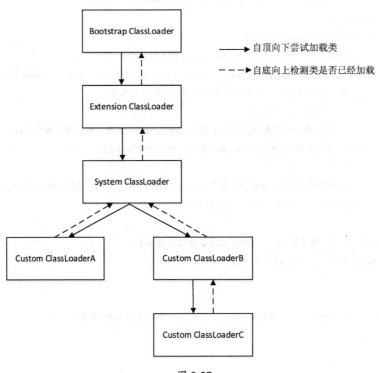

图 2-27

根据双亲委派模式，在加载类文件时，子加载器首先会将加载请求委托给它的父加载器。父加载器会检测自己是否已经加载过该类，如果已加载则加载过程结束；如果未加载则请求继续向上传递，直到 Bootstrap ClassLoader。如果在请求向上委托的过程中，始终未检测到该类已加载，则从 Bootstrap ClassLoader 开始尝试从其对应路径中加载该类文件，如果加载失败则由子加载器继续尝试加载，直至发起加载请求的子加载器为止。

双亲委派模式可以保证两点：一是子加载器可以使用父加载器已加载的类，而父加载器无法使用子加载器已加载的类；二是父加载器已加载过的类无法被子加载器再次加载。这样就可以保证 JVM 的安全性和稳定性。

除了系统提供三种类加载器，开发人员也可以通过继承 java.lang.ClassLoader 类的方式实现自己的类加载器，以满足一些特殊的需求，如图 2-27 中的 Custom ClassLoaderA、B、C 所示。使用自定义类加载器的场景还是比较多的，例如 Tomcat、JBoss 等都涉及了自定义类加载器的使用。

在很多场景中，系统会同时使用不同的类加载器完成不同的任务，这里以 Tomcat 为例简单介绍一下。在 Tomcat 中提供了一个 Common ClassLoader，它主要负责加载 Tomcat 使用的类和 Jar 包以及应用通用的一些类和 Jar 包，例如 CATALINA_HOME/lib 目录下的所有类和 Jar 包。Tomcat 本身是一个应用系统，所以 Common ClassLoader 的父加载器是 System ClassLoader。

Tomcat 还提供了 CatalinaLoader 和 SharedLoader 两个类加载器，它们的父加载器是 Common ClassLoader。但是默认情况下，CatalinaLoader 和 SharedLoader 两个类加载器的相应配置（CATALINA_HOME/conf/catalina.properties 配置文件中 serverl.loader 和 shared.loader 配置项）是空的，也就是说，这两个类加载器默认情况下与 Common ClassLoader 为同一个加载器。

Tomcat 会为每个部署的应用创建一个唯一的类加载器，也就是 WebApp ClassLoader，它负责加载该应用的 WEB-INF/lib 目录下的 Jar 文件以及 WEB-INF/classes 目录下的 Class 文件。由于每个应用都有自己的 WebApp ClassLoader，这样就可以使不同的 Web 应用之间互相隔离，彼此之间看不到对方使用的类文件。当对应用进行热部署时，会抛弃原有的 WebApp ClassLoader，并为应用创建新的 WebApp ClassLoader。WebApp ClassLoaderd 的父加载器是 Common ClassLoader，所以不同的应用可以使用 Common ClassLoader 加载的共享类库。最终我们得到 Tomcat 中的类加载器的结构如图 2-28 所示。

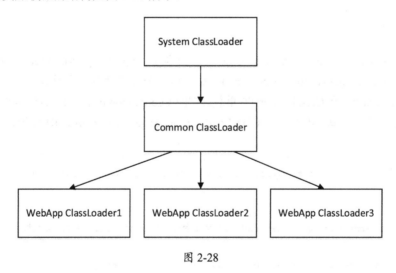

图 2-28

2.5.2 ClassLoaderWrapper

通过上一小节对类加载器的介绍，我们了解了类加载器的常见使用方式。在 MyBatis 的 IO 包中封装了 ClassLoader 以及读取资源文件的相关 API。

在 IO 包中提供的 ClassLoaderWrapper 是一个 ClassLoader 的包装器，其中包含了多个

ClassLoader 对象。通过调整多个类加载器的使用顺序，ClassLoaderWrapper 可以确保返回给系统使用的是正确的类加载器。使用 ClassLoaderWrapper 就如同使用一个 ClassLoader 对象，ClassLoaderWrapper 会按照指定的顺序依次检测其中封装的 ClassLoader 对象，并从中选取第一个可用的 ClassLoader 完成相关功能。

ClassLoaderWrapper 中定义了两个字段，分别记录了系统指定的默认 ClassLoader 和 System ClassLoader，定义如下：

```
ClassLoader defaultClassLoader; // 应用指定的默认类加载器

ClassLoader systemClassLoader; // System ClassLoader

ClassLoaderWrapper() {
    try {
        // 初始化 systemClassLoader 字段
        systemClassLoader = ClassLoader.getSystemClassLoader();
    } catch (SecurityException ignored) {
    }
}
```

ClassLoaderWrapper 的主要功能可以分为三类，分别是 getResourceAsURL()方法、classForName()方法、getResourceAsStream()方法，这三个方法都有多个重载，这三类方法最终都会调用参数为 String 和 ClassLoader[]的重载。这里以 getResourceAsURL()方法为例进行介绍，其他两类方法的实现与该实现类似，ClassLoaderWrapper.getResourceAsURL()方法的实现如下：

```
public URL getResourceAsURL(String resource, ClassLoader classLoader) {
    return getResourceAsURL(resource, getClassLoaders(classLoader));
}

// ClassLoaderWrapper.getClassLoaders()方法会返回 ClassLoader[]数组，该数组指明了类加载器的使
// 用顺序
ClassLoader[] getClassLoaders(ClassLoader classLoader) {
    return new ClassLoader[]{
            classLoader, // 参数指定的类加载器
            defaultClassLoader, // 系统指定的默认类加载器
            Thread.currentThread().getContextClassLoader(),// 当前线程绑定的类加载器
            getClass().getClassLoader(),// 加载当前类所使用的类加载器
            systemClassLoader}; // System ClassLoader
}
```

```
URL getResourceAsURL(String resource, ClassLoader[] classLoader) {
    URL url;
    for (ClassLoader cl : classLoader) { // 遍历 ClassLoader 数组
        if (null != cl) {
            // 调用 ClassLoader.getResource()方法查找指定的资源
            url = cl.getResource(resource);
            if (null == url) { // 尝试以"/"开头,再次查找
                url = cl.getResource("/" + resource);
            }
            if (null != url) { // 查找到指定的资源
                return url;
            }
        }
    }
    return null;
}
```

Resources 是一个提供了多个静态方法的工具类,其中封装了一个 ClassLoaderWrapper 类型的静态字段,Resources 提供的这些静态工具都是通过调用该 ClassLoaderWrapper 对象的相应方法实现的。代码比较简单,就不贴出来了。

2.5.3 ResolverUtil

ResolverUtil 可以根据指定的条件查找指定包下的类,其中使用的条件由 Test 接口表示。ResolverUtil 中使用 classLoader 字段(ClassLoader 类型)记录了当前使用的类加载器,默认情况下,使用的是当前线程上下文绑定的 ClassLoader,我们可以通过 setClassLoader()方法修改使用类加载器。

MyBatis 提供了两个常用的 Test 接口实现,分别是 IsA 和 AnnotatedWith,如图 2-29 所示。IsA 用于检测类是否继承了指定的类或接口,AnnotatedWith 用于检测类是否添加了指定的注解。开发人员也可以自己实现 Test 接口,实现指定条件的检测。

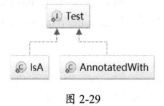

图 2-29

Test 接口中定义了 matches()方法,它用于检测指定类是否符合条件,代码如下:

```java
public static interface Test {
    // 参数 type 是待检测的类,如果该类符合检测的条件,则 matches()方法返回 true,否则返回 false
    boolean matches(Class<?> type);
}
```

IsA 和 AnnotatedWith 的具体实现如下:

```java
public static class IsA implements Test { // 用于检测指定类是否继承了 parent 指定的类
    private Class<?> parent;

    // ... 在构造方法中会初始化 parent 字段(略)

    @Override
    public boolean matches(Class<?> type) {
        return type != null && parent.isAssignableFrom(type);
    }
}

public static class AnnotatedWith implements Test { // 检测指定类是否添加了 annotation 注解
    private Class<? extends Annotation> annotation;

    // ... 构造方法初始化 annotation 字段(略)

    @Override
    public boolean matches(Class<?> type) {
        return type != null && type.isAnnotationPresent(annotation);
    }
}
```

默认情况下,使用 Thread.currentThread().getContextClassLoader()这个类加载器加载符合条件的类,我们可以在调用 find()方法之前,调用 setClassLoader(ClassLoader)设置需要使用的 ClassLoader,这个 ClassLoader 可以从 ClassLoaderWrapper 中获取合适的类加载器。

ResolverUtil 的使用方式如下:

```java
ResolverUtil<ActionBean> resolver = new ResolverUtil<ActionBean>();
// 在 pkg1 和 pkg2 这两个包下查找实现了 ActionBean 这个类
```

```
resolver.findImplementation(ActionBean.class, pkg1, pkg2);
resolver.find(new CustomTest(), pkg1); // 在 pkg1 包下查找符合 CustomTest 条件的类
resolver.find(new CustomTest(), pkg2); // 在 pkg2 包下查找符合 CustomTest 条件的类
// 获取上面三次查找的结果
Collection<ActionBean> beans = resolver.getClasses();
```

ResolverUtil.findImplementations()方法和 ResolverUtil.findAnnotated()方法都是依赖ResolverUtil.find()方法实现的，findImplementations()方法会创建 IsA 对象作为检测条件，findAnnotated()方法会创建 AnnotatedWith 对象作为检测条件。这几个方法的调用关系如图 2-30 所示。

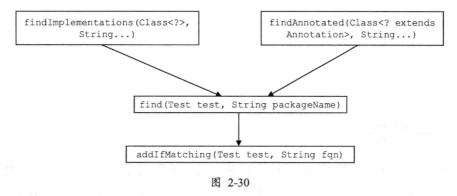

图 2-30

ResolverUtil.find()方法的实现如下：

```
public ResolverUtil<T> find(Test test, String packageName) {
    String path = getPackagePath(packageName); // 根据包名获取其对应的路径
    try {
        // 通过 VFS.list()查找 packageName 包下的所有资源
        List<String> children = VFS.getInstance().list(path);
        for (String child : children) {
            if (child.endsWith(".class")) {
                addIfMatching(test, child); // 检测该类是否符合 test 条件
            }
        }
    } catch (IOException ioe) {
        log.error("Could not read package: " + packageName, ioe);
    }
    return this;
}
```

```
protected void addIfMatching(Test test, String fqn) {
    try {
        // fqn 是类的完全限定名，即包括其所在包的包名
        String externalName = fqn.substring(0, fqn.indexOf('.')).replace('/', '.');
        ClassLoader loader = getClassLoader();
        // ...日志输出（略）
        Class<?> type = loader.loadClass(externalName); // 加载指定的类
        if (test.matches(type)) { // 通过 Test.matches()方法检测条件是否满足
            matches.add((Class<T>) type); // 将符合条件的类记录到 matches 集合中
        }
    } catch (Throwable t) {
        log.warn("...");
    }
}
```

2.5.4 单例模式

单例模式是一种比较常见的设计模式，但是在 Java 中要用好单例模式，并不是一件简单的事。在整个系统中，单例类只能有一个实例对象，且需要自行完成实例，并始终对外提供同一实例对象。

因为单例模式只允许创建一个单例类的实例对象，避免了频繁地创建对象，所以可以减少 GC 的次数，也比较节省内存资源，加快对象访问速度。例如，数据库连接池、应用配置等一般都是单例的。在下面介绍的 VFS 中，也涉及单例模式的使用。

单例模式有很多种写法，但是有些写法在特定的场景下，尤其是多线程条件下，无法满足实现单一实例对象的要求，从而导致错误。首先我们来介绍比较经典的懒汉模式和饿汉模式，具体实现如下：

```
// 饿汉模式
public class Singleton {
    // 饿汉模式是最简单的实现方式，在类加载的时候就创建了单例类的对象
    private static final Singleton instance = new Singleton();

    // 单例类的构造方法都是私有的，防止外部创建单例类的对象
    private Singleton() {}
```

```java
    public static Singleton newInstance() {
        return instance; // 返回唯一的单例对象
    }
}


// 懒汉模式
public class Singleton {
    private static Singleton instance = null;

    private Singleton() {}

    public static Singleton newInstance() {
        // 在需要的时候才去创建的单例对象，如果单例对象已经创建，再次调用newInstance()方法时
        // 将不会重新创建新的单例对象，而是直接返回之前创建的单例对象
        if (null == instance) {
            instance = new Singleton();
        }
        return instance;
    }
}
```

懒汉模式有延迟加载的意思，如果创建单例对象会消耗大量资源的情况下，在真正使用单例对象时创建其实例是一个不错的选择。但是懒汉模式有一个明显的问题，就是没有考虑线程安全的问题，在多线程的场景中，可能会有多个线程并发调用newInstance()方法创建单例对象，从而导致系统中同时存在多个单例类的实例，这显然不符合需求。我们可以通过给newInstance()方法加锁解决该问题，得到如下代码：

```java
public class Singleton {
    private static Singleton instance = null;

    private Singleton() {}

    // 使用synchronized为newInstance()方法加锁
    public static synchronized Singleton newInstance() {
        if (null == instance) {
            instance = new Singleton();
        }
        return instance;
```

        }
    }

虽然这种修改方式可以保证线程安全,但是每次访问 newInstance()方法时,都会进行一次加锁和解锁操作,而单例类是全局唯一的,该锁就可能成为系统的瓶颈。为了解决问题,可以就有人提出了"双重检查锁定"的方式,**但请读者注意,这是错误的写法**,具体代码如下:

```java
public class Singleton {

    private static Singleton instance = null;

    private Singleton() {}

    public static Singleton getInstance() {
        if (instance == null) { // 第一次检测
            synchronized (Singleton.class) { // 加锁
                if (instance == null) { // 第二次检测
                    instance = new Singleton();
                }
            }
        }
        return instance;
    }
}
```

由于指令重排优化,可能会导致初始化单例对象和将该对象地址赋值给 instance 字段的顺序与上面 Java 代码中书写的顺序不同。例如,线程 A 在创建单例对象时,在构造方法被调用之前,就为该对象分配了内存空间并将对象的字段设置为默认值。此时线程 A 就可以将分配的内存地址赋值给 instance 字段了,然而该对象可能还没有初始化。线程 B 来调用 newInstance()方法,得到的就是未初始化完全的单例对象,这就会导致系统出现异常行为。

为了解决该问题,我们可以使用 volatile 关键字修饰 instance 字段。volatile 关键字的一个语义就是禁止指令的重排序优化,从而保证 instance 字段被初始化时,单例对象已经被完全初始化。最终得到的代码如下所示。

```java
public class Singleton {
    // 使用volatile关键字修饰 instance 字段
    private static volatile Singleton instance = null;
```

```java
    private Singleton() {
    }

    public static Singleton getInstance() {
        if (instance == null) { // 依然是双重检测
            synchronized (Singleton.class) {
                if (instance == null) {
                    instance = new Singleton();
                }
            }
        }
        return instance;
    }
}
```

相较于双重检测锁的写法，笔者更喜欢静态内部类的单例模式写法，这种写法也可以实现延迟加载的相关，且通过类加载机制保证只创建一个单例对象，具体写法如下：

```java
public class Singleton6 {
    // 私有的静态内部类，该静态内部类只会在newInstance()方法中被使用
    private static class SingletonHolder {
        // 静态字段
        public static Singleton instance = new Singleton();
    }

    private Singleton() {}

    public static Singleton newInstance() {
        return SingletonHolder.instance; // 访问静态内部类中的静态字段
    }
}
```

熟悉 Java 类加载机制的读者知道，当第一次访问类中的静态字段时，会触发类加载，并且同一个类只加载一次。静态内部类也是如此，类加载过程由类加载器负责加锁，从而保证线程安全。笔者之所以推荐这种写法，是因为这种写法相较于双重检测锁的写法，更加简洁明了，也更加不易出错。

2.5.5 VFS

VFS 表示虚拟文件系统（Virtual File System），它用来查找指定路径下的资源。VFS 是一个抽象类，MyBatis 中提供了 JBoss6VFS 和 DefaultVFS 两个 VFS 的实现，如图 2-31 所示。用户也可以提供自定义的 VFS 实现类，后面介绍 MyBatis 初始化的流程时，还会提到这两个扩展点。

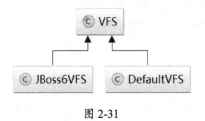

图 2-31

VFS 的核心字段的含义如下：

```
// 记录了 MyBatis 提供的两个 VFS 实现类
public static final Class<?>[] IMPLEMENTATIONS = { JBoss6VFS.class, DefaultVFS.class };

// 记录了用户自定义的 VFS 实现类。VFS.addImplClass()方法会将指定的 VFS 实现对应的 Class 对象添加
// 到 USER_IMPLEMENTATIONS 集合中
public static final List<Class<? extends VFS>> USER_IMPLEMENTATIONS =
            new ArrayList<Class<? extends VFS>>();

// 单例模式，记录了全局唯一的 VFS 对象
private static VFS instance;
```

VFS.getInstance()方法会创建 VFS 对象，并初始化 instance 字段，具体实现如下：

```
public static VFS getInstance() {
    if (instance != null) { // 检测 instance 对象
        return instance;
    }

    // 优先使用用户自定义的 VFS 实现，如果没有自定义 VFS 实现，则使用 MyBatis 提供的 VFS 实现
    List<Class<? extends VFS>> impls = new ArrayList<Class<? extends VFS>>();
    impls.addAll(USER_IMPLEMENTATIONS);
    impls.addAll(Arrays.asList((Class<? extends VFS>[]) IMPLEMENTATIONS));
```

```
// 遍历impls集合，依次实例化VFS对象并检测VFS对象是否有效，一旦得到有效的VFS对象，则结束循环
VFS vfs = null;
for (int i = 0; vfs == null || !vfs.isValid(); i++) {
    Class<? extends VFS> impl = impls.get(i);
    try {
        vfs = impl.newInstance();
        if (vfs == null || !vfs.isValid()) { //VFS.isValid()方法是一个抽象方法
            // ...日志输出（略）
        }
    } catch (Exception e) {
        // ...出现异常时会输出日志并返回null
    }
}
// ...日志输出（略）
VFS.instance = vfs;
return VFS.instance;
}
```

VFS 中定义了 list(URL, String)和 isValid()两个抽象方法，isValid()负责检测当前 VFS 对象在当前环境下是否有效，list(URL, String)方法负责查找指定的资源名称列表，在 ResolverUtil.find()方法查找类文件时会调用 list()方法的重载方法，该重载最终会调用 list(URL,String)这个重载。我们以 DefaultVFS 为例进行分析，感兴趣的读者可以参考 JBoss6VFS 的源码进行学习。DefaultVFS.list(URL,String)方法的实现如下：

```
public List<String> list(URL url, String path) throws IOException {
    InputStream is = null;
    try {
        List<String> resources = new ArrayList<String>();
        // 如果url指向的资源在一个Jar包中，则获取该Jar包对应的URL，否则返回null
        URL jarUrl = findJarForResource(url);
        if (jarUrl != null) {
            is = jarUrl.openStream();
            // ... 日志输出（略）
            // 遍历Jar中的资源，并返回以path开头的资源列表
            resources = listResources(new JarInputStream(is), path);
        } else {
            List<String> children = new ArrayList<String>();
            // ... 遍历url指向的目录，将其下资源名称记录到children集合中，逻辑比较简单（略）
```

```
            // 遍历 children 集合，递归查找符合条件的资源名称
            for (String child : children) {
                String resourcePath = path + "/" + child;
                resources.add(resourcePath);
                URL childUrl = new URL(prefix + child);
                resources.addAll(list(childUrl, resourcePath));
            }
        }
        return resources;
    } finally {
        // ...关闭 is 输入流（略）
    }
}

// 下面是 listResources()方法的实现
protected List<String> listResources(JarInputStream jar, String path)
        throws IOException {
    // ...如果 path 不是以"/"开始和结束，则在其开始和结束位置添加"/"（略）
    // 遍历整个 Jar 包，将以 path 开头的资源记录到 resources 集合中并返回
    List<String> resources = new ArrayList<String>();
    for (JarEntry entry; (entry = jar.getNextJarEntry()) != null; ) {
        if (!entry.isDirectory()) {
            String name = entry.getName();
            // ...如果 name 不是以"/"开头，则为其添加"/"（略）
            if (name.startsWith(path)) { // 检测 name 是否以 path 开头
                // ...日志输出（略）
                resources.add(name.substring(1)); // 记录资源名称
            }
        }
    }
    return resources;
}
```

2.6 DataSource

在数据持久层中，数据源是一个非常重要的组件，其性能直接关系到整个数据持久层的性

能。在实践中比较常见的第三方数据源组件有 Apache Common DBCP、C3P0、Proxool 等，MyBatis 不仅可以集成第三方数据源组件，还提供了自己的数据源实现。

常见的数据源组件都实现了 javax.sql.DataSource 接口，MyBatis 自身实现的数据源实现也不例外。MyBatis 提供了两个 javax.sql.DataSource 接口实现，分别是 PooledDataSource 和 UnpooledDataSource。Mybatis 使用不同的 DataSourceFactory 接口实现创建不同类型的 DataSource，如图 2-32 所示，这是工厂方法模式的一个典型应用。

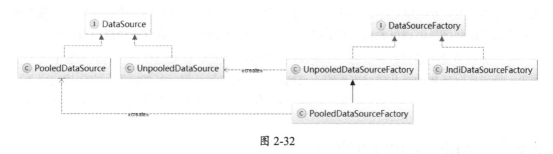

图 2-32

2.6.1 工厂方法模式

在工厂方法模式中，定义了一个用于创建对象的工厂接口，并根据工厂接口的具体实现类决定具体实例化哪一个具体产品类。首先来看工厂方法模式的 UML 图，从整体上了解该模式的结构，如图 2-33 所示。

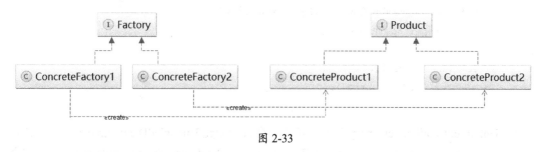

图 2-33

工厂方法模式有四个角色构成。

- **工厂接口（Factory）**：工厂接口是工厂方法模式的核心接口，调用者会直接与工厂接口交互用于获取具体的产品实现类。
- **具体工厂类（ConcreteFactory）**：具体工厂类是工厂接口的实现类，用于实例化产品对象，不同的具体工厂类会根据需求实例化不同的产品实现类。
- **产品接口（Product）**：产品接口用于定义产品类的功能，具体工厂类产生的所有产品对象都必须实现该接口。调用者一般会面向产品接口进行编程，所以产品接口会与调用者直接交互，也是调用者最为关心的接口。

- **具体产品类（ConcreteProduct）**：实现产品接口的实现类，具体产品类中定义了具体的业务逻辑。

如果需要产生新的产品，例如对于 MyBatis 的数据源模块来说，就是添加新的第三方数据源组件，只需要添加对应的工厂实现类，新数据源就可以被 MyBatis 使用，而不必修改已有的代码。显然，工厂方法模式符合"开放-封闭"原则。除此之外，工厂方法会向调用者隐藏具体产品类的实例化细节，调用者只需要了解工厂接口和产品接口，面向这两个接口编程即可。

工厂方法模式也是存在缺点的。在增加新产品实现类时，还要提供一个与之对应的工厂实现类，所以实际新增的类是成对出现的，这增加了系统的复杂度。另外，工厂方法模式引入了工厂接口和产品接口这一层抽象，调用者面向该抽象层编程，增加了程序的抽象性和理解难度。

2.6.2 DataSourceFactory

在数据源模块中，DataSourceFactory 接口扮演工厂接口的角色。UnpooledDataSourceFactory 和 PooledDataSourceFactory 则扮演着具体工厂类的角色。我们从 DataSourceFactory 接口开始分析，其定义如下：

```
public interface DataSourceFactory {

    // 设置 DataSource 的相关属性，一般紧跟在初始化完成之后
    void setProperties(Properties props);

    // 获取 DataSource 对象
    DataSource getDataSource();
}
```

在 UnpooledDataSourceFactory 的构造函数中会直接创建 UnpooledDataSource 对象，并初始化 UnpooledDataSourceFactory.dataSource 字段。UnpooledDataSourceFactory.setProperties()方法会完成对 UnpooledDataSource 对象的配置，代码如下：

```
public void setProperties(Properties properties) {
    Properties driverProperties = new Properties();
    // 创建 DataSource 相应的 MetaObject
    MetaObject metaDataSource = SystemMetaObject.forObject(dataSource);
    // 遍历 properties 集合，该集合中配置了数据源需要的信息
```

```java
    for (Object key : properties.keySet()) {
        String propertyName = (String) key;
        if (propertyName.startsWith(DRIVER_PROPERTY_PREFIX)) {
            String value = properties.getProperty(propertyName);
            // 以"driver."开头的配置项是对 DataSource 的配置，记录到 driverProperties 中保存
            driverProperties.setProperty(propertyName
                    .substring(DRIVER_PROPERTY_PREFIX_LENGTH), value);
        } else if (metaDataSource.hasSetter(propertyName)) { // 是否有该属性的 setter 方法
            String value = (String) properties.get(propertyName);
            // 根据属性类型进行类型转换，主要是 Integer、Long、Boolean 三种类型的转换
            Object convertedValue = convertValue(metaDataSource, propertyName, value);
            // 设置 DataSource 的相关属性值
            metaDataSource.setValue(propertyName, convertedValue);
        } else {
            throw new DataSourceException("...");
        }
    }
    if (driverProperties.size() > 0) { // 设置 DataSource.driverProperties 属性值
        metaDataSource.setValue("driverProperties", driverProperties);
    }
}
```

UnpooledDataSourceFactory.getDataSource()方法实现比较简单，它直接返回 dataSource 字段记录的 UnpooledDataSource 对象。

PooledDataSourceFactory 继承了 UnpooledDataSourceFactory，但并没有覆盖 setProperties() 方法和 getDataSource()方法。两者唯一的区别是 PooledDataSourceFactory 的构造函数会将其 dataSource 字段初始化为 PooledDataSource 对象。

JndiDataSourceFactory 是依赖 JNDI 服务从容器中获取用户配置的 DataSource，其逻辑并不复杂，这里就不再赘述了。

2.6.3　UnpooledDataSource

javax.sql.DataSource 接口在数据源模块中扮演了产品接口的角色，MyBatis 提供了两个 DataSource 接口的实现类，分别是 UnpooledDataSource 和 PooledDataSource，它们扮演着具体产品类的角色。

UnpooledDataSource 实现了 javax.sql.DataSource 接口中定义的 getConnection()方法及其重载

方法，用于获取数据库连接。每次通过 UnpooledDataSource.getConnection()方法获取数据库连接时都会创建一个新连接。UnpooledDataSource 中的字段如下，每个字段都有对应的 getter/setter 方法：

```
private ClassLoader driverClassLoader; // 加载 Driver 类的类加载器

private Properties driverProperties; // 数据库连接驱动的相关配置

// 缓存所有已注册的数据库连接驱动
private static Map<String, Driver> registeredDrivers =
        new ConcurrentHashMap<String, Driver>();

private String driver; // 数据库连接的驱动名称

private String url; // 数据库 URL

private String username; // 用户名

private String password; // 密码

private Boolean autoCommit; // 是否自动提交

private Integer defaultTransactionIsolationLevel; // 事务隔离级别
```

熟悉 JDBC 的读者知道，创建数据库连接之前，需要先向 DriverManager 注册 JDBC 驱动类。我们以 MySQL 提供的 JDBC 驱动为例进行简单分析，com.mysql.jdbc.Driver 中有如下静态代码块：

```
static {
  try {
      DriverManager.registerDriver(new Driver());// 向 DriverManager 注册 JDBC 驱动
  } catch (SQLException var1) {
      throw new RuntimeException("Can\'t register driver!");
  }
}
```

DriverManager 中定义了 registeredDrivers 字段用于记录注册的 JDBC 驱动，定义如下：

```java
private final static CopyOnWriteArrayList<DriverInfo> registeredDrivers =
    new CopyOnWriteArrayList<>();

public static synchronized void registerDriver(java.sql.Driver driver,
        DriverAction da)  throws SQLException {
    if(driver != null) {
        registeredDrivers.addIfAbsent(new DriverInfo(driver, da)); // 添加 JDBC 驱动
    } else {
        // ...抛出异常（略）
    }
}
```

下面回到 MyBatis 中 UnpooledDataSource 的分析，UnpooledDataSource 中定义了如下静态代码块，在 UnpooledDataSource 加载时会通过该静态代码块将已在 DriverManager 中注册的 JDBC Driver 复制一份到 UnpooledDataSource.registeredDrivers 集合中。

```java
static {
    Enumeration<Driver> drivers = DriverManager.getDrivers();
    while (drivers.hasMoreElements()) {
        Driver driver = drivers.nextElement();
        registeredDrivers.put(driver.getClass().getName(), driver);
    }
}
```

UnpooledDataSource.getConnection() 方法的所有重载最终会调用 UnpooledDataSource.doGetConnection() 方法获取数据库连接，具体实现如下：

```java
private Connection doGetConnection(Properties properties) throws SQLException {
    initializeDriver(); // 初始化数据库驱动
    // 创建真正的数据库连接
    Connection connection = DriverManager.getConnection(url, properties);
    // 配置数据库连接的 autoCommit 和隔离级别
    configureConnection(connection);
    return connection;
}
```

UnpooledDataSource.initializeDriver()方法主要负责数据库驱动的初始化，该方法会创建配置中指定的 Driver 对象，并将其注册到 DriverManager 以及上面介绍的 UnpooledDataSource.

registeredDrivers 集合中保存。

```
// 下面是 initializeDriver()方法的实现:
private synchronized void initializeDriver() throws SQLException {
    if (!registeredDrivers.containsKey(driver)) { // 检测驱动是否已注册
        Class<?> driverType;
        // ...省略 try/catch 代码块
        if (driverClassLoader != null) {
            driverType = Class.forName(driver, true, driverClassLoader); // 注册驱动
        } else {
            driverType = Resources.classForName(driver);
        }
        Driver driverInstance = (Driver) driverType.newInstance();// 创建 Driver 对象
        // 注册驱动, DriverProxy 是定义在 UnpooledDataSource 中的内部类, 是 Driver 的静态代理类
        DriverManager.registerDriver(new DriverProxy(driverInstance));
        // 将驱动添加到 registeredDrivers 集合中
        registeredDrivers.put(driver, driverInstance);
    }
}
```

UnpooledDataSource.configureConnection()方法主要完成数据库连接的一系列配置, 具体实现如下:

```
private void configureConnection(Connection conn) throws SQLException {
    if (autoCommit != null && autoCommit != conn.getAutoCommit()) {
        conn.setAutoCommit(autoCommit); // 设置事务是否自动提交
    }
    if (defaultTransactionIsolationLevel != null) {
        // 设置事务隔离级别
        conn.setTransactionIsolation(defaultTransactionIsolationLevel);
    }
}
```

2.6.4 PooledDataSource

了解 JDBC 编程的读者知道, 数据库连接的创建过程是非常耗时的, 数据库能够建立的连接数也非常有限, 所以在绝大多数系统中, 数据库连接是非常珍贵的资源, 使用数据库连接池

就显得尤为必要。使用数据库连接池会带来很多好处，例如，可以实现数据库连接的重用、提高响应速度、防止数据库连接过多造成数据库假死、避免数据库连接泄露等。

数据库连接池在初始化时，一般会创建一定数量的数据库连接并添加到连接池中备用。当程序需要使用数据库连接时，从池中请求连接；当程序不再使用该连接时，会将其返回到池中缓存，等待下次使用，而不是直接关闭。当然，数据库连接池会控制连接总数的上限以及空闲连接数的上限，如果连接池创建的总连接数已达到上限，且都已被占用，则后续请求连接的线程会进入阻塞队列等待，直到有线程释放出可用的连接。如果连接池中空闲连接数较多，达到其上限，则后续返回的空闲连接不会放入池中，而是直接关闭，这样可以减少系统维护多余数据库连接的开销。

如果将总连接数的上限设置得过大，可能因连接数过多而导致数据库僵死，系统整体性能下降；如果总连接数上限过小，则无法完全发挥数据库的性能，浪费数据库资源。如果将空闲连接的上限设置得过大，则会浪费系统资源来维护这些空闲连接；如果空闲连接上限过小，当出现瞬间的峰值请求时，系统的快速响应能力就比较弱。所以在设置数据库连接池的这两个值时，需要进行性能测试、权衡以及一些经验。

PooledDataSource 实现了简易数据库连接池的功能，它依赖的组件如图 2-34 所示，其中需要注意的是，PooledDataSource 创建新数据库连接的功能是依赖其中封装的 UnpooledDataSource 对象实现的。

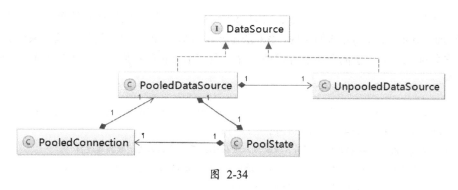

图 2-34

PooledDataSource 并不会直接管理 java.sql.Connection 对象，而是管理 PooledConnection 对象。在 PooledConnection 中封装了真正的数据库连接对象（java.sql.Connection）以及其代理对象，这里的代理对象是通过 JDK 动态代理产生的。PooledConnection 继承了 InvocationHandler 接口，该接口在前面介绍 JDK 动态代理时已经详细描述过了，这里不再重复。

PooledConnection 中的核心字段如下：

```
// 记录当前 PooledConnection 对象所在的 PooledDataSource 对象。该 PooledConnection 是从
// 该 PooledDataSource 中获取的；当调用 close()方法时会将 PooledConnection 放回该
```

```
// PooledDataSource 中
private PooledDataSource dataSource;

private Connection realConnection; // 真正的数据库连接

private Connection proxyConnection; // 数据库连接的代理对象

private long checkoutTimestamp; // 从连接池中取出该连接的时间戳

private long createdTimestamp; // 该连接创建的时间戳

private long lastUsedTimestamp; // 最后一次被使用的时间戳

// 由数据库 URL、用户名和密码计算出来的 hash 值，可用于标识该连接所在的连接池
private int connectionTypeCode;

// 检测当前 PooledConnection 是否有效，主要是为了防止程序通过 close()方法将连接归还给连接池之后，依
// 然通过该连接操作数据库
private boolean valid;
```

PooledConnection 中提供了上述字段的 getter/setter 方法，代码比较简单。这里重点关注 PooledConnection.invoke()方法的实现，该方法是 proxyConnection 这个连接代理对象的真正代理逻辑，它会对 close()方法的调用进行代理，并且在调用真正数据库连接的方法之前进行检测，代码如下：

```
public Object invoke(Object proxy, Method method, Object[] args) throws Throwable {
    String methodName = method.getName();
    // 如果调用 close()方法，则将其重新放入连接池，而不是真正关闭数据库连接
    if (CLOSE.hashCode() == methodName.hashCode() && CLOSE.equals(methodName)) {
        dataSource.pushConnection(this);
        return null;
    } else {
        try {
            if (!Object.class.equals(method.getDeclaringClass())) {
                checkConnection(); // 通过 valid 字段检测连接是否有效
            }
            return method.invoke(realConnection, args); // 调用真正数据库连接对象的对应方法
        } catch (Throwable t) {
```

```
            throw ExceptionUtil.unwrapThrowable(t);
        }
    }
}
```

PoolState 是用于管理 PooledConnection 对象状态的组件，它通过两个 ArrayList<PooledConnection>集合分别管理空闲状态的连接和活跃状态的连接，定义如下：

```
// 空闲的 PooledConnection 集合
protected final List<PooledConnection> idleConnections =
        new ArrayList<PooledConnection>();

// 活跃的 PooledConnection 集合
protected final List<PooledConnection> activeConnections =
        new ArrayList<PooledConnection>();
```

PoolState 中还定义了一系列用于统计的字段，定义如下：

```
protected long requestCount = 0; // 请求数据库连接的次数

protected long accumulatedRequestTime = 0; // 获取连接的累积时间

// checkoutTime 表示应用从连接池中取出连接，到归还连接这段时长，
// accumulatedCheckoutTime 记录了所有连接累积的 checkoutTime 时长
protected long accumulatedCheckoutTime = 0;

// 当连接长时间未归还给连接池时，会被认为该连接超时，
// claimedOverdueConnectionCount 记录了超时的连接个数
protected long claimedOverdueConnectionCount = 0;

protected long accumulatedCheckoutTimeOfOverdueConnections = 0; // 累积超时时间

protected long accumulatedWaitTime = 0; // 累积等待时间

protected long hadToWaitCount = 0; // 等待次数

protected long badConnectionCount = 0; // 无效的连接数
```

PooledDataSource 中管理的真正的数据库连接对象是由 PooledDataSource 中封装的

UnpooledDataSource 对象创建的,并由 PoolState 管理所有连接的状态。PooledDataSource 中核心字段的含义和功能如下:

```
// 通过PoolState管理连接池的状态并记录统计信息
private final PoolState state = new PoolState(this);

// 记录UnpooledDataSource对象,用于生成真实的数据库连接对象,构造函数中会初始化该字段
private final UnpooledDataSource dataSource;

protected int poolMaximumActiveConnections = 10; // 最大活跃连接数

protected int poolMaximumIdleConnections = 5; // 最大空闲连接数

protected int poolMaximumCheckoutTime = 20000; // 最大checkout时长

protected int poolTimeToWait = 20000; // 在无法获取连接时,线程需要等待的时间

// 在检测一个数据库连接是否可用时,会给数据库发送一个测试SQL语句
protected String poolPingQuery = "NO PING QUERY SET";

protected boolean poolPingEnabled; // 是否允许发送测试SQL语句

// 当连接超过poolPingConnectionsNotUsedFor毫秒未使用时,会发送一次测试SQL语句,检测连接是否正常
protected int poolPingConnectionsNotUsedFor;

// 根据数据库的URL、用户名和密码生成的一个hash值,该哈希值用于标志着当前的连接池,在构造函数中
初始化
private int expectedConnectionTypeCode;
```

PooledDataSource.getConnection()方法首先会调用 PooledDataSource.popConnection()方法获取 PooledConnection 对象,然后通过 PooledConnection.getProxyConnection()方法获取数据库连接的代理对象。popConnection()方法是 PooledDataSource 的核心逻辑之一,其具体逻辑如图 2-35 所示。

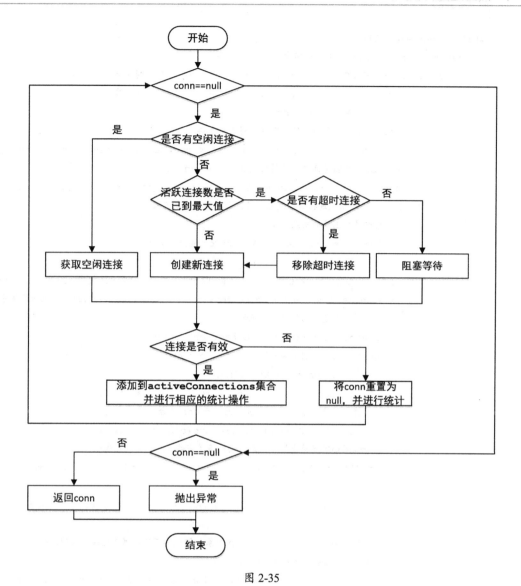

图 2-35

PooledDataSource.popConnection()方法的具体实现如下：

```
private PooledConnection popConnection(String username, String password)
        throws SQLException {
    boolean countedWait = false;
    PooledConnection conn = null;
    long t = System.currentTimeMillis();
```

```java
while (conn == null) {
    synchronized (state) { // 同步
        if (!state.idleConnections.isEmpty()) { // 检测空闲连接
            conn = state.idleConnections.remove(0); // 获取连接
        } else {// 当前连接池没有空闲连接
            // 活跃连接数没有到最大值,则可以创建新连接
            if (state.activeConnections.size() < poolMaximumActiveConnections) {
                // 创建新数据库连接,并封装成 PooledConnection 对象
                conn = new PooledConnection(dataSource.getConnection(), this);
            } else { // 活跃连接数已到最大值,则不能创建新连接
                // 获取最先创建的活跃连接
                PooledConnection oldestActiveConnection =
                        state.activeConnections.get(0);
                long longestCheckoutTime = oldestActiveConnection.getCheckoutTime();
                if (longestCheckoutTime > poolMaximumCheckoutTime){// 检测该连接是否超时
                    // 对超时连接的信息进行统计
                    state.claimedOverdueConnectionCount++;
                    state.accumulatedCheckoutTimeOfOverdueConnections +=
                            longestCheckoutTime;
                    state.accumulatedCheckoutTime += longestCheckoutTime;
                    // 将超时连接移出 activeConnections 集合
                    state.activeConnections.remove(oldestActiveConnection);
                    // 如果超时连接未提交,则自动回滚(省略 try/catch 代码块)
                    if (!oldestActiveConnection.getRealConnection().getAutoCommit())
                    {
                        oldestActiveConnection.getRealConnection().rollback();
                    }
                    // 创建新 PooledConnection 对象,但是真正的数据库连接并未创建新的
                    conn = new PooledConnection(
                            oldestActiveConnection.getRealConnection(), this);
                    conn.setCreatedTimestamp(oldestActiveConnection
                            .getCreatedTimestamp());
                    conn.setLastUsedTimestamp(oldestActiveConnection
                            .getLastUsedTimestamp());
                    // 将超时 PooledConnection 设置为无效
                    oldestActiveConnection.invalidate();
                } else {
                    // 无空闲连接、无法创建新连接且无超时连接,则只能阻塞等待
```

```java
                try {
                    if (!countedWait) {
                        state.hadToWaitCount++; // 统计等待次数
                        countedWait = true;
                    }
                    long wt = System.currentTimeMillis();
                    state.wait(poolTimeToWait); // 阻塞等待
                    // 统计累积的等待时间
                    state.accumulatedWaitTime += System.currentTimeMillis() - wt;
                } catch (InterruptedException e) {
                    break;
                }
            }
        }
    }
    if (conn != null) {
        if (conn.isValid()) { // 检测 PooledConnection 是否有效
            if (!conn.getRealConnection().getAutoCommit()) {
                conn.getRealConnection().rollback();
            }
            // 配置 PooledConnection 的相关属性，设置 connectionTypeCode、
            // checkoutTimestamp、lastUsedTimestamp 字段的值
            conn.setConnectionTypeCode(assembleConnectionTypeCode(
                        dataSource.getUrl(), username, password));
            conn.setCheckoutTimestamp(System.currentTimeMillis());
            conn.setLastUsedTimestamp(System.currentTimeMillis());
            state.activeConnections.add(conn); // 进行相关统计
            state.requestCount++;
            state.accumulatedRequestTime += System.currentTimeMillis() - t;
        } else {
            state.badConnectionCount++;
            conn = null;
            if (localBadConnectionCount > (poolMaximumIdleConnections + 3)) {
                throw new SQLException("...");
            }
        }
    }
}
```

```
    }
    if (conn == null) {
        throw new SQLException("...");
    }
    return conn;
}
```

通过前面对 PooledConnection.invoke()方法的分析我们知道，当调用连接的代理对象的 close()方法时，并未关闭真正的数据连接，而是调用 PooledDataSource.pushConnection()方法将 PooledConnection 对象归还给连接池，供之后重用。PooledDataSource.pushConnection()方法也是 PooledDataSource 的核心逻辑之一，其逻辑如图 2-36 所示。

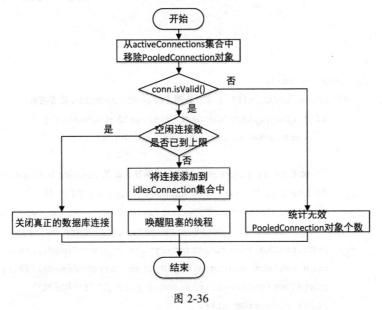

图 2-36

PooledConnection.pushConnection ()方法的具体实现如下：

```
protected void pushConnection(PooledConnection conn) throws SQLException {
    synchronized (state) { // 同步
        // 从activeConnections集合中移除该 PooledConnection 对象
        state.activeConnections.remove(conn);
        if (conn.isValid()) {// 检测 PooledConnection 对象是否有效
            // 检测空闲连接数是否已达到上限，以及 PooledConnection 是否为该连接池的连接
            if (state.idleConnections.size() < poolMaximumIdleConnections
                    && conn.getConnectionTypeCode() == expectedConnectionTypeCode) {
```

```
            state.accumulatedCheckoutTime+= conn.getCheckoutTime();//累积checkout 时长
            if (!conn.getRealConnection().getAutoCommit()) { // 回滚未提交的事务
                conn.getRealConnection().rollback();
            }
            // 为返还连接创建新的 PooledConnection 对象
            PooledConnection newConn = new PooledConnection(
                    conn.getRealConnection(), this);
            state.idleConnections.add(newConn); // 添加到 idleConnections 集合
            newConn.setCreatedTimestamp(conn.getCreatedTimestamp());
            newConn.setLastUsedTimestamp(conn.getLastUsedTimestamp());
            conn.invalidate(); // 将原 PooledConnection 对象设置为无效
            state.notifyAll(); // 唤醒阻塞等待的线程
        } else { // 空闲连接数已达到上限或 PooledConnection 对象并不属于该连接池
            state.accumulatedCheckoutTime+= conn.getCheckoutTime();//累积checkout 时长
            if (!conn.getRealConnection().getAutoCommit()) {
                conn.getRealConnection().rollback();
            }
            conn.getRealConnection().close(); // 关闭真正的数据库连接
            conn.invalidate(); // 将 PooledConnection 对象设置为无效
        }
    } else {
        state.badConnectionCount++; // 统计无效 PooledConnection 对象个数
    }
  }
}
```

这里需要注意的是，PooledDataSource.pushConnection()方法和 popConnection()方法中都调用了 PooledConnection.isValid()方法来检测 PooledConnection 的有效性，该方法除了检测 PooledConnection.valid 字段的值，还会调用 PooledDataSource.pingConnection()方法尝试让数据库执行 poolPingQuery 字段中记录的测试 SQL 语句，从而检测真正的数据库连接对象是否依然可以正常使用。isValid()方法以及 pingConnection()方法的代码如下：

```
public boolean isValid() {
    return valid && realConnection != null && dataSource.pingConnection(this);
}

protected boolean pingConnection(PooledConnection conn) {
    boolean result = true; // 记录 ping 操作是否成功
```

```java
    try {
        result = !conn.getRealConnection().isClosed();// 检测真正的数据库连接是否已经关闭
    } catch (SQLException e) {
        result = false;
    }

    if (result) {
        if (poolPingEnabled) { // 检测 poolPingEnabled 设置，是否运行执行测试 SQL 语句
            // 长时间(超过 poolPingConnectionsNotUsedFor 指定的时长)未使用的连接,才需要 ping
            // 操作来检测数据库连接是否正常
            if (poolPingConnectionsNotUsedFor >= 0 &&
                    conn.getTimeElapsedSinceLastUse() > poolPingConnectionsNotUsedFor) {
                try {
                    // 下面是执行测试 SQL 语句的 JDBC 操作,不多做解释
                    Connection realConn = conn.getRealConnection();
                    Statement statement = realConn.createStatement();
                    ResultSet rs = statement.executeQuery(poolPingQuery);
                    rs.close();
                    statement.close();
                    if (!realConn.getAutoCommit()) {
                        realConn.rollback();
                    }
                    result = true;
                } catch (Exception e) {
                    conn.getRealConnection().close();
                    // ... 省略 try/catch 块和日志输出
                    result = false;
                }
            }
        }
    }
    return result;
}
```

最后需要注意的是 PooledDataSource.forceCloseAll()方法,当修改 PooledDataSource 的字段时,例如数据库 URL、用户名、密码、autoCommit 配置等,都会调用 forceCloseAll()方法将所有数据库连接关闭,同时也会将所有相应的 PooledConnection 对象都设置为无效,清空 activeConnections 集合和 idleConnections 集合。应用系统之后通过 PooledDataSource.

getConnection()获取连接时，会按照新的配置重新创建新的数据库连接以及相应的 PooledConnection 对象。forceCloseAll()方法的具体实现如下：

```java
public void forceCloseAll() {
    synchronized (state) {
        // 更新当前连接池的标识
        expectedConnectionTypeCode = assembleConnectionTypeCode(dataSource.getUrl(),
            dataSource.getUsername(), dataSource.getPassword());
        for (int i = state.activeConnections.size(); i > 0; i--) { // 处理全部的活跃连接
            try {
                // 从 PoolState.activeConnections 集合中获取 PooledConnection 对象
                PooledConnection conn = state.activeConnections.remove(i - 1);
                conn.invalidate(); // 将 PooledConnection 对象设置为无效
                Connection realConn = conn.getRealConnection(); // 获取真正的数据库连接对象
                if (!realConn.getAutoCommit()) { // 回滚未提交的事务
                    realConn.rollback();
                }
                realConn.close(); // 关闭真正的数据库连接
            } catch (Exception e) {
                // ignore
            }
        }
        // ... 同样的逻辑处理 PoolState.activeConnections 集合中的空闲连接（略）
    }
}
```

DataSource 的相关内容到这里就全部介绍完了。

2.7 Transaction

在实践开发中，控制数据库事务是一件非常重要的工作，MyBatis 使用 Transaction 接口对数据库事务进行了抽象，Transaction 接口的定义如下：

```java
public interface Transaction {
    Connection getConnection() throws SQLException; // 获取对应的数据库连接对象

    void commit() throws SQLException; // 提交事务

    void rollback() throws SQLException; // 回滚事务
```

```
void close() throws SQLException; // 关闭数据库连接

Integer getTimeout() throws SQLException; // 获取事务超时时间
}
```

Transaction 接口有 JdbcTransaction、ManagedTransaction 两个实现，其对象分别由 JdbcTransactionFactory 和 ManagedTransactionFactory 负责创建。如图 2-37 所示，这里也使用了工厂方法模式。

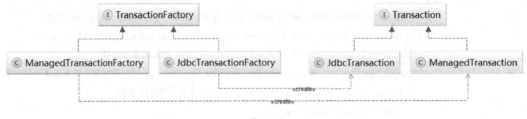

图 2-37

JdbcTransaction 依赖于 JDBC Connection 控制事务的提交和回滚。JdbcTransaction 中字段的含义如下：

```
protected Connection connection; // 事务对应的数据库连接

protected DataSource dataSource; // 数据库连接所属的 DataSource

protected TransactionIsolationLevel level; // 事务隔离级别

protected boolean autoCommmit; // 是否自动提交
```

在 JdbcTransaction 的构造函数中会初始化除 connection 字段之外的其他三个字段，而 connection 字段会延迟初始化，它会在调用 getConnection()方法时通过 dataSource.getConnection()方法初始化，并且同时设置 autoCommit 和事务隔离级别。JdbcTransaction 的 commit()方法和 rollback()方法都会调用 Connection 对应方法实现的。

ManagedTransaction 的实现更加简单，它同样依赖其中的 dataSource 字段获取连接，但其 commit()、rollback() 方法都是空实现，事务的提交和回滚都是依靠容器管理的。ManagedTransaction 中通过 closeConnection 字段的值控制数据库连接的关闭行为。

```
public void close() throws SQLException {
    if (this.closeConnection && this.connection != null) {
```

```
        // ... 日志输出（略）
        this.connection.close();
    }
}
```

TransactionFactory 接口定义了配置新建 TransactionFactory 对象的方法，以及创建 Transaction 对象的方法，代码如下：

```
public interface TransactionFactory {

    // 配置TransactionFactory对象，一般紧跟在创建完成之后，完成对TransactionFactory的自定义配置
    void setProperties(Properties props);

    // 在指定的连接上创建Transaction对象
    Transaction newTransaction(Connection conn);

    // 从指定数据源中获取数据库连接，并在此连接之上创建Transaction对象
    Transaction newTransaction(DataSource dataSource, TransactionIsolationLevel level,
        boolean autoCommit);
}
```

JdbcTransactionFactory 和 ManagedTransactionFactory 负责创建 JdbcTransaction 和 ManagedTransaction，这一部分的代码比较简单，就不贴出来了。

在实践中，MyBatis 通常会与 Spring 集成使用，数据库的事务是交给 Spring 进行管理的，在第 4 章会介绍 Transaction 接口的另一个实现——SpringManagedTransaction，感兴趣的读者可以跳到相关章节阅读。

2.8 binding 模块

在 iBatis（MyBatis 的前身）中，查询一个 Blog 对象时需要调用 SqlSession.queryForObject("selectBlog", blogId)方法。其中，SqlSession.queryForObject()方法会执行指定的 SQL 语句进行查询并返回一个结果对象，第一个参数"selectBlog"指明了具体执行的 SQL 语句的 id，该 SQL 语句定义在相应的映射配置文件中。如果我们错将"selectBlog"写成了"selectBlog1"，在初始化过程中，MyBatis 是无法提示该错误的，而在实际调用 queryForObject("selectBlog1", blogId)方法时才会抛出异常，开发人员才能知道该错误。

MyBatis 提供了 binding 模块用于解决上述问题，我们可以定义一个接口（为方便描述，后

面统一称为"Mapper 接口"），该示例中为 BlogMapper 接口，具体代码如下所示。注意，这里的 BlogMapper 接口并不需要继承任何其他接口，而且开发人员不需要提供该接口的实现。

```
public interface BlogMapper {

    public Blog selectBlog(int i); // 在映射配置文件中存在一个<select>节点，id为"selectBlog"
}
```

该 Mapper 接口中定义了 SQL 语句对应的方法，这些方法在 MyBatis 初始化过程中会与映射配置文件中定义的 SQL 语句相关联。如果存在无法关联的 SQL 语句，在 MyBatis 的初始化节点就会抛出异常。我们可以调用 Mapper 接口中的方法执行相应的 SQL 语句，这样编译器就可以帮助我们提早发现上述问题。查询 Blog 对象就变成了如下代码：

```
// 首先，获取 BlogMapper 对应的代理对象
BlogMapper mapper = session.getMapper(BlogMapper.class);

// 调用 Mapper 接口中定义的方法执行对应的 SQL 语句
Blog blog = mapper.selectBlog(1);
```

在开始分析 binding 模块的实现之前，先来了解一下该模块中核心组件之间的关系，如图 2-38 所示。

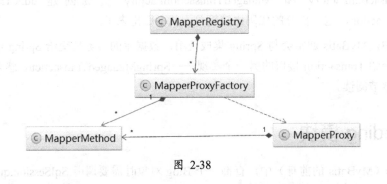

图 2-38

2.8.1 MapperRegistry&MapperProxyFactory

MapperRegistry 是 Mapper 接口及其对应的代理对象工厂的注册中心。Configuration 是 MyBatis 全局性的配置对象，在 MyBatis 初始化的过程中，所有配置信息会被解析成相应的对象并记录到 Configuration 对象中，在第 3 章介绍 MyBatis 初始化过程时会详细介绍 Configuration。这里关注 Configuration.mapperRegistry 字段，它记录当前使用的 MapperRegistry 对象，

MapperRegistry 中字段的含义和功能如下：

```
// Configuration 对象，MyBatis 全局唯一的配置对象，其中包含了所有配置信息
private final Configuration config;

// 记录了 Mapper 接口与对应 MapperProxyFactory 之间的关系
private final Map<Class<?>, MapperProxyFactory<?>> knownMappers =
    new HashMap<Class<?>, MapperProxyFactory<?>>();
```

在 MyBatis 初始化过程中会读取映射配置文件以及 Mapper 接口中的注解信息，并调用 MapperRegistry.addMapper()方法填充 MapperRegistry.knownMappers 集合，该集合的 key 是 Mapper 接口对应的 Class 对象，value 为 MapperProxyFactory 工厂对象，可以为 Mapper 接口创建代理对象，MapperProxyFactory 的实现马上就会分析到。MapperRegistry.addMapper()方法的部分实现如下：

```
public <T> void addMapper(Class<T> type) {
    if (type.isInterface()) { // 检测 type 是否为接口
        if (hasMapper(type)) { // 检测是否已经加载过该接口
            throw new BindingException("...");
        }
        // ...省略 try/finally 代码块
        // 将 Mapper 接口对应的 Class 对象和 MapperProxyFactory 对象添加到 knownMappers 集合
        knownMappers.put(type, new MapperProxyFactory<T>(type));
        // 下面涉及 XML 解析和注解的处理，后面详细介绍
        ...
    }
}
```

在需要执行某 SQL 语句时，会先调用 MapperRegistry.getMapper()方法获取实现了 Mapper 接口的代理对象，例如本节开始的示例中，session.getMapper(BlogMapper.class)方法得到的实际上是 MyBatis 通过 JDK 动态代理为 BlogMapper 接口生成的代理对象。MapperRegistry.getMapper()方法的代码如下所示。

```
public <T> T getMapper(Class<T> type, SqlSession sqlSession) {
    // 查找指定 type 对应的 MapperProxyFactory 对象
    final MapperProxyFactory<T> mapperProxyFactory =
            (MapperProxyFactory<T>) knownMappers.get(type);
    // ... 如果 mapperProxyFactory 为空，则抛出异常（略）
```

```
    try {
        // 创建实现了 type 接口的代理对象
        return mapperProxyFactory.newInstance(sqlSession);
    } catch (Exception e) {
        throw new BindingException("...");
    }
}
```

MapperProxyFactory 主要负责创建代理对象，其中核心字段的含义和功能如下：

```
// 当前 MapperProxyFactory 对象可以创建实现了 mapperInterface 接口的代理对象, 在本节开始的示例中,
// 就是 BlogMapper 接口对应的 Class 对象
private final Class<T> mapperInterface;

// 缓存, key 是 mapperInterface 接口中某方法对应的 Method 对象, value 是对应的 MapperMethod 对象
// MapperMethod 的功能和实现马上就会分析到
private final Map<Method, MapperMethod> methodCache =
    new ConcurrentHashMap<Method, MapperMethod>();
```

MapperProxyFactory.newInstance() 方法实现了创建实现了 mapperInterface 接口的代理对象的功能，具体代码如下：

```
public T newInstance(SqlSession sqlSession) {
    // 创建 MapperProxy 对象, 每次调用都会创建新的 MapperProxy 对象
    final MapperProxy<T> mapperProxy =
        new MapperProxy<T>(sqlSession, mapperInterface, methodCache);
    return newInstance(mapperProxy);
}

protected T newInstance(MapperProxy<T> mapperProxy) {
    // 创建实现了 mapperInterface 接口的代理对象
    return (T) Proxy.newProxyInstance(mapperInterface.getClassLoader(),
        new Class[]{mapperInterface}, mapperProxy);
}
```

2.8.2 MapperProxy

MapperProxy 实现了 InvocationHandler 接口，在介绍 JDK 动态代理时已经介绍过，该接

口的实现是代理对象的核心逻辑，这里不再重复描述。MapperProxy 中核心字段的含义和功能如下：

```
private final SqlSession sqlSession; // 记录了关联的 SqlSession 对象

private final Class<T> mapperInterface; // Mapper 接口对应的 Class 对象

// 用于缓存 MapperMethod 对象，其中 key 是 Mapper 接口中方法对应的 Method 对象，value 是对应的
// MapperMethod 对象。MapperMethod 对象会完成参数转换以及 SQL 语句的执行功能
// 需要注意的是，MapperMethod 中并不记录任何状态相关的信息，所以可以在多个代理对象之间共享
private final Map<Method, MapperMethod> methodCache;
```

MapperProxy.invoke() 方法是代理对象执行的主要逻辑，实现如下：

```
public Object invoke(Object proxy, Method method, Object[] args) throws Throwable {
    // ... 省略 try/catch 代码块
    // 如果目标方法继承自 Object，则直接调用目标方法
    if (Object.class.equals(method.getDeclaringClass())) {
        return method.invoke(this, args);
    } else if (isDefaultMethod(method)) {
        // ... 针对 Java7 以上版本对动态类型语言的支持，不进行详述
    }
    // 从缓存中获取 MapperMethod 对象，如果缓存中没有，则创建新的 MapperMethod 对象并添加到缓存中
    final MapperMethod mapperMethod = cachedMapperMethod(method);
    // 调用 MapperMethod.execute() 方法执行 SQL 语句
    return mapperMethod.execute(sqlSession, args);
}
```

MapperProxy.cachedMapperMethod() 方法主要负责维护 methodCache 这个缓存集合，实现如下：

```
private MapperMethod cachedMapperMethod(Method method) {
    MapperMethod mapperMethod = methodCache.get(method); // 在缓存中查找 MapperMethod
    if (mapperMethod == null) {
        // 创建 MapperMethod 对象，并添加到 methodCache 集合中缓存
        mapperMethod =
            new MapperMethod(mapperInterface, method, sqlSession.getConfiguration());
        methodCache.put(method, mapperMethod);
    }
```

```
        return mapperMethod;
}
```

2.8.3 MapperMethod

MapperMethod 中封装了 Mapper 接口中对应方法的信息,以及对应 SQL 语句的信息。读者可以将 MapperMethod 看作连接 Mapper 接口以及映射配置文件中定义的 SQL 语句的桥梁。MapperMethod 中各个字段的信息如下:

```
private final SqlCommand command; // 记录了 SQL 语句的名称和类型

private final MethodSignature method; // Mapper 接口中对应方法的相关信息
```

SqlCommand

SqlCommand 是 MapperMethod 中定义的内部类,它使用 name 字段记录了 SQL 语句的名称,使用 type 字段(SqlCommandType 类型)记录了 SQL 语句的类型。SqlCommandType 是枚举类型,有效取值为 UNKNOWN、INSERT、UPDATE、DELETE、SELECT、FLUSH。

SqlCommand 的构造方法会初始化 name 字段和 type 字段,代码如下:

```
public SqlCommand(Configuration configuration, Class<?> mapperInterface,
        Method method) {
    // SQL 语句的名称是由 Mapper 接口的名称与对应的方法名称组成的
    String statementName = mapperInterface.getName() + "." + method.getName();
    MappedStatement ms = null;
    if (configuration.hasStatement(statementName)) { // 检测是否有该名称的 SQL 语句
        // 从 Configuration.mappedStatements 集合中查找对应的 MappedStatement 对象,
        // MappedStatement 对象中封装了 SQL 语句相关的信息,在 MyBatis 初始化时创建,后面详细描述
        ms = configuration.getMappedStatement(statementName);
    } else if (!mapperInterface.equals(method.getDeclaringClass())) {
        // 如果指定方法是在父接口中定义的,则在此进行继承结构的处理
        String parentStatementName = method.getDeclaringClass().getName()
                + "." + method.getName();
        // 从 Configuration.mappedStatements 集合中查找对应的 MappedStatement 对象
        if (configuration.hasStatement(parentStatementName)) {
            ms = configuration.getMappedStatement(parentStatementName);
        }
    }
```

```
        if (ms == null) {
            if (method.getAnnotation(Flush.class) != null) { // 处理@Flush 注解
                name = null;
                type = SqlCommandType.FLUSH;
            } else {
                throw new BindingException("...");
            }
        } else {
            name = ms.getId();// 初始化 name 和 type
            type = ms.getSqlCommandType();
            if (type == SqlCommandType.UNKNOWN) {
                throw new BindingException("...");
            }
        }
    }
```

ParamNameResolver

在 MethodSignature 中，会使用 ParamNameResolver 处理 Mapper 接口中定义的方法的参数列表。ParamNameResolver 使用 name 字段（SortedMap<Integer, String>类型）记录了参数在参数列表中的位置索引与参数名称之间的对应关系，其中 key 表示参数在参数列表中的索引位置，value 表示参数名称，参数名称可以通过@Param 注解指定，如果没有指定@Param 注解，则使用参数索引作为其名称。如果参数列表中包含 RowBounds 类型或 ResultHandler 类型的参数，则这两种类型的参数并不会被记录到 name 集合中，这就会导致参数的索引与名称不一致，例如，method(int a, RowBounds rb, int b)方法对应的 names 集合为{{0, "0"}, {2, "1"}}，如图 2-39 所示。

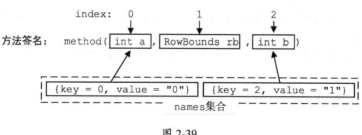

图 2-39

ParamNameResolver 的 hasParamAnnotation 字段（boolean 类型）记录对应方法的参数列表中是否使用了@Param 注解。

在 ParamNameResolver 的构造方法中,会通过反射的方式读取 Mapper 接口中对应方法的信息，并初始化上述两个字段，具体实现代码如下：

```java
public ParamNameResolver(Configuration config, Method method) {
    // 获取参数列表中每个参数的类型
    final Class<?>[] paramTypes = method.getParameterTypes();
    // 获取参数列表上的注解
    final Annotation[][] paramAnnotations = method.getParameterAnnotations();
    // 该集合用于记录参数索引与参数名称的对应关系
    final SortedMap<Integer, String> map = new TreeMap<Integer, String>();
    int paramCount = paramAnnotations.length;

    for (int paramIndex = 0; paramIndex < paramCount; paramIndex++) { // 遍历方法所有参数
        if (isSpecialParameter(paramTypes[paramIndex])) {
            // 如果参数是 RowBounds 类型或 ResultHandler 类型，则跳过对该参数的分析
            continue;
        }
        String name = null;
        // 遍历该参数对应的注解集合
        for (Annotation annotation : paramAnnotations[paramIndex]) {
            if (annotation instanceof Param) {
                // @Param 注解出现过一次，就将 hasParamAnnotation 初始化为 true
                hasParamAnnotation = true;
                name = ((Param) annotation).value();// 获取@Param 注解指定的参数名称
                break;
            }
        }


        // 这个 if 代码段解释了上面的示例中 names 集合项的 value 为什么是"0"和"1"
        if (name == null) {
            // 该参数没有对应的@Param 注解，则根据配置决定是否使用参数实际名称作为其名称
            if (config.isUseActualParamName()) {
                name = getActualParamName(method, paramIndex);
            }
            if (name == null) { // 使用参数的索引作为其名称
                name = String.valueOf(map.size());
            }
        }
        map.put(paramIndex, name); // 记录到 map 中保存
```

```
    }
    names = Collections.unmodifiableSortedMap(map); // 初始化 names 集合
}

// isSpecialParameter()方法用来过滤 RowBounds 和 ResultHandler 两种类型的参数
private static boolean isSpecialParameter(Class<?> clazz) {
    return RowBounds.class.isAssignableFrom(clazz)
        || ResultHandler.class.isAssignableFrom(clazz);
}
```

names 集合主要在 ParamNameResolver.getNamedParams()方法中使用,该方法接收的参数是用户传入的实参列表,并将实参与其对应名称进行关联,具体代码如下:

```
public Object getNamedParams(Object[] args) {
    final int paramCount = names.size();
    if (args == null || paramCount == 0) { // 无参数,返回 null
        return null;
    } else if (!hasParamAnnotation && paramCount == 1) { // 未使用@Param 且只有一个参数
        return args[names.firstKey()];
    } else { // 处理使用@Param 注解指定了参数名称或有多个参数的情况

        // param 这个 Map 中记录了参数名称与实参之间的对应关系。ParamMap 继承了 HashMap,如果向
        // ParamMap 中添加已经存在的 key,会报错,其他行为与 HashMap 相同
        final Map<String, Object> param = new ParamMap<Object>();
        int i = 0;
        for (Map.Entry<Integer, String> entry : names.entrySet()) {
            // 将参数名与实参对应关系记录到 param 中
            param.put(entry.getValue(), args[entry.getKey()]);
            // 下面是为参数创建"param+索引"格式的默认参数名称,例如:param1,param2 等,并添加
            // 到 param 集合中
            final String genericParamName = GENERIC_NAME_PREFIX + String.valueOf(i + 1);
            // 如果@Param 注解指定的参数名称就是"param+索引"格式的,则不需要再添加
            if (!names.containsValue(genericParamName)) {
                param.put(genericParamName, args[entry.getKey()]);
            }
            i++;
        }
        return param;
```

        }
    }

MethodSignature

介绍完 ParamNameResolver 的功能，回到 MethodSignature 继续介绍。MethodSignature 也是 MapperMethod 中定义的内部类，其中封装了 Mapper 接口中定义的方法的相关信息，MethodSignature 中核心字段的含义如下：

```
private final boolean returnsMany; // 返回值类型是否为 Collection 类型或是数组类型

private final boolean returnsMap;  // 返回值类型是否为 Map 类型

private final boolean returnsVoid; // 返回值类型是否为 void

private final boolean returnsCursor; // 返回值是否为 Cursor 类型

private final Class<?> returnType; // 返回值类型

// 如果返回值类型是 Map，则该字段记录了作为 key 的列名
private final String mapKey;

// 用来标记该方法参数列表中 ResultHandler 类型参数的位置
private final Integer resultHandlerIndex;

// 用来标记该方法参数列表中 RowBounds 类型参数的位置
private final Integer rowBoundsIndex;

// 该方法对应的 ParamNameResolver 对象
private final ParamNameResolver paramNameResolver;
```

在 MethodSignature 的构造函数中会解析相应的 Method 对象，并初始化上述字段，具体代码如下：

```
public MethodSignature(Configuration configuration, Class<?> mapperInterface,
        Method method) {
    // 解析方法的返回值类型，前面已经介绍过 TypeParameterResolver 的实现，这里不再赘述
    Type resolvedReturnType = TypeParameterResolver
            .resolveReturnType(method, mapperInterface);
```

```java
        if (resolvedReturnType instanceof Class<?>) {
            this.returnType = (Class<?>) resolvedReturnType;
        } else if (resolvedReturnType instanceof ParameterizedType) {
            this.returnType =
                    (Class<?>) ((ParameterizedType) resolvedReturnType).getRawType();
        } else {
            this.returnType = method.getReturnType();
        }
        // 初始化 returnsVoid、returnsMany、returnsCursor、mapKey、returnsMap 等字段
        this.returnsVoid = void.class.equals(this.returnType);
        this.returnsMany =
(configuration.getObjectFactory().isCollection(this.returnType)
                || this.returnType.isArray());
        this.returnsCursor = Cursor.class.equals(this.returnType);
        // 若 MethodSignature 对应方法的返回值是 Map 且指定了 @MapKey 注解，则使用 getMapKey() 方法处理
        this.mapKey = getMapKey(method);
        this.returnsMap = (this.mapKey != null);
        // 初始化 rowBoundsIndex 和 resultHandlerIndex 字段
        this.rowBoundsIndex = getUniqueParamIndex(method, RowBounds.class);
        this.resultHandlerIndex = getUniqueParamIndex(method, ResultHandler.class);
        // 创建 ParamNameResolver 对象
        this.paramNameResolver = new ParamNameResolver(configuration, method);
    }
```

getUniqueParamIndex()方法的主要功能是查找指定类型的参数在参数列表中的位置，如下：

```java
    private Integer getUniqueParamIndex(Method method, Class<?> paramType) {
        Integer index = null;
        final Class<?>[] argTypes = method.getParameterTypes();
        for (int i = 0; i < argTypes.length; i++) { // 遍历 MethodSignature 对应方法的参数列表
            if (paramType.isAssignableFrom(argTypes[i])) {
                if (index == null) { // 记录 paramType 类型参数在参数列表中的位置索引
                    index = i;
                } else {   // RowBounds 和 ResultHandler 类型的参数只能有一个，不能重复出现
                    throw new BindingException"...");
                }
            }
        }
```

```
        return index;
}
```

MethodSignature 中还提供了上述字段对应的 getter/setter 方法，不再赘述。其中，convertArgsToSqlCommandParam()辅助方法简单介绍一下：

```
// 负责将args[]数组（用户传入的实参列表）转换成SQL语句对应的参数列表，它是通过上面介绍的
// paramNameResolver.getNamedParams()实现
public Object convertArgsToSqlCommandParam(Object[] args) {
    return paramNameResolver.getNamedParams(args);
}
```

介绍完 MapperMethod 中定义的内部类，回到 MapperMethod 继续分析。MapperMethod 中最核心的方法是 execute()方法，它会根据 SQL 语句的类型调用 SqlSession 对应的方法完成数据库操作。SqlSession 是 MyBatis 的核心组件之一，其具体实现后面会详细介绍，这里读者暂时只需知道它负责完成数据库操作即可。MapperMethod.execute()方法的具体实现如下：

```
public Object execute(SqlSession sqlSession, Object[] args) {
    Object result;
    switch (command.getType()) { // 根据SQL语句的类型调用SqlSession对应的方法
        case INSERT: {
            // 使用ParamNameResolver处理args[]数组（用户传入的实参列表），将用户传入的实参与
            // 指定参数名称关联起来
            Object param = method.convertArgsToSqlCommandParam(args);
            // 调用SqlSession.insert()方法，rowCountResult()方法会根据method字段中记录的方法的
            // 返回值类型对结果进行转换
            result = rowCountResult(sqlSession.insert(command.getName(), param));
            break;
        }
        case UPDATE: {
            // UPDATE和DELETE类型的SQL语句的处理与INSERT类型的SQL语句类似，唯一的区别是调用了
            // SqlSession的update()方法和delete()方法
            ...
        }
        case DELETE: {
            ...
        }
        case SELECT:
```

```
            // 处理返回值为 void 且 ResultSet 通过 ResultHandler 处理的方法
            if (method.returnsVoid() && method.hasResultHandler()) {
                executeWithResultHandler(sqlSession, args);
                result = null;
            } else if (method.returnsMany()) { // 处理返回值为集合或数组的方法
                result = executeForMany(sqlSession, args);
            } else if (method.returnsMap()) { // 处理返回值为 Map 的方法
                result = executeForMap(sqlSession, args);
            } else if (method.returnsCursor()) { // 处理返回值为 Cursor 的方法
                result = executeForCursor(sqlSession, args);
            } else { // 处理返回值为单一对象的方法
                Object param = method.convertArgsToSqlCommandParam(args);
                result = sqlSession.selectOne(command.getName(), param);
            }
            break;
        case FLUSH:
            result = sqlSession.flushStatements();
            break;
        default:
            throw new BindingException("...");
    }
    // ... 边界检查（略）
    return result;
}
```

当执行 INSERT、UPDATE、DELETE 类型的 SQL 语句时，其执行结果都需要经过 MapperMethod.rowCountResult()方法处理。SqlSession 中的 insert()等方法返回的是 int 值，rowCountResult()方法会将该 int 值转换成 Mapper 接口中对应方法的返回值，具体实现如下：

```
private Object rowCountResult(int rowCount) {
    final Object result;
    if (method.returnsVoid()) {
        result = null; // Mapper 接口中相应方法的返回值为 void
    } else if (Integer.class.equals(method.getReturnType()) ||
               Integer.TYPE.equals(method.getReturnType())) {
        result = rowCount; // Mapper 接口中相应方法的返回值为 int 或 Integer
    } else if (Long.class.equals(method.getReturnType()) ||
               Long.TYPE.equals(method.getReturnType())) {
```

```
        result = (long) rowCount; // Mapper 接口中相应方法的返回值为 long 或 Long
    } else if (Boolean.class.equals(method.getReturnType()) ||
               Boolean.TYPE.equals(method.getReturnType())) {
        result = rowCount > 0;  // Mapper 接口中相应方法的返回值为 boolean 或 Boolean
    } else {
        throw new BindingException("..."); // 以上条件都不成立，则抛出异常
    }
    return result;
}
```

如果 Mapper 接口中定义的方法准备使用 ResultHandler 处理查询结果集，则通过 MapperMethod.executeWithResultHandler()方法处理，具体实现如下：

```
private void executeWithResultHandler(SqlSession sqlSession, Object[] args) {
    // 获取 SQL 语句对应的 MappedStatement 对象，MappedStatement 中记录了 SQL 语句相关信息，
    // 后面详细描述
    MappedStatement ms =
        sqlSession.getConfiguration().getMappedStatement(command.getName());
    // 当使用 ResultHandler 处理结果集时，必须指定 ResultMap 或 ResultType
    if (void.class.equals(ms.getResultMaps().get(0).getType())) {
        throw new BindingException("...");
    }
    Object param = method.convertArgsToSqlCommandParam(args); // 转换实参列表，不再赘述
    if (method.hasRowBounds()) {  // 检测参数列表中是否有 RowBounds 类型的参数
        // 获取 RowBounds 对象，根据 MethodSignature.rowBoundsIndex 字段指定位置，从 args 数组中
        // 查找。获取 ResultHandler 对象的原理相同
        RowBounds rowBounds = method.extractRowBounds(args);
        // 调用 SqlSession.select()方法，执行查询，并由指定的 ResultHandler 处理结果对象
        sqlSession.select(command.getName(), param, rowBounds,
            method.extractResultHandler(args));
    } else {
        sqlSession.select(command.getName(), param, method.extractResultHandler(args));
    }
}
```

如果 Mapper 接口中对应方法的返回值为数组或是 Collection 接口实现类，则通过 MapperMethod.executeForMany ()方法处理，具体实现如下：

```java
private <E> Object executeForMany(SqlSession sqlSession, Object[] args) {
    List<E> result;
    Object param = method.convertArgsToSqlCommandParam(args); // 参数列表转换
    if (method.hasRowBounds()) { // 检测是否指定了 RowBounds 参数
        RowBounds rowBounds = method.extractRowBounds(args);
        // 调用 SqlSession.selectList()方法完成查询
        result = sqlSession.<E>selectList(command.getName(), param, rowBounds);
    } else {
        result = sqlSession.<E>selectList(command.getName(), param);
    }
    // 将结果集转换为数组或 Collection 集合
    if (!method.getReturnType().isAssignableFrom(result.getClass())) {
        if (method.getReturnType().isArray()) {
            return convertToArray(result);
        } else {
            return convertToDeclaredCollection(sqlSession.getConfiguration(), result);
        }
    }
    return result;
}
```

convertToDeclaredCollection()方法和 convertToArray()方法的功能类似，主要负责将结果对象转换成 Collection 集合对象和数组对象，具体实现如下：

```java
private <E> Object convertToDeclaredCollection(Configuration config, List<E> list) {
    // 使用前面介绍的 ObjectFactory，通过反射方式创建集合对象
    Object collection = config.getObjectFactory().create(method.getReturnType());
    // 创建 MetaObject 对象
    MetaObject metaObject = config.newMetaObject(collection);
    metaObject.addAll(list); // 实际上就是调用 Collection.addAll()方法
    return collection;
}

// convertToArray()方法的实现如下：
private <E> Object convertToArray(List<E> list) {
    // 获取数组元素的类型
    Class<?> arrayComponentType = method.getReturnType().getComponentType();
    // 创建数组对象
```

```
        Object array = Array.newInstance(arrayComponentType, list.size());
        if (arrayComponentType.isPrimitive()) { // 将 list 中每一项都添加到数组中
            for (int i = 0; i < list.size(); i++) {
                Array.set(array, i, list.get(i));
            }
            return array;
        } else {
            return list.toArray((E[]) array);
        }
    }
```

如果 Mapper 接口中对应方法的返回值为 Map 类型，则通过 MapperMethod.executeForMap () 方法处理，具体实现如下：

```
    private <K, V> Map<K, V> executeForMap(SqlSession sqlSession, Object[] args) {
        Map<K, V> result;
        Object param = method.convertArgsToSqlCommandParam(args); // 转换实参列表
        if (method.hasRowBounds()) {
            RowBounds rowBounds = method.extractRowBounds(args);
            // 调用 SqlSession.selectMap()方法完成查询操作
            result = sqlSession.<K, V>selectMap(command.getName(),
                param, method.getMapKey(), rowBounds);
        } else {
            result = sqlSession.<K, V>selectMap(command.getName(),
                param, method.getMapKey());
        }
        return result;
    }
```

executeForCursor()方法与 executeForMap ()方法类似，唯一区别就是调用了 SqlSession 的 selectCursor()方法，这里不再赘述，感兴趣的读者请参考源码。

2.9 缓存模块

MyBatis 作为一个强大的持久层框架，缓存是其必不可少的功能之一。MyBatis 中的缓存是两层结构的，分为一级缓存、二级缓存，但在本质上是相同的，它们使用的都是 Cache 接口的实现。本节主要对 Cache 接口及其实现类进行介绍，一级缓存和二级缓存在第 3 章中再详细介绍。

在 MyBatis 缓存模块中涉及了装饰器模式的相关知识，所以在开始分析缓存模块之前，先对装饰器模式进行简单介绍。

2.9.1 装饰器模式

在实践生产中，新需求在软件的整个生命过程中总是不断出现的。当有新需求出现时，就需要为某些组件添加新的功能来满足这些需求。添加新功能的方式有很多，我们可以直接修改已有组件的代码并添加相应的新功能，这显然会破坏已有组件的稳定性，修改完成后，整个组件需要重新进行测试，才能上线使用。这种方式显然违反了"开放-封闭"原则。

另一种方式是使用继承方式，我们可以创建子类并在子类中添加新功能实现扩展。这种方法是静态的，用户不能控制增加行为的方式和时机。而且有些情况下继承是不可行的，例如已有组件是被 final 关键字修饰的类。另外，如果待添加的新功能存在多种组合，使用继承方式可能会导致大量子类的出现。例如，有 4 个待添加的新功能，系统需要动态使用任意多个功能的组合，则需要添加 15 个子类才能满足全部需求。

装饰器模式能够帮助我们解决上述问题，装饰器可以动态地为对象添加功能，它是基于组合的方式实现该功能的。在实践中，我们应该尽量使用组合的方式来扩展系统的功能，而非使用继承的方式。通过装饰器模式的介绍，可以帮助读者更好地理解设计模式中常见的一句话：组合优于继承。

下面先来看装饰器模式的类图，以及其中的核心角色，如图 2-40 所示。

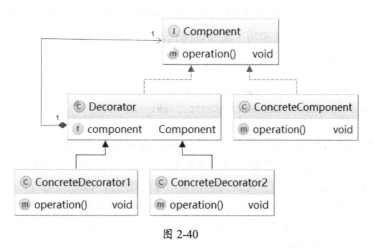

图 2-40

- Component（组件）：组件接口定义了全部组件实现类以及所有装饰器实现的行为。

- **ConcreteComponent（具体组件实现类）**：具体组件实现类实现了 Component 接口。通常情况下，具体组件实现类就是被装饰器装饰的原始对象，该类提供了 Component 接口中定义的最基本的功能，其他高级功能或后续添加的新功能，都是通过装饰器的方式添加到该类的对象之上的。

- **Decorator（装饰器）**：所有装饰器的父类，它是一个实现了 Component 接口的抽象类，并在其中封装了一个 Component 对象，也就是被装饰的对象。而这个被装饰的对象只要是 Component 类型即可，这就实现了装饰器的组合和复用。如图 2-41 所示，装饰器 C（ConcreteDecorator1 类型）修饰了装饰器 B（ConcreteDecorator2 类型）并为其添加功能 W，而装饰器 B（ConcreteDecorator2 类型）又修饰了组件 A（ConcreteComponent 类型）并为其添加功能 V。其中，组件对象 A 提供的是最基本的功能，装饰器 B 和装饰器 C 会为组件对象 A 添加新的功能。

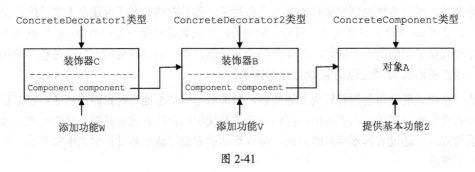

图 2-41

- **ConcreteDecorator**：具体的装饰器实现类，该实现类要向被装饰对象添加某些功能。如图 2-41 所示，装饰器 B、C 就是该角色，被装饰的对象只要是 Component 类型即可。

在 Java IO 包中，大量应用了装饰器模式，我们在使用 Java IO 包读取文件时，经常会看到如下代码：

```
BufferedInputStream bis = new BufferedInputStream(
    new FileInputStream(new File("D:/test.txt")));
```

FileInputStream 并没有缓冲功能，每次调用其 read() 方法时都会向操作系统发起相应的系统调用，当读取大量数据时，就会导致操作系统在用户态和内核态之间频繁切换，性能较低。BufferedInputStream 是提供了缓冲功能的装饰器，每次调用其 read() 方法时，会预先从文件中获取一部分数据并缓存到 BufferedInputStream 的缓冲区中，后面连续的几次读取可以直接从缓冲区中获取数据，直到缓冲区数据耗尽才会重新从文件中读取数据，这样就可以减少用户态和内核态的切换，提高了读取的性能。

在 MyBatis 的缓存模块中，使用了装饰器模式的变体，其中将 Decorator 接口和 Component

接口合并为一个 Component 接口，得到的类间结构如图 2-42 所示。

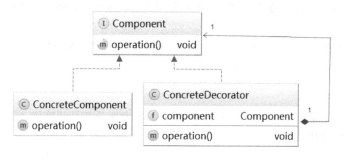

图 2-42

使用装饰器模式的有两个明显的优点：

- 相较于继承来说，装饰器模式的灵活性更强，可扩展性也强。正如前面所说，继承方式会导致大量子类的情况。而装饰者模式可以将复杂的功能切分成一个个独立的装饰器，通过多个独立装饰器的动态组合，创建不同功能的组件，从而满足多种不同需求。
- 当有新功能需要添加时，只需要添加新的装饰器实现类，然后通过组合方式添加这个新装饰器即可，无须修改已有类的代码，符合"开放-封闭"原则。

但是，随着添加的新需求越来越多，可能会创建出嵌套多层装饰器的对象，这增加了系统的复杂性，也增加了理解的难度和定位错误的难度。

2.9.2 Cache 接口及其实现

MyBatis 中缓存模块相关的代码位于 cache 包下，其中 Cache 接口是缓存模块中最核心的接口，它定义了所有缓存的基本行为。Cache 接口的定义如下：

```
public interface Cache {
    String getId();// 该缓存对象的 id

    // 向缓存中添加数据，一般情况下，key 是 CacheKey, value 是查询结果
    void putObject(Object key, Object value);

    Object getObject(Object key); // 根据指定的 key, 在缓存中查找对应的结果对象

    Object removeObject(Object key); // 删除 key 对应的缓存项

    void clear();// 清空缓存
```

```
    int getSize();// 缓存项的个数，该方法不会被 MyBatis 核心代码使用，所以可提供空实现

    // 获取读写锁，该方法不会被 MyBatis 核心代码使用，所以可提供空实现
    ReadWriteLock getReadWriteLock();
}
```

Cache 接口的实现类有多个，如图 2-43 所示，但大部分都是装饰器，只有 PerpetualCache 提供了 Cache 接口的基本实现。

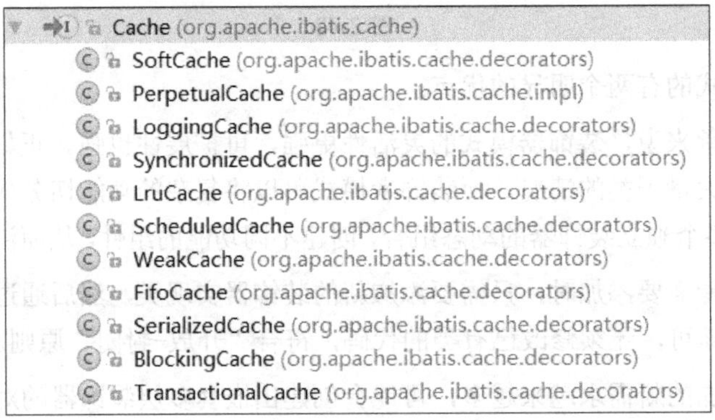

```
▼ →I  Cache (org.apache.ibatis.cache)
    Ⓒ  SoftCache (org.apache.ibatis.cache.decorators)
    Ⓒ  PerpetualCache (org.apache.ibatis.cache.impl)
    Ⓒ  LoggingCache (org.apache.ibatis.cache.decorators)
    Ⓒ  SynchronizedCache (org.apache.ibatis.cache.decorators)
    Ⓒ  LruCache (org.apache.ibatis.cache.decorators)
    Ⓒ  ScheduledCache (org.apache.ibatis.cache.decorators)
    Ⓒ  WeakCache (org.apache.ibatis.cache.decorators)
    Ⓒ  FifoCache (org.apache.ibatis.cache.decorators)
    Ⓒ  SerializedCache (org.apache.ibatis.cache.decorators)
    Ⓒ  BlockingCache (org.apache.ibatis.cache.decorators)
    Ⓒ  TransactionalCache (org.apache.ibatis.cache.decorators)
```

图 2-43

PerpetualCache

PerpetualCache 在缓存模块中扮演着 ConcreteComponent 的角色，其实现比较简单，底层使用 HashMap 记录缓存项，也是通过该 HashMap 对象的方法实现的 Cache 接口中定义的相应方法。PerpetualCache 的具体实现如下：

```
public class PerpetualCache implements Cache {

    private String id; // Cache 对象的唯一标识

    // 用于记录缓存项的 Map 对象
    private Map<Object, Object> cache = new HashMap<Object, Object>();

    public PerpetualCache(String id) { this.id = id; }

    public String getId() { return id;  }
    // 下面所有的方法都是通过 cache 字段记录这个 HashMap 对象的相应方法实现的
```

```java
    public int getSize() { return cache.size(); }

    public void putObject(Object key, Object value) { cache.put(key, value); }

    public Object getObject(Object key) { return cache.get(key); }

    public Object removeObject(Object key) { return cache.remove(key); }

    public void clear() { cache.clear(); }

    public ReadWriteLock getReadWriteLock() { return null; }

    //... 重写了 equals()方法和 hashCode()方法，两者都只关心 id 字段，并不关心 cache 字段（略）
}
```

下面来介绍 cache.decorators 包下提供的装饰器，它们都直接实现了 Cache 接口，扮演着 ConcreteDecorator 的角色。这些装饰器会在 PerpetualCache 的基础上提供一些额外的功能，通过多个组合后满足一个特定的需求，后面介绍二级缓存时，会见到这些装饰器是如何完成动态组合的。

BlockingCache

BlockingCache 是阻塞版本的缓存装饰器，它会保证只有一个线程到缓存中查找指定 key 对应的数据。BlockingCache 中各个字段的含义如下：

```java
private final Cache delegate; // 被装饰的底层 Cache 对象

// 每个 key 都有对应的 ReentrantLock 对象
private final ConcurrentHashMap<Object, ReentrantLock> locks;

private long timeout; // 阻塞超时时长
```

假设线程 A 在 BlockingCache 中未查找到 keyA 对应的缓存项时，线程 A 会获取 keyA 对应的锁，这样后续线程在查找 keyA 时会发生阻塞，如图 2-44 所示。

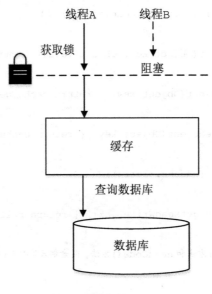

图 2-44

BlockingCache.getObject()方法的代码如下：

```
public Object getObject(Object key) {
    acquireLock(key); // 获取该 key 对应的锁
    Object value = delegate.getObject(key); // 查询 key
    if (value != null) { // 缓存有 key 对应的缓存项，释放锁，否则继续持有锁
        releaseLock(key);
    }
    return value;
}
```

acquireLock()方法中会尝试获取指定 key 对应的锁。如果该 key 没有对应的锁对象则为其创建新的 ReentrantLock 对象，再加锁；如果获取锁失败，则阻塞一段时间。acquireLock()方法的实现如下：

```
private void acquireLock(Object key) {
    Lock lock = getLockForKey(key); // 获取 ReentrantLock 对象
    if (timeout > 0) { // 获取锁，带超时时长
        // ... 省略 try/cathc 代码块
        boolean acquired = lock.tryLock(timeout, TimeUnit.MILLISECONDS);
        if (!acquired) { // 超时，则抛出异常
            throw new CacheException("...");
```

```
        }
    } else {
        lock.lock(); // 获取锁，不带超时时长
    }
}

// 下面是getLockForKey()方法的实现：
private ReentrantLock getLockForKey(Object key) {
    ReentrantLock lock = new ReentrantLock(); // 创建ReentrantLock对象
    // 尝试添加到locks集合中，如果locks集合中已经有了相应的ReentrantLock对象，则使用locks集合
    // 中的ReentrantLock对象
    ReentrantLock previous = locks.putIfAbsent(key, lock);
    return previous == null ? lock : previous;
}
```

假设线程 A 从数据库中查找到 keyA 对应的结果对象后，将结果对象放入到 BlockingCache 中，此时线程 A 会释放 keyA 对应的锁，唤醒阻塞在该锁上的线程。其他线程即可从 BlockingCache 中获取 keyA 对应的数据，而不是再次访问数据库，如图 2-45 所示。

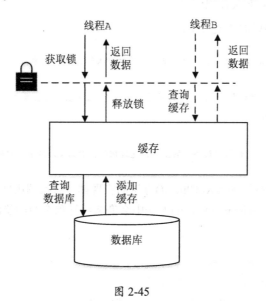

图 2-45

BlockingCache.putObject()方法的实现如下：

```
public void putObject(Object key, Object value) {
    try {
```

```
            delegate.putObject(key, value); // 向缓存中添加缓存项
        } finally {
            releaseLock(key); // 释放锁
        }
    }

    // 下面是 releaseLock()方法的实现:
    private void releaseLock(Object key) {
        ReentrantLock lock = locks.get(key);
        if (lock.isHeldByCurrentThread()) { // 锁是否被当前线程持有
            lock.unlock();   // 释放锁
        }
    }
```

FifoCache&LruCache

在很多场景中，为了控制缓存的大小，系统需要按照一定的规则清理缓存。FifoCache 是先入先出版本的装饰器，当向缓存添加数据时，如果缓存项的个数已经达到上限，则会将缓存中最老（即最早进入缓存）的缓存项删除。

FifoCache 中各个字段的含义如下：

```
private final Cache delegate; // 底层被装饰的底层 Cache 对象

// 用于记录 key 进入缓存的先后顺序，使用的是 LinkedList<Object>类型的集合对象
private Deque<Object> keyList;

private int size; // 记录了缓存项的上限，超过该值，则需要清理最老的缓存项
```

FifoCache.getObject()和 removeObject()方法的实现都是直接调用底层 Cache 对象的对应方法，不再赘述。在 FifoCache.putObject()方法中会完成缓存项个数的检测以及缓存的清理操作，具体实现如下：

```
public void putObject(Object key, Object value) {
    cycleKeyList(key); // 检测并清理缓存
    delegate.putObject(key, value); // 添加缓存项
}

private void cycleKeyList(Object key) {
```

```
        keyList.addLast(key); // 记录 key
        if (keyList.size() > size) { // 如果达到缓存上限，则清理最老的缓存项
            Object oldestKey = keyList.removeFirst();
            delegate.removeObject(oldestKey);
        }
    }
```

LruCache 是按照近期最少使用算法（Least Recently Used，LRU）进行缓存清理的装饰器，在需要清理缓存时，它会清除最近最少使用的缓存项。LruCache 中定义的各个字段的含义如下：

```
private final Cache delegate; // 被装饰的底层 Cache 对象

// LinkedHashMap<Object,Object>类型对象，它是一个有序的 HashMap，用于记录 key 最近的使用情况
private Map<Object, Object> keyMap;

private Object eldestKey; // 记录最少被使用的缓存项的 key
```

LruCache 的构造函数中默认设置的缓存大小是 1024，我们可以通过其 setSize()方法重新设置缓存大小，具体实现如下：

```
public void setSize(final int size) { // 重新设置缓存大小时，会重置 keyMap 字段
    // 注意 LinkedHashMap 构造函数的第三个参数，true 表示该 LinkedHashMap 记录的顺序是
    // access-order，也就是说 LinkedHashMap.get()方法会改变其记录的顺序
    keyMap = new LinkedHashMap<Object, Object>(size, .75F, true) {
        // 当调用 LinkedHashMap.put()方法时，会调用该方法
        protected boolean removeEldestEntry(Map.Entry<Object, Object> eldest) {
            boolean tooBig = size() > size;
            if (tooBig) {// 如果已到达缓存上限，则更新 eldestKey 字段，后面会删除该项
                eldestKey = eldest.getKey();
            }
            return tooBig;
        }
    };
}
```

为了让读者更好地理解 LinkedHashMap，图 2-46 展示了其原理，图中的虚线形成了一个队列，当 LinkedHashMap.get()方法访问 K1 时，会修改这条虚线队列将 K1 项移动到队列尾部，LruCache 就是通过 LinkedHashMap 的这种特性来确定最久未使用的缓存项。

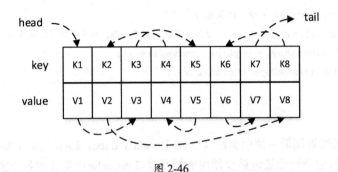

图 2-46

LruCache.getObject()方法除了返回缓存项,还会调用 keyMap.get()方法修改 key 的顺序,表示指定的 key 最近被使用。LruCache.putObject()方法除了添加缓存项,还会将 eldestKey 字段指定的缓存项清除掉。具体实现如下:

```
public Object getObject(Object key) {
    keyMap.get(key); // 修改 LinkedHashMap 中记录的顺序
    return delegate.getObject(key);
}

public void putObject(Object key, Object value) {
    delegate.putObject(key, value);  // 添加缓存项
    cycleKeyList(key); // 删除最久未使用的缓存项
}
private void cycleKeyList(Object key) {
    keyMap.put(key, key);
    if (eldestKey != null) { // eldestKey 不为空,表示已经达到缓存上限
        delegate.removeObject(eldestKey); // 删除最久未使用的缓存项
        eldestKey = null;
    }
}
```

SoftCache&WeakCache

在开始介绍 SoftCache 和 WeakCache 实现之前,先给读者简单介绍一下 Java 提供的 4 种引用类型,它们分别是强引用(Strong Reference)、软引用(Soft Reference)、弱引用(Weak Reference)和幽灵引用(Phantom Reference)。

- **强引用**

  强引用是 Java 编程中最普遍的引用,例如 Object obj = new Object()中,新建的 Object

对象就是被强引用的。如果一个对象被强引用，即使是 Java 虚拟机内存空间不足时，GC（垃圾收集器）也绝不会回收该对象。当 Java 虚拟机内存不足时，就可能会导致内存溢出，我们常见的就是 OutOfMemoryError 异常。

- 软引用

  软引用是引用强度仅弱于强引用的一种引用，它使用类 SoftReference 来表示。当 Java 虚拟机内存不足时，GC 会回收那些只被软引用指向的对象，从而避免内存溢出。在 GC 释放了那些只被软引用指向的对象之后，虚拟机内存依然不足，才会抛出 OutOfMemoryError 异常。软引用适合引用那些可以通过其他方式恢复的对象，例如，数据库缓存中的对象就可以从数据库中恢复，所以软引用可以用来实现缓存，下面将要介绍的 SoftCache 就是通过软引用实现的。

  另外，由于在程序使用软引用之前的某个时刻，其所指向的对象可能已经被 GC 回收掉了，所以通过 Reference.get()方法来获取软引用所指向的对象时，总是要通过检查该方法返回值是否为 null，来判断被软引用的对象是否还存活。

- 引用队列（ReferenceQueue）

  在很多场景下，我们的程序需要在一个对象的可达性（是否已经被 GC 回收）发生变化时得到通知，引用队列就是用于收集这些信息的队列。在创建 SoftReference 对象时，可以为其关联一个引用队列，当 SoftReference 所引用的对象被 GC 回收时，Java 虚拟机就会将该 SoftReference 对象添加到与之关联的引用队列中。当需要检测这些通知信息时，就可以从引用队列中获取这些 SoftReference 对象。不仅是 SoftReference，下面介绍的弱引用和幽灵引用都可以关联相应的队列。读者可以参考 java.util.WeakHashMap 的代码，其中应用了弱引用和引用队列的相关知识，下面会介绍该类的实现原理。

- 弱引用

  弱引用的强度比软引用的强度还要弱。弱引用使用 WeakReference 来表示，它可以引用一个对象，但并不阻止被引用的对象被 GC 回收。在 JVM 虚拟机进行垃圾回收时，如果指向一个对象的所有引用都是弱引用，那么该对象会被回收。由此可见，只被弱引用所指向的对象的生存周期是两次 GC 之间的这段时间，而只被软引用所指向的对象可以经历多次 GC，直到出现内存紧张的情况才被回收。

  弱引用典型的应用情景是就是 JDK 提供的 java.util.WeakHashMap。WeakHashMap.Entry 实现继承了 WeakReference，Entry 弱引用 key，强引用 value，如图 2-47 所示。

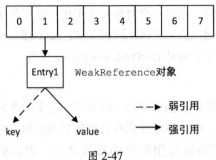

图 2-47

当不再由强引用指向 key 时，则 key 可以被垃圾回收，当 key 被垃圾回收之后，对应的 Entry 对象会被 Java 虚拟机加入到其关联的队列中。当应用程序下次操作 WeakHashMap 时，例如对 WeakHashMap 的扩容操作，就会遍历关联的引用队列，将其中的 Entry 对象从 WeakHashMap 中删除。

- 幽灵引用

在介绍幽灵引用之前，要先了解一下 Java 提供的对象终止化机制。在 Object 类里面有个 finalize()方法，设计该方法的初衷是在一个对象被真正回收之前，执行一些清理工作，但由于 GC 的运行时间是不固定的，所以这些清理工作的实际运行时间也是无法预知的，而且 JVM 虚拟机不能保证 finalize()方法一定会被调用。每个对象的 finalize()方法至多由 GC 执行一次，对于再生对象 GC 不会再次调用其 finalize()方法。另外，使用 finalize()方法还会导致严重的内存消耗和性能损失。由于 finalize()方法存在的种种问题，该方法现在已经被废弃，而我们可以使用幽灵引用实现其替代方案。

幽灵引用，又叫"虚引用"，它是最弱的一种引用类型，由类 PhantomReference 表示。在引用的对象未被 GC 回收时，调用前面介绍的 SoftReference 以及 WeakReference 的 get()方法，得到的是其引用的对象；当引用的对象已经被 GC 回收时，则得到 null。但是 PhantomReference.get()方法始终返回 null。

在创建幽灵引用的时候必须要指定一个引用队列。当 GC 准备回收一个对象时，如果发现它还有幽灵引用，就会在回收对象的内存之前，把该虚引用加入到与之关联的引用队列中。程序可以通过检查该引用队列里面的内容，跟踪对象是否已经被回收并进行一些清理工作。幽灵引用还可以用来实现比较精细的内存使用控制，例如应用程序可以在确定一个对象要被回收之后，再申请内存创建新对象，但这种需求并不多见。

介绍完 Java 提供的四种引用类型，我们来介绍 SoftCache 的实现。SoftCache 中各个字段的含义如下：

```
// ReferenceQueue，引用队列，用于记录已经被GC回收的缓存项所对应的SoftEntry对象
private final ReferenceQueue<Object> queueOfGarbageCollectedEntries;
```

```
private final Cache delegate; // 底层被装饰的底层 Cache 对象

// 在 SoftCache 中，最近使用的一部分缓存项不会被 GC 回收，这就是通过将其 value 添加到
// hardLinksToAvoidGarbageCollection 集合中实现的（即有强引用指向其 value）
// hardLinksToAvoidGarbageCollection 集合是 LinkedList<Object>类型
private final Deque<Object> hardLinksToAvoidGarbageCollection;

private int numberOfHardLinks; // 强连接的个数，默认值是 256
```

SoftCache 中缓存项的 value 是 SoftEntry 对象，SoftEntry 继承了 SoftReference，其中指向 key 的引用是强引用，而指向 value 的引用是软引用。SoftEntry 的实现如下：

```
private static class SoftEntry extends SoftReference<Object> {
    private final Object key;

    SoftEntry(Object key, Object value, ReferenceQueue<Object> garbageCollectionQueue){
        super(value, garbageCollectionQueue); // 指向 value 的引用是软引用，且关联了引用队列
        this.key = key; // 强引用
    }
}
```

SoftCache.putObject()方法除了向缓存中添加缓存项，还会清除已经被 GC 回收的缓存项，其具体实现如下：

```
public void putObject(Object key, Object value) {
    removeGarbageCollectedItems(); // 清除已经被 GC 回收的缓存项
    // 向缓存中添加缓存项
    delegate.putObject(key, new SoftEntry(key, value,
            queueOfGarbageCollectedEntries));
}

// 下面是 removeGarbageCollectedItems()方法的实现：
private void removeGarbageCollectedItems() {
    SoftEntry sv;
    // 遍历 queueOfGarbageCollectedEntries 集合
    while ((sv = (SoftEntry) queueOfGarbageCollectedEntries.poll()) != null) {
        delegate.removeObject(sv.key); // 将已经被 GC 回收的 value 对象对应的缓存项清除
```

        }
    }

SoftCache.getObject()方法除了从缓存中查找对应的 value，处理被 GC 回收的 value 对应的缓存项，还会更新 hardLinksToAvoidGarbageCollection 集合，具体实现如下：

```
public Object getObject(Object key) {
    Object result = null;
    // 从缓存中查找对应的缓存项
    SoftReference<Object> softReference =
        (SoftReference<Object>) delegate.getObject(key);
    if (softReference != null) { // 检测缓存中是否有对应的缓存项
        result = softReference.get(); // 获取 SoftReference 引用的 value
        if (result == null) { // 已经被 GC 回收
            delegate.removeObject(key);  // 从缓存中清除对应的缓存项
        } else { // 未被 GC 回收
            synchronized (hardLinksToAvoidGarbageCollection) {
                // 缓存项的 value 添加到 hardLinksToAvoidGarbageCollection 集合中保存
                hardLinksToAvoidGarbageCollection.addFirst(result);
                if (hardLinksToAvoidGarbageCollection.size() > numberOfHardLinks) {
                    // 超过 numberOfHardLinks，则将最老的缓存项从
                    // hardLinksToAvoidGarbageCollection 集合中清除，有点类似于先进先出队列
                    hardLinksToAvoidGarbageCollection.removeLast();
                }
            }
        }
    }
    return result;
}
```

SoftCache.removeObject()方法在清除缓存项之前，也会调用 removeGarbageCollectedItems() 方法清理被 GC 回收的缓存项，代码比较简单，不再贴出来了。

SoftCache.clear()方法首先清理 hardLinksToAvoidGarbageCollection 集合，然后清理被 GC 回收的缓存项，最后清理底层 delegate 缓存中的缓存项，具体实现如下：

```
public void clear() {
    synchronized (hardLinksToAvoidGarbageCollection) {
        hardLinksToAvoidGarbageCollection.clear(); // 清理强引用集合
```

```
    }
    removeGarbageCollectedItems(); // 清理被 GC 回收的缓存项
    delegate.clear();// 清理底层 delegate 缓存中的缓存项
}
```

WeakCache 的实现与 SoftCache 基本类似，唯一的区别在于其中使用 WeakEntry（继承自 WeakReference）封装真正的 value 对象，其他实现完全一样，就不再赘述了。

ScheduledCache&LoggingCache&Synchronized&CacheSerializedCache

ScheduledCache 是周期性清理缓存的装饰器，它的 clearInterval 字段记录了两次缓存清理之间的时间间隔，默认是一小时，lastClear 字段记录了最近一次清理的时间戳。ScheduledCache 的 getObject()、putObject()、removeObject()等核心方法在执行时，都会根据这两个字段检测是否需要进行清理操作，清理操作会清空缓存中所有缓存项。

LoggingCache 在 Cache 的基础上提供了日志功能，它通过 hit 字段和 request 字段记录了 Cache 的命中次数和访问次数。在 LoggingCache.getObject()方法中会统计命中次数和访问次数这两个指标，并按照指定的日志输出方式输出命中率。LoggingCache 代码比较简单，请读者参考代码学习。

SynchronizedCache 通过在每个方法上添加 synchronized 关键字，为 Cache 添加了同步功能，有点类似于 JDK 中 Collections 中的 SynchronizedCollection 内部类的实现。SynchronizedCache 代码比较简单，请读者参考代码学习。

SerializedCache 提供了将 value 对象序列化的功能。SerializedCache 在添加缓存项时，会将 value 对应的 Java 对象进行序列化，并将序列化后的 byte[]数组作为 value 存入缓存。SerializedCache 在获取缓存项时，会将缓存项中的 byte[]数组反序列化成 Java 对象。使用前面介绍的 Cache 装饰器实现进行装饰之后，每次从缓存中获取同一 key 对应的对象时，得到的都是同一对象，任意一个线程修改该对象都会影响到其他线程以及缓存中的对象；而 SerializedCache 每次从缓存中获取数据时，都会通过反序列化得到一个全新的对象。SerializedCache 使用的序列化方式是 Java 原生序列化，代码比较简单，请读者参考代码学习。

2.9.3 CacheKey

在 Cache 中唯一确定一个缓存项需要使用缓存项的 key，MyBatis 中因为涉及动态 SQL 等多方面因素，其缓存项的 key 不能仅仅通过一个 String 表示，所以 MyBatis 提供了 CacheKey 类来表示缓存项的 key，在一个 CacheKey 对象中可以封装多个影响缓存项的因素。

CacheKey 中可以添加多个对象，由这些对象共同确定两个 CacheKey 对象是否相同。

CacheKey 中核心字段的含义和功能如下：

```
private int multiplier; // 参与计算 hashcode，默认值是 37

private int hashcode; // CacheKey 对象的 hashcode，初始值是 17

private long checksum; // 校验和

private List<Object> updateList; // 由该集合中的所有对象共同决定两个 CacheKey 是否相同

private int count; // updateList 集合的个数
```

在第 3 章的介绍中，可以见到下面四个部分构成的 CacheKey 对象，也就是说这四部分都会记录到该 CacheKey 对象的 updateList 集合中：

- MappedStatement 的 id。
- 指定查询结果集的范围，也就是 RowBounds.offset 和 RowBounds.limit。
- 查询所使用的 SQL 语句，也就是 boundSql.getSql()方法返回的 SQL 语句，其中可能包含 "?" 占位符。
- 用户传递给上述 SQL 语句的实际参数值。

在向 CacheKey.updateList 集合中添加对象时，使用的是 CacheKey.update()方法，具体实现如下：

```
public void update(Object object) {
    if (object != null && object.getClass().isArray()) { // 添加数组或集合类型
        int length = Array.getLength(object);
        for (int i = 0; i < length; i++) {
            Object element = Array.get(object, i);
            // 重新计算 count、checksum 和 hashcode，并将数组或集合中每一项都添加到 updateList 集合中
            doUpdate(element);
        }
    } else {
        // 重新计算 count、checksum 和 hashcode，并将该对象添加到 updateList 集合中
        doUpdate(object);
    }
}

// doUpdate()方法的实现如下：
```

```java
private void doUpdate(Object object) {
    int baseHashCode = object == null ? 1 : object.hashCode();
    // 重新计算 count、checksum 和 hashcode 的值
    count++;
    checksum += baseHashCode;
    baseHashCode *= count;
    hashcode = multiplier * hashcode + baseHashCode;
    // 将 object 添加到 updateList 集合中
    updateList.add(object);
}
```

CacheKey 重写了 equals()方法和 hashCode()方法，这两个方法使用上面介绍的 count、checksum、hashcode、updateList 比较 CacheKey 对象是否相同，具体实现如下：

```java
public boolean equals(Object object) {
    if (this == object) { // 是否是同一对象
        return true;
    }
    if (!(object instanceof CacheKey)) { // 是否类型相同
        return false;
    }
    final CacheKey cacheKey = (CacheKey) object;
    if (hashcode != cacheKey.hashcode) { // 比较 hashcode
        return false;
    }
    if (checksum != cacheKey.checksum) { // 比较 checksum
        return false;
    }
    if (count != cacheKey.count) { // 比较 count
        return false;
    }
    for (int i = 0; i < updateList.size(); i++) { // 比较 updateList 中每一项
        Object thisObject = updateList.get(i);
        Object thatObject = cacheKey.updateList.get(i);
        if (thisObject == null) {
            if (thatObject != null) {
                return false;
            }
```

```
            } else {
                if (!thisObject.equals(thatObject)) {
                    return false;
                }
            }
        }
        return true;
    }

    public int hashCode() {
        return hashcode;
    }
```

2.10 本章小结

本章主要介绍了 MyBatis 基础支持层中各个模块的功能和实现原理。首先介绍了 XML 解析的基础知识以及解析器模块的具体实现。又介绍了 MyBatis 对 Java 反射机制的封装，Type 接口的基础知识，以及对复杂属性表达式在类层面和对象层面的处理。然后介绍了 MyBatis 如何实现数据在 Java 类型与 JDBC 类型之间的转换以及 MyBatis 中别名的功能。之后分析了日志模块的相关实现，介绍了其中使用的适配器模式和代理模式，分析了 JDK 动态代理的实现原理以及在 MyBatis 中的应用，又分析了资源加载模块的实现。

后面紧接着介绍了 MyBatis 提供的 DataSource 模块的实现和原理，以及其中涉及的工厂方法设计模式，深入分析了 MyBatis 通过的数据源实现。之后简单介绍了 Transaction 模块的功能。然后分析了 binding 模块如何将 Mapper 接口与映射配置信息相关联，以及其中的原理。最后介绍了 MyBatis 的缓存模块，介绍了其中涉及的装饰器模式，分析了 Cache 接口以及多个实现类的具体实现，它们是第 3 章介绍的一级缓存和二级缓存的基础。

希望读者通过本章的阅读，了解 MyBatis 基础支持层提供的主要功能，有助于理解第 3 章对 MyBatis 核心处理层的分析。也希望读者在实践中可以借鉴相关模块，实现类似的需求。

第 3 章
核心处理层

本章将介绍 MyBatis 中核心处理层的功能,如图 3-1 中阴影部分所示。核心处理层以第 2 章介绍的基础支持层为基础,实现了 MyBatis 的核心功能。本章主要从 MyBatis 的初始化、动态 SQL 语句的解析、结果集的映射、参数解析以及 SQL 语句的执行等几个方面分析 MyBatis 的核心处理层,帮助读者了解 MyBatis 的核心原理。插件模块将放到第 4 章中单独介绍。

图 3-1

3.1 MyBatis 初始化

类似于 Spring、MyBatis 等灵活性和可扩展性都很高的开源框架都提供了很多配置项,开发人员需要在使用时提供相应的配置信息，实现相应的需求。MyBatis 中的配置文件主要有两个，分别是 mybatis-config.xml 配置文件和映射配置文件。

现在主流的配置方式除了使用 XML 配置文件，还会配合注解进行配置。在 MyBatis 初始化的过程中，除了会读取 mybatis-config.xml 配置文件以及映射配置文件，还会加载配置文件指定的类，处理类中的注解，创建一些配置对象，最终完成框架中各个模块的初始化。另外，也可以使用 Java API 的方式对 MyBatis 进行配置，这种硬编码的配置方式主要用在配置量比较少且配置信息不常变化的场景下。

3.1.1 建造者模式

在 MyBatis 处理 mybatis-config.xml 以及映射配置文件时，会在内存中创建相应的配置对象，该过程的设计使用到建造者模式的相关知识，下面简单介绍一下该设计模式。

建造者模式（也被称为"生成器模式"）将一个复杂对象的构建过程与它的表示分离，从而使得同样的构建过程可以创建不同的表示。建造者模式将一个复杂对象的创建过程分成了一步步简单的步骤，用户只需要了解复杂对象的类型和内容，而无须关注复杂对象的具体构造过程，帮助用户屏蔽掉了复杂对象内部的具体构建细节。建造者模式的结构如图 3-2 所示。

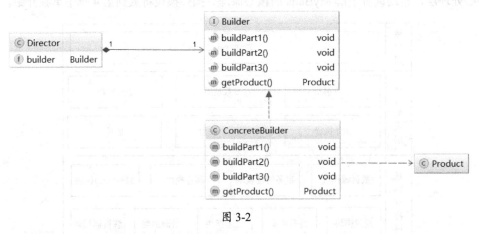

图 3-2

建造者模式中的主要角色如下所述。

- **建造者（Builder）接口**：Builder 接口用于定义建造者构建产品对象的各部分的行为。
- **具体建造者（ConcreteBuilder）角色**：在建造者模式中，直接创建产品对象的是具体建造者。具体建造者类必须实现建造者接口所要求的两类方法：一类是建造方法，例如图 3-2 中的 buildPart1()、buildPart2()等方法；另一类是获取构建好的产品对象的方法，例如图 3-2 中的 getProduct()方法。

- **导演（Director）角色**：该角色会通过调用具体建造者，创建需要的产品对象。
- **产品（Product）角色**：产品对象就是用户需要使用的复杂对象。

建造者模式的优点如下：

- 建造者模式中的导演角色并不需要知晓产品类的内部细节，它只提供需要的信息给建造者，由具体建造者处理这些信息（这个处理过程可能会比较复杂）并完成产品构造。这就使产品对象的上层代码与产品对象的创建过程解耦。
- 建造者模式将复杂产品的创建过程分散到了不同的构造步骤中，这样可以对产品创建过程实现更加精细的控制，也会使创建过程更加清晰。
- 每个具体建造者都可以创建出完整的产品对象，而且具体建造者之间是相互独立的，因此系统就可以通过不同的具体建造者，得到不同的产品对象。当有新产品出现时，无须修改原有的代码，只需要添加新的具体建造者即可完成扩展，这符合"开放-封闭"原则。

建造者模式也有一些缺点，它所创建的产品一般具有较多的共同点，其组成部分相似，如果产品之间的差异性很大，则不适合使用建造者模式。如果产品种类较多，且内部变化复杂，就需要定义多个具体建造者类来实现这种变化，导致整个系统变得很复杂，不易于理解。

3.1.2　BaseBuilder

介绍完建造者模式的相关内容，回到对 MyBatis 初始化过程的介绍。MyBatis 初始化的主要工作是加载并解析 mybatis-config.xml 配置文件、映射配置文件以及相关的注解信息。MyBatis 的初始化入口是 SqlSessionFactoryBuilder.build() 方法，其具体实现如下：

```java
public SqlSessionFactory build(Reader reader, String environment,
        Properties properties) {
    try {
        // 读取配置文件
        XMLConfigBuilder parser =
            new XMLConfigBuilder(reader, environment, properties);
        // 解析配置文件得到 Configuration 对象，创建 DefaultSqlSessionFactory 对象
        return build(parser.parse());
    } catch (Exception e) {
        throw ExceptionFactory.wrapException("Error building SqlSession.", e);
    } finally {
        // ... 关闭读取配置文件的输入流对象（略）
    }
}
```

SqlSessionFactoryBuilder.build() 方法会创建 XMLConfigBuilder 对象来解析 mybatis-config.xml 配置文件,而 XMLConfigBuilder 继承自 BaseBuilder 抽象类,BaseBuilder 的子类如图 3-3 所示。

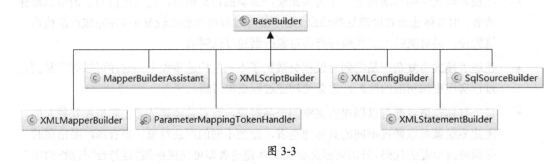

图 3-3

正如前面所说,MyBatis 的初始化过程使用了建造者模式,这里的 BaseBuilder 抽象类就扮演着建造者接口的角色。BaseBuilder 中核心字段的含义如下:

```
// Configuration 是 MyBatis 初始化过程的核心对象,MyBatis 中几乎全部的配置信息会保存到
// Configuration 对象中。Configuration 对象是在 MyBatis 初始化过程中创建且是全局唯一的,
// 也有人称它是一个 "All-In-One" 配置对象
protected final Configuration configuration;

// 在 mybatis-config.xml 配置文件中可以使用<typeAliases>标签定义别名,这些定义的别名都会记录在该
// TypeAliasRegistry 对象中,在第 2 章中已经介绍过其原理,不再重复描述
protected final TypeAliasRegistry typeAliasRegistry;

// 在 mybatis-config.xml 配置文件中可以使用<typeHandlers>标签添加自定义 TypeHandler 器,完
// 成指定数据库类型与 Java 类型的转换,这些 TypeHandler 都会记录在 TypeHandlerRegistry 中。在
// 第 2 章中已经介绍过其核心原理,不再重复描述
protected final TypeHandlerRegistry typeHandlerRegistry;
```

BaseBuilder 中记录的 TypeAliasRegistry 对象和 TypeHandlerRegistry 对象,其实是全局唯一的,它们都是在 Configuration 对象初始化时创建的,代码如下:

```
// 这是 Configuration 中定义的 typeHandlerRegistry 字段和 typeAliasRegistry 字段
protected final TypeHandlerRegistry typeHandlerRegistry = new TypeHandlerRegistry();
protected final TypeAliasRegistry typeAliasRegistry = new TypeAliasRegistry();
```

在 BaseBuilder 构造函数中,通过相应的 Configuration.get*()方法得到 TypeAliasRegistry 对

象和 TypeHandlerRegistry 对象，并赋值给 BaseBuilder 相应字段。

Configuration 中还包含很多配置项，为了便于读者理解，这里不会罗列出每个字段的含义，而是在后面介绍过程中，每当涉及一个配置项时，会结合其在 Configuration 中相应字段进行详细分析。

BaseBuilder.resolveAlias() 方法依赖 TypeAliasRegistry 解析别名，BaseBuilder.resolveTypeHandler()方法依赖 TypeHandlerRegistry 查找指定的 TypeHandler 对象。在阅读完第 2 章对 TypeAliasRegistry 和 TypeHandlerRegistry 相关实现的介绍之后，BaseBuilder.resolveAlias() 方法和 resolveTypeHandler()方法也就不难理解了。

前面提到过，MyBatis 使用 JdbcType 枚举类型表示 JDBC 类型。MyBatis 中常用的枚举类型还有 ResultSetType 和 ParameterMode：ResultSetType 枚举类型表示结果集类型，使用 ParameterMode 枚举类型表示存储过程中的参数类型。在 BaseBuilder 中提供了相应的 resolveJdbcType()、resolveResultSetType()、resolveParameterMode()方法，将 String 转换成对应的枚举对象，实现比较简单，不再赘述，感兴趣的读者请参考源码。

3.1.3　XMLConfigBuilder

XMLConfigBuilder 是 BaseBuilder 的众多子类之一，它扮演的是具体建造者的角色。XMLConfigBuilder 主要负责解析 mybatis-config.xml 配置文件，其核心字段如下：

```
private boolean parsed; // 标识是否已经解析过 mybatis-config.xml 配置文件

// 用于解析 mybatis-config.xml 配置文件的 XPathParser 对象，前面已经分析过其实现，不再赘述
private XPathParser parser;

// 标识<environment>配置的名称，默认读取<environment>标签的 default 属性
private String environment;

// ReflectorFactory 负责创建和缓存 Reflector 对象，前面已经分析过其实现，不再赘述
private ReflectorFactory localReflectorFactory = new DefaultReflectorFactory();
```

XMLConfigBuilder.parse()方法是解析 mybatis-config.xml 配置文件的入口，它通过调用 XMLConfigBuilder.parseConfiguration()方法实现整个解析过程，具体实现如下：

```
public Configuration parse() {
    // ... 根据 parsed 变量的值，判断是否已经完成了对 mybatis-config.xml 配置文件的解析（略）
```

```java
        // 在mybatis-config.xml配置文件中查找<configuration>节点,并开始解析
        parseConfiguration(parser.evalNode("/configuration"));
        return configuration;
    }

    private void parseConfiguration(XNode root) {
        try {
            // 解析<properties>节点
            propertiesElement(root.evalNode("properties"));
            // 解析<settings>节点
            Properties settings = settingsAsProperties(root.evalNode("settings"));
            loadCustomVfs(settings); // 设置vfsImpl字段
            // 解析<typeAliases>节点
            typeAliasesElement(root.evalNode("typeAliases"));
            // 解析<plugins>节点
            pluginElement(root.evalNode("plugins"));
            // 解析<objectFactory>节点
            objectFactoryElement(root.evalNode("objectFactory"));
            // 解析<objectWrapperFactory>节点
            objectWrapperFactoryElement(root.evalNode("objectWrapperFactory"));
            // 解析<reflectorFactory>节点
            reflectorFactoryElement(root.evalNode("reflectorFactory"));
            settingsElement(settings); // 将settings值设置到Configuration中
            // 解析<environments>节点
            environmentsElement(root.evalNode("environments"));
            // 解析<databaseIdProvider>节点
            databaseIdProviderElement(root.evalNode("databaseIdProvider"));
            // 解析<typeHandlers>节点
            typeHandlerElement(root.evalNode("typeHandlers"));
            // 解析<mappers>节点
            mapperElement(root.evalNode("mappers"));
        } catch (Exception e) {
            throw new BuilderException("...");
        }
    }
```

parseConfiguration()方法的代码还是比较整洁的,我们可以清楚地看到,XMLConfigBuilder将mybatis-config.xml配置文件中每个节点的解析过程封装成了一个相应的方法,本小节的后续

内容将逐一分析这些节点的解析过程。

1. 解析<properties>节点

XMLConfigBuilder.propertiesElement()方法会解析 mybatis-config.xml 配置文件中的<properties>节点并形成 java.util.Properties 对象，之后将该 Properties 对象设置到 XPathParser 和 Configuration 的 variables 字段中。在后面的解析过程中，会使用该 Properties 对象中的信息替换占位符。propertiesElement()方法的具体实现如下：

```java
private void propertiesElement(XNode context) throws Exception {
    if (context != null) {
        // 解析<properties>的子节点(<property>标签)的name和value属性，并记录到Properties中
        Properties defaults = context.getChildrenAsProperties();
        // 解析<properties>的resource和url属性，这两个属性用于确定properties配置文件的位置
        String resource = context.getStringAttribute("resource");
        String url = context.getStringAttribute("url");
        // ... resource 属性和 url 属性不能同时存在，否则会抛出异常（略）
        // 加载 resource 属性或 url 属性指定的 properties 文件，使用到第 2 章中介绍的 Resources 类
        if (resource != null) {
            defaults.putAll(Resources.getResourceAsProperties(resource));
        } else if (url != null) {
            defaults.putAll(Resources.getUrlAsProperties(url));
        }
        // ... 与 Configuration 对象中的 variables 集合合并（略）
        Properties vars = configuration.getVariables();
        if (vars != null) {
            defaults.putAll(vars);
        }
        // 更新 XPathParser 和 Configuration 的 variables 字段
        parser.setVariables(defaults);
        configuration.setVariables(defaults);
    }
}
```

2. 解析<settings>节点

XMLConfigBuilder.settingsAsProperties()方法负责解析<settings>节点，在<settings>节点下的配置是 MyBatis 全局性的配置，它们会改变 MyBatis 的运行时行为，具体配置项的含义请读者参考 MyBatis 官方文档。需要注意的是，在 MyBatis 初始化时，这些全局配置信息都会被记录

到 Configuration 对象的对应属性中。例如，开发人员可以通过配置 autoMappingBehavior 修改 MyBatis 是否开启自动映射的功能，具体配置如下：

```xml
<settings>
    ...
    <!--autoMappingBehavior 配置项是决定 MyBatis 是否开启自动映射功能的条件之一 -->
    <setting name="autoMappingBehavior" value="PARTIAL"/>
    ...
</settings>
```

在 Configuration 中存在一个同名的相应字段，如下：

```
// 在 MyBatis 初始化过程中，会读取上述 autoMappingBehavior 配置项，并设置到
// Configuration.autoMappingBehavior 字段中
protected AutoMappingBehavior autoMappingBehavior = AutoMappingBehavior.PARTIAL;
```

settingsAsProperties()方法的解析方式与 propertiesElement()方法类似，但是多了使用 MetaClass 检测 key 指定的属性在 Configuration 类中是否有对应 setter 方法的步骤。MetaClass 的实现在前面已经介绍过了，这里不再重复。settingsAsProperties()方法的代码如下：

```java
private Properties settingsAsProperties(XNode context) {
    // 解析<settings>的子节点(<setting>标签)的 name 和 value 属性，并返回 Properties 对象
    Properties props = context.getChildrenAsProperties();
    // 创建 Configuration 对应的 MetaClass 对象
    MetaClass metaConfig =
        MetaClass.forClass(Configuration.class, localReflectorFactory);

    // 检测 Configuration 中是否定义了 key 指定属性相应的 setter 方法
    for (Object key : props.keySet()) {
        if (!metaConfig.hasSetter(String.valueOf(key))) {
            throw new BuilderException("...");
        }
    }
    return props;
}
```

3. 解析<typeAliases>、<typeHandlers>节点

XMLConfigBuilder.typeAliasesElement()方法负责解析< typeAliases>节点及其子节点，并通

过 TypeAliasRegistry 完成别名的注册，具体实现如下：

```java
private void typeAliasesElement(XNode parent) {
    if (parent != null) {
        for (XNode child : parent.getChildren()) { // 处理全部子节点
            if ("package".equals(child.getName())) { // 处理<package>节点
                // 获取指定的包名
                String typeAliasPackage = child.getStringAttribute("name");
                // 通过 TypeAliasRegistry 扫描指定包中所有的类，并解析@Alias 注解，完成别名注册
configuration.getTypeAliasRegistry().registerAliases(typeAliasPackage);
            } else { // 处理<typeAlias>节点
                String alias = child.getStringAttribute("alias"); // 获取指定的别名
                String type = child.getStringAttribute("type"); // 获取别名对应的类型
                Class<?> clazz = Resources.classForName(type);
                if (alias == null) {
                    typeAliasRegistry.registerAlias(clazz); // 扫描@Alias 注解，完成注册
                } else {
                    typeAliasRegistry.registerAlias(alias, clazz); // 注册别名
                }
            }
        }
    }
}
```

XMLConfigBuilder.typeHandlerElement()方法负责解析<typeHandlers>节点，并通过 TypeHandlerRegistry 对象完成 TypeHandler 的注册，该方法的实现与上述 typeAliasesElement() 方法类似，不再赘述。

4. 解析<plugins>节点

插件是 MyBatis 提供的扩展机制之一，用户可以通过添加自定义插件在 SQL 语句执行过程中的某一点进行拦截。MyBatis 中的自定义插件只需实现 Interceptor 接口，并通过注解指定想要拦截的方法签名即可。在第 4 章将详细介绍插件的使用和原理，这里先来分析 MyBatis 中如何加载和管理插件。

XMLConfigBuilder.pluginElement()方法负责解析<plugins>节点中定义的插件，并完成实例化和配置操作，具体实现如下：

```java
private void pluginElement(XNode parent) throws Exception {
```

```java
    if (parent != null) {
        for (XNode child : parent.getChildren()) { // 遍历全部子节点(即<plugin>节点)
            // 获取<plugin>节点的interceptor属性的值
            String interceptor = child.getStringAttribute("interceptor");
            // 获取<plugin>节点下<properties>配置的信息,并形成Properties对象
            Properties properties = child.getChildrenAsProperties();
            // 通过前面介绍的TypeAliasRegistry解析别名之后,实例化Interceptor对象
            Interceptor interceptorInstance =
                    (Interceptor) resolveClass(interceptor).newInstance();
            interceptorInstance.setProperties(properties); // 设置Interceptor的属性
            configuration.addInterceptor(interceptorInstance); // 记录Interceptor对象
        }
    }
}
```

所有配置的 Interceptor 对象都是通过 Configuration.interceptorChain 字段（InterceptorChain 类型）管理的，InterceptorChain 底层使用 ArrayList<Interceptor>实现。

```java
public class InterceptorChain {

    private final List<Interceptor> interceptors = new ArrayList<Interceptor>();

    public void addInterceptor(Interceptor interceptor) {
        interceptors.add(interceptor);
    }
    // ... 省略pluginAll()方法,后面会详细介绍
}
```

5. 解析<objectFactory>节点

在第 2 章介绍基础支持层时提到过，我们可以通过添加自定义 Objectory 实现类、ObjectWrapperFactory 实现类以及 ReflectorFactory 实现类对 MyBatis 进行扩展。

XMLConfigBuilder.objectFactoryElement()方法负责解析并实例化<objectFactory>节点指定的 ObjectFactory 实现类，之后将自定义的 ObjectFactory 对象记录到 Configuration.objectFactory 字段中，具体实现如下：

```java
private void objectFactoryElement(XNode context) throws Exception {
    if (context != null) {
```

```
        // 获取<objectFactory>节点的type属性
        String type = context.getStringAttribute("type");
        // 获取<objectFactory>节点下配置的信息,并形成Properties对象
        Properties properties = context.getChildrenAsProperties();
        // 进行别名解析后,实例化自定义ObjectFactory实现
        ObjectFactory factory = (ObjectFactory) resolveClass(type).newInstance();
        // 设置自定义ObjectFactory的属性,完成初始化的相关操作
        factory.setProperties(properties);
        // 将自定义ObjectFactory对象记录到Configuration对象的objectFactory字段中,待后续使用
        configuration.setObjectFactory(factory);
    }
}
```

XMLConfigBuilder 对<objectWrapperFactory>节点、<reflectorFactory>节点的解析与上述过程类似,最终会将解析得到的自定义对象记录到 Configuration 的相应字段中,不再单独介绍,感兴趣的读者可以参考源码。

6. 解析<environments>节点

在实际生产中,同一项目可能分为开发、测试和生产多个不同的环境,每个环境的配置可能也不尽相同。MyBatis 可以配置多个<environment>节点,每个<environment>节点对应一种环境的配置。但需要注意的是,尽管可以配置多个环境,每个 SqlSessionFactory 实例只能选择其一。

XMLConfigBuilder.environmentsElement()方法负责解析<environments>的相关配置,它会根据 XMLConfigBuilder.environment 字段值确定要使用的<environment>配置,之后创建对应的 TransactionFactory 和 DataSource 对象,并封装进 Environment 对象中。environmentsElement()方法的具体实现如下:

```
private void environmentsElement(XNode context) throws Exception {
    if (context != null) {
        // 未指定XMLConfigBuilder.environment字段,则使用default属性指定的<environment>
        if (environment == null) {
            environment = context.getStringAttribute("default");
        }

        for (XNode child : context.getChildren()) { // 遍历子节点(即<environment>节点)
            String id = child.getStringAttribute("id");
            if (isSpecifiedEnvironment(id)) { // 与XMLConfigBuilder.environment字段匹配
```

```
            // 创建TransactionFactory,具体实现是先通过TypeAliasRegistry解析别名之后,
            // 实例化TransactionFactory
            TransactionFactory txFactory =
                    transactionManagerElement(child.evalNode("transactionManager"));
            // 创建DataSourceFactory和DataSource
            DataSourceFactory dsFactory =
                    dataSourceElement(child.evalNode("dataSource"));
            DataSource dataSource = dsFactory.getDataSource();
            // 创建Environment,Environment中封装了上面创建的TransactionFactory对象
            // 以及DataSource对象。这里应用了建造者模式
            Environment.Builder environmentBuilder = new Environment.Builder(id)
                    .transactionFactory(txFactory).dataSource(dataSource);
            // 将Environment对象记录到Configuration.environment字段中
            configuration.setEnvironment(environmentBuilder.build());
        }
      }
    }
}
```

7. 解析<databaseIdProvider>节点

MyBatis 不能像 Hibernate 那样,直接帮助开发人员屏蔽多种数据库产品在 SQL 语言支持方面的差异。但是在 mybatis-config.xml 配置文件中,通过<databaseIdProvider>定义所有支持的数据库产品的 databaseId,然后在映射配置文件中定义 SQL 语句节点时,通过 databaseId 指定该 SQL 语句应用的数据库产品,这样也可以实现类似的功能。

在 MyBatis 初始化时,会根据前面确定的 DataSource 确定当前使用的数据库产品,然后在解析映射配置文件时,加载不带 databaseId 属性和带有匹配当前数据库 databaseId 属性的所有 SQL 语句。如果同时找到带有 databaseId 和不带 databaseId 的相同语句,则后者会被舍弃,使用前者。

XMLConfigBuilder.databaseIdProviderElement()方法负责解析<databaseIdProvider>节点,并创建指定的 DatabaseIdProvider 对象。DatabaseIdProvider 会返回 databaseId 值,MyBatis 会根据 databaseId 选择合适的 SQL 进行执行。

```
private void databaseIdProviderElement(XNode context) throws Exception {
    DatabaseIdProvider databaseIdProvider = null;
    if (context != null) {
        String type = context.getStringAttribute("type");
```

```java
    if ("VENDOR".equals(type)) { // 为了保证兼容性，修改 type 取值
        type = "DB_VENDOR";
    }
    Properties properties = context.getChildrenAsProperties();// 解析相关配置信息
    // 创建 DatabaseIdProvider 对象
    databaseIdProvider = (DatabaseIdProvider) resolveClass(type).newInstance();
    // 配置 DatabaseIdProvider，完成初始化
    databaseIdProvider.setProperties(properties);
}
Environment environment = configuration.getEnvironment();
if (environment != null && databaseIdProvider != null) {
    // 通过前面确定的 DataSource 获取 databaseId，并记录到 Configuration.databaseId 字段中
    String databaseId =
            databaseIdProvider.getDatabaseId(environment.getDataSource());
    configuration.setDatabaseId(databaseId);
}
}
```

MyBatis 提供的 DatabaseIdProvider 接口及其实现比较简单，在这里一并介绍了。DatabaseIdProvider 接口的核心方法是 getDatabaseId()方法，它主要负责通过给定的 DataSource 来查找对应的 databaseId。MyBatis 提供了 VendorDatabaseIdProvider 和 DefaultDatabaseIdProvider 两个实现，其中 DefaultDatabaseIdProvider 已过时，故不再分析。

VendorDatabaseIdProvider.getDatabaseId()方法在接收到 DataSource 对象时，会先解析 DataSource 所连接的数据库产品名称，之后根据<databaseIdProvider>节点配置的数据库产品名称与 databaseId 的对应关系确定最终的 databaseId。

```java
private String getDatabaseName(DataSource dataSource) throws SQLException {
    // 解析 DataSource 连接的数据库产品的名称
    String productName = getDatabaseProductName(dataSource);
    if (this.properties != null) {
        // 根据<databaseIdProvider>子节点配置的数据库产品和 databaseId 之间对应关系，确定最终
        // 使用的 databaseId
        for (Map.Entry<Object, Object> property : properties.entrySet()) {
            if (productName.contains((String) property.getKey())) {
                return (String) property.getValue();// 确定最终使用的 databaseId
            }
        }
```

```
            return null; // 找不到合适的 databaseId，则返回 null
        }
        return productName;
    }

    // 下面是 getDatabaseProductName()方法的实现:
    private String getDatabaseProductName(DataSource dataSource) throws SQLException {
        // ... 这里省略的 try/catch 代码块和数据库连接关闭的相关代码
        Connection con = dataSource.getConnection();
        DatabaseMetaData metaData = con.getMetaData();
        return metaData.getDatabaseProductName();
    }
```

8. 解析<mappers>节点

在 MyBatis 初始化时，除了加载 mybatis-config.xml 配置文件，还会加载全部的映射配置文件，mybatis-config.xml 配置文件中的<mappers>节点会告诉 MyBatis 去哪些位置查找映射配置文件以及使用了配置注解标识的接口。

XMLConfigBuilder.mapperElement() 方法负责解析 <mappers> 节点，它会创建 XMLMapperBuilder 对象加载映射文件，如果映射配置文件存在相应的 Mapper 接口，也会加载相应的 Mapper 接口，解析其中的注解并完成向 MapperRegistry 的注册。

```
private void mapperElement(XNode parent) throws Exception {
    if (parent != null) {
        for (XNode child : parent.getChildren()) { // 处理<mappers>的子节点
            if ("package".equals(child.getName())) { // <package>子节点
                String mapperPackage = child.getStringAttribute("name");
                // 扫描指定的包，并向 MapperRegistry 注册 Mapper 接口
                configuration.addMappers(mapperPackage);
            } else {
                // 获取<mapper>节点的 resource、url、class 属性，这三个属性互斥
                String resource = child.getStringAttribute("resource");
                String url = child.getStringAttribute("url");
                String mapperClass = child.getStringAttribute("class");
                // 如果<mapper>节点指定了 resource 或是 url 属性，则创建 XMLMapperBuilder 对象，
                // 并通过该对象解析 resource 或是 url 属性指定的 Mapper 配置文件
                if (resource != null && url == null && mapperClass == null) {
                    InputStream inputStream = Resources.getResourceAsStream(resource);
```

```java
            // 创建 XMLMapperBuilder 对象，解析映射配置文件
            XMLMapperBuilder mapperParser = new XMLMapperBuilder(inputStream,
                    configuration, resource, configuration.getSqlFragments());
            mapperParser.parse();
        } else if (resource == null && url != null && mapperClass == null) {
            InputStream inputStream = Resources.getUrlAsStream(url);
            // 创建 XMLMapperBuilder 对象，解析映射配置文件
            XMLMapperBuilder mapperParser = new XMLMapperBuilder(inputStream,
                    configuration, url, configuration.getSqlFragments());
            mapperParser.parse();
        } else if (resource == null && url == null && mapperClass != null) {
            // 如果<mapper>节点指定了 class 属性，则向 MapperRegistry 注册该 Mapper 接口
            Class<?> mapperInterface = Resources.classForName(mapperClass);
            configuration.addMapper(mapperInterface);
        } else {
            throw new BuilderException("...");
        }
    }
  }
}
```

MyBatis 初始化过程中对 mybatis-config.xml 配置文件的解析过程到这里就结束了，下一小节我们将介绍 MyBatis 对映射配置文件的解析过程。

3.1.4　XMLMapperBuilder

通过对 XMLConfigBuilder.mapperElement()方法的介绍我们知道，XMLMapperBuilder 负责解析映射配置文件，它继承了 BaseBuilder 抽象类，也是具体建造者的角色。XMLMapperBuilder.parse()方法是解析映射文件的入口，具体代码如下：

```java
public void parse() {
    // 判断是否已经加载过该映射文件
    if (!configuration.isResourceLoaded(resource)) {
        configurationElement(parser.evalNode("/mapper")); // 处理<mapper>节点
        // 将 resource 添加到 Configuration.loadedResources 集合中保存，它是 HashSet<String>
        // 类型的集合，其中记录了已经加载过的映射文件。
```

```
        configuration.addLoadedResource(resource);
        bindMapperForNamespace();    // 注册 Mapper 接口
    }
    // 处理 configurationElement()方法中解析失败的<resultMap>节点
    parsePendingResultMaps();
    // 处理 configurationElement()方法中解析失败的<cache-ref>节点
    parsePendingChacheRefs();
    // 处理 configurationElement()方法中解析失败的 SQL 语句节点
    parsePendingStatements();
}
```

XMLMapperBuilder 也是将每个节点的解析过程封装成了一个方法,而这些方法由 XMLMapperBuilder.configurationElement()方法调用,本小节将逐一分析这些节点的解析过程,configurationElement()方法的具体实现如下:

```
private void configurationElement(XNode context) {
    // ... 省略 try/catch 代码块
    // 获取<mapper>节点的 namespace 属性
    String namespace = context.getStringAttribute("namespace");
    // ... 如果 namespace 属性为空,则抛出异常

    // 设置 MapperBuilderAssistant 的 currentNamespace 字段,记录当前命名空间
    builderAssistant.setCurrentNamespace(namespace);
    // 解析<cache-ref>节点
    cacheRefElement(context.evalNode("cache-ref"));
    // 解析<cache>节点
    cacheElement(context.evalNode("cache"));
    // 解析<parameterMap>节点(该节点已废弃,不再推荐使用,不做详细介绍)
    parameterMapElement(context.evalNodes("/mapper/parameterMap"));
    // 解析<resultMap>节点
    resultMapElements(context.evalNodes("/mapper/resultMap"));
    // 解析<sql>节点
    sqlElement(context.evalNodes("/mapper/sql"));
    // 解析<select>、<insert>、<update>、<delete>等 SQL 节点
    buildStatementFromContext(context.evalNodes("select|insert|update|delete"));
}
```

1. 解析<cache>节点

MyBatis 拥有非常强大的二级缓存功能，该功能可以非常方便地进行配置，MyBatis 默认情况下没有开启二级缓存，如果要为某命名空间开启二级缓存功能，则需要在相应映射配置文件中添加<cache>节点，还可以通过配置<cache>节点的相关属性，为二级缓存配置相应的特性（本质上就是添加相应的装饰器）。

XMLMapperBuilder.cacheElement()方法主要负责解析<cache>节点，其具体实现如下：

```
private void cacheElement(XNode context) throws Exception {
    if (context != null) {
        // 获取<cache>节点的 type 属性，默认值是 PERPETUAL
        String type = context.getStringAttribute("type", "PERPETUAL");
        // 查找 type 属性对应的 Cache 接口实现，TypeAliasRegistry 的实现前面介绍过了，不再赘述
        Class<? extends Cache> typeClass = typeAliasRegistry.resolveAlias(type);
        // 获取<cache>节点的 eviction 属性，默认值是 LRU
        String eviction = context.getStringAttribute("eviction", "LRU");
        // 解析 eviction 属性指定的 Cache 装饰器类型
        Class<? extends Cache> evictionClass =
            typeAliasRegistry.resolveAlias(eviction);
        // 获取<cache>节点的 flushInterval 属性，默认值是 null
        Long flushInterval = context.getLongAttribute("flushInterval");
        // 获取<cache>节点的 size 属性，默认值是 null
        Integer size = context.getIntAttribute("size");
        // 获取<cache>节点的 readOnly 属性，默认值是 false
        boolean readWrite = !context.getBooleanAttribute("readOnly", false);
        // 获取<cache>节点的 blocking 属性，默认值是 false
        boolean blocking = context.getBooleanAttribute("blocking", false);
        // 获取<cache>节点下的子节点，将用于初始化二级缓存
        Properties props = context.getChildrenAsProperties();
        // 通过 MapperBuilderAssistant 创建 Cache 对象，并添加到 Configuration.caches 集合中保存
        builderAssistant.useNewCache(typeClass, evictionClass, flushInterval,
            size, readWrite, blocking, props);
    }
}
```

MapperBuilderAssistant 是一个辅助类，其 useNewCache()方法负责创建 Cache 对象，并将其添加到 Configuration.caches 集合中保存。Configuration 中的 caches 字段是 StrictMap<Cache>类型的字段，它记录 Cache 的 id（默认是映射文件的 namespace）与 Cache 对象（二级缓存）

之间的对应关系。StrictMap 继承了 HashMap，并在其基础上进行了少许修改，这里重点关注 StrictMap.put()方法，如果检测到重复的 key 则抛出异常，如果没有重复的 key 则添加 key 以及 value，同时会根据 key 产生 shortKey，具体实现如下：

```java
public V put(String key, V value) {
    if (containsKey(key)) { // 如果已经包含了该 key，则直接返回异常
        throw new IllegalArgumentException("...");
    }
    if (key.contains(".")) {
        // 按照"."将 key 切分成数组，并将数组的最后一项作为 shortKey
        final String shortKey = getShortName(key);
        if (super.get(shortKey) == null) {
            super.put(shortKey, value); // 如果不包含指定 shortKey，则添加该键值对
        } else {
            // 如果该 shortKey 已经存在，则将 value 修改成 Ambiguity 对象
            super.put(shortKey, (V) new Ambiguity(shortKey));
        }
    }
    return super.put(key, value); // 如果不包含该 key，则添加该键值对
}
```

Ambiguity 是 StrictMap 中定义的静态内部类，它表示的是存在二义性的键值对。Ambiguity 中使用 subject 字段记录了存在二义性的 key，并提供了相应的 getter 方法。

StrictMap.get()方法会检测 value 是否存在以及 value 是否为 Ambiguity 类型对象，如果满足这两个条件中的任意一个，则抛出异常。具体实现如下：

```java
public V get(Object key) {
    V value = super.get(key);
    if (value == null) { // 如果该 key 没有对应的 value，则报错
        throw new IllegalArgumentException(name + " does not contain value for " + key);
    }
    if (value instanceof Ambiguity) { // 如果 value 是 Ambiguity 类型，则报错
        throw new IllegalArgumentException("...");
    }
    return value;
}
```

介绍完 StrictMap 之后，下面来看一下 MapperBuilderAssistant.useNewCache()方法的实现：

```java
public Cache useNewCache(Class<? extends Cache> typeClass,
        Class<? extends Cache> evictionClass, Long flushInterval, Integer size,
        boolean readWrite, boolean blocking, Properties props) {
    // 创建Cache对象，这里使用了建造者模式，CacheBuilder是建造者的角色，而Cache是生成的产品
    Cache cache = new CacheBuilder(currentNamespace)
            .implementation(valueOrDefault(typeClass, PerpetualCache.class))
            .addDecorator(valueOrDefault(evictionClass, LruCache.class))
            .clearInterval(flushInterval).size(size).readWrite(readWrite)
            .blocking(blocking).properties(props).build();
    // 将Cache对象添加到Configuration.caches集合中保存,其中会将Cache的id作为key,Cache
    // 对象本身作为value
    configuration.addCache(cache);
    currentCache = cache; // 记录当前命名空间使用的cache对象
    return cache;
}
```

CacheBuilder 是 Cache 的建造者，CacheBuilder 中各个字段的含义如下：

```java
private String id; // Cache对象的唯一标识,一般情况下对应映射文件中的配置namespace

// Cache接口的真正实现类,默认值是前面介绍的PerpetualCache
private Class<? extends Cache> implementation;

private List<Class<? extends Cache>> decorators; // 装饰器集合,默认只包含LruCache.class

private Integer size; // Cache大小

private Long clearInterval; // 清理时间周期

private boolean readWrite; // 是否可读写

private boolean blocking; // 是否阻塞

private Properties properties; // 其他配置信息
```

CacheBuilder 中提供了很多设置属性的方法（对应建造者中的建造方法），这些方法比较简单，不再赘述。这里重点分析 CacheBuilder.build() 方法，该方法根据 CacheBuilder 中上述字段的值创建 Cache 对象并添加合适的装饰器，具体实现如下：

```java
public Cache build() {
    // 如果implementation字段和decorators集合为空,则为其设置默认值,implementation默认
    // 值是PerpetualCache.class, decorators集合默认只包含LruCache.class
    setDefaultImplementations();
    // 根据implementation指定的类型,通过反射获取参数为String类型的构造方法,并通过该构造方
    // 法创建Cache对象
    Cache cache = newBaseCacheInstance(implementation, id);
    // 根据<cache>节点下配置的<property>信息,初始化Cache对象
    setCacheProperties(cache);

    // 检测cache对象的类型,如果是PerpetualCache类型,则为其添加decorators集合中
    // 的装饰器;如果是自定义类型的Cache接口实现,则不添加decorators集合中的装饰器
    if (PerpetualCache.class.equals(cache.getClass())) {
        for (Class<? extends Cache> decorator : decorators) {
            // 通过反射获取参数为Cache类型的构造方法,并通过该构造方法创建装饰器
            cache = newCacheDecoratorInstance(decorator, cache);
            setCacheProperties(cache); // 配置cache对象的属性
        }
        // 添加MyBatis中提供的标准装饰器
        cache = setStandardDecorators(cache);
    } else if (!LoggingCache.class.isAssignableFrom(cache.getClass())) {
        // 如果不是LoggingCache的子类,则添加LoggingCache装饰器
        cache = new LoggingCache(cache);
    }
    return cache;
}
```

CacheBuilder.setCacheProperties()方法会根据<cache>节点下配置的<property>信息,初始化Cache对象,具体实现如下:

```java
private void setCacheProperties(Cache cache) {
    if (properties != null) {
        // cache对应的创建MetaObject对象
        MetaObject metaCache = SystemMetaObject.forObject(cache);
        for (Map.Entry<Object, Object> entry : properties.entrySet()) {
            String name = (String) entry.getKey(); // 配置项的名称,即Cache对应的属性名称
            String value = (String) entry.getValue(); // 配置项的值,即Cache对应的属性值
            if (metaCache.hasSetter(name)) { // 检测cache是否有该属性对应的setter方法
```

```java
            Class<?> type = metaCache.getSetterType(name); // 获取该属性的类型
            if (String.class == type) { // 进行类型转换,并设置该属性值
                metaCache.setValue(name, value);
            }
            //... 对 int、double、long、byte 等基本类型的转换操作(略)
            } else {
                throw new CacheException("...");
            }
        }
    }
}
// 如果 Cache 类继承了 InitializingObject 接口,则调用其 initialize()方法继续自定义的初始化操作
if (InitializingObject.class.isAssignableFrom(cache.getClass())) {
    // ... 省略了 try/catch 代码块
    ((InitializingObject) cache).initialize();
}
```

CacheBuilder.setStandardDecorators()方法会根据 CacheBuilder 中各个字段的值,为 cache 对象添加对应的装饰器,具体实现如下:

```java
private Cache setStandardDecorators(Cache cache) {
    try {
        // 创建 cache 对象对应的 MetaObject 对象
        MetaObject metaCache = SystemMetaObject.forObject(cache);
        if (size != null && metaCache.hasSetter("size")) {
            metaCache.setValue("size", size);
        }
        if (clearInterval != null) { // 检测是否指定了 clearInterval 字段
            cache = new ScheduledCache(cache);// 添加 ScheduledCache 装饰器
            // 设置 ScheduledCache 的 clearInterval 字段
            ((ScheduledCache) cache).setClearInterval(clearInterval);
        }
        if (readWrite) { // 是否只读,对应添加 SerializedCache 装饰器
            cache = new SerializedCache(cache);
        }
        // 默认添加 LoggingCache 和 SynchronizedCache 两个装饰器
        cache = new LoggingCache(cache);
```

```
            cache = new SynchronizedCache(cache);
            if (blocking) { // 是否阻塞，对应添加BlockingCache装饰器
                cache = new BlockingCache(cache);
            }
            return cache;
        } catch (Exception e) {
            throw new CacheException("...");
        }
    }
}
```

2. 解析<cache-ref>节点

通过前面对<cache>节点解析过程的介绍我们知道，XMLMapperBuilder.cacheElement()方法会为每个 namespace 创建一个对应的 Cache 对象，并在 Configuration.caches 集合中记录 namespace 与 Cache 对象之间的对应关系。如果我们希望多个 namespace 共用同一个二级缓存，即同一个 Cache 对象，则可以使用<cache-ref>节点进行配置。

XMLMapperBuilder.cacheRefElement()方法负责解析<cache-ref>节点。这里首先需要读者了解的是 Configuration.cacheRefMap 集合，该集合是 HashMap<String,String>类型，其中 key 是<cache-ref>节点所在的 namespace，value 是<cache-ref>节点的 namespace 属性所指定的 namespace。也就是说，前者共用后者的 Cache 对象，如图 3-4 所示，namespace2 共用了 namespace1 的 Cache 对象。

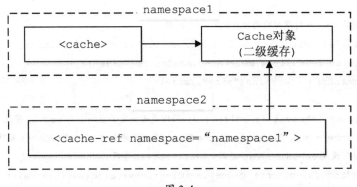

图 3-4

XMLMapperBuilder.cacheRefElement()方法的代码如下：

```
private void cacheRefElement(XNode context) {
    if (context != null) {
        // 将当前Mapper配置文件的namespace与被引用的Cache所在的namespace之间的对应关系，
```

```java
        // 记录到 Configuration.cacheRefMap 集合中
        configuration.addCacheRef(builderAssistant.getCurrentNamespace(),
                context.getStringAttribute("namespace"));
        // 创建 CacheRefResolver 对象
        CacheRefResolver cacheRefResolver = new CacheRefResolver(builderAssistant,
            context.getStringAttribute("namespace"));
        try {
            // 解析 Cache 引用，该过程主要是设置 MapperBuilderAssistant 中的
            // currentCache 和 unresolvedCacheRef 字段
            cacheRefResolver.resolveCacheRef();
        } catch (IncompleteElementException e) {
            // 如果解析过程出现异常，则添加到 Configuration.incompleteCacheRefs 集合，稍后再解析
            configuration.addIncompleteCacheRef(cacheRefResolver);
        }
    }
}
```

CacheRefResolver 是一个简单的 Cache 引用解析器，其中封装了被引用的 namespace 以及当前 XMLMapperBuilder 对应的 MapperBuilderAssistant 对象。CacheRefResolver.resolveCacheRef() 方法会调用 MapperBuilderAssistant.useCacheRef() 方法。在 MapperBuilderAssistant.useCacheRef() 方法中会通过 namespace 查找被引用的 Cache 对象，具体实现如下：

```java
public Cache useCacheRef(String namespace) {
    // ... 如果 namespace 为空，则抛出异常（略）
    // ... 省略 try/catch 代码块
    unresolvedCacheRef = true; // 标识未成功解析 Cache 引用
    Cache cache = configuration.getCache(namespace); // 获取 namespace 对应的 Cache 对象
    // ... 如果 Cache 为空，则抛出 IncompleteElementException 异常（略）
    currentCache = cache; // 记录当前命名空间使用的 Cache 镀锡
    unresolvedCacheRef = false; // 标识已成功解析 Cache 引用
    return cache;
}
```

另一个需要了解的 Configuration 字段是 incompleteCacheRefs 集合，它是 LinkedList<CacheRefResolver>类型，其中记录了当前解析出现异常的 CacheRefResolver 对象。

3. 解析<parameterMap>节点

请读者注意，在 MyBatis 的官方文档中明确标记<parameterMap>节点已废弃了，在将来的

版本中可能会被移除，所以不建议大家使用，这里也不做详细介绍。

4. 解析<resultMap>节点

select 语句查询得到的结果集是一张二维表，水平方向上看是一个个字段，垂直方向上看是一条条记录。而 Java 是面向对象的程序设计语言，对象是根据类定义创建的，类之间的引用关系可以认为是嵌套的结构。在 JDBC 编程中，为了将结果集中的数据映射成对象，我们需要自己写代码从结果集中获取数据，然后封装成对应的对象并设置对象之间的关系，而这些都是大量的重复性代码。为了减少这些重复的代码，MyBatis 使用<resultMap>节点定义了结果集与结果对象（JavaBean 对象）之间的映射规则，<resultMap>节点可以满足绝大部分的映射需求，从而减少开发人员的重复性劳动，提高开发效率。

在开始介绍<resultMap>节点的解析过程之前，先来介绍该过程中使用的数据结构。每个 ResultMapping 对象记录了结果集中的一列与 JavaBean 中一个属性之间的映射关系。在后面的分析过程中我们可以看到，<resultMap>节点下除了<discriminator>子节点的其他子节点，都会被解析成对应的 ResultMapping 对象。ResultMapping 中的核心字段含义如下：

```
private Configuration configuration; // Configuration 对象

private String column; // 对应节点的 column 属性，表示的是从数据库中得到的列名或是列名的别名

private String property; // 对应节点的 property 属性，表示的是与该列进行映射的属性

// 对应节点的 javaType 属性，表示的是一个 JavaBean 的完全限定名，或一个类型别名
private Class<?> javaType;

private JdbcType jdbcType; // 对应节点的 jdbcType 属性，表示的是进行映射的列的 JDBC 类型

// 对应节点的 typeHandler 属性，表示的是类型处理器，它会覆盖默认的类型处理器，后面会介绍该字段的作用
private TypeHandler<?> typeHandler;

// 对应节点的 resultMap 属性，该属性通过 id 引用了另一个<resultMap>节点定义，它负责将结果集中的一部
// 分列映射成其他关联的结果对象。这样我们就可以通过 join 方式进行关联查询，然后直接映射成多个对象，
// 并同时设置这些对象之间的组合关系
private String nestedResultMapId;

// 对应节点的 select 属性，该属性通过 id 引用了另一个<select>节点定义，它会把指定的列的值传入
// select 属性指定的 select 语句中作为参数进行查询。使用 select 属性可能会导致 N+1 问题，请读者注意
private String nestedQueryId;
```

```
private Set<String> notNullColumns; // 对应节点的 notNullColumn 属性拆分后的结果

private String columnPrefix; // 对应节点的 columnPrefix 属性

private List<ResultFlag> flags; // 处理后的标志，标志共两个：id 和 constructor

// 对应节点的 column 属性拆分后生成的结果，composites.size()>0 会使 column 为 null
private List<ResultMapping> composites;

private String resultSet; // 对应节点的 resultSet 属性

private String foreignColumn; // 对应节点的 foreignColumn 属性

private boolean lazy; // 是否延迟加载，对应节点的 fetchType 属性
```

ResultMapping 中定义了一个内部 Builder 类，也应用了建造者模式，该 Builder 类主要用于数据整理和数据校验校验，实现比较简单，代码就不贴出来了。

另一个比较重要的类是 ResultMap，每个<resultMap>节点都会被解析成一个 ResultMap 对象，其中每个节点所定义的映射关系，则使用 ResultMapping 对象表示，如图 3-5 所示。

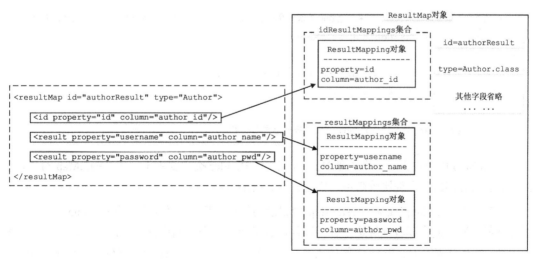

图 3-5

ResultMap 中各个字段的含义如下：

```java
private String id; // <resultMap>节点的id属性

private Class<?> type; // <resultMap>的type属性

// 记录了除<discriminator>节点之外的其他映射关系（即ResultMapping对象集合）
private List<ResultMapping> resultMappings;

// 记录了映射关系中带有ID标志的映射关系，例如<id>节点和<constructor>节点的<idArg>子节点
private List<ResultMapping> idResultMappings;

// 记录了映射关系中带有Constructor标志的映射关系，例如<constructor>所有子元素
private List<ResultMapping> constructorResultMappings;

// 记录了映射关系中不带有Constructor标志的映射关系
private List<ResultMapping> propertyResultMappings;

private Set<String> mappedColumns; // 记录所有映射关系中涉及的column属性的集合

// 鉴别器，对应<discriminator>节点
private Discriminator discriminator;

// 是否含有嵌套的结果映射，如果某个映射关系中存在resultMap属性，且不存在resultSet属性，则为true
private boolean hasNestedResultMaps;

// 是否含有嵌套查询，如果某个属性映射存在select属性，则为true
private boolean hasNestedQueries;

private Boolean autoMapping; // 是否开启自动映射
```

ResultMap 中也定义了一个内部 Builder 类，该 Builder 类主要用于创建 ResultMap 对象，也应用了建造者模式，实现比较简单，代码就不贴出来了。

了解了 ResultMapping 和 ResultMap 中记录的信息之后，下面开始介绍<resultMap>节点的解析过程。为了便于读者理解这个解析过程，这里通过一个示例进行分析，首先来看数据库表的定义，以及对应的 JavaBean 之间的关系，如图 3-6 所示。定义表结构的 SQL 语句和 JavaBean 的代码比较简单，就不贴出来了。

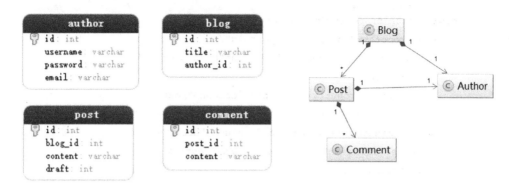

图 3-6

对应的 BlogMapper.xml 配置文件中定义如下：

```xml
<?xml version="1.0" encoding="UTF-8"?>
<!DOCTYPE mapper PUBLIC "-//mybatis.org//DTD Mapper 3.0//EN"...>
<mapper namespace="com.xxx.BlogMapper">
    <!-- 定义嵌套映射使用的 ResultMap 节点 -->
    <resultMap id="authorResult" type="Author">
        <id property="id" column="author_id"/>
        <result property="username" column="author_username"/>
        <result property="password" column="author_password"/>
        <result property="email" column="author_email"/>
    </resultMap>
    <!-- 定义嵌套查询所使用的 SQL 语句 -->
    <select id="selectComment" resultType="Comment">
      SELECT id,content FROM  comment WHERE post_id = #{post_id}
    </select>

    <resultMap id="detailedBlogResultMap" type="Blog">
        <!-- 定义映射中使用的构造函数 -->
        <constructor>
            <idArg column="blog_id" javaType="int"/>
        </constructor>
        <!-- 映射普通属性 -->
        <result property="title" column="blog_title"/>
        <!-- 嵌套映射 JavaBean 类型的属性 -->
        <association property="author" resultMap="authorResult"/>
        <!-- 映射集合类型的属性-->
```

```xml
        <collection property="posts" ofType="Post">
            <id property="id" column="post_id"/>
            <result property="content" column="post_content"/>
            <!-- 嵌套查询 -->
            <collection property="comments" column="post_id"
                javaType="ArrayList" ofType="Post" select="selectComment"/>
            <discriminator javaType="int" column="draft">
                <case value="1" resultType="DraftPost"/>
            </discriminator>
        </collection>
    </resultMap>

    <select id="selectBlogDetails" resultMap="detailedBlogResultMap">
        select B.id as blog_id, B.title as blog_title, B.author_id as blog_author_id,
          A.id as author_id, A.username as author_username,
          A.password as author_password, A.email as author_email, P.id as post_id,
          P.blog_id as post_blog_id, P.content as post_content, P.draft as draft
        from Blog B
          left outer join Author A on B.author_id = A.id
          left outer join Post P on B.id = P.blog_id
        where B.id = #{id}
    </select>
</mapper>
```

在 XMLMapperBuilder 中通过 resultMapElements()方法解析映射配置文件中的全部<resultMap>节点，该方法会循环调用 resultMapElement()方法处理每个<resultMap>节点。下面直接分析 XMLMapperBuilder.resultMapElement()方法的具体实现：

```java
private ResultMap resultMapElement(XNode resultMapNode,
        List<ResultMapping> additionalResultMappings) throws Exception {
    ...
    // 获取<resultMap>的 id 属性，默认值会拼装所有父节点的 id 或 value 或 Property 属性值，感兴
    // 趣的读者请参考 XNode.getValueBasedIdentifier()方法的实现，这里不详细介绍
    String id = resultMapNode.getStringAttribute("id",
                    resultMapNode.getValueBasedIdentifier());
    // 获取<resultMap>节点的 type 属性，表示结果集将被映射成 type 指定类型的对象，注意其默认值
    String type = resultMapNode.getStringAttribute("type",
            resultMapNode.getStringAttribute("ofType",
```

```java
            resultMapNode.getStringAttribute("resultType",
                resultMapNode.getStringAttribute("javaType"))));
// 获取<resultMap>节点的extends属性,该属性指定了该<resultMap>节点的继承关系,后面详细介绍
String extend = resultMapNode.getStringAttribute("extends");
// 读取<resultMap>节点的autoMapping属性,将该属性设置为true,则启动自动映射功能,
// 即自动查找与列名同名的属性名,并调用setter方法。而设置为false后,则需
// 要在<resultMap>节点内明确注明映射关系才会调用对应的setter方法。
Boolean autoMapping = resultMapNode.getBooleanAttribute("autoMapping");

Class<?> typeClass = resolveClass(type); // 解析type类型
Discriminator discriminator = null;
// 该集合用于记录解析的结果
List<ResultMapping> resultMappings = new ArrayList<ResultMapping>();
resultMappings.addAll(additionalResultMappings);
// 处理<resultMap>的子节点
List<XNode> resultChildren = resultMapNode.getChildren();
for (XNode resultChild : resultChildren) {
    if ("constructor".equals(resultChild.getName())) {
        // 处理<constructor>节点
        processConstructorElement(resultChild, typeClass, resultMappings);
    } else if ("discriminator".equals(resultChild.getName())) {
        // 处理<discriminator>节点
        discriminator = processDiscriminatorElement(resultChild, typeClass,
            resultMappings);
    } else {
        // 处理<id>、<result>、<association>、<collection>等节点
        List<ResultFlag> flags = new ArrayList<ResultFlag>();
        if ("id".equals(resultChild.getName())) {
            flags.add(ResultFlag.ID); // 如果是<id>节点,则向flags集合中添加ResultFlag.ID
        }
        // 创建ResultMapping对象,并添加到resultMappings集合中保存
        resultMappings.add(buildResultMappingFromContext(resultChild,
            typeClass, flags));
    }
}
ResultMapResolver resultMapResolver = new ResultMapResolver(builderAssistant,
    id, typeClass, extend, discriminator, resultMappings, autoMapping);
try {
```

```
        // 创建ResultMap对象,并添加到Configuration.resultMaps集合中,该集合是StrictMap类型
        return resultMapResolver.resolve();
    } catch (IncompleteElementException e) {
        configuration.addIncompleteResultMap(resultMapResolver);
        throw e;
    }
}
```

首先来分析 ID 为"authorResult"的<resultMap>节点的处理过程,该过程在执行获取到 id 属性和 type 属性值之后,就会通过 XMLMapperBuilder.buildResultMappingFromContext()方法为 <result>节点创建对应的 ResultMapping 对象,其代码如下:

```
private ResultMapping buildResultMappingFromContext(XNode context,
        Class<?> resultType, List<ResultFlag> flags) throws Exception {
    // 获取该节点的property的属性值
    String property = context.getStringAttribute("property");
    // ... 获取column、javaType、jdbcType、select等属性值,代码同上(略)

    // 解析javaType、typeHandler和jdbcType
    Class<?> javaTypeClass = resolveClass(javaType);
    Class<? extends TypeHandler<?>> typeHandlerClass =
        (Class<? extends TypeHandler<?>>) resolveClass(typeHandler);
    JdbcType jdbcTypeEnum = resolveJdbcType(jdbcType);
    // 创建ResultMapping对象
    return builderAssistant.buildResultMapping(resultType, property, column,
        javaTypeClass, jdbcTypeEnum, nestedSelect, nestedResultMap, notNullColumn,
        columnPrefix, typeHandlerClass, flags, resultSet, foreignColumn, lazy);
}

// MapperBuilderAssistant.buildResultMapping()方法的具体实现如下:
public ResultMapping buildResultMapping(Class<?> resultType, String property,
        String column, Class<?> javaType, JdbcType jdbcType, String nestedSelect,
        String nestedResultMap, String notNullColumn, String columnPrefix,
        Class<? extends TypeHandler<?>> typeHandler, List<ResultFlag> flags,
        String resultSet, String foreignColumn, boolean lazy) {
    // 解析<resultType>节点指定的property属性的类型
    Class<?> javaTypeClass = resolveResultJavaType(resultType, property, javaType);
```

```java
// 获取 typeHandler 指定的 TypeHandler 对象，底层依赖于 typeHandlerRegistry，不再赘述
TypeHandler<?> typeHandlerInstance =
        resolveTypeHandler(javaTypeClass, typeHandler);
// 解析 column 属性值，当 column 是"{prop1=col1,prop2=col2}"形式时，会解析成 ResultMapping
// 对象集合，column 的这种形式主要用于嵌套查询的参数传递，后面会详细介绍
List<ResultMapping> composites = parseCompositeColumnName(column);
if (composites.size() > 0) {
    column = null;
}
// 创建 ResultMapping.Builder 对象，创建 ResultMapping 对象，并设置其字段
return new ResultMapping.Builder(configuration, property, column, javaTypeClass)
    .jdbcType(jdbcType .nestedQueryId(applyCurrentNamespace(nestedSelect, true))
    .nestedResultMapId(applyCurrentNamespace(nestedResultMap, true))
    .resultSet(resultSet).typeHandler(typeHandlerInstance)
    .flags(flags == null ? new ArrayList<ResultFlag>() : flags)
    .composites(composites).notNullColumns(parseMultipleColumnNames(notNullColumn))
    .columnPrefix(columnPrefix).foreignColumn(foreignColumn).lazy(lazy).build();
}
```

得到 ResultMapping 对象集合之后，会调用 ResultMapResolver.resolve()方法，该方法会调用 MapperBuilderAssistant.addResultMap()方法创建 ResultMap 对象，并将 ResultMap 对象添加到 Configuration.resultMaps 集合中保存。

```java
public ResultMap addResultMap(String id, Class<?> type, String extend,
        Discriminator discriminator, List<ResultMapping> resultMappings,
        Boolean autoMapping) {
    // ResultMap 的完整 id 是"namespace.id"的格式
    id = applyCurrentNamespace(id, false);
    // 获取被继承的 ResultMap 的完整 id，也就是父 ResultMap 对象的完整 id
    extend = applyCurrentNamespace(extend, true);

    if (extend != null) { // 针对 extend 属性的处理
        // ...检测 Configuration.resultMaps 集合中是否存在被继承的 ResultMap 对象（略）
        // 获取需要被继承的 ResultMap 对象，也就是父 ResultMap 对象
        ResultMap resultMap = configuration.getResultMap(extend);
        // 获取父 ResultMap 对象中记录的 ResultMapping 集合
        List<ResultMapping> extendedResultMappings =
```

```
            new ArrayList<ResultMapping>(resultMap.getResultMappings());
        // 删除需要覆盖的 ResultMapping 集合
        extendedResultMappings.removeAll(resultMappings);
        // 如果当前<resultMap>节点中定义了<constructor>节点,则不需要使用父ResultMap中记录
        // 的相应<constructor>节点,则将其对应的ResultMapping 对象删除
        boolean declaresConstructor = false;
        for (ResultMapping resultMapping : resultMappings) {
            if (resultMapping.getFlags().contains(ResultFlag.CONSTRUCTOR)) {
                declaresConstructor = true;
                break;
            }
        }
        if (declaresConstructor) {
            Iterator<ResultMapping> extendedResultMappingsIter =
                    extendedResultMappings.iterator();
            while (extendedResultMappingsIter.hasNext()) {
                if (extendedResultMappingsIter.next().getFlags()
                        .contains(ResultFlag.CONSTRUCTOR)) {
                    extendedResultMappingsIter.remove();
                }
            }
        }
        // 添加需要被继承下来的 ResultMapping 对象集合
        resultMappings.addAll(extendedResultMappings);
    }
    // 创建 ResultMap 对象,并添加到 Configuration.resultMaps 集合中保存
    ResultMap resultMap = new ResultMap.Builder(configuration, id, type,
        resultMappings, autoMapping).discriminator(discriminator).build();
    configuration.addResultMap(resultMap);
    return resultMap;
}
```

经过上述方法的处理,ID 为 "authorResult" 的<resultMap>节点被解析为如图 3-7 所示的 ResultMap 对象。可以清楚地看到,resultMappings 集合和 propertyResultMappings 集合中记录了<id>节点和<result>节点对应的 ResultMapping 对象,idResultMappings 集合中记录了<id>节点对应的 ResultMapping 对象。

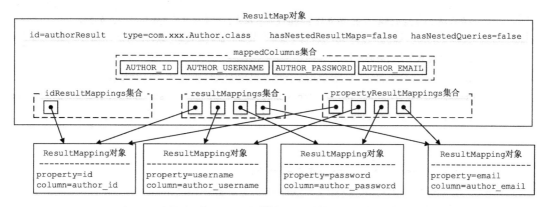

图 3-7

下面继续分析 ID 为 "detailedBlogResultMap" 的<resultMap>节点的解析过程,首先会涉及<constructor>节点的解析,该过程由 XMLMapperBuilder.processConstructorElement()方法完成,具体实现如下:

```
private void processConstructorElement(XNode resultChild, Class<?> resultType,
        List<ResultMapping> resultMappings) throws Exception {
    List<XNode> argChildren = resultChild.getChildren();// 获取<constructor>节点的子节点
    for (XNode argChild : argChildren) {
        List<ResultFlag> flags = new ArrayList<ResultFlag>();
        flags.add(ResultFlag.CONSTRUCTOR); // 添加 CONSTRUCTOR 标志
        if ("idArg".equals(argChild.getName())) {
            flags.add(ResultFlag.ID); // 对于<idArg>节点,添加 ID 标志
        }
        // 创建 ResultMapping 对象,并添加到 resultMappings 集合中
        resultMappings.add(buildResultMappingFromContext(argChild, resultType, flags));
    }
}
```

<constructor>解析过程中生成的 ResultMapping 对象与前面的类似,不再重复描述。

之后会解析<association>节点,正如前面对 XMLMapperBuilder.resultMapElement()方法的介绍,<association>节点也是在 XMLMapperBuilder.buildResultMappingFromContext()方法中完成解析的,具体代码如下:

```
private ResultMapping buildResultMappingFromContext(XNode context,
        Class<?> resultType, List<ResultFlag> flags) throws Exception {
    ...
```

```java
    // 如果未指定<association>节点的 resultMap 属性，则是匿名的嵌套映射，需要通过
    // processNestedResultMappings()方法解析该匿名的嵌套映射，在后面分析<collection>节点时
    // 还会涉及匿名嵌套映射的解析过程
    String nestedResultMap = context.getStringAttribute("resultMap",
        processNestedResultMappings(context, Collections.<ResultMapping>emptyList()));
    ...
}

// processNestedResultMappings()方法实现如下：
private String processNestedResultMappings(XNode context,
        List<ResultMapping> resultMappings) throws Exception {
    // 只会处理<association>、<collection>和<case>三种节点
    if ("association".equals(context.getName()) || "collection".equals(
            context.getName()) || "case".equals(context.getName())) {
        // 指定了 select 属性之后，不会生成嵌套的 ResultMap 对象
        if (context.getStringAttribute("select") == null) {
            // 创建 ResultMap 对象，并添加到 Configuration.resultMaps 集合中。注意，本例中
            // <association>节点没有 id，其 id 由 XNode.getValueBasedIdentifier()方法生成，
            // 本例中 id 为"mapper_resultMap[detailedBlogResultMap]_association[author]"
            // 另外，本例中的<association>节点指定了 resultMap 属性，而非匿名的嵌套映射，所以该
            // ResultMap 对象中的 resultMappings 集合为空
            ResultMap resultMap = resultMapElement(context, resultMappings);
            return resultMap.getId();
        }
    }
    return null;
}
```

<associator>节点解析后产生的 ResultMapping 对象以及在 Configuration.resultMaps 集合中的状态如图 3-8 所示。需要注意的是，在 Configuration.resultMaps 集合中每个 ResultMap 对象都对应两个 key，一个简单 id，另一个以 namespace 开头的完整 id。

然后来分析对<collection>节点的解析过程，在上述示例中，解析其中的<collection>节点时，除了上述已经分析过的步骤之外，还需要特别关注 XMLMapperBuilder.processNested-ResultMappings()方法对其中匿名的嵌套映射的处理。该方法会调用 resultMapElement()方法解析<collection>节点的子节点，创建相应的 ResultMap 对象并添加到 Configuration.resultMaps 集合中保存，其具体实现上面已经介绍过了。

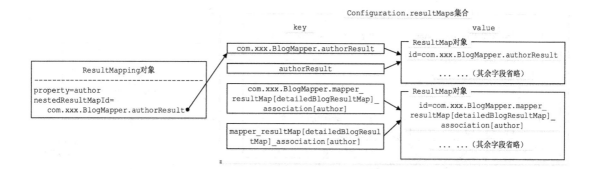

图 3-8

另外，还涉及<discriminator>节点的解析，该解析过程由 XMLMapperBuilder.processDiscriminatorElement()方法完成，具体实现如下：

```java
private Discriminator processDiscriminatorElement(XNode context, Class<?> resultType,
        List<ResultMapping> resultMappings) throws Exception {
    // ... 获取column、javaType、jdbcType、typeHandler 属性（略）
    Class<?> javaTypeClass = resolveClass(javaType);
    Class<? extends TypeHandler<?>> typeHandlerClass =
            (Class<? extends TypeHandler<?>>) resolveClass(typeHandler);
    JdbcType jdbcTypeEnum = resolveJdbcType(jdbcType);
    // 处理<discriminator>节点的子节点
    Map<String, String> discriminatorMap = new HashMap<String, String>();
    for (XNode caseChild : context.getChildren()) {
        String value = caseChild.getStringAttribute("value");
        // 调用processNestedResultMappings()方法创建嵌套的ResultMap对象
        String resultMap = caseChild.getStringAttribute("resultMap",
                processNestedResultMappings(caseChild, resultMappings));
        // 记录该列值与对应选择的ResultMap的Id
        discriminatorMap.put(value, resultMap);
    }
    // 创建 Discriminator 对象
    return builderAssistant.buildDiscriminator(resultType, column, javaTypeClass,
            jdbcTypeEnum, typeHandlerClass, discriminatorMap);
}
```

本示例中<collection>节点解析后得到的ResultMap对象如图3-9所示。

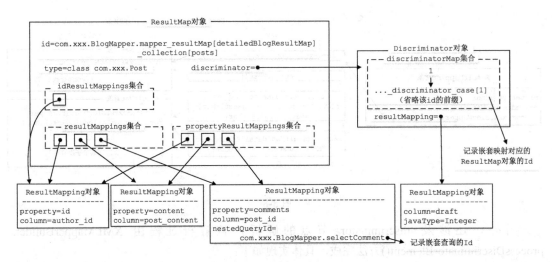

图 3-9

到这里，<resultMap>节点的核心解析过程就介绍完了，希望读者能够对该过程有大体的了解。未涉及的子节点和属性的解析过程并不是很复杂，请读者参考代码学习。最后，通过示意图 3-10 从更高的视角来看该示例中全部<resultMap>节点解析后的结果。

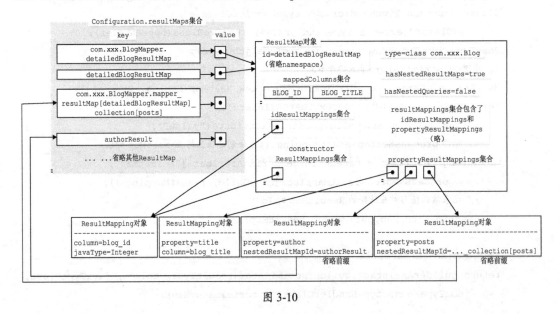

图 3-10

5. 解析<sql>节点

在映射配置文件中，可以使用<sql>节点定义可重用的 SQL 语句片段。当需要重用<sql>节点中定义的 SQL 语句片段时，只需要使用<include>节点引入相应的片段即可，这样，在编写

SQL 语句以及维护这些 SQL 语句时，都会比较方便。<include>节点的解析在后面详细介绍。

XMLMapperBuilder.sqlElement()方法负责解析映射配置文件中定义的全部<sql>节点，具体实现代码如下：

```
private void sqlElement(List<XNode> list, String requiredDatabaseId) {
    for (XNode context : list) { // 遍历<sql>节点
        // 获取 databaseId 属性
        String databaseId = context.getStringAttribute("databaseId");
        String id = context.getStringAttribute("id"); // 获取 id 属性
        id = builderAssistant.applyCurrentNamespace(id, false); // 为 id 添加命名空间
        // 检测<sql>的 databaseId 与当前 Configuration 中记录的 databaseId 是否一致
        if (databaseIdMatchesCurrent(id, databaseId, requiredDatabaseId)) {
            // 记录到 XMLMapperBuilder.sqlFragments (Map<String, XNode>类型) 中保存，在
            // XMLMapperBuilder 的构造函数中，可以看到该字段指向了 Configuration.sqlFragments 集合
            sqlFragments.put(id, context);
        }
    }
}
```

3.1.5 XMLStatementBuilder

除了 3.1.4 节介绍的节点，映射配置文件中还有一类比较重要的节点需要解析，也就是本节将要介绍的 SQL 节点。这些 SQL 节点主要用于定义 SQL 语句，它们不再由 XMLMapperBuilder 进行解析，而是由 XMLStatementBuilder 负责进行解析。

MyBatis 使用 SqlSource 接口表示映射文件或注解中定义的 SQL 语句，但它表示的 SQL 语句是不能直接被数据库执行的，因为其中可能含有动态 SQL 语句相关的节点或是占位符等需要解析的元素。SqlSource 接口的定义如下：

```
public interface SqlSource {
    // getBoundSql()方法会根据映射文件或注解描述的 SQL 语句，以及传入的参数，返回可执行的 SQL
    BoundSql getBoundSql(Object parameterObject);
}
```

SqlSource 接口的具体实现在后面具体分析。

MyBatis 使用 MappedStatement 表示映射配置文件中定义的 SQL 节点，MappedStatement 包含了这些节点的很多属性，其中比较重要的字段如下：

```
private String resource; // 节点中的 id 属性 (包括命名空间前缀)

private SqlSource sqlSource; // SqlSource 对象,对应一条 SQL 语句

private SqlCommandType sqlCommandType; // SQL 的类型,INSERT、UPDATE、DELETE、SELECT
或 FLUSH

// ...其他字段比较简单,不再贴出来了
```

了解了 XMLStatementBuilder 中使用的数据结构后,下面开始分析其解析 SQL 相关节点的过程。XMLStatementBuilder.parseStatementNode()方法是解析 SQL 节点的入口函数,其具体实现如下:

```
public void parseStatementNode() {
    // ... 获取 SQL 节点的 id 以及 databaseId 属性,若其 databaseId 属性值与当前使用的数据库不匹
    // 配,则不加载该 SQL 节点;若存在相同 id 且 databaseId 不为空的 SQL 节点,则不再加载该 SQL 节点
    // 具体实现比较简单(略)

    // ... 获取 SQL 节点的多种属性值,例如,fetchSize、timeout、parameterType、parameterMap、
    // resultMap、resultType、lang、resultSetType、flushCache、useCache 等,具体实现比较
    // 简单,不在贴出来了。这些属性的具体含义在 MyBatis 官方文档中已经有比较详细的介绍了,这里不再赘述

    // 根据 SQL 节点的名称决定其 SqlCommandType
    String nodeName = context.getNode().getNodeName();
    SqlCommandType sqlCommandType =
        SqlCommandType.valueOf(nodeName.toUpperCase(Locale.ENGLISH));

    // 在解析 SQL 语句之前,先处理其中的<include>节点
    XMLIncludeTransformer includeParser = new XMLIncludeTransformer(configuration,
            builderAssistant);
    includeParser.applyIncludes(context.getNode());

    processSelectKeyNodes(id, parameterTypeClass, langDriver); // 处理<selectKey>节点

    // ... 完成 SQL 节点的解析,该部分是 parseStatementNode()方法的核心,后面单独分析
}
```

1. 解析<include>节点

在解析 SQL 节点之前，首先通过 XMLIncludeTransformer 解析 SQL 语句中的<include>节点，该过程会将<include>节点替换成<sql>节点中定义的 SQL 片段，并将其中的"${xxx}"占位符替换成真实的参数，该解析过程是在 XMLIncludeTransformer.applyIncludes()方法中实现的：

```java
public void applyIncludes(Node source) {
    // 获取 mybatis-config.xml 中<properties>节点下定义的变量集合
    Properties variablesContext = new Properties();
    Properties configurationVariables = configuration.getVariables();
    if (configurationVariables != null) {
        variablesContext.putAll(configurationVariables);
    }
    applyIncludes(source, variablesContext, false);   // 处理<include>子节点
}

// 下面是处理<include>节点的 applyIncludes()方法重载：
private void applyIncludes(Node source, final Properties variablesContext,
        boolean included) {
    if (source.getNodeName().equals("include")) { // ---(2) // 处理<include>子节点
        // 查找 refid 属性指向的<sql>节点，返回的是其深克隆的 Node 对象
        Node toInclude = findSqlFragment(getStringAttribute(source, "refid"),
                variablesContext);
        // 解析<include>节点下的<property>节点，将得到的键值对添加到 variablesContext 中，并
        // 形成新的 Properties 对象返回，用于替换占位符
        Properties toIncludeContext = getVariablesContext(source, variablesContext);
        // 递归处理<include>节点，在<sql>节点中可能会使用<include>引用了其他 SQL 片段
        applyIncludes(toInclude, toIncludeContext, true);
        if (toInclude.getOwnerDocument() != source.getOwnerDocument()) {
            toInclude = source.getOwnerDocument().importNode(toInclude, true);
        }
        // 将<include>节点替换成<sql>节点
        source.getParentNode().replaceChild(toInclude, source);
        while (toInclude.hasChildNodes()) { // 将<sql>节点的子节点添加到<sql>节点前面
            toInclude.getParentNode().insertBefore(toInclude.getFirstChild(),
                    toInclude);
        }
        toInclude.getParentNode().removeChild(toInclude);  // 删除<sql>节点
    } else if (source.getNodeType() == Node.ELEMENT_NODE) { // ---(1)
```

```
            NodeList children = source.getChildNodes(); // 遍历当前SQL语句的子节点
            for (int i = 0; i < children.getLength(); i++) {
                applyIncludes(children.item(i), variablesContext, included);
            }
        } else if (included && source.getNodeType() == Node.TEXT_NODE
            && !variablesContext.isEmpty()) {   // ---(3)
            // 使用之前解析得到的Properties对象替换对应的占位符
            source.setNodeValue(PropertyParser.parse(source.getNodeValue(),
                variablesContext));
        }
    }
```

该解析过程可能会涉及多层递归，为了便于读者理解，这里通过一个示例进行分析，示例如下：

```
<sql id="someinclude">
    from ${tablename}
</sql>

<select id="countAll" resultType="int">
    select
    B.id as blog_id, B.title as blog_title, B.author_id as blog_author_id
    <include refid="someinclude">
        <property name="tablename" value="Blog"/>
    </include>
</select>
```

我们从 XMLStatementBuilder.applyIncludes ()方法解析<select>节点开始分析，整个流程如图 3-11 所示。首先第一层 applyIncludes ()方法调用中会执行(1)处代码，该处代码会递归调用 applyIncludes()方法处理<select>节点下的<include>子节点（refid="someinclude"）。进入第二层 applyIncludes ()方法调用继续执行，执行到(2)处代码，该代码段首先查找<include>节点引用的 <sql>节点，本例中为<sql id="someinclude">节点，注意这里得到 toInclude 对象（Node 类型）是<sql>节点在 Configuration.sqlFragments 集合中对应 Node 对象的深克隆对象，然后获取 <include>节点提供的属性值，本例中为"tablename" -> "Blog"，最后递归调用 applyIncludes()方法处理<sql>节点。进入第三层继续执行会执行到(2)处代码，递归调用 applyIncludes()方法处理<sql> 节点的子节点。进入第四层继续处理，此时会执行到(3)处代码，该处代码段会将 "from ${tablename}" 解析成 "from Blog"。之后开始递归的返回过程。

返回到第二层 applyIncludes ()方法调用时,首先会将<include>节点对应的 Node 对象替换为<sql>节点对应的 Node 对象(深度克隆对象),然后将<sql>节点的子节点("from Blog"文本节点)添加到<sql>节点对应的 Node 对象之前,删除<sql>节点对应的 Node 对象。最后结束applyIncludes ()方法的递归调用。

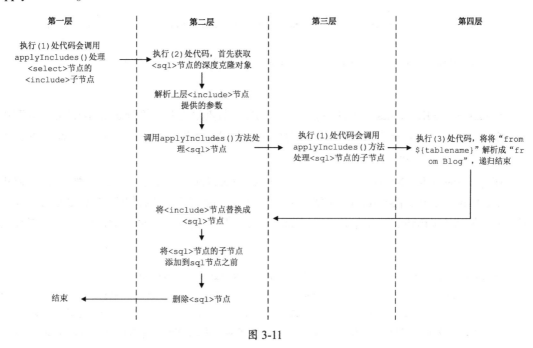

图 3-11

<include>节点和<sql>节点可以配合使用、多层嵌套,实现更加复杂的 sql 片段的重用,这样的话,解析过程就会递归更多层,流程变得更加复杂,但本质与上述分析过程相同。

2. 解析<selectKey>节点

在<insert>、<update>节点中可以定义<selectKey>节点来解决主键自增问题,<selectKey>节点对应的 KeyGenerator 接口在后面会详细介绍,现在重点关注<selectKey>节点的解析,读者大概了解 KeyGenerator 接口与主键的自动生成有关即可。

XMLStatementBuilder.processSelectKeyNodes()方法负责解析 SQL 节点中的<selectKey>子节点,具体代码如下:

```
private void processSelectKeyNodes(String id, Class<?> parameterTypeClass,
        LanguageDriver langDriver) {
    // 获取全部的<selectKey>节点
    List<XNode> selectKeyNodes = context.evalNodes("selectKey");
```

```
// 解析<selectKey>节点
if (configuration.getDatabaseId() != null) {
    parseSelectKeyNodes(id, selectKeyNodes, parameterTypeClass,
        langDriver, configuration.getDatabaseId());
}
parseSelectKeyNodes(id, selectKeyNodes, parameterTypeClass, langDriver, null);

removeSelectKeyNodes(selectKeyNodes); // 移除<selectKey>节点
}
```

在 parseSelectKeyNodes ()方法中会为<selectKey>节点生成 id，检测 databaseId 是否匹配以及是否已经加载过相同 id 且 databaseId 不为空的<selectKey>节点，并调用 parseSelectKeyNode()方法处理每个<selectKey>节点。

在 parseSelectKeyNode()方法中，首先读取<selectKey>节点的一系列属性，然后调用 LanguageDriver.createSqlSource()方法创建对应的 SqlSource 对象，最后创建 MappedStatement 对象，并添加到 Configuration.mappedStatements 集合中保存。parseSelectKeyNode()方法的具体实现如下：

```
private void parseSelectKeyNode(String id, XNode nodeToHandle,
        Class<?> parameterTypeClass, LanguageDriver langDriver, String databaseId) {
    // ... 获取<selectKey>节点的 resultType、statementType、keyProperty 等属性（略）
    // ... 设置一系列 MappedStatement 对象需要的默认配置值，例如，useCache、fetchSize 等（略）

    // 通过 LanguageDriver.createSqlSource()方法生成 SqlSource
    SqlSource sqlSource = langDriver.createSqlSource(configuration, nodeToHandle,
        parameterTypeClass);
    // <selectKey>节点中只能配置 select 语句
    SqlCommandType sqlCommandType = SqlCommandType.SELECT;

    // 通过 MapperBuilderAssistant 创建 MappedStatement 对象，并添加到
    // Configuration.mappedStatements 集合中保存，该集合为 StrictMap<MappedStatement>类型
    builderAssistant.addMappedStatement(id, sqlSource, statementType, sqlCommandType,
        fetchSize, timeout, parameterMap, parameterTypeClass, resultMap,
        resultTypeClass, resultSetTypeEnum, flushCache, useCache, resultOrdered,
        keyGenerator, keyProperty, keyColumn, databaseId, langDriver, null);

    id = builderAssistant.applyCurrentNamespace(id, false);
```

```
MappedStatement keyStatement = configuration.getMappedStatement(id, false);
// 创建<selectKey>节点对应的 KeyGenerator，添加到 Configuration.keyGenerators 集合中
// 保存，Configuration.keyGenerators 字段是 StrictMap<KeyGenerator>类型的对象
configuration.addKeyGenerator(id, new SelectKeyGenerator(keyStatement,
    executeBefore));
}
```

LanguageDriver 接口有两个实现类，如图 3-12 所示。

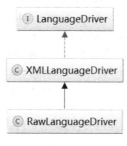

图 3-12

在 Configuration 的构造方法中，可以看到如下代码片段，我们由此可以判断默认使用的 XMLLanguageDriver 实现类。

```
languageRegistry.setDefaultDriverClass(XMLLanguageDriver.class);
```

我们也可以提供自定义的 LanguageDriver 实现，并在 mybatis-config.xml 中通过 defaultScriptingLanguage 配置指定使用该自定义实现。

在 XMLLanguageDriver.createSqlSource()方法中会创建 XMLScriptBuilder 对象并调用 XMLScriptBuilder.parseScriptNode()方法创建 SqlSource 对象，该方法的代码如下：

```
public SqlSource parseScriptNode() {
    // 首先判断当前的节点是不是有动态SQL，动态 SQL 会包括占位符或是动态SQL 的相关节点
    List<SqlNode> contents = parseDynamicTags(context);
    // SqlNode 集合包装成一个MixedSqlNode，后面会详细介绍 SqlNode 以及 MixedSqlNode 的内容
    MixedSqlNode rootSqlNode = new MixedSqlNode(contents);
    SqlSource sqlSource = null;
    if (isDynamic) { // 根据是否是动态SQL，创建相应的 SqlSource 对象
        sqlSource = new DynamicSqlSource(configuration, rootSqlNode);
    } else {
        sqlSource = new RawSqlSource(configuration, rootSqlNode, parameterType);
    }
```

```
        return sqlSource;
    }
```

在 XMLScriptBuilder.parseDynamicTags()方法中,会遍历<selectKey>下的每个节点,如果包含任何标签节点,则认为是动态 SQL 语句;如果文本节点中含有 "${}" 占位符,也认为其为动态 SQL 语句。

```
List<SqlNode> parseDynamicTags(XNode node) {
    List<SqlNode> contents = new ArrayList<SqlNode>(); // 用于记录生成的 SqlNode 集合
    NodeList children = node.getNode().getChildNodes(); // 获取 SelectKey 的所有子节点
    for (int i = 0; i < children.getLength(); i++) {
        // 创建 XNode,该过程会将能解析掉的 "${}" 都解析掉
        XNode child = node.newXNode(children.item(i));
        if (child.getNode().getNodeType() == Node.CDATA_SECTION_NODE ||
                child.getNode().getNodeType() == Node.TEXT_NODE) { // 对文本节点的处理
            String data = child.getStringBody("");
            TextSqlNode textSqlNode = new TextSqlNode(data);
            // 解析 SQL 语句,如果含有未解析的"${}"占位符,则为动态 SQL
            if (textSqlNode.isDynamic()) {
                contents.add(textSqlNode);
                isDynamic = true; // 标记为动态 SQL 语句
            } else {
                contents.add(new StaticTextSqlNode(data));
            }
        } else if (child.getNode().getNodeType() == Node.ELEMENT_NODE) {
            // 如果子节点是一个标签,那么一定是动态 SQL,并且根据不同的动态标签生成
            // 不同的 NodeHandler
            String nodeName = child.getNode().getNodeName();
            NodeHandler handler = nodeHandlers(nodeName);
            // ... 如果 handler 为 null,则抛出异常(略)

            // 处理动态 SQL,并将解析得到的 SqlNode 对象放入 contents 集合中保存
            handler.handleNode(child, contents);
            isDynamic = true;
        }
    }
    return contents;
}
```

上面遇到的 TextSqlNode、StaticTextSqlNode 等都是 SqlNode 接口的实现，SqlNode 接口的每个实现都对应于不同的动态 SQL 节点类型，每个实现的具体代码后面遇到了再详细分析。

TextSqlNode.isDynamic()方法中会通过 GenericTokenParser 和 DynamicCheckerTokenParser 配合解析文本节点，并判断它是否为动态 SQL。该方法具体实现如下：

```
public boolean isDynamic() {
    DynamicCheckerTokenParser checker = new DynamicCheckerTokenParser();
    // 创建 GenericTokenParser 对象，GenericTokenParser 前面已经分析过了，这里不再赘述
    GenericTokenParser parser = createParser(checker);
    parser.parse(text);
    return checker.isDynamic();
}

// DynamicCheckerTokenParser 继承了 TokenHandler 接口，其 handleToken()方法如下：
public String handleToken(String content) {
    this.isDynamic = true;
    return null;
}
```

如果<selectKey>节点下存在其他标签，则会调用 nodeHandlers()方法根据标签名称创建对应的 NodeHandler 对象，具体实现如下：

```
NodeHandler nodeHandlers(String nodeName) {
    Map<String, NodeHandler> map = new HashMap<String, NodeHandler>();
    map.put("trim", new TrimHandler());
    map.put("where", new WhereHandler());
    // ... 向 map 集合中添加 set、foreach、if、when 等标签对应的 NodeHandler 对象（略）
    return map.get(nodeName);
}
```

NodeHandler 接口的实现如图 3-13 所示。

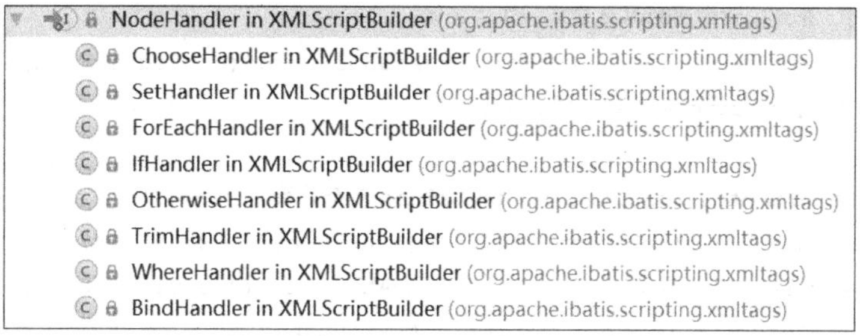

图 3-13

NodeHandler 接口实现类会对不同的动态 SQL 标签进行解析,生成对应的 SqlNode 对象,并将其添加到 contents 集合中。这里以 WhereHandler 实现为例进行分析,其具体实现如下:

```
private class WhereHandler implements NodeHandler {
    // ... 构造函数(略)

    @Override
    public void handleNode(XNode nodeToHandle, List<SqlNode> targetContents) {
        // 调用 parseDynamicTags()方法,解析<where>节点的子节点
        List<SqlNode> contents = parseDynamicTags(nodeToHandle);
        MixedSqlNode mixedSqlNode = new MixedSqlNode(contents);
        // 创建 WhereSqlNode,并添加到 targetContents 集合中保存
        WhereSqlNode where = new WhereSqlNode(configuration, mixedSqlNode);
        targetContents.add(where);
    }
}
```

其他 NodeHandler 接口实现类的原理类似,这里不再赘述。

3. 解析 SQL 节点

经过上述两个解析过程之后,<include>节点和<selectKey>节点已经被解析并删除掉了。XMLStatementBuilder.parseStatementNode()方法剩余的操作就是解析 SQL 节点,具体代码如下:

```
public void parseStatementNode() {
    // ... 解析<include>节点,前面已经分析过,这里不再重复(略)

    // ... 解析<selectKey>节点,前面已经分析过,这里不再重复(略)


    // 下面是解析 SQL 节点的逻辑,也是 parseStatementNode()方法的核心
    // 调用 LanguageDriver.createSqlSource()方法创建 SqlSource 对象,前面解析<selectKey>
    // 节点时,介绍过该方法的具体实现,不再赘述
    SqlSource sqlSource = langDriver.createSqlSource(configuration,
        context, parameterTypeClass);

    // 获取 resultSets、resultSets、keyColumn 三个属性
    String resultSets = context.getStringAttribute("resultSets");
    String keyProperty = context.getStringAttribute("resultSets ");
    String keyColumn = context.getStringAttribute("keyColumn");
```

```
KeyGenerator keyGenerator;
// 获取<selectKey>节点对应的 SelectKeyGenerator 的 id
String keyStatementId = id + SelectKeyGenerator.SELECT_KEY_SUFFIX;
keyStatementId = builderAssistant.applyCurrentNamespace(keyStatementId, true);

// 这里会检测 SQL 节点中是否配置了<selectKey>节点、SQL 节点的 useGeneratedKeys 属性值、
// mybatis-config.xml 中全局的 useGeneratedKeys 配置,以及是否为 insert 语句,决定使用的
// KeyGenerator 接口实现。后面会详细介绍 KeyGenerator 接口及其实现,具体代码省略

// 通过 MapperBuilderAssistant 创建 MappedStatement 对象,并添加到
// Configuration.mappedStatements 集合中保存
builderAssistant.addMappedStatement(id, sqlSource, statementType, sqlCommandType,
    fetchSize, timeout, parameterMap, parameterTypeClass, resultMap,
    resultTypeClass, resultSetTypeEnum, flushCache, useCache, resultOrdered,
    keyGenerator, keyProperty, keyColumn, databaseId, langDriver, resultSets);
}
```

3.1.6 绑定 Mapper 接口

到此为止,解析映射文件的核心流程已经介绍完了。通过第 2 章对 binding 模块的介绍可知,每个映射配置文件的命名空间可以绑定一个 Mapper 接口,并注册到 MapperRegistry 中。MapperRegistry 以及其他相关类的实现在分析 binding 模块时已经介绍过了,这里不再重复。在 XMLMapperBuilder.bindMapperForNamespace()方法中,完成了映射配置文件与对应 Mapper 接口的绑定,具体实现如下:

```
private void bindMapperForNamespace() {
    // 获取映射配置文件的命名空间
    String namespace = builderAssistant.getCurrentNamespace();
    if (namespace != null) {
        Class<?> boundType = null;
        // ... 省略 try/catch 代码块
        boundType = Resources.classForName(namespace); // 解析命名空间对应的类型
        if (boundType != null) {
            if (!configuration.hasMapper(boundType)) { // 是否已经加载了 boundType 接口
                // 追加 namespace 前缀,并添加到 Configuration.loadedResources 集合中保存
                configuration.addLoadedResource("namespace:" + namespace);
                // 调用 MapperRegistry.addMapper()方法,注册 boundType 接口
```

```
            configuration.addMapper(boundType);
        }
    }
  }
}
```

在前面介绍 MapperRegistry.addMapper()方法时，只提到了该方法会向 MapperRegistry.knownMappers 集合注册指定的 Mapper 接口，其实该方法还会创建 MapperAnnotationBuilder，并调用 MapperAnnotationBuilder.parse()方法解析 Mapper 接口中的注解信息，具体实现如下：

```
public void parse() {
    String resource = type.toString();
    if (!configuration.isResourceLoaded(resource)) { // 检测是否已经加载过该接口
        // 检测是否加载过对应的映射配置文件，如果未加载，则创建 XMLMapperBuilder 对象解析对应的
        // 映射文件，该过程就是前面介绍的映射配置文件解析过程
        loadXmlResource();
        configuration.addLoadedResource(resource);
        assistant.setCurrentNamespace(type.getName());

        parseCache();// 解析@CacheNamespace 注解
        parseCacheRef();// 解析@CacheNamespaceRef 注解
        Method[] methods = type.getMethods(); // 获取接口中定义的全部 f 方法
        for (Method method : methods) {
            try {
                if (!method.isBridge()) {
                    // 解析@SelectKey、@ResultMap 等注解，并创建 MappedStatement 对象
                    parseStatement(method);
                }
            } catch (IncompleteElementException e) {
                // 如果解析过程出现 IncompleteElementException 异常，可能是引用了未解析的注解，
                // 这里将出现异常的方法添加到 Configuration.incompleteMethods 集合中暂存，
                // 该集合是 LinkedList<MethodResolver>类型
                configuration.addIncompleteMethod(new MethodResolver(this, method));
            }
        }
    }
    // 遍历 Configuration.incompleteMethods 集合中记录的为解析的方法，并重新进行解析
    parsePendingMethods();
}
```

在 MapperAnnotationBuilder.parse()方法中解析的注解，都能在映射配置文件中找到与之对应的 XML 节点，且两者的解析过程也非常类似，这里就不再详细分析注解的解析过程了。

3.1.7 处理 incomplete*集合

XMLMapperBuilder.configurationElement()方法解析映射配置文件时，是按照从文件头到文件尾的顺序解析的，但是有时候在解析一个节点时，会引用定义在该节点之后的、还未解析的节点，这就会导致解析失败并抛出 IncompleteElementException。

根据抛出异常的节点不同，MyBatis 会创建不同的*Resolver 对象，并添加到 Configuration 的不同 incomplete*集合中。例如，上面解析 Mapper 接口中的方法出现异常时，会创建 MethodResolver 对象，并将其追加到 Configuration.incompleteMethods 集合（LinkedList <MethodResolver>类型）中暂存；解析<resultMap>节点时出现异常，则会将对应的 ResultMapResolver 对象追加到 incompleteResultMaps（LinkedList<ResultMapResolver>类型）集合中暂存；解析<cache-ref>节点时出现异常，则会将对应的 CacheRefResolver 对象追加到 incompleteCacheRefs（LinkedList<CacheRefResolver>类型）集合中暂存；解析 SQL 语句节点时出现异常，则会将对应的 XMLStatementBuilder 对象追加到 incompleteStatements（LinkedList< XMLStatementBuilder >类型）集合中暂存。

在 XMLMapperBuilder.parse()方法中可以看到，通过 configurationElement()方法完了一次映射配置文件的解析后，还会调用 parsePendingResultMaps()方法、parsePendingChacheRefs()方法、parsePendingStatements()方法三个 parsePending*()方法处理 Configuration 中对应的三个 incomplete* 集合。所有 parsePending*() 方法的逻辑都是基本类似的，这里以 parsePendingStatements()方法为例进行分析，其具体实现如下：

```
private void parsePendingStatements() {
    // 获取 Configuration.incompleteStatements 集合
    Collection<XMLStatementBuilder> incompleteStatements =
        configuration.getIncompleteStatements();
    synchronized (incompleteStatements) { // 加锁同步
        // 遍历 incompleteStatements 集合
        Iterator<XMLStatementBuilder> iter = incompleteStatements.iterator();
        while (iter.hasNext()) {
            try {
                iter.next().parseStatementNode(); // 重新解析 SQL 语句节点
                iter.remove(); // 移除 XMLStatementBuilder 对象
            } catch (IncompleteElementException e) {
```

```
                    // 如果依然无法解析，则忽略该节点
                }
            }
        }
    }
```

到此为止，MyBatis 的初始化过程就全部介绍完了，其中分析了 mybatis-config.xml 配置文件的解析过程、映射配置文件的解析过程以及 Mapper 接口中相关注解的解析过程。

3.2 SqlNode&SqlSource

通过上一节对 MyBatis 初始化过程的分析可知，映射配置文件中定义的 SQL 节点会被解析成 MappedStatement 对象，其中的 SQL 语句会被解析成 SqlSource 对象，SQL 语句中定义的动态 SQL 节点、文本节点等，则由 SqlNode 接口的相应实现表示。

SqlSource 接口的定义如下所示。

```
public interface SqlSource {
    // 通过解析得到 BoundSql 对象，BoundSql 对象会在后面具体介绍，其中封装了包含"?"占位符的 SQL
    // 语句，以及绑定的实参
    BoundSql getBoundSql(Object parameterObject);
}
```

SqlSource 的实现类如图 3-14 所示。

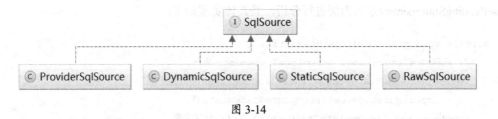

图 3-14

这里对 SqlSource 接口的各个实现做简单说明。DynamicSqlSource 负责处理动态 SQL 语句，RawSqlSource 负责处理静态语句，两者最终都会将处理后的 SQL 语句封装成 StaticSqlSource 返回。DynamicSqlSource 与 StaticSqlSource 的主要区别是：StaticSqlSource 中记录的 SQL 语句中可能含有 "?" 占位符，但是可以直接提交给数据库执行；DynamicSqlSource 中封装的 SQL 语句还需要进行一系列解析，才会最终形成数据库可执行的 SQL 语句。DynamicSqlSource 与 RawSqlSource 的区别在介绍 RawSqlSource 时会详细说明。

最先要介绍的是实践中最常用的 SqlSource 实现类——DynamicSqlSource，在开始介绍其实现原理之前，先来了解其中涉及的组合模式，以及使用的基础类。

3.2.1 组合模式

组合模式是将对象组合成树形结构，以表示"部分-整体"的层次结构（一般是树形结构），用户可以像处理一个简单对象一样来处理一个复杂对象，从而使得调用者无须了解复杂元素的内部结构。组合模式的结构如图 3-15 所示。

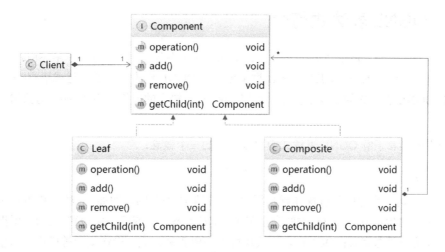

图 3-15

组合模式中的角色如下所述。

- **抽象组件（Component）**：Component 接口定义了树形结构中所有类的公共行为，例如这里的 operation() 方法。一般情况下，其中还会定义一些用于管理子组件的方法，例如这里的 add()、remove()、getChild() 方法。
- **树叶（Leaf）**：Leaf 在树形结构中表示叶节点对象，叶节点没有子节点。
- **树枝（Composite）**：定义有子组件的那些组件的行为。该角色用于管理子组件，并通过 operation() 方法调用其管理的子组件的相关操作。
- **调用者（Client）**：通过 Component 接口操纵整个树形结构。

组合模式主要有两点好处，首先组合模式可以帮助调用者屏蔽对象的复杂性。对于调用者来说，使用整个树形结构与使用单个 Component 对象没有任何区别，也就是说，调用者并不必关心自己处理的是单个 Component 对象还是整个树形结构，这样就可以将调用者与复杂对象进行解耦。另外，使用了组合模式之后，我们可以通过增加树中节点的方式，添加新的 Component

对象，从而实现功能上的扩展，这符合"开放-封闭"原则，也可以简化日后的维护工作。

组合模式在带来上述好处的同时，也会引入一些问题。例如，有些场景下程序希望一个组合结构中只能有某些特定的组件，此时就很难直接通过组件类型进行限制（因为都是 Component 接口的实现类），这就必须在运行时进行类型检测。而且，在递归程序中定位问题也是一件比较复杂的事情。

MyBatis 在处理动态 SQL 节点时，应用到了组合设计模式。MyBatis 会将动态 SQL 节点解析成对应的 SqlNode 实现，并形成树形结构，具体解析过程在本节中还会详细介绍。

3.2.2 OGNL 表达式简介

OGNL（Object Graphic Navigation Language，对象图导航语言）表达式在 Struts、MyBatis 等开源项目中有广泛的应用，其中 Struts 框架更是将 OGNL 作为默认的表达式语言。在 MyBatis 中涉及的 OGNL 表达式的功能主要是：存取 Java 对象树中的属性、调用 Java 对象树中的方法等。

首先需要读者了解 OGNL 表达式中比较重要的三个概念：

1. 表达式

OGNL 表达式执行的所有操作都是根据表达式解析得到的。例如："对象名.方法名"表示调用指定对象的指定方法；"@[类的完全限定名]@[静态方法或静态字段]"表示调用指定类的静态方法或访问静态字段；OGNL 表达式还可以完成变量赋值、操作集合等操作，这里不再赘述，感兴趣的读者请参考相关资料进行学习。

2. root 对象

OGNL 表达式指定了具体的操作，而 root 对象指定了需要操作的对象。

3. OgnlContext（上下文对象）

OgnlContext 类继承了 Map 接口，OgnlContext 对象说白了也就是一个 Map 对象。既然如此，OgnlContext 对象中就可以存放除 root 对象之外的其他对象。在使用 OGNL 表达式操作非 root 对象时，需要使用#前缀，而操作 root 对象则不需要使用#前缀。

下面通过一个示例帮助读者快速熟悉 OGNL 表达式的使用，首先需要为项目添加 ognl-3.1.jar 和 javassist-3.21.jar 两个依赖包，这两个 jar 包在 MyBatis-3.4 的源码包中可以找到。该示例是一个使用 Junit 编写的测试类，下面是该类的成员变量和初始方法：

```
private static Blog blog;
private static Author author;
```

```java
private static List<Post> posts;
private static OgnlContext context;

@Before
public void start() {
    Blog.staticField = "static Field";
    author = new Author(1, "username1", "password1", "email1");
    Post post = new Post();
    post.setContent("PostContent");
    post.setAuthor(author);
    posts = new ArrayList<>();
    posts.add(post);
    blog = new Blog(1, "title", author, posts);

    context = new OgnlContext(); //实例化一个Ognl的上下文
    context.put("blog", blog);
    context.setRoot(blog); // 将blog对象设置为root对象
}
```

下面的测试方法中，通过 OGNL 表达式访问 root 对象以及非 root 对象的属性：

```java
@Test
public void test1() throws OgnlException {
    Author author2 = new Author(2, "username2", "password2", "email2");
    context.put("author", author2);

    // Ognl.paraseExpression()方法负责解析OGNL表达式，author是root对象（即blog对象）的属性
    Object obj = Ognl.getValue(Ognl.parseExpression("author"),
        context, context.getRoot());
    System.out.println(obj);
    // 输出是Author{id=1, username='username1', password='password1', email='email1'}

    // 获取root对象中author属性的username属性
    obj = Ognl.getValue(Ognl.parseExpression("author.username"),
        context, context.getRoot());
    System.out.println(obj); // 输出是username1

    // #author 表示需要操作的对象不是root对象，而是OgnlContext中key为author的对象
```

```java
    obj = Ognl.getValue(Ognl.parseExpression("#author.username"), context,
        context.getRoot());
    System.out.println(obj); // 输出是 username2
}
```

还可以通过 OGNL 表达式调用指定对象的方法，调用指定类的静态方法，或是访问类的静态字段，具体实现如下：

```java
@Test
public void test2() throws OgnlException {
    // 调用 root 对象（即 blog 对象）的 author 属性的 getEmail() 方法
    Object obj = Ognl.getValue("author.getEmail()", context, context.getRoot());
    System.out.println(obj); // 输出是 email1

    // 调用的是 Blog.staticMethod() 这个静态方法
    obj = Ognl.getValue("@com.xxx.Blog@staticMethod()", context, context.getRoot());
    System.out.println(obj); // 输出是 static Method

    // 访问 Blog.staticField 这个静态字段
    obj = Ognl.getValue("@com.xxx.Blog@staticField", context, context.getRoot());
    System.out.println(obj); // 输出是 static Field
}
```

最后来看如何通过 OGNL 表达式访问集合中的元素，具体实现如下：

```java
@Test
public void test3() throws OgnlException {
    // 获取 root 对象（即 blog 对象）的 posts 属性的第一个 Post 对象
    Object obj = Ognl.getValue("posts[0]", context, context.getRoot());
    System.out.println(obj instanceof Post); // 输出是 true
    System.out.println(obj);
    // 输出是 Post{id=0, author=Author{id=1, username='username1', password='password1',
    // email='email1'}, content='PostContent', comments=null, draft=0}

    Map<String, String> map = new HashMap<>();
    map.put("k1", "v1");
    map.put("k2", "v2");
    context.put("map", map);
    // 访问非 root 对象的集合
```

```
        obj = Ognl.getValue("#map['k2']", context, context.getRoot());
        System.out.println(obj); // 输出是 v2
}
```

OGNL 表达式的使用就介绍到这里，用户通过编写更加复杂的 OGNL 表达式可以实现更加强大的功能，读者可以查阅相关资料进行学习。

在 MyBatis 中，使用 OgnlCache 对原生的 OGNL 进行了封装。OGNL 表达式的解析过程是比较耗时的，为了提高效率，OgnlCache 中使用 expressionCache 字段（静态成员，ConcurrentHashMap<String, Object>类型）对解析后的 OGNL 表达式进行缓存。OgnlCache 的字段和核心方法的实现如下：

```
private static final Map<String, Object> expressionCache =
        new ConcurrentHashMap<String, Object>();

public static Object getValue(String expression, Object root) {
    try {
        // 创建 OgnlContext 对象，OgnlClassResolver 替代了 OGNL 中原有的 DefaultClassResolver，
        // 其主要功能是使用前面介绍的 Resource 工具类定位资源
        Map<Object, OgnlClassResolver> context = Ognl.createDefaultContext(root,
                new OgnlClassResolver());
        // 使用 OGNL 执行 expression 表达式
        return Ognl.getValue(parseExpression(expression), context, root);
    } catch (OgnlException e) {
        throw new BuilderException("...");
    }
}

private static Object parseExpression(String expression) throws OgnlException {
    Object node = expressionCache.get(expression); // 查找缓存
    if (node == null) {
        node = Ognl.parseExpression(expression); // 解析表达式
        expressionCache.put(expression, node); // 将表达式的解析结果添加到缓存中
    }
    return node;
}
```

3.2.3 DynamicContext

DynamicContext 主要用于记录解析动态 SQL 语句之后产生的 SQL 语句片段，可以认为它是一个用于记录动态 SQL 语句解析结果的容器。

DynamicContext 中核心字段的含义如下：

```java
private final ContextMap bindings; // 参数上下文

// 在SqlNode解析动态SQL时，会将解析后的SQL语句片段添加到该属性中保存，最终拼凑出一条完成的SQL语句
private final StringBuilder sqlBuilder = new StringBuilder();
```

ContextMap 是 DynamicContext 中定义的内部类，它实现了 HashMap 并重写了 get()方法，具体实现如下：

```java
static class ContextMap extends HashMap<String, Object> { // 继承了HashMap
    // 将用户传入的参数封装成了MetaObject对象
    private MetaObject parameterMetaObject;

    public Object get(Object key) { // 重写了get()方法
        String strKey = (String) key;
        if (super.containsKey(strKey)) { // 如果ContextMap中已经包含了该key，则直接返回
            return super.get(strKey);
        }
        if (parameterMetaObject != null) { // 从运行时参数中查找对应属性
            return parameterMetaObject.getValue(strKey);
        }
        return null;
    }
}
```

DynamicContext 的构造方法会初始化 bindings 集合，注意构造方法的第二个参数 parameterObject，它是运行时用户传入的参数，其中包含了后续用于替换"#{}"占位符的实参。DynamicContext 构造方法的具体实现如下：

```java
public DynamicContext(Configuration configuration, Object parameterObject) {
    if (parameterObject != null && !(parameterObject instanceof Map)) {
        // 对于非Map类型的参数，会创建对应的MetaObject对象，并封装成ContextMap对象
        MetaObject metaObject = configuration.newMetaObject(parameterObject);
```

```
            bindings = new ContextMap(metaObject); // 初始化 bindings 集合
        } else {
            bindings = new ContextMap(null);
        }
        // 将 PARAMETER_OBJECT_KEY->parameterObject 这一对应关系添加到 bindings 集合中，其中
        // PARAMETER_OBJECT_KEY 的值是"_parameter"，在有的 SqlNode 实现中直接使用了该字面值
        bindings.put(PARAMETER_OBJECT_KEY, parameterObject);
        bindings.put(DATABASE_ID_KEY, configuration.getDatabaseId());
    }
```

DynamicContext 中常用的两个方法是 appendSql()方法和 getSql()方法：

```
public void appendSql(String sql) { // 追加 SQL 片段
    sqlBuilder.append(sql);
    sqlBuilder.append(" ");
}

public String getSql() { // 获取解析后的、完整的 SQL 语句
    return sqlBuilder.toString().trim();
}
```

3.2.4 SqlNode

了解了 DynamicContext 的功能之后，我们继续介绍 SqlNode 接口的实现类如何解析其对应的动态 SQL 节点。SqlNode 接口的定义如下：

```
public interface SqlNode {

    // apply()是 SqlNode 接口中定义的唯一方法，该方法会根据用户传入的实参，参数解析该 SqlNode 所
    // 记录的动态 SQL 节点，并调用 DynamicContext.appendSql()方法将解析后的 SQL 片段追加到
    // DynamicContext.sqlBuilder 中保存
    // 当 SQL 节点下的所有 SqlNode 完成解析后，我们就可以从 DynamicContext 中获取一条动态生成的、
    // 完整的 SQL 语句
    boolean apply(DynamicContext context);
}
```

SqlNode 接口有多个实现类，每个实现类对应一个动态 SQL 节点，如图 3-16 所示。按照组合模式的角色来划分，SqlNode 扮演了抽象组件的角色，MixedSqlNode 扮演了树枝节点的角色，

TextSqlNode 节点扮演了树叶节点的角色，其他 SqlNode 实现的角色留给读者分析。

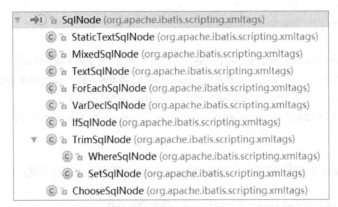

图 3-16

StaticTextSqlNode&MixedSqlNode

StaticTextSqlNode 中使用 text 字段（String 类型）记录了对应的非动态 SQL 语句节点，其 apply()方法直接将 text 字段追加到 DynamicContext.sqlBuilder 字段中，代码比较简单，就不再贴出来了。

MixedSqlNode 中使用 contents 字段（List<SqlNode>类型）记录其子节点对应的 SqlNode 对象集合，其 apply()方法会循环调用 contents 集合中所有 SqlNode 对象的 apply()方法，代码比较简单，就不再贴出来了。

TextSqlNode

TextSqlNode 表示的是包含"${}"占位符的动态 SQL 节点。TextSqlNode.isDynamic()方法在前面已经分析过了，这里不再重复。TextSqlNode.apply()方法会使用 GenericTokenParser 解析"${}"占位符，并直接替换成用户给定的实际参数值，具体实现如下：

```
public boolean apply(DynamicContext context) {
    // 创建 GenericTokenParser 解析器，GenericTokenParser 前面介绍过了，这里重点来看
    // BindingTokenParser 的功能
    GenericTokenParser parser = createParser(
        new BindingTokenParser(context, injectionFilter));
    // 将解析后的 SQL 片段添加到 DynamicContext 中
    context.appendSql(parser.parse(text));
    return true;
}
```

```
private GenericTokenParser createParser(TokenHandler handler) {
    return new GenericTokenParser("${", "}", handler); // 解析的是"${}"占位符
}
```

BindingTokenParser 是 TextSqlNode 中定义的内部类，继承了 TokenHandler 接口，它的主要功能是根据 DynamicContext.bindings 集合中的信息解析 SQL 语句节点中的 "${}" 占位符。BindingTokenParser.context 字段指向了对应的 DynamicContext 对象，BindingTokenParser.handleToken()方法的实现如下：

```
public String handleToken(String content) {
    // 获取用户提供的实参
    Object parameter = context.getBindings().get("_parameter");
    if (parameter == null) {
        context.getBindings().put("value", null);
    } else if (SimpleTypeRegistry.isSimpleType(parameter.getClass())) {
        context.getBindings().put("value", parameter);
    }
    // 通过 OGNL 解析 content 的值
    Object value = OgnlCache.getValue(content, context.getBindings());
    String srtValue = (value == null ? "" : String.valueOf(value));
    checkInjection(srtValue); // 检测合法性
    return srtValue;
}
```

这里通过一个示例简单描述该解析过程，假设用户传入的实参中包含了 "id->1" 的对应关系，在 TextSqlNode.apply()方法解析时，会将 "id=${id}" 中的 "${id}" 占位符直接替换成 "1" 得到 "id=1"，并将其追加到 DynamicContext 中。

IfSqlNode

IfSqlNode 对应的动态 SQL 节点是<If>节点，其中定义的字段的含义如下：

```
// ExpressionEvaluator 对象用于解析<if>节点的 test 表达式的值
private ExpressionEvaluator evaluator;

private String test; // 记录了<if>节点中的 test 表达式

private SqlNode contents; // 记录了<if>节点的子节点
```

IfSqlNode.apply()方法首先会通过ExpressionEvaluator.evaluateBoolean()方法检测其test表达式是否为true，然后根据test表达式的结果，决定是否执行其子节点的apply()方法。

```java
public boolean apply(DynamicContext context) {
    // 检测test属性中记录的表达式
    if (evaluator.evaluateBoolean(test, context.getBindings())) {
        contents.apply(context); // test表达式为true，则执行子节点的apply()方法
        return true;
    }
    return false; // 注意返回值，表示的是test表达式是否为true
}

// ExpressionEvaluator.evaluateBoolean()方法的实现如下：
public boolean evaluateBoolean(String expression, Object parameterObject) {
    // 首先通过OGNL解析表达式的值
    Object value = OgnlCache.getValue(expression, parameterObject);
    if (value instanceof Boolean) { // 处理Boolean类型
        return (Boolean) value;
    }
    if (value instanceof Number) { // 处理数字类型
        return !new BigDecimal(String.valueOf(value)).equals(BigDecimal.ZERO);
    }
    return value != null;
}
```

TrimSqlNode&WhereSqlNode&SetSqlNode

TrimSqlNode会根据子节点的解析结果，添加或删除相应的前缀或后缀。TrimSqlNode中字段的含义如下：

```java
private SqlNode contents; // 该<trim>节点的子节点

private String prefix; // 记录了前缀字符串（为<trim>节点包裹的SQL语句添加的前缀）

private String suffix; // 记录了后缀字符串（为<trim>节点包裹的SQL语句添加的后缀）

// 如果<trim>节点包裹的SQL语句是空语句（经常出现在if判断为否的情况下），删除指定的前缀，如where
private List<String> prefixesToOverride;
```

```java
// 如果<trim>包裹的SQL语句是空语句（经常出现在 if 判断为否的情况下），删除指定的后缀，如逗号
private List<String> suffixesToOverride;
```

在 TrimSqlNode 的构造函数中，会调用 parseOverrides()方法对参数 prefixesToOverride（对应<trim>节点的 prefixOverrides 属性）和参数 suffixesToOverride（对应<trim>节点的 suffixOverrides 属性）进行解析，并初始化 prefixesToOverride 和 suffixesToOverride，具体实现如下：

```java
private static List<String> parseOverrides(String overrides) {
    if (overrides != null) {
        // 按照"|"进行分割
        final StringTokenizer parser = new StringTokenizer(overrides, "|", false);
        final List<String> list = new ArrayList<String>(parser.countTokens());
        while (parser.hasMoreTokens()) { // 转换为大写，并添加到集合中
            list.add(parser.nextToken().toUpperCase(Locale.ENGLISH));
        }
        return list;
    }
    return Collections.emptyList();
}
```

了解了 TrimSqlNode 各字段的初始化之后，再来看 TrimSqlNode.apply()方法的实现。该方法首先解析子节点，然后根据子节点的解析结果处理前缀和后缀，其具体实现如下：

```java
public boolean apply(DynamicContext context) {
    // 创建 FilteredDynamicContext 对象，其中封装了 DynamicContext
    FilteredDynamicContext filteredDynamicContext =
                new FilteredDynamicContext(context);
    // 调用子节点的 apply()方法进行解析
    boolean result = contents.apply(filteredDynamicContext);
    // 使用 FilteredDynamicContext.applyAll()方法处理前缀和后缀
    filteredDynamicContext.applyAll();
    return result;
}
```

处理前缀和后缀的主要逻辑是在 FilteredDynamicContext 中实现的，它继承了 DynamicContext，同时也是 DynamicContext 的代理类。FilteredDynamicContext 除了将对应方法调用委托给其中封装的 DynamicContext 对象，还提供了处理前缀和后缀的 applyAll()方法。

FilteredDynamicContext 中各个字段的含义如下：

```
private DynamicContext delegate; // 底层封装的 DynamicContext 对象

// 是否已经处理过前缀和后缀，初始值都为 false
private boolean prefixApplied;
private boolean suffixApplied;

// 用于记录子节点解析后的结果，FilteredDynamicContext.appendSql()方法会向该字段添加解析结果，
// 而不是调用 delegate.appendSql()方法
private StringBuilder sqlBuffer;
```

FilteredDynamicContext.applyAll()方法具体实现如下：

```
public void applyAll() {
    // 获取子节点解析后的结果，并全部转换为大写
    sqlBuffer = new StringBuilder(sqlBuffer.toString().trim());
    String trimmedUppercaseSql = sqlBuffer.toString().toUpperCase(Locale.ENGLISH);
    if (trimmedUppercaseSql.length() > 0) {
        applyPrefix(sqlBuffer, trimmedUppercaseSql); // 处理前缀
        applySuffix(sqlBuffer, trimmedUppercaseSql); // 处理后缀
    }
    delegate.appendSql(sqlBuffer.toString()); // 将解析后的结果添加到 delegate 中
}
```

FilteredDynamicContext.applyPrefix()方法和 applySuffix()方法主要负责处理前缀和后缀，具体实现如下：

```
private void applyPrefix(StringBuilder sql, String trimmedUppercaseSql) {
    if (!prefixApplied) { // 检测是否已经处理过前缀
        prefixApplied = true; // 标记已处理过前缀
        if (prefixesToOverride != null) {
            for (String toRemove : prefixesToOverride) {// 遍历 prefixesToOverride 集合
                // 如果以 prefixesToOverride 中某项开头，则将该项从 SQL 语句开头删除掉
                if (trimmedUppercaseSql.startsWith(toRemove)) {
                    sql.delete(0, toRemove.trim().length());
                    break;
                }
            }
        }
```

```java
        }
        if (prefix != null) {  // 添加 prefix 前缀
            sql.insert(0, " ");
            sql.insert(0, prefix);
        }
    }
}

private void applySuffix(StringBuilder sql, String trimmedUppercaseSql) {
    if (!suffixApplied) {  // 检测是否已经处理过后缀
        suffixApplied = true;  // 表示已处理过后缀
        if (suffixesToOverride != null) {
            for (String toRemove : suffixesToOverride) {  // 遍历 prefixesToOverride 集合
                // 如果以 suffixesToOverride 中某项结尾，则将该项从 SQL 语句结尾删除掉
                if (trimmedUppercaseSql.endsWith(toRemove) ||
                        trimmedUppercaseSql.endsWith(toRemove.trim())) {
                    int start = sql.length() - toRemove.trim().length();
                    int end = sql.length();
                    sql.delete(start, end);
                    break;
                }
            }
        }
        if (suffix != null) {  // 添加 suffix 后缀
            sql.append(" ");
            sql.append(suffix);
        }
    }
}
```

WhereSqlNode 和 SetSqlNode 都继承了 TrimSqlNode，其中 WhereSqlNode 指定了 prefix 字段为"WHERE"，prefixesToOverride 集合中的项为"AND"和"OR"，suffix 字段和 suffixesToOverride 集合为 null。也就是说，<where>节点解析后的 SQL 语句片段如果以"AND"或"OR"开头，则将开头处的"AND"或"OR"删除，之后再将"WHERE"关键字添加到 SQL 片段开始位置，从而得到该<where>节点最终生成的 SQL 片段。

SetSqlNode 指定了 prefix 字段为"SET"，suffixesToOverride 集合中的项只有"，"，suffix 字段和 prefixesToOverride 集合为 null。也就是说，<set>节点解析后的 SQL 语句片段如果以"，"

结尾,则将结尾处的","删除掉,之后再将"SET"关键字添加到 SQL 片段的开始位置,从而得到该<set>节点最终生成的 SQL 片段。WhereSqlNode 和 SetSqlNode 的实现比较简单,代码就不贴出来了。

ForeachSqlNode

在动态 SQL 语句中构建 IN 条件语句的时候,通常需要对一个集合进行迭代,MyBatis 提供了<foreach>标签实现该功能。在使用<foreach>标签迭代集合时,不仅可以使用集合的元素和索引值,还可以在循环开始之前或结束之后添加指定的字符串,也允许在迭代过程中添加指定的分隔符。

<foreach>标签对应的 SqlNode 实现是 ForeachSqlNode,ForeachSqlNode 中各个字段含义和功能如下所示。

```
// 用于判断循环的终止条件,ForeachSqlNode 构造方法中会创建该对象
private ExpressionEvaluator evaluator;

private String collectionExpression; // 迭代的集合表达式

private SqlNode contents; // 记录了该 ForeachSqlNode 节点的子节点

private String open; // 在循环开始前要添加的字符串

private String close; // 在循环结束后要添加的字符串

private String separator; // 循环过程中,每项之间的分隔符

// index 是当前迭代的次数,item 的值是本次迭代的元素。若迭代集合是 Map,则 index 是键,item 是值
private String item;
private String index;

private Configuration configuration; // 配置对象
```

在开始介绍 ForeachSqlNode 的实现之前,先来分析其中定义的两个内部类,分别是 PrefixedContext 和 FilteredDynamicContext,它们都继承了 DynamicContext,同时也都是 DynamicContext 的代理类。首先来看 PrefixContext 中各个字段的含义:

```
private DynamicContext delegate; // 底层封装的 DynamicContext 对象
```

```java
private String prefix;  // 指定的前缀

private boolean prefixApplied;  // 是否已经处理过前缀
```

PrefixContext.appendSql()方法会首先追加指定的 prefix 前缀到 delegate 中，然后再将 SQL 语句片段追加到 delegate 中，具体实现如下：

```java
public void appendSql(String sql) {
    if (!prefixApplied && sql != null && sql.trim().length() > 0) {  // 判断是否需要追加前缀
        delegate.appendSql(prefix);  // 追加前缀
        prefixApplied = true;  // 表示已经处理过前缀
    }
    delegate.appendSql(sql);  // 追加 sql 片段
}
```

PrefixedContext 中其他方法都是通过调用 delegate 的对应方法实现的，不再赘述。

FilteredDynamicContext 负责处理 "#{}" 占位符，但它并未完全解析 "#{}" 占位符，其中各个字段的含义如下：

```java
private DynamicContext delegate;  // DynamicContext 对象

private String itemIndex;  // 对应集合项的 index，参见对 ForeachSqlNode.index 字段的介绍

private String item;  // 对应集合项的 item，参见 ForeachSqlNode.item 字段的介绍

private int index;  // 对应集合项在集合中的索引位置
```

FilteredDynamicContext.appendSql()方法会将 "#{item}" 占位符转换成 "#{__frch_item_1}" 的格式，其中 "__frch_" 是固定的前缀，"item" 与处理前的占位符一样，未发生改变，1 则是 FilteredDynamicContext 产生的单调递增值；还会将 "#{itemIndex}" 占位符转换成 "#{__frch_itemIndex_1}" 的格式，其中各个部分的含义同上。该方法的具体实现如下：

```java
public void appendSql(String sql) {
    // 创建 GenericTokenParser 解析器，注意这里匿名实现的 TokenHandler 对象
    GenericTokenParser parser = new GenericTokenParser("#{", "}", new TokenHandler() {
        @Override
        public String handleToken(String content) {
            // 对 item 进行处理
```

```
            String newContent = content.replaceFirst("^\\s*" + item +
                "(?![^.,:\\s])", itemizeItem(item, index));
            if (itemIndex != null && newContent.equals(content)){
                // 对 itemIndex 进行处理
                newContent = content.replaceFirst("^\\s*" + itemIndex + "(?![^.,:\\s])",
                    itemizeItem(itemIndex, index));
            }
            return new StringBuilder("#{").append(newContent).append("}").toString();
        }
    });

    delegate.appendSql(parser.parse(sql)); // 将解析后的 SQL 语句片段追加到 delegate 中保存
}
```

现在回到对 ForEachSqlNode.apply() 方法的分析,该方法的主要步骤如下:

(1) 解析集合表达式,获取对应的实际参数。

(2) 在循环开始之前,添加 open 字段指定的字符串。具体方法的 applyOpen() 代码如下:

```
private void applyOpen(DynamicContext context) {
    if (open != null) {
        context.appendSql(open);
    }
}
```

(3) 开始遍历集合,根据遍历的位置和是否指定分隔符。用 PrefixedContext 封装 DynamicContext。

(4) 调用 applyIndex() 方法将 index 添加到 DynamicContext.bindings 集合中,供后续解析使用,applyIndex() 方法的实现如下:

```
// 注意 applyIndex() 方法以及后面介绍的 appleyItem() 方法的第三个参数 i,该值由
// DynamicContext 产生,且在每个 DynamicContext 对象的生命周期中是单调递增的
// 读者可以结合 ForEachSqlNode.apply() 方法的代码进行理解
private void applyIndex(DynamicContext context, Object o, int i) {
    if (index != null) {
        context.bind(index, o); // key 为 index, value 是集合元素
        context.bind(itemizeItem(index, i), o); // 为 index 添加前缀和后缀形成新的 key
    }
}
```

```
}

// 下面是itemizeItem()方法的实现:
private static String itemizeItem(String item, int i) {
    // 添加"__frch_"前缀和i后缀
    return new StringBuilder(ITEM_PREFIX).append(item)
        .append("_").append(i).toString();
}
```

(5) 调用 applyItem()方法将 item 添加到 DynamicContext.bindings 集合中,供后续解析使用,applyItem()方法的实现如下:

```
private void applyItem(DynamicContext context, Object o, int i) {
    if (item != null) {
        context.bind(item, o); // key 为 item, value 是集合项
        context.bind(itemizeItem(item, i), o); // 为 item 添加前缀和后缀形成新的 key
    }
}
```

(6) 转换子节点中的"#{}"占位符,此步骤会将 PrefixedContext 封装成 FilteredDynamicContext,在追加子节点转换结果时,就会使用前面介绍的 FilteredDynamicContext.apply()方法 "#{}"占位符转换成"#{__frch_...}"的格式。返回步骤 3 继续循环。

(7) 循环结束后,调用 DynamicContext.appendSql()方法添加 close 指定的字符串。
ForEachSqlNode.apply()方法的具体代码如下所示。

```
public boolean apply(DynamicContext context) {
    Map<String, Object> bindings = context.getBindings(); // 获取参数信息
    // 步骤 1: 解析集合表达式对应的实际参数
    final Iterable<?> iterable = evaluator.evaluateIterable(collectionExpression,
            bindings);
    // ... 检测集合长度 (略)
    boolean first = true;
    // 步骤 2: 在循环开始之前,调用 DynamicContext.appendSql()方法添加 open 指定的字符串
    applyOpen(context);
    int i = 0;
    for (Object o : iterable) {
        DynamicContext oldContext = context; // 记录当前 DynamicContext 对象
```

```java
        // 步骤3: 创建 PrefixedContext, 并让 context 指向该 PrefixedContext 对象
        if (first) {
            // 如果是集合的第一项, 则将 PrefixedContext.prefix 初始化为空字符串
            context = new PrefixedContext(context, "");
        } else if (separator != null) {
            // 如果指定了分隔符, 则 PrefixedContext.prefix 初始化为指定分隔符
            context = new PrefixedContext(context, separator);
        } else {
            // 未指定分隔符, 则 PrefixedContext.prefix 初始化为空字符串
            context = new PrefixedContext(context, "");
        }
        // uniqueNumber 从 0 开始, 每次递增 1, 用于转换生成新的 "#{}" 占位符名称
        int uniqueNumber = context.getUniqueNumber();
        if (o instanceof Map.Entry) {
            // 如果集合是 Map 类型, 将集合中 key 和 value 添加到 DynamicContext.bindings 集合中保存
            Map.Entry<Object, Object> mapEntry = (Map.Entry<Object, Object>) o;
            applyIndex(context, mapEntry.getKey(), uniqueNumber);   // 步骤4
            applyItem(context, mapEntry.getValue(), uniqueNumber);  // 步骤5
        } else {
            // 将集合中的索引和元素添加到 DynamicContext.bindings 集合中保存
            applyIndex(context, i, uniqueNumber);   // 步骤4
            applyItem(context, o, uniqueNumber);    // 步骤5
        }
        // 步骤6: 调用子节点的 apply() 方法进行处理, 注意, 这里使用的 FilteredDynamicContext 对象
        contents.apply(new FilteredDynamicContext(configuration, context,
                index, item, uniqueNumber));
        if (first) {
            first = !((PrefixedContext) context).isPrefixApplied();
        }
        context = oldContext;  // 还原成原来的 context
        i++;
    }
    // 步骤7: 循环结束后, 调用 DynamicContext.appendSql() 方法添加 close 指定的字符串
    applyClose(context);
    return true;
}
```

ForEachSqlNode.apply()方法的处理过程有点复杂,为了方便读者理解,下面通过一个示例

描述该方法的整个执行流程。现假设待执行的 SQL 节点如下，用户传入的 ids 集合包含 1 和 2 两个元素。

```xml
<select id="selectDyn2" resultType="Blog">
    select * from Blog B where id IN
    <!-- 为了防止混淆，这里将 index 属性值设置为 idx，item 属性值设置为 itm -->
    <foreach collection="ids" index="idx" item="itm" open="(" separator="," close=")">
        #{itm}
    </foreach>
</select>
```

图 3-17 展示了该示例中 ForEachSqlNode.apply() 方法的执行流程。

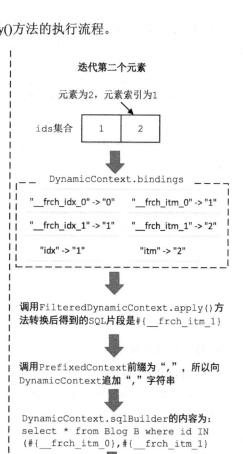

图 3-17

ChooseSqlNode

如果在编写动态 SQL 语句时需要类似 Java 中的 switch 语句的功能，可以考虑使用<choose>、<when>和<otherwise>三个标签的组合。MyBatis 会将<choose>标签解析成 ChooseSqlNode，将<when>标签解析成 IfSqlNode，将<otherwise>标签解析成 MixedSqlNode。

ChooseSqlNode 中各字段的含义如下：

```
private List<SqlNode> ifSqlNodes;  // <when>节点对应的 IfSqlNode 集合

private SqlNode defaultSqlNode;  // <otherwise>节点对应的 SqlNode
```

ChooseSqlNode.apply()方法的逻辑比较简单，首先遍历 ifSqlNodes 集合并调用其中 SqlNode 对象的 apply()方法，然后根据前面的处理结果决定是否调用 defaultSqlNode 的 apply()方法。

```
public boolean apply(DynamicContext context) {
    // 遍历 ifSqlNodes 集合并调用其中 SqlNode 对象的 apply()方法
    for (SqlNode sqlNode : ifSqlNodes) {
        if (sqlNode.apply(context)) {
            return true;
        }
    }
    if (defaultSqlNode != null) {  // 调用 defaultSqlNode.apply()方法
        defaultSqlNode.apply(context);
        return true;
    }
    return false;
}
```

VarDeclSqlNode

VarDeclSqlNode 表示的是动态 SQL 语句中的<bind>节点，该节点可以从 OGNL 表达式中创建一个变量并将其记录到上下文中。在 VarDeclSqlNode 中通过 name 字段记录<bind>节点的 name 属性值，expression 字段记录<bind>节点的 value 属性值。VarDeclSqlNode.apply()方法的实现也比较简单，具体实现如下：

```
public boolean apply(DynamicContext context) {
    // 解析 OGNL 表达式的值
    final Object value = OgnlCache.getValue(expression, context.getBindings());
    context.bind(name, value);  // 将 name 和表达式的值存入 DynamicContext.bindings 集合中
```

```
        return true;
    }
```

3.2.5 SqlSourceBuilder

在经过 SqlNode.apply()方法的解析之后，SQL 语句会被传递到 SqlSourceBuilder 中进行进一步的解析。SqlSourceBuilder 主要完成了两方面的操作，一方面是解析 SQL 语句中的"#{}"占位符中定义的属性，格式类似于 #{__frc_item_0, javaType=int, jdbcType=NUMERIC, typeHandler=MyTypeHandler}，另一方面是将 SQL 语句中的"#{}"占位符替换成"?"占位符。

SqlSourceBuilder 也是 BaseBuilder 的子类之一，其核心逻辑位于 parse()方法中，具体代码如下所示。

```java
// 下面先简单了解 SqlSourceBuilder.parse()方法的三个参数：
// 第一个参数是经过 SqlNode.apply()方法处理之后的 SQL 语句
// 第二个参数是用户传入的实参类型
// 第三个参数记录了形参与实参的对应关系，其实就是经过 SqlNode.apply()方法处理后的
// DynamicContext.bindings 集合。
public SqlSource parse(String originalSql, Class<?> parameterType,
        Map<String, Object> additionalParameters) {
    // 创建 ParameterMappingTokenHandler 对象，它是解析"#{}"占位符中的参数属性以及替换占位符
    // 的核心
    ParameterMappingTokenHandler handler = new ParameterMappingTokenHandler(
        configuration, parameterType, additionalParameters);
    // 使用 GenericTokenParser 与 ParameterMappingTokenHandler 配合解析"#{}"占位符
    GenericTokenParser parser = new GenericTokenParser("#{", "}", handler);
    String sql = parser.parse(originalSql);
    // 创建 StaticSqlSource,其中封装了占位符被替换成"?"的 SQL 语句以及参数对应的 ParameterMapping
    // 集合
    return new StaticSqlSource(configuration, sql, handler.getParameterMappings());
}
```

ParameterMappingTokenHandler 也继承了 BaseBuilder，其中各个字段的含义如下：

```java
// 用于记录解析得到的 ParameterMapping 集合
private List<ParameterMapping> parameterMappings = new ArrayList<ParameterMapping>();

private Class<?> parameterType; // 参数类型
```

```java
// DynamicContext.bindings 集合对应的 MetaObject 对象
private MetaObject metaParameters;
```

ParameterMapping 中记录了"#{}"占位符中的参数属性,其各个字段的含义如下:

```java
private String property; // 传入进来的参数 name

private ParameterMode mode; // 输入参数还是输出参数

private Class<?> javaType = Object.class; // 参数的 Java 类型

private JdbcType jdbcType; // 参数的 JDBC 类型

private Integer numericScale; // 浮点参数的精度

private TypeHandler<?> typeHandler; // 参数对应的 TypeHandler 对象

private String resultMapId; // 参数对应的 ResultMap 的 Id

private String jdbcTypeName; // 参数的 jdbcTypeName 属性

private String expression; // 目前还不支持该属性
```

ParameterMappingTokenHandler.handleToken()方法的实现会调用 buildParameterMapping()方法解析参数属性,并将解析得到的 ParameterMapping 对象添加到 parameterMappings 集合中,实现如下:

```java
public String handleToken(String content) {
    // 创建一个 ParameterMapping 对象,并添加到 parameterMappings 集合中保存
    parameterMappings.add(buildParameterMapping(content));
    return "?"; // 返回问号占位符
}

// 下面是 buildParameterMapping()方法的实现,负责解析参数属性:
private ParameterMapping buildParameterMapping(String content) {
    // 解析参数的属性,并形成 Map。例如#{__frc_item_0, javaType=int, jdbcType=NUMERIC,
    // typeHandler=MyTypeHandler}这个占位符,它就会被解析成如下 Map:
```

```java
// {"property" -> "__frch_item_0", "javaType" -> "int", "jdbcType"->"NUMERIC",
// "typeHandler" -> "MyTypeHandler" }
Map<String, String> propertiesMap = parseParameterMapping(content);
String property = propertiesMap.get("property"); // 获取参数名称
Class<?> propertyType;
// 确定参数的javaType属性
if (metaParameters.hasGetter(property)) {
    propertyType = metaParameters.getGetterType(property);
} else if (typeHandlerRegistry.hasTypeHandler(parameterType)) {
    propertyType = parameterType;
} else if (JdbcType.CURSOR.name().equals(propertiesMap.get("jdbcType"))) {
    propertyType = java.sql.ResultSet.class;
} else if (property != null) {
    MetaClass metaClass =
        MetaClass.forClass(parameterType, configuration.getReflectorFactory());
    if (metaClass.hasGetter(property)) {
        propertyType = metaClass.getGetterType(property);
    } else {
        propertyType = Object.class;
    }
} else {
    propertyType = Object.class;
}
// 创建ParameterMapping的建造者，并设置ParameterMapping相关配置
ParameterMapping.Builder builder = new ParameterMapping.Builder(configuration,
    property, propertyType);
Class<?> javaType = propertyType;
String typeHandlerAlias = null;
for (Map.Entry<String, String> entry : propertiesMap.entrySet()) {
    String name = entry.getKey();
    String value = entry.getValue();
    if ("javaType".equals(name)) {
        javaType = resolveClass(value);
        builder.javaType(javaType);
    } else if ("jdbcType".equals(name)) {
        builder.jdbcType(resolveJdbcType(value));
    } // ... 处理mode、numericScale、resultMap、typeHandler、jdbcTypeName等属性
    } else if ("expression".equals(name)) {
```

```
            throw new BuilderException("... not supported yet");
        } else {
            throw new BuilderException("An invalid property...");
        }
    }
    if (typeHandlerAlias != null) {   // 获取 TypeHandler 对象
        builder.typeHandler(resolveTypeHandler(javaType, typeHandlerAlias));
    }
    // 创建 ParameterMapping 对象，注意，如果没有指定 TypeHandler，则会在这里的 build()方法中，根
    // 据 javaType 和 jdbcType 从 TypeHandlerRegistry 中获取对应的 TypeHandler 对象
    return builder.build();
}
```

经过 SqlSourceBuilder 解析之后，可以得到图 3-18 所示的 SQL 语句以及 parameterMappings 集合。

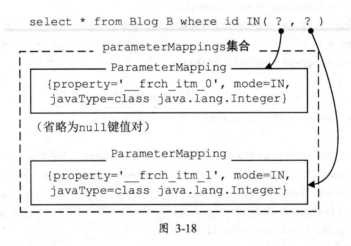

图 3-18

之后，SqlSourceBuilder 会将上述 SQL 语句以及 parameterMappings 集合封装成 StaticSqlSource 对象。StaticSqlSource.getBoundSql()方法的实现比较简单，它直接创建并返回了 BoundSql 对象，该 BoundSql 对象也就是 DynamicSqlSource 返回的 BoundSql 对象。

```
public BoundSql getBoundSql(Object parameterObject) {
    return new BoundSql(configuration, sql, parameterMappings, parameterObject);
}
```

BoundSql 中核心字段的含义如下：

```java
public class BoundSql {
    // 该字段中记录了 SQL 语句，该 SQL 语句中可能含有"?"占位符
    private String sql;

    // SQL 中的参数属性集合，ParameterMapping 的集合
    private List<ParameterMapping> parameterMappings;

    // 客户端执行 SQL 时传入的实际参数
    private Object parameterObject;

    // 空的 HashMap 集合，之后会复制 DynamicContext.bindings 集合中的内容
    private Map<String, Object> additionalParameters;

    // additionalParameters 集合对应的 MetaObject 对象
    private MetaObject metaParameters;
}
```

BoundSql 中还提供了从 additionalParameters 集合中获取/设置指定值的方法，主要是通过 metaParameters 相应方法实现的，代码比较简单，不再赘述。

3.2.6 DynamicSqlSource

了解了上述基础知识和基础组件，下面分析 DynamicSqlSource 的实现就变得非常简单了。DynamicSqlSource 负责解析动态 SQL 语句，也是最常用的 SqlSource 实现之一。SqlNode 中使用了组合模式，形成了一个树状结构，DynamicSqlSource 中使用 rootSqlNode 字段（SqlNode 类型）记录了待解析的 SqlNode 树的根节点。DynamicSqlSource 与 MappedStatement 以及 SqlNode 之间的关系如图 3-19 所示。

DynamicSqlSource.getBoundSql()方法的具体实现如下：

```java
public BoundSql getBoundSql(Object parameterObject) {
    // 创建 DynamicContext 对象，parameterObject 是用户传入的实参
    DynamicContext context = new DynamicContext(configuration, parameterObject);

    // 通过调用 rootSqlNode.apply()方法调用整个树形结构中全部 SqlNode.apply()方法，读者可以
    // 体会一下组合设计模式的好处。每个 SqlNode 的 apply()方法都将解析得到的 SQL 语句片段追加到
    // context 中，最终通过 context.getSql()得到完整的 SQL 语句
    rootSqlNode.apply(context);
```

```
// 创建SqlSourceBuilder，解析参数属性，并将SQL语句中的"#{}"占位符替换成"?"占位符
SqlSourceBuilder sqlSourceParser = new SqlSourceBuilder(configuration);
Class<?> parameterType = parameterObject == null ? Object.class :
        parameterObject.getClass();
SqlSource sqlSource = sqlSourceParser.parse(context.getSql(), parameterType,
        context.getBindings());

// 创建BoundSql对象，并将DynamicContext.bindings中的参数信息复制到其
// additionalParameters集合中保存
BoundSql boundSql = sqlSource.getBoundSql(parameterObject);
for (Map.Entry<String, Object> entry : context.getBindings().entrySet()) {
    boundSql.setAdditionalParameter(entry.getKey(), entry.getValue());
}
return boundSql;
}
```

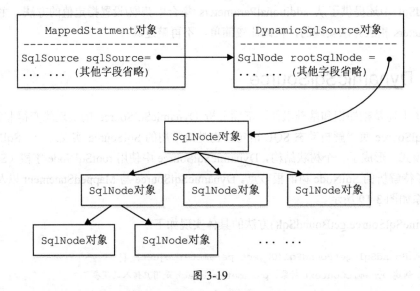

图 3-19

DynamicSqlSource的具体实现就介绍到这里。

3.2.7 RawSqlSource

RawSqlSource 是 SqlSource 的另一个实现，其逻辑与 DynamicSqlSource 类似，但是执行时

机不一样，处理的 SQL 语句类型也不一样。前面介绍 XMLScriptBuilder.parseDynamicTags()方法时提到过，如果节点只包含"#{}"占位符，而不包含动态 SQL 节点或未解析的"${}"占位符的话，则不是动态 SQL 语句，会创建相应的 StaticTextSqlNode 对象。在 XMLScriptBuilder.parseScriptNode()方法中会判断整个 SQL 节点是否为动态的，如果不是动态的 SQL 节点，则创建相应的 RawSqlSource 对象。

RawSqlSource 在构造方法中首先会调用 getSql()方法，其中通过调用 SqlNode.apply()方法完成 SQL 语句的拼装和初步处理；之后会使用 SqlSourceBuilder 完成占位符的替换和 ParameterMapping 集合的创建，并返回 StaticSqlSource 对象。这两个过程的具体实现前面已经介绍了，不再重复。

下面简单介绍一下 RawSqlSource 的具体实现：

```java
public class RawSqlSource implements SqlSource {

    private final SqlSource sqlSource; // StaticSqlSource 对象

    public RawSqlSource(Configuration configuration, SqlNode rootSqlNode,
                Class<?> parameterType) {
        // 调用 getSql()方法，完成 SQL 语句的拼装和初步解析
        this(configuration, getSql(configuration, rootSqlNode), parameterType);
    }

    public RawSqlSource(Configuration configuration, String sql, Class<?> parameterType)
    {
        // 通过 SqlSourceBuilder 完成占位符的解析和替换操作
        SqlSourceBuilder sqlSourceParser = new SqlSourceBuilder(configuration);
        Class<?> clazz = parameterType == null ? Object.class : parameterType;
        // SqlSourceBuilder.parse()方法返回的是 StaticSqlSource，具体实现上面已经介绍过了
        sqlSource = sqlSourceParser.parse(sql, clazz, new HashMap<String, Object>());
    }

    private static String getSql(Configuration configuration, SqlNode rootSqlNode) {
        DynamicContext context = new DynamicContext(configuration, null);
        rootSqlNode.apply(context);
        return context.getSql();
    }

    @Override
```

```
    public BoundSql getBoundSql(Object parameterObject) {
        return sqlSource.getBoundSql(parameterObject);
    }
}
```

通过本节的分析读者可以知道，无论是 StaticSqlSource、DynamicSqlSource 还是 RawSqlSource，最终都会统一生成 BoundSql 对象，其中封装了完整的 SQL 语句（可能包含"?"占位符）、参数映射关系（parameterMappings 集合）以及用户传入的参数（additionalParameters 集合）。另外，DynamicSqlSource 负责处理动态 SQL 语句，RawSqlSource 负责处理静态 SQL 语句。除此之外，两者解析 SQL 语句的时机也不一样，前者的解析时机是在实际执行 SQL 语句之前，而后者则是在 MyBatis 初始化时完成 SQL 语句的解析。

3.3 ResultSetHandler

在前面的介绍中曾多次提到，MyBatis 会将结果集按照映射配置文件中定义的映射规则，例如<resultMap>节点、resultType 属性等，映射成相应的结果对象。这种映射机制是 MyBatis 的核心功能之一，可以避免重复的 JDBC 代码。

在 StatementHandler 接口在执行完指定的 select 语句之后，会将查询得到的结果集交给 ResultSetHandler 完成映射处理。ResultSetHandler 除了负责映射 select 语句查询得到的结果集，还会处理存储过程执行后的输出参数。

ResultSetHandler 是一个接口，其定义如下：

```
public interface ResultSetHandler {
    // 处理结果集，生成相应的结果对象集合
    <E> List<E> handleResultSets(Statement stmt) throws SQLException;

    // 处理结果集，返回相应的游标对象
    <E> Cursor<E> handleCursorResultSets(Statement stmt) throws SQLException;

    // 处理存储过程的输出参数
    void handleOutputParameters(CallableStatement cs) throws SQLException;
}
```

DefaultResultSetHandler 是 MyBatis 提供的 ResultSetHandler 接口的唯一实现。DefaultResultSetHandler 中的核心字段的含义如下，这些字段是在 DefaultResultSetHandler 中多个方法中使用的公共字段。

```
// 关联的 Executor、Configuration、MappedStatement、RowBounds 对象，前面介绍过，不再重复
private final Executor executor;
private final Configuration configuration;
private final MappedStatement mappedStatement;
private final RowBounds rowBounds;

private final ResultHandler<?> resultHandler; // 用户指定用于处理结果集的 ResultHandler 对象

// TypeHandlerRegistry 对象前面介绍过，不再重复
private final TypeHandlerRegistry typeHandlerRegistry;

private final ObjectFactory objectFactory; // 对象工厂，前面介绍过，不再重复

private final ReflectorFactory reflectorFactory; // 反射工厂，前面介绍过，不再重复
```

3.3.1　handleResultSets()方法

通过 select 语句查询数据库得到的结果集由 DefaultResultSetHandler.handleResultSets()方法进行处理，该方法不仅可以处理 Statement、PreparedStatement 产生的结果集，还可以处理 CallableStatement 调用存储过程产生的多结果集。例如下面定义的 test_proc_multi_result_set 存储过程，就会产生多个 ResultSet 对象。

```
CREATE PROCEDURE test_proc_multi_result_set()
BEGIN
    select * from person;
    select * from item;
END;
```

DefaultResultSetHandler.handleResultSets()方法的具体如下：

```
public List<Object> handleResultSets(Statement stmt) throws SQLException {
    // 该集合用于保存映射结果集得到的结果对象
    final List<Object> multipleResults = new ArrayList<Object>();
    int resultSetCount = 0;
    // 获取第一个ResultSet对象，正如前面所说，可能存在多个ResultSet，这里只获取第一个ResultSet
    ResultSetWrapper rsw = getFirstResultSet(stmt);
```

```java
// 获取MappedStatement.resultMaps集合，前面分析MyBatis初始化时介绍过，映射文件中的
// <resultMap>节点会被解析成ResultMap对象，保存到MappedStatement.resultMaps集合中
// 如果SQL节点能够产生多个ResultSet，那么我们可以在SQL节点的resultMap属性中配置多个
// <resultMap>节点的id，它们之间通过","分隔，实现对多个结果集的映射
List<ResultMap> resultMaps = mappedStatement.getResultMaps();
int resultMapCount = resultMaps.size();
// ... 如果结果集不为空，则resultMaps集合不能为空，否则抛出异常（略）
while (rsw != null&& resultMapCount > resultSetCount){ //---(1) 遍历resultMaps集合
    // 获取该结果集对应的ResultMap对象
    ResultMap resultMap = resultMaps.get(resultSetCount);
    // 根据ResultMap中定义的映射规则对ResultSet进行映射，并将映射的结果对象添加到
    // multipleResults集合中保存
    handleResultSet(rsw, resultMap, multipleResults, null);
    rsw = getNextResultSet(stmt);  // 获取下一个结果集
    cleanUpAfterHandlingResultSet(); // 清空nestedResultObjects集合
    resultSetCount++;  //  递增resultSetCount
}

// 获取MappedStatement.resultSets属性。该属性仅对多结果集的情况适用，该属性将列出语句执
// 行后返回的结果集，并给每个结果集一个名称，名称是逗号分隔的
// 这里会根据ResultSet的名称处理嵌套映射，在本节后续部分还会结合示例详述该过程，读者可以暂
// 时不必深究下面这部分代码
String[] resultSets = mappedStatement.getResultSets();
if (resultSets != null) {
    while (rsw != null && resultSetCount < resultSets.length) { //---(2)
        // 根据resultSet的名称，获取未处理的ResultMapping
        ResultMapping parentMapping =
            nextResultMaps.get(resultSets[resultSetCount]);
        if (parentMapping != null) {
            String nestedResultMapId = parentMapping.getNestedResultMapId();
            ResultMap resultMap = configuration.getResultMap(nestedResultMapId);
            // 根据ResultMap对象映射结果集
            handleResultSet(rsw, resultMap, null, parentMapping);
        }
        rsw = getNextResultSet(stmt); // 获取下一个结果集
        cleanUpAfterHandlingResultSet();// 清空nestedResultObjects集合
        resultSetCount++; //  递增resultSetCount
    }
}
```

```
        }
        return collapseSingleResultList(multipleResults);
}
```

首先来看 getFirstResultSet()方法、getNextResultSet()方法的实现，这两个方法中都是 JDBC 处理多结果集的相关操作：

```
private ResultSetWrapper getFirstResultSet(Statement stmt) throws SQLException {
    ResultSet rs = stmt.getResultSet(); // 获取 ResultSet 对象
    while (rs == null) {
        if (stmt.getMoreResults()) { // 检测是否还有待处理的 ResultSet
            rs = stmt.getResultSet();
        } else {
            if (stmt.getUpdateCount() == -1) { // 没有待处理的 ResultSet
                break;
            }
        }
    }
    // 将结果集封装成 ResultSetWrapper 对象
    return rs != null ? new ResultSetWrapper(rs, configuration) : null;
}

private ResultSetWrapper getNextResultSet(Statement stmt) throws SQLException {
    // 检测 JDBC 是否支持多结果集
    if (stmt.getConnection().getMetaData().supportsMultipleResultSets()) {
        // 检测是否还有待处理的结果集，若存在，则封装成 ResultSetWrapper 对象并返回
        if (!((!stmt.getMoreResults()) && (stmt.getUpdateCount() == -1))) {
            ResultSet rs = stmt.getResultSet();
            return rs != null ? new ResultSetWrapper(rs, configuration) : null;
        }
    }
    return null;
}
```

为了便于读者理解，下面通过一个示例描述多结果集的处理流程。在数据库中有一个名为 get_blogs_and_authors()的存储过程，其定义如下，它会执行两条 select 语句并返回两个结果集：

```
CREATE PROCEDURE get_blogs_and_authors(IN ID int)
```

```
BEGIN
    SELECT * FROM BLOG WHERE id = ID;
    SELECT * FROM AUTHOR WHERE id = ID;
END;
```

在映射配置文件中定义了对应的 SQL 节点和<resultMap>节点，如下所示。

```
<select id="selectBlog" resultSets="blogs,authors"
        resultMap="blogResult" statementType="CALLABLE">
    {call get_blogs_and_authors(#{id,jdbcType=INTEGER,mode=IN})}
</select>

<resultMap id="blogResult" type="Blog">
    <constructor>
        <idArg column="id" javaType="int"/>
    </constructor>
    <result property="title" column="title"/>
    <!-- 嵌套映射，其 resultSet 属性指向了第二个结果集 -->
    <association property="author" javaType="Author"
            resultSet="authors" column="author_id" foreignColumn="id">
        <id property="id" column="id"/>
        <result property="username" column="username"/>
        <result property="password" column="password"/>
        <result property="email" column="email"/>
    </association>
</resultMap>
```

上述 SQL 语句产生的结果集与 resultSets 属性中配置的名称之间的关系如图 3-20 所示。

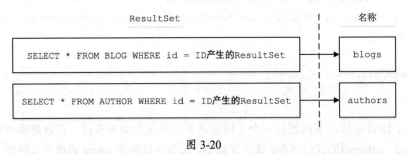

图 3-20

图 3-21 是对 id 为 selectBlog 的 SQL 节点的查询结果集进行映射的大致过程。

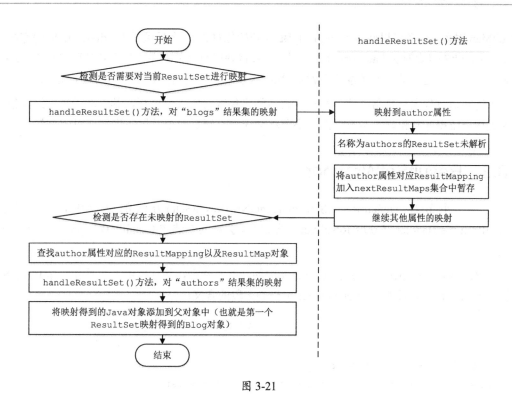

图 3-21

首先局部变量 resultMapCount=1、resultSetCount=0，handleResultSets ()方法中的(1)处循环条件成立，然后调用 handleResultSet()方法对第一个结果集（即 SELECT * FROM BLOG WHERE id = ID 产生的结果集，名称为"blogs"）进行映射，映射规则记录在了 id 为"blogResult"的 ResultMap 对象中。在该映射过程中会发现，要映射 author 属性的话，会涉及第二个结果集（即 SELECT * FROM AUTHOR WHERE id = ID 产生的结果集，名称为"authors"），而该结果集还未被解析，所以会将 author 属性对应的 ResultMapping 加入到 nextResultMaps 集合中暂存，DefaultResultSetHandler.nextResultMaps 集合定义如下，其中 key 是 ResultSet 名称，本例为 "authors"，value 是相关的 ResultMapping 对象，本例为<association>节点对应的 ResultMapping 对象。

```
private final Map<String, ResultMapping> nextResultMaps =
        new HashMap<String, ResultMapping>();
```

第一个结果集（名称为"blogs"）映射完成之后，resultMapCount=1、resultSetCount=1，(1) 处循环条件不再成立，进入 handleResultSets()方法中的（2）处循环，此循环中会根据未映射的 ResultSet 名称查找对应的 ResultMapping（本例中就是<association>节点对应的 ResultMapping 对象）以及其中嵌套的 ResultMap 对象（本例为<association>节点及其子节点形成的匿名

ResultMap 对象，读者可以回顾前面的 MyBatis 初始化过程）。之后调用 handleResultSet()方法对第二个 ResultSet（名称为"authors"）进行映射，并将映射得到的对象（本例中得到的就是 Author 对象）添加到合适的父对象（本例中就是 Blog 对象）中。到这里，整个映射过程完成。

上述映射过程主要是帮助读者快速了解多结果集映射的大致过程，其中对于每个结果集的映射过程介绍得非常粗略。本章后面的小节将会详细介绍对一个结果集进行映射的全部流程。

3.3.2 ResultSetWrapper

在上一小节对 DefaultResultSetHandler.getNextResultSet()方法的分析中，可以看到 DefaultResultSetHandler 在获取 ResultSet 对象之后，会将其封装成 ResultSetWrapper 对象再进行处理。

在 ResultSetWrapper 中记录了 ResultSet 中的一些元数据，并且提供了一系列操作 ResultSet 的辅助方法。首先来看 ResultSetWrapper 中核心字段的含义：

```
private final ResultSet resultSet; // 底层封装的 ResultSet 对象

// 记录了 ResultSet 中每列的列名
private final List<String> columnNames = new ArrayList<String>();

// 记录 ResultSet 中每列对应的 Java 类型
private final List<String> classNames = new ArrayList<String>();

// 记录 ResultSet 中每列对应的 JdbcType 类型
private final List<JdbcType> jdbcTypes = new ArrayList<JdbcType>();

// 记录了每列对应的 TypeHandler 对象，key 是列名，value 是 TypeHandler 集合
private final Map<String, Map<Class<?>, TypeHandler<?>>> typeHandlerMap =
        new HashMap<String, Map<Class<?>, TypeHandler<?>>>();

// 记录了被映射的列名，其中 key 是 ResultMap 对象的 id，value 是该 ResultMap 对象映射的列名集合
private Map<String, List<String>> mappedColumnNamesMap =
        new HashMap<String, List<String>>();

// 记录了未映射的列名，其中 key 是 ResultMap 对象的 id，value 是该 ResultMap 对象未映射的列名集合
private Map<String, List<String>> unMappedColumnNamesMap =
        new HashMap<String, List<String>>();
```

在 ResultSetWrapper 的构造函数中会初始化 columnNames、jdbcTypes、classNames 三个集合，对应的代码片段如下：

```
final ResultSetMetaData metaData = rs.getMetaData(); // 获取 ResultSet 的元信息
final int columnCount = metaData.getColumnCount(); // ResultSet 中的列数
for (int i = 1; i <= columnCount; i++) {
    // 获取列名或是通过"AS"关键字指定的别名
    columnNames.add(configuration.isUseColumnLabel() ?
        metaData.getColumnLabel(i) : metaData.getColumnName(i));
    jdbcTypes.add(JdbcType.forCode(metaData.getColumnType(i))); // 该列的 JdbcType 类型
    classNames.add(metaData.getColumnClassName(i)); // 该列对应的 Java 类型
}
```

ResultSetWrapper 中提供了查询上述集合字段的相关方法，代码比较简单，这里就不贴出来了。其中需要介绍的是 getMappedColumnNames() 方法，该方法返回指定 ResultMap 对象中明确映射的列名集合，同时会将该列名集合以及未映射的列名集合记录到 mappedColumnNamesMap 和 unMappedColumnNamesMap 中缓存。

```
public List<String> getMappedColumnNames(ResultMap resultMap, String columnPrefix)
        throws SQLException {
    // 在 mappedColumnNamesMap 集合中查找被映射的列名，其中 key 是由 ResultMap 的 id 与列前缀组成
    List<String> mappedColumnNames = mappedColumnNamesMap.get(getMapKey(resultMap,
            columnPrefix));
    if (mappedColumnNames == null) {
        // 未查找到指定 ResultMap 映射的列名，则加载后存入到 mappedColumnNamesMap 集合中
        loadMappedAndUnmappedColumnNames(resultMap, columnPrefix);
        mappedColumnNames = mappedColumnNamesMap.get(getMapKey(resultMap,
            columnPrefix));
    }
    return mappedColumnNames;
}

// loadMappedAndUnmappedColumnNames()方法的实现如下：
private void loadMappedAndUnmappedColumnNames(ResultMap resultMap,
        String columnPrefix) throws SQLException {
    // mappedColumnNames 和 unmappedColumnNames 分别记录 ResultMap 中映射的列名和未映射的列名
    List<String> mappedColumnNames = new ArrayList<String>();
    List<String> unmappedColumnNames = new ArrayList<String>();
```

```
// ... 列名前缀修改成大写（略）
// ResultMap 中定义的列名加上前缀，得到实际映射的列名
final Set<String> mappedColumns = prependPrefixes(resultMap.getMappedColumns(),
    upperColumnPrefix);
for (String columnName : columnNames) {
    final String upperColumnName = columnName.toUpperCase(Locale.ENGLISH);
    if (mappedColumns.contains(upperColumnName)) {
        mappedColumnNames.add(upperColumnName);   // 记录映射的列名
    } else {
        unmappedColumnNames.add(columnName);      // 记录未映射的列名
    }
}
// 将 ResultMap 的 Id 和列前缀组成 key，将 ResultMap 映射的列名及未映射的列名保存到
// mappedColumnNamesMap 和 unMappedColumnNamesMap 中
mappedColumnNamesMap.put(getMapKey(resultMap, columnPrefix), mappedColumnNames);
unMappedColumnNamesMap.put(getMapKey(resultMap, columnPrefix),
    unmappedColumnNames);
}
```

ResultSetWrapper.getUnmappedColumnNames()方法与 getMappedColumnNames()方法类似，不再赘述。

3.3.3 简单映射

介绍完 DefaultResultSetHandler.handleResultSets() 方法如何处理多结果集以及 ResultSetWrapper 对 ResultSet 对象的封装，下面来看 DefaultResultSetHandler.handleResultSet() 方法，该方法的核心功能是完成对单个 ResultSet 的映射，具体实现如下：

```
private void handleResultSet(ResultSetWrapper rsw, ResultMap resultMap,
    List<Object> multipleResults, ResultMapping parentMapping) throws SQLException {
    try {
        if (parentMapping != null) {
            // 处理多结果集中的嵌套映射，例如前面示例中的名为"authors"的ResultSet，就是此处
            // 逻辑实现映射的
            handleRowValues(rsw, resultMap, null, RowBounds.DEFAULT, parentMapping);
        } else {
            if (resultHandler == null) {
```

```
                // 如果用户未指定处理映射结果对象的ResultHandler对象,则使用DefaultResultHandler
                // 作为默认的ResultHandler对象
                DefaultResultHandler defaultResultHandler =
                                          new DefaultResultHandler(objectFactory);
                // 对ResultSet进行映射,并将映射得到的结果对象添加到DefaultResultHandler对
                // 象中暂存
                handleRowValues(rsw, resultMap, defaultResultHandler, rowBounds, null);
                // 将DefaultResultHandler中保存的结果对象添加到multipleResults集合中
                multipleResults.add(defaultResultHandler.getResultList());
            } else {
                // 使用用户指定的ResultHandler对象处理结果对象
                handleRowValues(rsw, resultMap, resultHandler, rowBounds, null);
            }
        }
    } finally {
        closeResultSet(rsw.getResultSet());  // 调用ResultSet.close()方法关闭结果集
    }
}
```

DefaultResultSetHandler.handleRowValues()方法是映射结果集的核心代码,其中有两个分支:一个是针对包含嵌套映射的处理,另一个是针对不含嵌套映射的简单映射的处理。

```
public void handleRowValues(ResultSetWrapper rsw, ResultMap resultMap,
        ResultHandler<?> resultHandler, RowBounds rowBounds,
            ResultMapping parentMapping) throws SQLException {
    if (resultMap.hasNestedResultMaps()) { // 针对存在嵌套ResultMap的情况
        // ... 检测是否允许在嵌套映射中使用RowBound(略)
        // ... 检测是否允许在嵌套映射中使用用户自定义的ResultHandler(略)
        handleRowValuesForNestedResultMap(rsw, resultMap, resultHandler,
            rowBounds, parentMapping);
    } else {
        // 针对不含嵌套映射的简单映射的处理
        handleRowValuesForSimpleResultMap(rsw, resultMap, resultHandler,
            rowBounds, parentMapping);
    }
}
```

本小节重点来分析简单映射过程,该过程在 DefaultResultSetHandler.handleRowValuesFor-

SimpleResultMap()方法中实现。在开始分析该方法的具体实现之前，先从整体上了解该方法的执行流程，如图 3-22 所示。

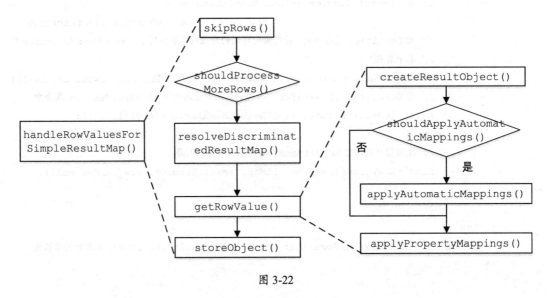

图 3-22

handleRowValuesForSimpleResultMap()方法的大致步骤如下：

（1）调用 skipRows()方法，根据 RowBounds 中的 offset 值定位到指定的记录行。

（2）调用 shouldProcessMoreRows()方法，检测是否还有需要映射的记录。

（3）通过 resolveDiscriminatedResultMap()方法，确定映射使用的 ResultMap 对象。

（4）调用 getRowValue()方法对 ResultSet 中的一行记录进行映射：

  a) 通过 createResultObject()方法创建映射后的结果对象。

  b) 通过 shouldApplyAutomaticMappings()方法判断是否开启了自动映射功能。

  c) 通过 applyAutomaticMappings()方法自动映射 ResultMap 中未明确映射的列。

  d) 通过 applyPropertyMappings()方法映射 ResultMap 中明确映射列，到这里该行记录的数据已经完全映射到了结果对象的相应属性中。

（5）调用 storeObject()方法保存映射得到的结果对象。

DefaultResultSetHandler.handleRowValuesForSimpleResultMap()方法的具体实现如下：

```
private void handleRowValuesForSimpleResultMap(ResultSetWrapper rsw,
    ResultMap resultMap, ResultHandler<?> resultHandler, RowBounds rowBounds,
    ResultMapping parentMapping) throws SQLException {
    // 默认上下文对象
```

```
    DefaultResultContext<Object> resultContext = new DefaultResultContext<Object>();
    // 步骤1：根据 RowBounds 中的 offset 定位到指定的记录
    skipRows(rsw.getResultSet(), rowBounds);
    // 步骤2：检测已经处理的行数是否已经达到上限(RowBounds.limit)以及 ResultSet 中是否还有可处
    // 理的记录
    while (shouldProcessMoreRows(resultContext, rowBounds) &&
            rsw.getResultSet().next()) {
        // 步骤3：根据该行记录以及 ResultMap.discriminator，决定映射使用的 ResultMap
        ResultMap discriminatedResultMap =
            resolveDiscriminatedResultMap(rsw.getResultSet(), resultMap, null);
        // 步骤4：根据最终确定的 ResultMap 对 ResultSet 中的该行记录进行映射，得到映射后的结果对象
        Object rowValue = getRowValue(rsw, discriminatedResultMap);
        // 步骤5：将映射创建的结果对象添加到 ResultHandler.resultList 中保存
        storeObject(resultHandler, resultContext, rowValue, parentMapping,
            rsw.getResultSet());
    }
}
```

上面涉及 DefaultResultHandler 和 DefaultResultContext 两个辅助类。DefaultResultHandler 继承了 ResultHandler 接口，它底层使用 list 字段（ArrayList<Object>类型）暂存映射得到的结果对象。另外，ResultHandler 接口还有另一个名为 DefaultMapResultHandler 的实现，它底层使用 mappedResults 字段（Map<K, V>类型）暂存结果对象。

DefaultResultContext 继承了 ResultContext 接口，DefaultResultContext 中字段含义如下：

```
// 暂存映射后的结果对象，之后会将该对象放入 DefaultResultHandler.list 集合中
private T resultObject;

private int resultCount; // 记录经过 DefaultResultContext 暂存的对象个数

private boolean stopped; // 控制是否停止映射
```

DefaultResultContext 中操纵上述字段的方法比较简单，在后面介绍过程中会简单描述。

1. skipRows()方法&shouldProcessMoreRows()方法

DefaultResultSetHandler.skipRows ()方法的功能是根据 RowBounds.offset 字段的值定位到指定的记录，具体实现如下：

```
private void skipRows(ResultSet rs, RowBounds rowBounds) throws SQLException {
```

```
    // 根据 ResultSet 的类型进行定位
    if (rs.getType() != ResultSet.TYPE_FORWARD_ONLY) {
        if (rowBounds.getOffset() != RowBounds.NO_ROW_OFFSET) {
            rs.absolute(rowBounds.getOffset()); // 直接定位到 offset 指定的记录
        }
    } else {
        // 通过多次调用 ResultSet.next()方法移动到指定的记录
        for (int i = 0; i < rowBounds.getOffset(); i++) {
            rs.next();
        }
    }
}
```

定位到指定的记录行之后，通过 DefaultResultSetHandler.shouldProcessMoreRows()检测是否能够对后续的记录行进行映射操作，具体实现如下：

```
private boolean shouldProcessMoreRows(ResultContext<?> context, RowBounds rowBounds)
        throws SQLException {
    // 一个是检测 DefaultResultContext.stopped 字段，另一个是检测映射行数是否达
    // 到了 RowBounds.limit 的限制
    return !context.isStopped() && context.getResultCount() < rowBounds.getLimit();
}
```

2. resolveDiscriminatedResultMap()方法

DefaultResultSetHandler.resolveDiscriminatedResultMap()方法会根据 ResultMap 对象中记录的 Discriminator 以及参与映射的列值，选择映射操作最终使用的 ResultMap 对象，这个选择过程可能嵌套多层。

这里通过一个示例简单描述 resolveDiscriminatedResultMap()方法的大致流程，示例如图 3-23 所示，现在要映射的 ResultSet 有 col1~4 这 4 列，其中有一行记录的 4 列值分别是[1, 2, 3, 4]，映射使用的<resultMap>节点是 result1。

通过 resolveDiscriminatedResultMap()方法选择最终使用的 ResultMap 对象的过程如下：

（1）结果集按照 result1 进行映射，该行记录 col2 列值为 2，根据<discriminator>节点配置，会选择使用 result2 对该记录进行映射。

（2）又因为该行记录的 col3 列值为 3，最终选择 result3 对该行记录进行映射，所以该行记录的映射结果是 SSubA 对象。

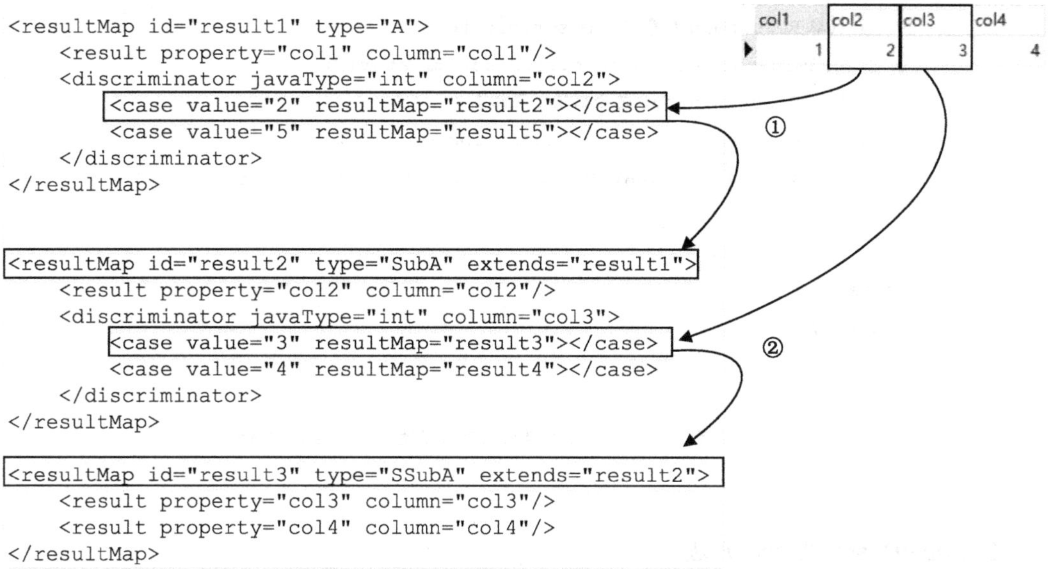

第 3 章 核心处理层 | 249

```xml
<resultMap id="result1" type="A">
    <result property="col1" column="col1"/>
    <discriminator javaType="int" column="col2">
        <case value="2" resultMap="result2"></case>
        <case value="5" resultMap="result5"></case>
    </discriminator>
</resultMap>

<resultMap id="result2" type="SubA" extends="result1">
    <result property="col2" column="col2"/>
    <discriminator javaType="int" column="col3">
        <case value="3" resultMap="result3"></case>
        <case value="4" resultMap="result4"></case>
    </discriminator>
</resultMap>

<resultMap id="result3" type="SSubA" extends="result2">
    <result property="col3" column="col3"/>
    <result property="col4" column="col4"/>
</resultMap>
```

图 3-23

下面来分析 resolveDiscriminatedResultMap() 方法的具体实现：

```java
public ResultMap resolveDiscriminatedResultMap(ResultSet rs, ResultMap resultMap,
        String columnPrefix) throws SQLException {
    // 记录已经处理过的 ResultMap 的 id
    Set<String> pastDiscriminators = new HashSet<String>();
    // 获取 ResultMap 中的 Discriminator 对象。前面的构造过程也介绍过，<discriminator>节点对应生
    // 成的是 Discriminator 对象并记录到 ResultMap.discriminator 字段中，而不是生成 ResultMapping
    // 对象
    Discriminator discriminator = resultMap.getDiscriminator();
    while (discriminator != null) {
        // 获取记录中对应列的值，其中会使用相应的 TypeHandler 对象将该列值转换成 Java 类型
        final Object value = getDiscriminatorValue(rs, discriminator, columnPrefix);
        // 根据该列值获取对应的 ResultMap 的 id，例如，示例中的 result2
        final String discriminatedMapId =
                discriminator.getMapIdFor(String.valueOf(value));
        if (configuration.hasResultMap(discriminatedMapId)) {
            // 根据上述步骤获取的 id，查找相应的 ResultMap 对象
            resultMap = configuration.getResultMap(discriminatedMapId);
            // 记录当前 Discriminator 对象
            Discriminator lastDiscriminator = discriminator;
```

```
            // 获取 ResultMap 对象中的 Discriminator
            discriminator = resultMap.getDiscriminator();
            // 检测 Discriminator 是否出现了环形引用
            if (discriminator == lastDiscriminator ||
                !pastDiscriminators.add(discriminatedMapId)) {
              break;
            }
        } else {
          break;
        }
    }
    return resultMap; // 该 ResultMap 对象为映射最终使用的 ResultMap
}
```

3. createResultObject()方法

通过 resolveDiscriminatedResultMap()方法的处理，最终确定了映射使用的 ResultMap 对象。之后会调用 DefaultResultSetHandler.getRowValue()完成对该记录的映射，该方法的基本步骤如下：

（1）根据 ResultMap 指定的类型创建对应的结果对象，以及对应的 MetaObject 对象。

（2）根据配置信息，决定是否自动映射 ResultMap 中未明确映射的列。

（3）根据 ResultMap 映射明确指定的属性和列。

（4）返回映射得到的结果对象。

DefaultResultSetHandler.getRowValue()方法的代码如下：

```
private Object getRowValue(ResultSetWrapper rsw, ResultMap resultMap)
        throws SQLException {
    // ResultLoaderMap 与延迟加载相关，后面会详细介绍
    final ResultLoaderMap lazyLoader = new ResultLoaderMap();
    // 步骤1：创建该行记录映射之后得到的结果对象，该结果对象的类型由<resultMap>节点的 type 属性指定
    Object rowValue = createResultObject(rsw, resultMap, lazyLoader, null);
    if (rowValue != null && !hasTypeHandlerForResultObject(rsw, resultMap.getType()))
    {
        // 创建上述结果对象相应的 MetaObject 对象
        final MetaObject metaObject = configuration.newMetaObject(rowValue);
        // 成功映射任意属性，则 foundValues 为 true；否则 foundValues 为 false
        boolean foundValues = this.useConstructorMappings;
        // 检测是否需要进行自动映射
```

```
    if (shouldApplyAutomaticMappings(resultMap, false)) {
        // 步骤 2：自动映射 ResultMap 中未明确指定的列
        foundValues = applyAutomaticMappings(rsw, resultMap, metaObject, null)
           || foundValues;
    }
    // 步骤 3：映射 ResultMap 中明确指定需要映射的列
    foundValues = applyPropertyMappings(rsw, resultMap, metaObject,
        lazyLoader, null) || foundValues;
    foundValues = lazyLoader.size() > 0 || foundValues;
    // 步骤 4：如果没有成功映射任何属性，则根据 mybatis-config.xml 中的
    // <returnInstanceForEmptyRow>配置决定返回空的结果对象还是返回 null
    rowValue = (foundValues || configuration.isReturnInstanceForEmptyRow()) ?
        rowValue : null;
    }
    return rowValue;
}
```

DefaultResultSetHandler.createResultObject()方法负责创建数据库记录映射得到的结果对象，该方法会根据结果集的列数、ResultMap.constructorResultMappings 集合等信息，选择不同的方式创建结果对象，具体实现如下：

```
private Object createResultObject(ResultSetWrapper rsw, ResultMap resultMap,
        ResultLoaderMap lazyLoader, String columnPrefix) throws SQLException {
    this.useConstructorMappings = false; // 标识是否使用构造函数创建该结果对象
    // 记录构造函数的参数类型
    final List<Class<?>> constructorArgTypes = new ArrayList<Class<?>>();
    // 记录构造函数的实参
    final List<Object> constructorArgs = new ArrayList<Object>();
    // 创建该行记录对应的结果对象，该方法是该步骤的核心
    Object resultObject = createResultObject(rsw, resultMap, constructorArgTypes,
        constructorArgs, columnPrefix);

    // ... 如果包含嵌套查询，且配置了延迟加载，则创建代理对象，该部分逻辑后面详细介绍（略）
    // 记录是否使用构造器创建对象
    this.useConstructorMappings = (resultObject != null
            && !constructorArgTypes.isEmpty());
    return resultObject;
}
```

下面是 createResultObject() 方法的重载,它是创建结果对象的核心,具体实现如下:

```
private Object createResultObject(ResultSetWrapper rsw, ResultMap resultMap,
    List<Class<?>> constructorArgTypes, List<Object> constructorArgs,
        String columnPrefix) throws SQLException {
    // 获取 ResultMap 中记录的 type 属性,也就是该行记录最终映射成的结果对象类型
    final Class<?> resultType = resultMap.getType();
    // 创建该类型对应的 MetaClass 对象
    final MetaClass metaType = MetaClass.forClass(resultType, reflectorFactory);
    // 获取 ResultMap 中记录的<constructor>节点信息,如果该集合不为空,则可以通过该集合确定相应
    // Java 类中的唯一构造函数
    final List<ResultMapping> constructorMappings =
            resultMap.getConstructorResultMappings();
    // 创建结果对象分为下面 4 种场景
    // 场景 1:结果集只有一列,且存在 TypeHandler 对象可以将该列转换成 resultType 类型的值
    if (hasTypeHandlerForResultObject(rsw, resultType)) {
        // 先查找相应的 TypeHandler 对象,再使用 TypeHandler 对象将该记录转换成 Java 类型的值
        return createPrimitiveResultObject(rsw, resultMap, columnPrefix);
    } else if (!constructorMappings.isEmpty()) { // 场景 2
        // ResultMap 中记录了<constructor>节点的信息,则通过反射方式调用构造方法,创建结果对象
        return createParameterizedResultObject(rsw, resultType, constructorMappings,
            constructorArgTypes, constructorArgs, columnPrefix);
    } else if (resultType.isInterface() || metaType.hasDefaultConstructor()) {
        // 场景 3:使用默认的无参构造函数,则直接使用 ObjectFactory 创建对象
        return objectFactory.create(resultType);
    } else if (shouldApplyAutomaticMappings(resultMap, false)) {
        // 场景 4:通过自动映射的方式查找合适的构造方法并创建结果对象
        return createByConstructorSignature(rsw, resultType, constructorArgTypes,
            constructorArgs, columnPrefix);
    }
    throw new ExecutorException("..."); // 初始化失败,抛出异常
}
```

上述四种场景中,场景 1(使用 TypeHandler 对象完成单列 ResultSet 的映射)以及场景 3(使用 ObjectFactory 创建对象)的逻辑比较简单,读者可以回顾前面对 TypeHandler 以及 ObjectFactory 的相关介绍,这里不再重复介绍。

下面来看场景 2(ResultMap 中记录了<constructor>节点信息)的处理过程,此场景通过调

用 createParameterizedResultObject()方法完成结果对象的创建,该方法会根据<constructor>节点的配置,选择合适的构造方法创建结果对象,其中也会涉及嵌套查询和嵌套映射的处理。具体实现如下:

```
Object createParameterizedResultObject(ResultSetWrapper rsw, Class<?> resultType,
        List<ResultMapping> constructorMappings, List<Class<?>> constructorArgTypes,
            List<Object> constructorArgs, String columnPrefix) {
    boolean foundValues = false;
    // 遍历 constructorMappings 集合,该过程中会使用 constructorArgTypes 集合记录构造参数类
    // 型,使用 constructorArgs 集合记录构造函数实参
    for (ResultMapping constructorMapping : constructorMappings) {
        // 获取当前构造参数的类型
        final Class<?> parameterType = constructorMapping.getJavaType();
        final String column = constructorMapping.getColumn();
        final Object value;
        // ... 下面省略 try/catch 代码块
        if (constructorMapping.getNestedQueryId() != null) {
            // 存在嵌套查询,需要处理该查询,然后才能得到实参,在后面有专门的一小节详述嵌套查询的处理逻辑
            value = getNestedQueryConstructorValue(rsw.getResultSet(),
                    constructorMapping, columnPrefix);
        } else if (constructorMapping.getNestedResultMapId() != null) {
            // 存在嵌套映射,需要先处理嵌套映射,才能得到实参,在后面有专门的一小节详述嵌套映射的处理逻辑
            final ResultMap resultMap = configuration.getResultMap(
                    constructorMapping.getNestedResultMapId());
            value = getRowValue(rsw, resultMap);   // 即前面介绍的 getRowValue()方法
        } else {
            // 直接获取该列的值,然后经过 TypeHandler 对象的转换,得到构造函数的实参
            final TypeHandler<?> typeHandler = constructorMapping.getTypeHandler();
            value = typeHandler.getResult(rsw.getResultSet(),
                    prependPrefix(column, columnPrefix));
        }
        constructorArgTypes.add(parameterType);   // 记录当前构造参数的类型
        constructorArgs.add(value);   // 记录当前构造参数的实际值
        foundValues = value != null || foundValues;
    }
    // 通过 ObjectFactory 调用匹配的构造函数,创建结果对象
    return foundValues ? objectFactory.create(resultType, constructorArgTypes,
        constructorArgs) : null;
}
```

如果 ResultMap 中没有记录<constructor>节点信息且结果对象没有无参构造函数,则进入场景 4 的处理。在场景 4 中,会尝试使用自动映射的方式查找构造函数并由此创建对象。首先会通过 shouldApplyAutomaticMappings()检测是否开启了自动映射的功能,该功能会自动映射结果集中存在的,但未在 ResultMap 中明确映射的列。

控制自动映射功能的开关有下面两个:

(1) 在 ResultMap 中明确地配置了 autoMapping 属性,则优先根据该属性的值决定是否开启自动映射功能。

(2) 如果没有配置 autoMapping 属性,则在根据 mybatis-config.xml 中<settings>节点中配置的 autoMappingBehavior 值(默认为 PARTIAL)决定是否开启自动映射功能。autoMappingBehavior 用于指定 MyBatis 应如何自动映射列到字段或属性。NONE 表示取消自动映射;PARTIAL 只会自动映射没有定义嵌套映射的 ResultSet;FULL 会自动映射任意复杂的 ResultSet(无论是否嵌套)。

下面先简单了解一下 shouldApplyAutomaticMappings()方法的实现,如下所示。

```java
private boolean shouldApplyAutomaticMappings(ResultMap resultMap, boolean isNested) {
    if (resultMap.getAutoMapping() != null) { // 获取 ResultMap 中的 autoMapping 属性值
        return resultMap.getAutoMapping();
    } else {
        if (isNested) { // 检测是否为嵌套查询或是嵌套映射
            return AutoMappingBehavior.FULL == configuration.getAutoMappingBehavior();
        } else {
            return AutoMappingBehavior.NONE != configuration.getAutoMappingBehavior();
        }
    }
}
```

本小节分析的是简单映射,所以不涉及嵌套映射的问题,在 autoMappingBehavior 默认为 PARTIAL 时,也是会开启自动映射的。

最后,我们来分析场景 4 的具体实现(也就是 createByConstructorSignature()方法)。我们在前面介绍过,ResultSetWrapper.classNames 集合中记录了 ResultSet 中所有列对应的 Java 类型,createByConstructorSignature()方法会根据该集合查找合适的构造函数,并创建结果对象。具体实现如下:

```java
private Object createByConstructorSignature(ResultSetWrapper rsw, Class<?> resultType,
    List<Class<?>> constructorArgTypes, List<Object> constructorArgs,
```

```
            String columnPrefix) throws SQLException {
    // 遍历全部的构造方法
    for (Constructor<?> constructor : resultType.getDeclaredConstructors()) {
        // 查找合适的构造方法，该构造方法的参数类型与 ResultSet 中列所对应的 Java 类型匹配
        if (typeNames(constructor.getParameterTypes()).equals(rsw.getClassNames())) {
            boolean foundValues = false;
            for (int i = 0; i < constructor.getParameterTypes().length; i++) {
                // 获取构造函数的参数类型
                Class<?> parameterType = constructor.getParameterTypes()[i];
                String columnName = rsw.getColumnNames().get(i); // ResultSet 中的列名
                // 查找对应的 TypeHandler，并获取该列的值
                TypeHandler<?> typeHandler = rsw.getTypeHandler(parameterType,
                        columnName);
                Object value = typeHandler.getResult(rsw.getResultSet(),
                        prependPrefix(columnName, columnPrefix));
                // 记录构造函数的参数类型和参数值
                constructorArgTypes.add(parameterType);
                constructorArgs.add(value);
                foundValues = value != null || foundValues; // 更新 foundValues 值
            }
            // 使用 ObjectFactory 调用对应的构造方法，创建结果对象
            return foundValues ? objectFactory.create(resultType, constructorArgTypes,
                    constructorArgs) : null;
        }
    }
    throw new ExecutorException("...");// 抛出异常
}
```

4. applyAutomaticMappings()方法

了解了映射结果对象的创建过程，本小节回到 getRowValue()方法继续后面的分析，下面介绍如何将一行记录中的各个列映射到该结果对象的相应属性当中。

在成功创建结果对象以及相应的 MetaObject 对象之后，会调用 shouldApplyAutomaticMappings()方法检测是否允许进行自动映射。如果允许则调用 applyAutomaticMappings()方法，该方法主要负责自动映射 ResultMap 中未明确映射的列，具体实现如下：

```
private boolean applyAutomaticMappings(ResultSetWrapper rsw, ResultMap resultMap,
        MetaObject metaObject, String columnPrefix) throws SQLException {
```

```java
        // 获取ResultSet中存在，但ResultMap中没有明确映射的列所对应的UnMappedColumnAutoMapping集
        // 合，如果ResultMap中设置的resultType为java.util.HashMap的话，则全部的列都会在这里获取到
        List<UnMappedColumnAutoMapping> autoMapping = createAutomaticMappings(rsw,
            resultMap, metaObject, columnPrefix);
    boolean foundValues = false;
    if (autoMapping.size() > 0) {
        for (UnMappedColumnAutoMapping mapping : autoMapping) { // 遍历autoMapping集合
            // 使用TypeHandler获取自动映射的列值
            final Object value = mapping.typeHandler.getResult(rsw.getResultSet(),
                mapping.column);
            // ... 边界检测，更新foundValues值等操作（略）

            metaObject.setValue(mapping.property, value); // 将自动映射的属性值设置到结果对象中
        }
    }
    return foundValues;
}
```

createAutomaticMappings()方法负责为未映射的列查找对应的属性，并将两者关联起来封装成 UnMappedColumnAutoMapping 对象。该方法产生的 UnMappedColumnAutoMapping 对象集合会缓存在 DefaultResultSetHandler.autoMappingsCache 字段中，其中的 key 由 ResultMap 的 id 与列前缀构成，DefaultResultSetHandler.autoMappingsCache 字段的定义如下：

```java
private final Map<String, List<UnMappedColumnAutoMapping>> autoMappingsCache =
    new HashMap<String, List<UnMappedColumnAutoMapping>>();
```

在 UnMappedColumnAutoMapping 对象中记录了未映射的列名、对应属性名称、TypeHandler 对象等信息。

DefaultResultSetHandler.createAutomaticMappings()方法的具体实现如下：

```java
private List<UnMappedColumnAutoMapping> createAutomaticMappings(ResultSetWrapper rsw,
        ResultMap resultMap, MetaObject metaObject, String columnPrefix)
        throws SQLException {
    final String mapKey = resultMap.getId() + ":" + columnPrefix; // 自动映射的缓存key
    List<UnMappedColumnAutoMapping> autoMapping = autoMappingsCache.get(mapKey);
    if (autoMapping == null) { // autoMappingsCache缓存未命中
        autoMapping = new ArrayList<UnMappedColumnAutoMapping>();
        // 从ResultSetWrapper中获取未映射的列名集合
```

```
        final List<String> unmappedColumnNames = rsw.getUnmappedColumnNames(...);
        for (String columnName : unmappedColumnNames) {
            String propertyName = columnName; // 生成属性名称
            // ... 如果列名以列前缀开头,则属性名称为列名去除前缀删除的部分。如果明确指定了列前缀,但
            // 列名没有以列前缀开头,则跳过该列处理后面的列(略)

            // 在结果对象中查找指定的属性名
            final String property = metaObject.findProperty(propertyName,
                    configuration.isMapUnderscoreToCamelCase());
            // 检测是否存在该属性的 setter 方法,注意:如果是 MapWrapper,一直返回 true
            if (property != null && metaObject.hasSetter(property)) {
                final Class<?> propertyType = metaObject.getSetterType(property);
                if (typeHandlerRegistry.hasTypeHandler(propertyType,
                        rsw.getJdbcType(columnName))) {
                    // 查找对应的 TypeHandler 对象
                    final TypeHandler<?> typeHandler = rsw.getTypeHandler(...);
                    // 创建 UnMappedColumnAutoMapping 对象,并添加到 autoMapping 集合中
                    autoMapping.add(new UnMappedColumnAutoMapping(columnName, property,
                            typeHandler, propertyType.isPrimitive()));
                } else {
                    // ... 输出日志或抛出异常(略)
                }
            } else {
                // ... 输出日志或抛出异常(略)
            }
        }
        autoMappingsCache.put(mapKey, autoMapping); // 将 autoMapping 添加到缓存中保存
    }
    return autoMapping;
}
```

5. applyPropertyMappings()方法

通过 applyAutomaticMappings() 方法处理完自动映射之后,后续会通过 applyPropertyMappings()方法处理 ResultMap 中明确需要进行映射的列,在该方法中涉及延迟加载、嵌套映射等内容,在后面会详细介绍这些内容,这里主要介绍简单映射的处理流程。applyPropertyMappings()方法的具体实现如下:

```
private boolean applyPropertyMappings(...) throws SQLException {
```

```java
        // 获取该ResultMap中明确需要进行映射的列名集合
        final List<String> mappedColumnNames = rsw.getMappedColumnNames(resultMap,
            columnPrefix);
        boolean foundValues = false;
        // 获取ResultMap.propertyResultMappings集合, 其中记录了映射使用的所有ResultMapping对象
        // 该集合的填充过程, 读者可以回顾MyBatis的初始化过程
        final List<ResultMapping> propertyMappings = resultMap
            .getPropertyResultMappings();

        for (ResultMapping propertyMapping : propertyMappings) {
            // 处理列前缀
            String column = prependPrefix(propertyMapping.getColumn(), columnPrefix);
            if (propertyMapping.getNestedResultMapId() != null) {
                // 该属性需要使用一个嵌套ResultMap进行映射, 忽略column属性
                column = null;
            }
            // 下面的逻辑主要处理三种场景
            // 场景1: column是"{prop1=col1,prop2=col2}"这种形式的, 一般与嵌套查询配合使用,
            // 表示将col1和col2的列值传递给内层嵌套查询作为参数
            // 场景2: 基本类型的属性映射
            // 场景3: 多结果集的场景处理, 该属性来自另一个结果集
            if (propertyMapping.isCompositeResult()   // ---场景1
                || (column != null && mappedColumnNames.contains(column
                    .toUpperCase(Locale.ENGLISH)))   // ---场景2
                || propertyMapping.getResultSet() != null  // ---场景3
                ) {
                // 通过getPropertyMappingValue()方法完成映射, 并得到属性值
                Object value = getPropertyMappingValue(rsw.getResultSet(), metaObject,
                    propertyMapping, lazyLoader, columnPrefix);
                final String property = propertyMapping.getProperty(); // 获取属性名称
                if (property == null) {
                    continue;
                } else if (value == DEFERED) {
                    // DEFERED表示的是占位符对象, 在后面介绍ResultLoader和DeferredLoad时,
                    // 会详细介绍延迟加载的原理和实现
                    foundValues = true;
                    continue;
                }
```

```java
            if (value != null) {
                foundValues = true;
            }
            if (value != null || (configuration.isCallSettersOnNulls()
                    && !metaObject.getSetterType(property).isPrimitive())) {
                metaObject.setValue(property, value); // 设置属性值
            }
        }
    }
    return foundValues;
}
```

通过上述分析可知，映射操作是在 getPropertyMappingValue() 方法中完成的，下面分析该方法的具体实现，其中嵌套查询以及多结果集的处理逻辑在后面详细介绍，这里重点关注普通列值的映射：

```java
private Object getPropertyMappingValue(...) throws SQLException {
    if (propertyMapping.getNestedQueryId() != null) { // 嵌套查询，后面详细介绍
        return getNestedQueryMappingValue(rs, metaResultObject, propertyMapping,
                lazyLoader, columnPrefix);
    } else if (propertyMapping.getResultSet() != null) { // 多结果集的处理，后面详细介绍
        addPendingChildRelation(rs, metaResultObject, propertyMapping);
        return DEFERED; // 返回占位符对象
    } else {
        // 获取 ResultMapping 中记录的 TypeHandler 对象
        final TypeHandler<?> typeHandler = propertyMapping.getTypeHandler();
        final String column = prependPrefix(propertyMapping.getColumn(), columnPrefix);
        // 使用 TypeHandler 对象获取属性值
        return typeHandler.getResult(rs, column);
    }
}
```

6. storeObject() 方法

分析到这里，已经得到了一个完整映射的结果对象，之后 DefaultResultSetHandler 会通过 storeObject() 方法将该结果对象保存到合适的位置，这样该行记录就算映射完成了，可以继续映射结果集中下一行记录了。

如果是嵌套映射或是嵌套查询的结果对象，则保存到父对象对应的属性中；如果是普通映射（最外层映射或是非嵌套的简单映射）的结果对象，则保存到 ResultHandler 中。

下面来分析 storeObject() 方法的具体实现：

```
private void storeObject(...) throws SQLException {
    if (parentMapping != null) {
        // 嵌套查询或嵌套映射，将结果对象保存到父对象对应的属性中，后面详细介绍
        linkToParents(rs, parentMapping, rowValue);
    } else {
        // 普通映射，将结果对象保存到 ResultHandler 中
        callResultHandler(resultHandler, resultContext, rowValue);
    }
}

// 下面是 callResultHandler() 方法的代码：
private void callResultHandler(ResultHandler<?> resultHandler,
        DefaultResultContext<Object> resultContext, Object rowValue) {
    // 递增 DefaultResultContext.resultCount，该值用于检测处理的记录行数是否已经达到
    // 上限（在 RowBounds.limit 字段中记录了该上限）。之后将结果对象保存到
    // DefaultResultContext.resultObject 字段中
    resultContext.nextResultObject(rowValue);
    // 将结果对象添加到 ResultHandler.resultList 中保存
    ((ResultHandler<Object>) resultHandler).handleResult(resultContext);
}
```

到此为止，简单映射的整个流程就介绍完了，下一小节将介绍嵌套映射的处理流程。

3.3.4 嵌套映射

在实际应用中，除了使用简单的 select 语句查询单个表，还可能通过多表连接查询获取多张表的记录，这些记录在逻辑上需要映射成多个 Java 对象，而这些对象之间可能是一对一或一对多等复杂的关联关系，这就需要使用 MyBatis 提供的嵌套映射。

在 3.3.3 节已经介绍了简单映射的处理流程，它是 handleRowValues() 方法的一条逻辑分支，其另一条分支就是嵌套映射的处理流程。如果 ResultMap 中存在嵌套映射，则需要通过 handleRowValuesForNestedResultMap() 方法完成映射，本小节将详细分析该方法的实现原理。

为了便于读者理解，我们通过一个示例介绍嵌套映射的处理流程，示例的结果集如图 3-24 所示。

blog_id	blog_title	blog_author_id	author_id	author_username	author_password	author_email	post_id	post_blog_id	post_content
1	blog1Titile	1	1	Author1	xxxxx	Author1@163.com	1	1	Post1ForBlog1
1	blog1Titile	1	1	Author1	xxxxx	Author1@163.com	2	1	Post2ForBlog1
1	blog1Titile	1	1	Author1	xxxxx	Author1@163.com	4	1	Post3ForBlog1
2	blog2Titile	1	1	Author1	xxxxx	Author1@163.com	3	2	Post1ForBlog2

图 3-24

相应的 ResultMap 定义如下：

```xml
<resultMap id="detailedBlogResultMap" type="Blog">
    <constructor>
        <idArg column="blog_id" javaType="int"/>
    </constructor>
    <result property="title" column="blog_title"/>
    <association property="author" resultMap="authorResult"/>
    <collection property="posts" ofType="Post">
        <id property="id" column="post_id"/>
        <result property="content" column="post_content"/>
    </collection>
</resultMap>

<resultMap id="authorResult" type="Author">
    <id property="id" column="author_id"/>
    <result property="username" column="author_username"/>
    <result property="password" column="author_password"/>
    <result property="email" column="author_email"/>
</resultMap>
```

通过上面的映射之后，可以得到图 3-25 所示的 Java 对象。

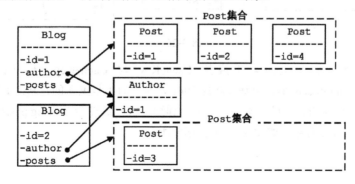

图 3-25

handleRowValuesForNestedResultMap()方法的大致步骤如下：

（1）首先，通过 skipRows()方法定位到指定的记录行，前面已经分析，这里不再重复描述。

（2）通过 shouldProcessMoreRows()方法检测是否能继续映射结果集中剩余的记录行，前面已经分析，这里不再重复描述。

（3）调用 resolveDiscriminatedResultMap()方法，它根据 ResultMap 中记录的 Discriminator 对象以及参与映射的记录行中相应的列值，决定映射使用的 ResultMap 对象。读者可以回顾简单映射小节对 resolveDiscriminatedResultMap()方法的分析，不再赘述。

（4）通过 createRowKey()方法为该行记录生成 CacheKey，CacheKey 除了作为缓存中的 key 值，在嵌套映射中也作为 key 唯一标识一个结果对象。前面分析 CacheKey 实现时提到，CacheKey 是由多部分组成的，且由这多个组成部分共同确定两个 CacheKey 对象是否相等。createRowKey()方法的具体实现会在后面详细介绍。

（5）根据步骤 4 生成的 CacheKey 查询 DefaultResultSetHandler.nestedResultObjects 集合。DefaultResultSetHandler.nestedResultObjects 字段是一个 HashMap 对象。在处理嵌套映射过程中生成的所有结果对象（包括嵌套映射生成的对象），都会生成相应的 CacheKey 并保存到该集合中。

- 在本例中，处理结果集的第一行记录时会创建一个 Blog 对象以及相应的 CacheKey 对象，并记录到 nestedResultObjects 集合中。此时，该 Blog 对象的 posts 集合中只有一个 Post 对象（id=1），我们可以认为它是一个"部分"映射的对象，如图 3-26 所示。

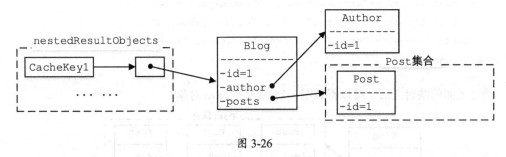

图 3-26

- 在处理第二行记录时，生成的 CacheKey 与 CacheKey1 相同，所以直接从 nestedResultObjects 集合中获取相应 Blog 对象，而不是重新创建新的 Blog 对象，后面对第二行记录的映射过程本小节后面会详细分析，最终会向 Blog.posts 集合中添加映射得到的 Post 对象，如图 3-27 阴影部分所示。

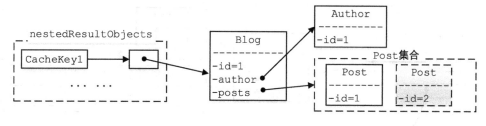

图 3-27

（6）检测<select>节点中 resultOrdered 属性的配置，该设置仅针对嵌套映射有效。当 resultOrdered 属性为 true 时，则认为返回一个主结果行时，不会发生像上面步骤 5 处理第二行记录时那样引用 nestedResultObjects 集合中对象（id 为 1 的 Blog 对象）的情况。这样就提前释放了 nestedResultObjects 集合中的数据，避免在进行嵌套映射出现内存不足的情况。

- 为了便于读者理解，我们依然通过上述示例进行分析。首先来看 resultOrdered 属性为 false 时，映射完示例中四条记录后 nestedResultObjects 集合中的数据，如图 3-28 所示。

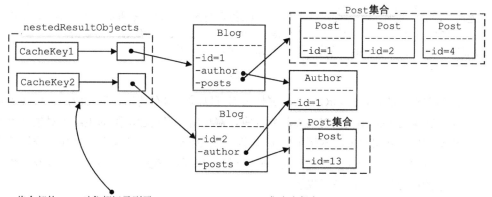

将全部的 Blog 对象都记录到了 nestedResultObjects 集合中保存

图 3-28

- 再来看当 resultOrdered 属性为 true 时，映射示例中四条记录后 nestedResultObjects 集合中的数据，如图 3-29 所示。
- nestedResultObjects 集合中的数据在映射完一个结果集时也会进行清理，这是为映射下一个结果集做准备。所以读者需要了解，nestedResultObjects 集合中数据的生命周期受到这两方面的影响。

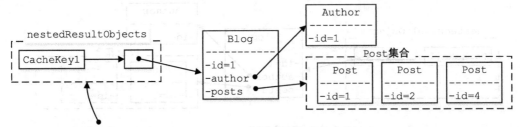

处理完前三条记录时nestedResultObjects集合的内容

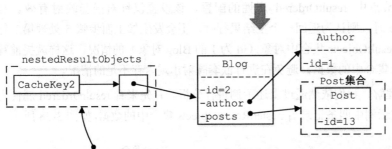

处理第四条记录时nestedResultObjects集合的内容,如上图所示。因为不会再引用id=1的Blog对象,所以提前清空了nestedResultObjects集合中的数据。此时id为1的Blog对象已经被记录到ResultHandler中了

图 3-29

- 最后要注意的是,**resultOrdered** 属性虽然可以减小内存使用,但相应的代价就是要求用户在编写 Select 语句时需要特别注意,避免出现引用已清除的主结果对象(也就是嵌套映射的外层对象,本例中就是 id 为 1 的 Blog 对象)的情况,例如,分组等方式就可以避免这种情况。这就需要在应用程序的内存、SQL 语句的复杂度以及给数据库带来的压力等多方面进行权衡了。

(7)通过调用 getRowValue()方法的另一重载方法,完成当前记录行的映射操作并返回结果对象,其中还会将结果对象添加到 nestedResultObjects 集合中。该方法的具体实现在后面会详细介绍。

(8)通过 storeObject()方法将生成的结果对象保存到 ResultHandler 中。

下面来看 handleRowValuesForNestedResultMap()方法的具体代码:

```
private void handleRowValuesForNestedResultMap(...) throws SQLException {
    // 创建 DefaultResultContext
    final DefaultResultContext<Object> resultContext =
        new DefaultResultContext<Object>();
    skipRows(rsw.getResultSet(), rowBounds); // 步骤1:定位到指定的记录行
```

```
        Object rowValue = previousRowValue;

        // 步骤2：检测是否能继续映射结果集中剩余的记录行
        while (shouldProcessMoreRows(resultContext, rowBounds) &&
                rsw.getResultSet().next()) {
            // 步骤3：通过resolveDiscriminatedResultMap()方法决定映射使用的ResultMap对象
            final ResultMap discriminatedResultMap =
                resolveDiscriminatedResultMap(rsw.getResultSet(), resultMap, null);

            // 步骤4：为该行记录生成CacheKey
            final CacheKey rowKey = createRowKey(discriminatedResultMap, rsw, null);

            // 步骤5：根据步骤4中生成的CacheKey查找nestedResultObjects集合
            Object partialObject = nestedResultObjects.get(rowKey);

            if (mappedStatement.isResultOrdered()) { // 步骤6：检测resultOrdered属性
                if (partialObject == null && rowValue != null) { // 主结果对象发生变化
                    nestedResultObjects.clear(); // 清空nestedResultObjects集合
                    // 调用storeObject()方法保存主结果对象（也就是嵌套映射的外层结果对象）
                    storeObject(resultHandler, resultContext, rowValue, parentMapping,
                        rsw.getResultSet());
                }
                // 步骤7：完成该行记录的映射返回结果对象，其中还会将结果对象添加到nestedResultObjects
                // 集合中
                rowValue = getRowValue(rsw, discriminatedResultMap, rowKey, null,
                    partialObject);
            } else {
                // 步骤7：完成该行记录的映射返回结果对象，其中还会将结果对象添加到nestedResultObjects
                // 集合中
                rowValue = getRowValue(rsw, discriminatedResultMap, rowKey, null,
                    partialObject);
                if (partialObject == null) { //步骤8：调用storeObject()方法保存结果对象
                    storeObject(resultHandler, resultContext, rowValue, parentMapping,
                        rsw.getResultSet());
                }
            }
        }
    }
```

```
    // 对 resultOrdered 属性为 true 时的特殊处理,调用 storeObject()方法保存结果对象
    if (rowValue != null && mappedStatement.isResultOrdered() &&
            shouldProcessMoreRows(resultContext, rowBounds)) {
        storeObject(resultHandler, resultContext, rowValue, parentMapping,
            rsw.getResultSet());
        previousRowValue = null;
    } else if (rowValue != null) {
        previousRowValue = rowValue;
    }
}
```

到此处为止,嵌套映射处理流程的代码框架以及每个方法的功能已经分析完了,本小节后续的内容将会深入每个步骤,分析其具体实现。

1. createRowKey()方法

createRowKey()方法主要负责生成 CacheKey,该方法构建 CacheKey 的过程如下:

(1)尝试使用<idArg>节点或<id>节点中定义的列名以及该列在当前记录行中对应的列值组成 CacheKey 对象。

(2)如果 ResultMap 中没有定义<idArg>节点或<id>节点,则由 ResultMap 中明确要映射的列名以及它们在当前记录行中对应的列值一起构成 CacheKey 对象。

(3)如果经过上述两个步骤后,依然查找不到相关的列名和列值,且 ResultMap.type 属性明确指明了结果对象为 Map 类型,则由结果集中所有列名以及该行记录行的所有列值一起构成 CacheKey 对象。

(4)如果映射的结果对象不是 Map 类型,则由结果集中未映射的列名以及它们在当前记录行中的对应列值一起构成 CacheKey 对象。

下面来看 createRowKey()方法的具体实现代码:

```
private CacheKey createRowKey(ResultMap resultMap, ResultSetWrapper rsw,
            String columnPrefix) throws SQLException {
    final CacheKey cacheKey = new CacheKey(); // 创建 CacheKey 对象
    cacheKey.update(resultMap.getId()); // 将 ResultMap 的 id 作为 CacheKey 的一部分
    // 查找 ResultMapping 对象集合
    List<ResultMapping> resultMappings = getResultMappingsForRowKey(resultMap);
    if (resultMappings.size() == 0) { // 没有找到任何 ResultMapping
        if (Map.class.isAssignableFrom(resultMap.getType())) {
            // 由结果集中的所有列名以及当前记录行的所有列值一起构成 CacheKey 对象
```

```
                createRowKeyForMap(rsw, cacheKey);
            } else {
                // 由结果集中未映射的列名以及它们在当前记录行中的对应列值一起构成CacheKey对象
                createRowKeyForUnmappedProperties(resultMap, rsw, cacheKey, columnPrefix);
            }
        } else {
            // 由resultMappings集合中的列名以及它们在当前记录行中相应的列值一起构成CacheKey
            createRowKeyForMappedProperties(resultMap, rsw, cacheKey, resultMappings,
                columnPrefix);
        }
        //... 如果通过上面的查找没有找到任何列参与构成CacheKey对象,则返回NullCacheKey对象(略)
        return cacheKey;
    }
```

其中,getResultMappingsForRowKey()方法中首先检查 ResultMap 中是否定义了<idArg>节点或<id>节点,如果是则返回 ResultMap.idResultMappings 集合,否则返回 ResultMap.propertyResultMappings 集合。

```
    private List<ResultMapping> getResultMappingsForRowKey(ResultMap resultMap) {
        // ResultMap.idResultMappings集合中记录<idArg>和<id>节点对应的ResultMapping对象
        List<ResultMapping> resultMappings = resultMap.getIdResultMappings();
        if (resultMappings.size() == 0) {
            // ResultMap.propertyResultMappings集合记录了除<id*>节点之外的ResultMapping对象
            resultMappings = resultMap.getPropertyResultMappings();
        }
        return resultMappings;
    }
```

createRowKeyForMap()、createRowKeyForUnmappedProperties()和 createRowKeyForMapped-Properties()三个方法的核心逻辑都是通过 CacheKey.update()方法,将指定的列名以及它们在当前记录行中相应的列值添加到 CacheKey 中,使其成为构成 CacheKey 对象的一部分。这里以 createRowKeyForMappedProperties ()方法为例进行分析,其他两个方法留给读者分析。

```
    private void createRowKeyForMappedProperties(ResultMap resultMap,
            ResultSetWrapper rsw, CacheKey cacheKey, List<ResultMapping> resultMappings,
                String columnPrefix) throws SQLException {
        for (ResultMapping resultMapping : resultMappings) { // 遍历所有resultMappings集合
            // 如果存在嵌套映射,递归调用createRowKeyForMappedProperties()方法进行处理
```

```java
            if (resultMapping.getNestedResultMapId() != null &&
                    resultMapping.getResultSet() == null) {
                final ResultMap nestedResultMap =
                        configuration.getResultMap(resultMapping.getNestedResultMapId());
                createRowKeyForMappedProperties(nestedResultMap, rsw, cacheKey,
                    nestedResultMap.getConstructorResultMappings(),
                        prependPrefix(resultMapping.getColumnPrefix(), columnPrefix));
            } else if (resultMapping.getNestedQueryId() == null) { // 忽略嵌套查询
                // 获取该列的名称
                final String column = prependPrefix(resultMapping.getColumn(),
                    columnPrefix);
                // 获取该列相应的 TypeHandler 对象
                final TypeHandler<?> th = resultMapping.getTypeHandler();
                // 获取映射的列名
                List<String> mappedColumnNames = rsw.getMappedColumnNames(resultMap,
                        columnPrefix);
                if (column != null &&
                        mappedColumnNames.contains(column.toUpperCase(Locale.ENGLISH))) {
                    // 获取列值
                    final Object value = th.getResult(rsw.getResultSet(), column);
                    if (value != null || configuration.isReturnInstanceForEmptyRow()) {
                        // 将列名和列值添加到 CacheKey 对象中
                        cacheKey.update(column);
                        cacheKey.update(value);
                    }
                }
            }
        }
    }
}
```

现在读者可以清晰地知道，在处理本节示例中结果集的第一行记录时，创建的 CacheKey 对象中记录了 ResultMap 的 id（detailedBlogResultMap）、<idArg>节点指定的列名（blog_id）以及该记录对应的列值（1）三个值，并由这三个值决定该 CacheKey 对象与其他 CacheKey 对象是否相等。

2. getRowValue()方法

通过上一小节对简单映射的分析可知，getRowValue()方法主要负责对数据集中的一行记录进行映射。在处理嵌套映射的过程中，会调用 getRowValue()方法的另一重载方法，完成对记录行的映射，其大致步骤如下：

（1）检测 rowValue（外层对象）是否已经存在。MyBatis 的映射规则可以嵌套多层，为了描述方便，在进行嵌套映射时，将外层映射的结果对象称为"外层对象"。在示例中，映射第二行和第三行记录（blog_id 都为 1）时，rowValue 指向的都是映射第一行记录时生成的 Blog 对象（id 为 1）；在映射第四行记录（blog_id 都为 2）时，rowValue 为 null。

下面会根据外层对象是否存在，出现两条不同的处理分支。

（2）如果外层对象不存在，则进入如下步骤。

2.1 调用 createResultObject()方法创建外层对象。

2.2 通过 shouldApplyAutomaticMappings()方法检测是否开启自动映射，如果开启则调用 applyAutomaticMappings()方法进行自动映射。注意 shouldApplyAutomaticMappings() 方法的第二个参数为 true，表示含有嵌套映射。

2.3 通过 applyPropertyMappings()方法处理 ResultMap 中明确需要进行映射的列。

上述三个步骤的具体实现已在"简单映射"小节介绍过了，这里不再重复。到此为止，外层对象已经构建完成，其中对应非嵌套映射的属性已经映射完成，得到的是"部分映射对象"。

2.4 将外层对象添加到 DefaultResultSetHandler.ancestorObjects 集合（HashMap<String, Object>类型）中，其中 key 是 ResultMap 的 id，value 为外层对象。

2.5 通过 applyNestedResultMappings()方法处理嵌套映射，其中会将生成的结果对象设置到外层对象的相应的属性中。该方法的具体实现在后面详述。

2.6 将外层对象从 ancestorObjects 集合中移除。

2.7 将外层对象保存到 nestedResultObjects 集合中，待映射后续记录时使用。

（3）如果外层对象存在，则表示该外层对象已经由步骤 2 填充好了，进入如下步骤。

3.1 将外层对象添加到 ancestorObjects 集合中。

3.2 通过 applyNestedResultMappings()方法处理嵌套映射，其中会将生成的结果对象设置到外层对象的相应属性中。

3.3 将外层对象从 ancestorObjects 集合中移除。

下面来分析 getRowValue()方法的具体实现：

```
private Object getRowValue(ResultSetWrapper rsw, ResultMap resultMap,
        CacheKey combinedKey, String columnPrefix, Object partialObject)
            throws SQLException {
    final String resultMapId = resultMap.getId();
    Object rowValue = partialObject;
```

```java
        if (rowValue != null) { // 步骤1: 检测外层对象是否已经存在
            final MetaObject metaObject = configuration.newMetaObject(rowValue);
            // 步骤3.1: 将外层对象添加到ancestorObjects集合中
            putAncestor(rowValue, resultMapId, columnPrefix);
            // 步骤3.2: 处理嵌套映射
            applyNestedResultMappings(rsw, resultMap, metaObject, columnPrefix,
                    combinedKey, false);
            // 步骤3.3: 将外层对象从ancestorObjects集合中移除
            ancestorObjects.remove(resultMapId);
        } else {
            final ResultLoaderMap lazyLoader = new ResultLoaderMap(); // 延迟加载, 后面详细介绍
            // 步骤2.1: 创建外层对象
            rowValue = createResultObject(rsw, resultMap, lazyLoader, columnPrefix);
            if (rowValue != null && !hasTypeHandlerForResultObject(rsw,
                    resultMap.getType())) {
                final MetaObject metaObject = configuration.newMetaObject(rowValue);
                // 更新foundValues, 其含义与简单映射中同名变量相同: 成功映射任意属性, 则foundValues为
                // true; 否则foundValues为false
                boolean foundValues = this.useConstructorMappings;

                if (shouldApplyAutomaticMappings(resultMap, true)) { // 步骤2.2: 自动映射
                    foundValues = applyAutomaticMappings(...) || foundValues;
                }
                // 步骤2.3: 映射ResultMap中明确指定的字段
                foundValues = applyPropertyMappings(...) || foundValues;
                // 步骤2.4: 将外层对象添加到ancestorObjects集合中
                putAncestor(rowValue, resultMapId, columnPrefix);
                // 步骤2.5: 处理嵌套映射
                foundValues = applyNestedResultMappings(..., true) || foundValues;
                // 步骤2.6: 将外层对象从ancestorObjects集合中移除
                ancestorObjects.remove(resultMapId);
                foundValues = lazyLoader.size() > 0 || foundValues;
                rowValue = (foundValues || configuration.isReturnInstanceForEmptyRow()) ?
                        rowValue : null;
            }

            if (combinedKey != CacheKey.NULL_CACHE_KEY) {
```

```
            // 步骤 2.7：将外层对象保存到 nestedResultObjects 集合中，待映射后续记录时使用
            nestedResultObjects.put(combinedKey, rowValue);
        }
    }
    return rowValue;
}
```

3. applyNestedResultMappings()方法

处理嵌套映射的核心在 applyNestedResultMappings() 方法之中，该方法会遍历 ResultMap.propertyResultMappings 集合中记录的 ResultMapping 对象，并处理其中的嵌套映射。为了方便描述，这里将嵌套映射的结果对象称为"嵌套对象"。applyNestedResultMappings()方法的具体步骤如下：

（1）获取 ResultMapping.nestedResultMapId 字段值，该值不为空则表示存在相应的嵌套映射要处理。在前面的分析过程中提到，像本节示例中<collection property="posts"...>这种匿名嵌套映射，MyBatis 在初始化时也会为其生成默认的 nestedResultMapId 值。

同时还会检测 ResultMapping.resultSet 字段，它指定了要映射的结果集名称，该属性的映射会在前面介绍的 handleResultSets()方法中完成，请读者回顾。

（2）通过 resolveDiscriminatedResultMap()方法确定嵌套映射使用的 ResultMap 对象。

（3）处理循环引用的场景，下面会通过示例详细分析。如果不存在循环引用的情况，则继续后面的映射流程；如果存在循环引用，则不再创建新的嵌套对象，而是重用之前的对象。

（4）通过 createRowKey()方法为嵌套对象创建 CacheKey。该过程除了根据嵌套对象的信息创建 CacheKey，还会与外层对象的 CacheKey 合并，得到全局唯一的 CacheKey 对象。

（5）如果外层对象中用于记录当前嵌套对象的属性为 Collection 类型，且未初始化，则会通过 instantiateCollectionPropertyIfAppropriate()方法初始化该集合对象。

例如示例中映射第一行记录时，涉及<collection>节点中定义的嵌套映射，它在 Blog 中相应的属性为 posts（List<Post>类型），所以在此处会创建 ArrayList<Post>对象并赋值到 Blog.posts 属性。

（6）根据<association>、<collection>等节点的 notNullColumn 属性，检测结果集中相应列是否为空。

（7）调用 getRowValue()方法完成嵌套映射，并生成嵌套对象。嵌套映射可以嵌套多层，也就可以产生多层递归。getRowValue()方法的实现前面已分析过，这里不再赘述。

（8）通过 linkObjects()方法，将步骤 7 中得到的嵌套对象保存到外层对象中。示例中 Author 对象会设置到 Blog.author 属性中，Post 对象会添加到 Blog.posts 集合中。

下面来分析 applyNestedResultMappings() 方法的具体，如下：

```java
private boolean applyNestedResultMappings(ResultSetWrapper rsw, ResultMap resultMap,
    MetaObject metaObject, String parentPrefix, CacheKey parentRowKey,
        boolean newObject) {
    boolean foundValues = false;
    // 遍历全部 ResultMapping 对象，处理其中的嵌套映射
    for (ResultMapping resultMapping : resultMap.getPropertyResultMappings()) {
        final String nestedResultMapId = ... // 获取 ResultMapping.nestedResultMapId
        // ...省略 try/catch 代码块
        // 步骤1：检测 nestedResultMapId 和 resultSet 两个字段的值
        if (nestedResultMapId != null && resultMapping.getResultSet() == null) {
            // 获取列前缀
            final String columnPrefix = getColumnPrefix(parentPrefix, resultMapping);
            // 步骤2：确定嵌套映射使用的 ResultMap 对象，具体实现前面已经分析过，不再重复
            final ResultMap nestedResultMap = getNestedResultMap(rsw.getResultSet(),
                    nestedResultMapId, columnPrefix);
            // 步骤3：处理循环引用的情况，下面通过示例详细分析
            if (resultMapping.getColumnPrefix() == null) {
                Object ancestorObject = ancestorObjects.get(nestedResultMapId);
                if (ancestorObject != null) {
                    if (newObject) {
                        linkObjects(metaObject, resultMapping, ancestorObject);
                    }
                    continue;// 若是循环引用，则不用执行下面的路径创建新对象，而是重用之前的对象
                }
            }

            // 步骤4：为嵌套对象创建 CacheKey 对象
            final CacheKey rowKey = createRowKey(nestedResultMap, rsw, columnPrefix);
            final CacheKey combinedKey = combineKeys(rowKey, parentRowKey);
            // 查找 nestedResultObjects 集合中是否有相同的 Key 的嵌套对象
            Object rowValue = nestedResultObjects.get(combinedKey);
            boolean knownValue = (rowValue != null);

            // 步骤5：初始化外层对象中 Collection 类型的属性
            instantiateCollectionPropertyIfAppropriate(resultMapping, metaObject);
```

```
            // 步骤 6: 根据 notNullColumn 属性检测结果集中的空值
            if (anyNotNullColumnHasValue(resultMapping, columnPrefix, rsw)) {
                // 步骤 7: 完成嵌套映射, 并生成嵌套对象
                rowValue = getRowValue(rsw, nestedResultMap, combinedKey, columnPrefix,
                        rowValue);
                // 注意, "!knownValue"这个条件, 当嵌套对象已存在于 nestedResultObject 集合中
                // 时, 说明相关列已经映射成了嵌套对象。现假设对象 A 中有 b1 和 b2 两个属性都指向了对,
                // 象 B 且这两个属性都是由同一 ResultMap 进行映射的。在对一行记录进行映射时, 首先
                // 映射的 b1 属性会生成 B 对象且成功赋值, 而 b2 属性则为 null
                if (rowValue != null && !knownValue) {
                    // 步骤 8: 将步骤 7 中得到的嵌套对象保存到外层对象的相应属性中
                    linkObjects(metaObject, resultMapping, rowValue);
                    foundValues = true;
                }
            }
        }
    }
    return foundValues;
}
```

下面将分析 applyNestedResultMappings() 方法实现中的一些细节。

循环引用

首先来看 applyNestedResultMappings() 方法是如何处理循环引用这种情况的。在进入 applyNestedResultMappings() 方法之前, 会将外层对象保存到 ancestorObjects 集合中, 在 applyNestedResultMappings() 方法处理嵌套映射时, 会先查找嵌套对象在 ancestorObjects 集合中是否存在, 如果存在就表示当前映射的嵌套对象在之前已经进行过映射, 可重用之前映射产生的对象。

这里通过一个简单示例介绍这种场景, 假设有 TestA 和 TestB 两个类, 这两个类都有一个指向对方对象的字段, 具体的映射规则和 SQL 语句定义如下:

```
<resultMap id="resultMapForB" type="TestB">
    <id property="id" column="id_b"/>
    <association property="testA" resultMap="resultMapForA"/>
</resultMap>

<resultMap id="resultMapForA" type="TestA">
```

```
    <id property="id" column="id_a"/>
    <association property="testB" resultMap="resultMapForB"/>
</resultMap>

<select id="circularReferencerTest" resultMap="resultMapForA">
  SELECT id_a,id_b FROM circularReferencerTest
</select>
```

在执行 circularReferencerTest 这个查询时，大致步骤如下：

（1）首先会调用 getRowValue()方法按照 id 为 resultMapForA 的 ResultMap 对结果集进行映射，此时会创建 TestA 对象，并将该 TestA 对象记录到 ancestorObjects 集合中。之后调用 applyNestedResultMappings()方法处理 resultMapForA 中的嵌套映射，即映射 TestA.testB 属性。

（2）在映射 TestA.testB 属性的过程中，会调用 getRowValue()方法按照 id 为 resultMapForB 的 ResultMap 对结果集进行映射，此时会创建 TestB 对象。但是，resultMapForB 中存在嵌套映射，所以将 TestB 对象记录到 ancestorObjects 集合中。之后再次调用 applyNestedResultMappings() 方法处理嵌套映射。

（3）在此次调用 applyNestedResultMappings()方法处理 resultMapForA 嵌套映射时，发现它的 TestA 对象已存在于 ancestorObjects 集合中，MyBatis 会认为存在循环引用，不再根据 resultMapForA 嵌套映射创建新的 TestA 对象，而是将 ancestorObjects 集合中已存在的 TestA 对象设置到 TestB.testA 属性中并返回。

最后得到的 TestA 对象和 TestB 对象之间的关系如图 3-30 所示。

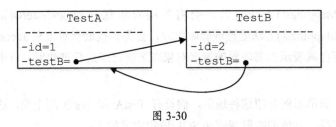

图 3-30

为了便于读者理解，这里给出一张方法调用的流程图，如图 3-31 所示，其中展示了两层 getRowValue()方法调用。

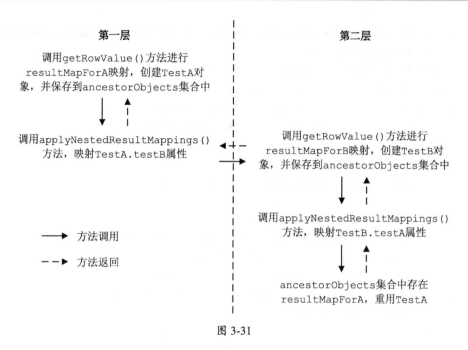

图 3-31

在处理循环引用的过程中，还会调用 linkObjects()方法，该方法的主要功能是将已存在的嵌套对象设置到外层对象的相应属性中。linkObjects()方法的具体实现如下：

```
private void linkObjects(MetaObject metaObject, ResultMapping resultMapping,
        Object rowValue) {
    // 检查外层对象的指定属性是否为 Collection 类型，如果是且未初始化，则初始化该集合属性并返回
    final Object collectionProperty =
        instantiateCollectionPropertyIfAppropriate(resultMapping, metaObject);
    // 根据属性是否为集合类型，调用 MetaObject 的相应方法，将嵌套对象记录到外层对象的相应属性中
    if (collectionProperty != null) {
        final MetaObject targetMetaObject =
            configuration.newMetaObject(collectionProperty);
        targetMetaObject.add(rowValue);
    } else {
        metaObject.setValue(resultMapping.getProperty(), rowValue);
    }
}
```

正如前文所述，instantiateCollectionPropertyIfAppropriate()方法会将外层对象中 Collection 类型的属性进行初始化并返回该集合对象，具体实现如下：

```
private Object instantiateCollectionPropertyIfAppropriate(ResultMapping resultMapping,
        MetaObject metaObject) {
    // 获取指定的属性名称和当前属性值
    final String propertyName = resultMapping.getProperty();
    Object propertyValue = metaObject.getValue(propertyName);
    if (propertyValue == null) { // 检测该属性是否已初始化
        Class<?> type = resultMapping.getJavaType(); // 获取属性的Java类型
        if (type == null) {
            type = metaObject.getSetterType(propertyName);
        }
        // ... 下面省略了try/catch代码块
        if (objectFactory.isCollection(type)) { // 指定属性为集合类型
            // 通过ObjectFactory创建该类型的集合对象,并进行相应设置
            propertyValue = objectFactory.create(type);
            metaObject.setValue(propertyName, propertyValue);
            return propertyValue;
        }
    } else if (objectFactory.isCollection(propertyValue.getClass())) {
        return propertyValue; // 指定属性是集合类型且已经初始化,则返回该属性值
    }
    return null;
}
```

在后面介绍多结果集处理时,还会看到 linkObjects() 方法的身影,届时读者可以回顾此处分析。

combinedKey

在介绍 handleRowValuesForNestedResultMap() 方法时,已经阐述了 nestedResultObjects 集合如何与 CacheKey 配合保存部分映射的结果对象。之前还介绍过,如果 reusltOrdered 属性为 false,则在映射完一个结果集之后,nestedResultObjects 集合中的记录才会被清空,这是为了保证后续结果集的映射不会被之前结果集的数据影响。

但是,如果没有 CombinedKey,则在映射属于同一结果集的两条不同记录行时,就可能因为 nestedResultObjects 集合中的数据而相互影响。现在假设有图 3-32 所示的结果集。

a_1	b_1	b_2
1	1	1
2	1	1

图 3-32

对应的映射规则和 SQL 节点定义如下：

```xml
<resultMap id="resultMapB" type="TestB">
    <result column="b_1" property="b1"/>
    <result column="b_2" property="b2"/>
</resultMap>

<resultMap id="resultMapA" type="TestA">
    <result column="a_1" property="a"/>
    <association property="testB" resultMap="resultMapB"/>
</resultMap>

<select id="comineKeyTest" resultMap="resultMapA">
    SELECT a_1,b_1,b_2 FROM t_comineKeyTest;
</select>
```

假设按照前面介绍的方式为嵌套对象创建 CacheKey，在映射第一行和第二行时，两个嵌套的 TestB 对象的 CacheKey 是相同的，最终两个 TestA 对象的 testB 属性会指向同一个 TestB 对象，如图 3-33（左）所示。在多数场景下，这并不是我们想要的结果，我们希望不同的 TestA 对象的 testB 属性指向不同的 TestB 对象，如图 3-33（右）所示。

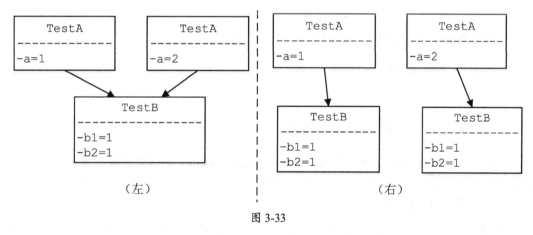

图 3-33

所以，applyNestedResultMappings()方法中为了实现这种效果，除了使用 createRowKey()方法为嵌套对象创建 CacheKey，还会使用 combineKeys()方法将其与外层对象的 CacheKey 合并，最终得到嵌套对象的真正 CacheKey，此时可以认为该 CacheKey 全局唯一。

combineKeys()方法的具体实现如下：

```
private CacheKey combineKeys(CacheKey rowKey, CacheKey parentRowKey) {
    // ... 边界检查和 try/catch 代码块（略）
    CacheKey combinedKey;
    combinedKey = rowKey.clone();// 注意，使用的是 rowKey 的克隆对象
    // 与外层对象的 CacheKey 合并，形成嵌套对象最终的 CacheKey
    combinedKey.update(parentRowKey);
    return combinedKey;
}
```

3.3.5 嵌套查询&延迟加载

"延迟加载"的含义是：暂时不用的对象不会真正载入到内存中，直到真正需要使用该对象时，才去执行数据库查询操作，将该对象加载到内存中。在 MyBatis 中，如果一个对象的某个属性需要延迟加载，那么在映射该属性时，会为该属性创建相应的代理对象并返回；当真正要使用延迟加载的属性时，会通过代理对象执行数据库加载操作，得到真正的数据。

一个属性是否能够延时加载，主要看两个地方的配置：

（1）如果属性在<resultMap>中的相应节点明确地配置了 fetchType 属性，则按照 fetchType 属性决定是否延迟加载。

（2）如果未配置 fetchType 属性，则需要根据 mybatis-config.xml 配置文件中的 lazyLoadingEnabled 配置决定是否延时加载，具体配置如下：

```
<!-- 打开延迟加载的开关 -->
<setting name="lazyLoadingEnabled" value="true" />
<!-- 将积极加载改为消息加载即按需加载 -->
<setting name="aggressiveLazyLoading" value="false"/>
```

与延时加载相关的另一个配置项是 aggressiveLazyLoading，当该配置项为 true 时，表示有延迟加载属性的对象在被调用，将完全加载其属性，否则属性将按需要加载属性。在 MyBatis 3.4.1 版本之后，该配置的默认值为 false，之前的版本默认值为 true。

MyBatis 中的延迟加载是通过动态代理实现的，可能读者第一反应就是使用前面介绍的 JDK 动态代理实现该功能。但是正如前面的介绍所述，要使用 JDK 动态代理的方式为一个对象生成代理对象，要求该目标类必须实现了（任意）接口，而 MyBatis 映射的结果对象大多是普通的 JavaBean，并没有实现任何接口，所以无法使用 JDK 动态代理。MyBatis 中提供了另外两种可以为普通 JavaBean 动态生成代理对象的方式，分别是 CGLIB 方式和 JAVASSIST 方式。

1. cglib

cglib 采用字节码技术实现动态代理功能,其原理是通过字节码技术为目标类生成一个子类,并在该子类中采用方法拦截的方式拦截所有父类方法的调用,从而实现代理的功能。因为 cglib 使用生成子类的方式实现动态代理,所以无法代理 final 关键字修饰的方法。cglib 与 JDK 动态代理之间可以相互补充:在目标类实现接口时,使用 JDK 动态代理创建代理对象,但当目标类没有实现接口时,使用 cglib 实现动态代理的功能。在 Spring、MyBatis 等多种开源框架中,都可以看到 JDK 动态代理与 cglib 结合使用的场景。

下面通过一个示例简单介绍 cglib 的使用。在使用 cglib 创建动态代理类时,首先需要定义一个 Callback 接口的实现,cglib 中也提供了多个 Callback 接口的子接口,如图 3-34 所示。

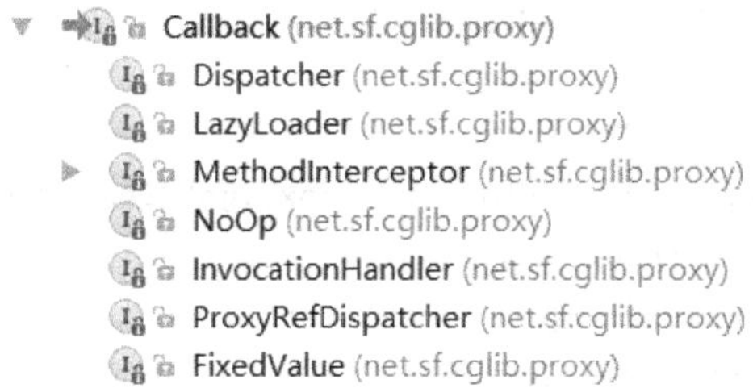

图 3-34

本例以 MethodInterceptor 接口为例进行介绍,下面是 CglibProxy 类的具体代码,它实现了 MethodInterceptor 接口:

```
public class CglibProxy implements MethodInterceptor {
    private Enhancer enhancer = new Enhancer();// cglib 中的 Enhancer 对象

    public Object getProxy(Class clazz) {
        enhancer.setSuperclass(clazz); // 指定生成的代理类的父类
        enhancer.setCallback(this); // 设置 Callback 对象
        return enhancer.create(); // 通过字节码技术动态创建子类实例
    }

    // 实现 MethodInterceptor 接口的 intercept()方法
    public Object intercept(Object obj, Method method, Object[] args,
                    MethodProxy proxy) throws Throwable {
        System.out.println("前置处理");
        Object result = proxy.invokeSuper(obj, args); // 调用父类中的方法
        System.out.println("后置处理");
        return result;
```

            }
        }

本例中使用的目标类以及 main 方法的代码如下:

```java
public class CGLibTest { // 目标类
    public String method(String str) {  // 目标方法
        System.out.println(str);
        return "CGLibTest.method():" + str;
    }

    public static void main(String[] args) {
        CglibProxy proxy = new CglibProxy();
        // 生成 CBLibTest 的代理对象
        CGLibTest proxyImp = (CGLibTest) proxy.getProxy(CGLibTest.class);
        // 调用代理对象的 method() 方法
        String result = proxyImp.method("test");
        System.out.println(result);
        // -----------------
        // 输出如下:
        // 前置代理
        // test
        // 后置代理
        // CGLibTest.method():test
    }
}
```

了解上述 cglib 的基础知识就能够理解 MyBatis 中使用的 cglib 相关代码。关于 cglib 更详细的介绍，请读者查阅相关资料进行学习。

2. Javassist

Javassist 是一个开源的生成 Java 字节码的类库，其主要优点在于简单、快速，直接使用 Javassist 提供的 Java API 就能动态修改类的结构，或是动态的生成类。

Javassist 的使用比较简单，首先来看如何使用 Javassist 提供的 Java API 动态创建类。示例代码如下:

```java
public class JavassistMain {
    public static void main(String[] args) throws Exception {
```

```java
ClassPool cp = ClassPool.getDefault(); // 创建 ClassPool
// 要生成的类名称为 com.xxx.test.JavassistTest
CtClass clazz = cp.makeClass("com.xxx.test.JavassistTest");

StringBuffer body = null;
// 创建字段,指定了字段类型、字段名称、字段所属的类
CtField field = new CtField(cp.get("java.lang.String"), "prop", clazz);
// 指定该字段使用 private 修饰
field.setModifiers(Modifier.PRIVATE);

// 设置 prop 字段的 getter/setter 方法
clazz.addMethod(CtNewMethod.setter("getProp", field));
clazz.addMethod(CtNewMethod.getter("setProp", field));
// 设置 prop 字段的初始化值,并将 prop 字段添加到 clazz 中
clazz.addField(field, CtField.Initializer.constant("MyName"));

// 创建构造方法,指定了构造方法的参数类型和构造方法所属的类
CtConstructor ctConstructor = new CtConstructor(new CtClass[]{}, clazz);
// 设置方法体
body = new StringBuffer();
body.append("{\n prop=\"MyName\";\n}");
ctConstructor.setBody(body.toString());
clazz.addConstructor(ctConstructor); // 将构造方法添加到 clazz 中

// 创建 execute()方法,指定了方法返回值、方法名称、方法参数列表以及方法所属的类
CtMethod ctMethod = new CtMethod(CtClass.voidType, "execute",
    new CtClass[]{}, clazz);
// 指定该方法使用 public 修饰
ctMethod.setModifiers(Modifier.PUBLIC);
// 设置方法体
body = new StringBuffer();
body.append("{\n System.out.println(\"execute():\" + this.prop);");
body.append("\n}");
ctMethod.setBody(body.toString());
clazz.addMethod(ctMethod); // 将 execute()方法添加到 clazz 中
clazz.writeFile("D:/"); // 将上面定义的 JavassistTest 类保存到指定的目录

// 加载 clazz 类,并创建对象
```

```
            Class<?> c = clazz.toClass();
            Object o = c.newInstance();
            // 调用execute()方法
            Method method = o.getClass().getMethod("execute", new Class[]{});
            method.invoke(o, new Object[]{});
        }
    }
```

执行上述代码之后,在指定的目录下可以找到生成的 JavassistTest.class 文件,将其反编译,得到 JavassistTest 的代码如下:

```java
public class JavassistTest {
    private String prop = "MyName";

    public JavassistTest(){ prop = "MyName"; }

    public void setProp(String paramString) { this.prop = paramString; }

    public String getProp() { return this.prop; }

    public void execute() {
        System.out.println("execute():" + this.prop);
    }
}
```

Javassist 也是通过创建目标类的子类方式实现动态代理功能的。这里使用 Javassist 为上面生成的 JavassitTest 创建代理对象,具体实现如下:

```java
public class JavassitMain2 {

    public static void main(String[] args) throws Exception {
        ProxyFactory factory = new ProxyFactory();
        // 指定父类,ProxyFactory 会动态生成继承该父类的子类
        factory.setSuperclass(JavassistTest.class);
        // 设置过滤器,判断哪些方法调用需要被拦截
        factory.setFilter(new MethodFilter() {
            public boolean isHandled(Method m) {
                if (m.getName().equals("execute")) {
```

```
                return true;
            }
            return false;
        }
    });
    // 设置拦截处理
    factory.setHandler(new MethodHandler() {
        @Override
        public Object invoke(Object self, Method thisMethod, Method proceed,
                        Object[] args) throws Throwable {
            System.out.println("前置处理");
            Object result = proceed.invoke(self, args);
            System.out.println("执行结果:" + result);
            System.out.println("后置处理");
            return result;
        }
    });

    // 创建JavassistTest的代理类，并创建代理对象
    Class<?> c = factory.createClass();
    JavassistTest javassistTest = (JavassistTest) c.newInstance();
    javassistTest.execute(); // 执行execute()方法，会被拦截
    System.out.println(javassistTest.getProp());
    }
}
```

了解上述 Javassist 的基础知识，就足够理解 MyBatis 中涉及 Javassist 的相关代码。关于 Javassist 更详细的介绍，请读者查阅相关资料进行学习。

3. ResultLoader&ResultLoaderMap

MyBatis 中与延迟加载相关的类有 ResultLoader、ResultLoaderMap、ProxyFactory 接口及实现类。在前面两小节分析简单映射和嵌套映射时，都见到过它们的身影，本小节将详细介绍这些组件的实现原理。

ResultLoader 主要负责保存一次延迟加载操作所需的全部信息，ResultLoader 中核心字段的含义如下：

```
protected final Configuration configuration; // Configuration配置对象
```

```java
// 用于执行延迟加载操作的 Executor 对象，后面有专门一节详述 Executor 的实现
protected final Executor executor;

// 记录了延迟执行的 SQL 语句以及相关配置信息
protected final BoundSql boundSql;
protected final MappedStatement mappedStatement;

protected final Object parameterObject; // 记录了延迟执行的 SQL 语句的实参

protected final Class<?> targetType; // 记录了延迟加载得到的对象类型

protected Object resultObject; // 延迟加载得到的结果对象

// ResultExtractor 负责将延迟加载得到的结果对象转换成 targetType 类型的对象
protected final ResultExtractor resultExtractor;

// ObjectFactory 工厂对象，通过反射创建延迟加载的 Java 对象
protected final ObjectFactory objectFactory;

protected final CacheKey cacheKey; // CacheKey 对象

protected final long creatorThreadId; // 创建 ResultLoader 的线程 id
```

ResultLoader 的核心是 loadResult()方法，该方法会通过 Executor 执行 ResultLoader 中记录的 SQL 语句并返回相应的延迟加载对象。

```java
public Object loadResult() throws SQLException {
    // 执行延迟加载，得到结果对象，并以 List 的形式返回
    List<Object> list = selectList();
    // 将 list 集合转换成 targetType 指定类型的对象
    resultObject = resultExtractor.extractObjectFromList(list, targetType);
    return resultObject;
}
```

其中，selectList()方法才是完成延迟加载操作的地方，具体实现如下：

```java
private <E> List<E> selectList() throws SQLException {
    Executor localExecutor = executor; // 记录执行延迟加载的 Executor 对象
```

```
    // 检测调用该方法的线程是否为创建 ResultLoader 对象的线程、检测 localExecutor 是否
    // 关闭,检测到异常情况时,会创建新的 Executor 对象来执行延迟加载操作
    if (Thread.currentThread().getId() != this.creatorThreadId ||
            localExecutor.isClosed()) {
        localExecutor = newExecutor();
    }
    try {
        // 执行查询操作,得到延迟加载的对象。Executor 的相关实现原理在后面会详细介绍。读者现在可
        // 以认为它是一个可以执行 SQL 语句并将结果集映射成结果对象的黑盒即可
        return localExecutor.<E>query(mappedStatement, parameterObject,
            RowBounds.DEFAULT, Executor.NO_RESULT_HANDLER, cacheKey, boundSql);
    } finally {
        if (localExecutor != executor) {
            // 如果是在 selectList() 方法中新建的 Executor 对象,则需要关闭
            localExecutor.close(false);
        }
    }
}
```

延迟加载得到的是 List<Object> 类型的对象,ResultExtractor.extractObjectFromList()方法负责将其转换为 targetType 类型的对象,大致逻辑如下:

- 如果目标对象类型为 List,则无须转换。
- 如果目标对象类型是 Collection 子类、数组类型(其中项可以是基本类型,也可以是对象类型),则创建 targetType 类型的集合对象,并复制 List<Object> 中的项。
- 如果目标对象是普通 Java 对象且延迟加载得到的 List 大小为 1,则认为将其中唯一的项作为转换后的对象返回。

ResultExtractor 的具体代码比较简单,就不再展示了。

ResultLoaderMap 与 ResultLoader 之间的关系非常密切,在 ResultLoaderMap 中使用 loadMap 字段(HashMap<String, LoadPair>类型)保存对象中延迟加载属性及其对应的 ResultLoader 对象之间的关系,该字段的定义如下:

```
private final Map<String, LoadPair> loaderMap = new HashMap<String, LoadPair>();
```

ResultLoaderMap 中提供了增删 loaderMap 集合项的相关方法,代码比较简单,不再赘述。loaderMap 集合中 key 是转换为大写的属性名称,value 是 LoadPair 对象,它是定义在 ResultLoaderMap 中的内部类,其中定义的核心字段的含义如下:

```java
// 外层对象（一般是外层对象的代理对象）对应的 MetaObject 对象
private transient MetaObject metaResultObject;

// 负责加载延迟加载属性的 ResultLoader 对象
private transient ResultLoader resultLoader;

private String property; // 延迟加载的属性名称

private String mappedStatement; // 用于加载属性的 SQL 语句的 ID
```

ResultLoaderMap 中提供了 load()和 loadAll()两个执行延迟加载的入口方法，前者负责加载指定名称的属性，后者则是加载该对象中全部的延迟加载属性，具体实现如下：

```java
public void loadAll() throws SQLException {
    final Set<String> methodNameSet = loaderMap.keySet();
    String[] methodNames = methodNameSet.toArray(new String[methodNameSet.size()]);
    for (String methodName : methodNames) {
        load(methodName); // 加载 loaderMap 集合中记录的全部属性
    }
}

public boolean load(String property) throws SQLException {
    // 从 loaderMap 集合中移除指定的属性
    LoadPair pair = loaderMap.remove(property.toUpperCase(Locale.ENGLISH));
    if (pair != null) {
        pair.load(); // 调用 LoadPair.load()方法执行延迟加载
        return true;
    }
    return false;
}
```

ResultLoaderMap.load()方法和 loadAll()方法最终都是通过调用 LoadPair.load()方法实现的，LoadPair.load()方法的具体代码如下：

```java
public void load(final Object userObject) throws SQLException {
    // ... 经过一系列检测后，会创建相应的 ResultLoader 对象（略）

    // 调用 ResultLoader.loadResult()方法执行延迟加载，并将加载得到的嵌套对象设置到外层对象中
```

```
        this.metaResultObject.setValue(property, this.resultLoader.loadResult());
    }
```

4. ProxyFactory

前面已经介绍了 cglib、Javassit 的基础知识，下面来看 MyBatis 中如何使用这两种方式创建代理对象。MyBatis 中定义了 ProxyFactory 接口以及两个实现类，如图 3-35 所示，其中 CglibProxyFactory 使用 cglib 方式创建代理对象，JavassitProxyFactory 使用 Javassit 方式创建代理。

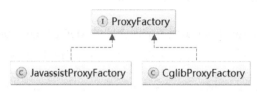

图 3-35

ProxyFactory 接口的定义如下：

```
public interface ProxyFactory {
    // 根据配置初始化 ProxyFactory 对象，MyBatis 提供的两个子类中，该方法都是空实现
    void setProperties(Properties properties);

    // createProxy()方法用于创建代理对象
    Object createProxy(Object target, ResultLoaderMap lazyLoader,
        Configuration configuration, ObjectFactory objectFactory,
            List<Class<?>> constructorArgTypes, List<Object> constructorArgs);
}
```

CglibProxyFactory.createProxy()方法通过调用 EnhancedResultObjectProxyImpl.createProxy() 这个静态方法创建代理对象，而 EnhancedResultObjectProxyImpl 是 CglibProxyFactory 的内部类。EnhancedResultObjectProxyImpl 中的字段含义如下：

```
private final Class<?> type; // 需要创建代理的目标类

// ResultLoaderMap 对象，其中记录了延迟加载的属性名称与对应 ResultLoader 对象之间的关系
private final ResultLoaderMap lazyLoader;

// 在 mybatis-config.xml 文件中，aggressiveLazyLoading 配置项的值
private final boolean aggressive;
```

```java
// 触发延迟加载的方法名列表，如果调用了该列表中的方法，则对全部的延迟加载属性进行加载操作
private final Set<String> lazyLoadTriggerMethods;

private final ObjectFactory objectFactory; // ObjectFactory 对象

// 创建代理对象时，使用的构造方法的参数类型和参数值
private final List<Class<?>> constructorArgTypes;
private final List<Object> constructorArgs;
```

EnhancedResultObjectProxyImpl 实现了前面介绍的 MethodInterceptor 接口，其 intercept() 方法会根据当前调用的方法名称，决定是否触发对延迟加载的属性进行加载，具体实现如下：

```java
public Object intercept(Object enhanced, Method method, Object[] args,
        MethodProxy methodProxy) throws Throwable {
    final String methodName = method.getName();
    synchronized (lazyLoader) {
        if (WRITE_REPLACE_METHOD.equals(methodName)) {
            // ...调用的方法名为"writeReplace"的相关处理，不是本节介绍的重点（略）
        } else {
            // 检测是否存在延迟加载的属性，以及调用方法名是否为"finalize"
            if (lazyLoader.size() > 0 && !FINALIZE_METHOD.equals(methodName)) {
                // 如果 aggressiveLazyLoading 配置项为true，或是调用方法的名称存在于
                // lazyLoadTriggerMethods 列表中，则将全部的属性都加载完成
                if (aggressive || lazyLoadTriggerMethods.contains(methodName)) {
                    lazyLoader.loadAll();
                } else if (PropertyNamer.isGetter(methodName)) {
                    // 如果调用了某属性的 getter 方法，先获取该属性的名称
                    final String property =
                            PropertyNamer.methodToProperty(methodName);
                    if (lazyLoader.hasLoader(property)) { // 检测是否为延迟加载的属性
                        lazyLoader.load(property); // 触发该属性的加载操作
                    }
                }
            }
        }
    }
}
```

```
        return methodProxy.invokeSuper(enhanced, args); // 调用目标对象的方法
    }
}
```

EnhancedResultObjectProxyImpl 中的 createProxy()静态方法用于创建代理对象，具体实现如下：

```
public static Object createProxy(Object target, ResultLoaderMap lazyLoader,
        Configuration configuration, ObjectFactory objectFactory,
            List<Class<?>> constructorArgTypes, List<Object> constructorArgs) {
    final Class<?> type = target.getClass();
    // EnhancedResultObjectProxyImpl 本身就是 Callback 接口的实现
    EnhancedResultObjectProxyImpl callback = new EnhancedResultObjectProxyImpl(type,
      lazyLoader, configuration, objectFactory, constructorArgTypes, constructorArgs);
    // 调用 CglibProxyFactory.crateProxy()方法创建代理对象
    Object enhanced = crateProxy(type, callback, constructorArgTypes, constructorArgs);
    // 将 target 对象中的属性值复制到代理对象的对应属性中
    PropertyCopier.copyBeanProperties(type, target, enhanced);
    return enhanced;
}
```

最后，来看 **CglibProxyFactory.crateProxy()**方法，其具体实现与前面介绍 cglib 时给出的示例代码非常类似，具体实现如下所示。

```
static Object crateProxy(Class<?> type, Callback callback,
        List<Class<?>> constructorArgTypes, List<Object> constructorArgs) {
    Enhancer enhancer = new Enhancer();
    enhancer.setCallback(callback);
    enhancer.setSuperclass(type);

    // ... 查找名为"writeReplace"的方法，查找不到 writeReplace()方法，则添加
    // WriteReplaceInterface 接口，该接口中定义了 writeReplace()方法（略）

    // 根据构造方法的参数列表，调用相应的 Enhancer.create()方法，创建代理对象
    Object enhanced;
    if (constructorArgTypes.isEmpty()) {
        enhanced = enhancer.create();
    } else {
```

```
        Class<?>[] typesArray = constructorArgTypes.toArray(
            new Class[constructorArgTypes.size()]);
        Object[] valuesArray = constructorArgs.toArray(
            new Object[constructorArgs.size()]);
        enhanced = enhancer.create(typesArray, valuesArray);
    }
    return enhanced;
}
```

ProxyFactory 的另一个实现 JavassistProxyFactory 与 CglibProxyFactory 基本类似，JavassistProxyFactory 中也定义了一个 EnhancedResultObjectProxyImpl 内部类，但是该内部类继承的是 MethodHandler 接口，这也是 JavassistProxyFactory 与 CglibProxyFactory 的主要区别。JavassistProxyFactory 的具体实现就不再赘述了，感兴趣的读者可以参考源码进行学习。

5. DefaultResultSetHandler 相关实现

在本小节的最后，简单回顾 DefaultResultSetHandler 中与延迟加载以及嵌套查询相关的代码片段。

与嵌套查询相关的第一个地方是 DefaultResultSetHandler.createParameterizedResultObject() 方法。正如前文所述，该方法会获取<resultMap>中配置的构造函数的参数类型和参数值，并选择合适的构造函数创建映射的结果对象。如果其中某个构造参数值是通过嵌套查询获取的，则需要通过 getNestedQueryConstructorValue()方法创建该参数值，该方法的具体实现如下：

```
private Object getNestedQueryConstructorValue(ResultSet rs,
        ResultMapping constructorMapping, String columnPrefix) throws SQLException {
    // 获取嵌套查询的 id 以及对应的 MappedStatement 对象
    final String nestedQueryId = constructorMapping.getNestedQueryId();
    final MappedStatement nestedQuery =
            configuration.getMappedStatement(nestedQueryId);

    final Class<?> nestedQueryParameterType = nestedQuery.getParameterMap().getType();
    // 获取传递给嵌套查询的参数值
    final Object nestedQueryParameterObject = prepareParameterForNestedQuery(rs,
            constructorMapping, nestedQueryParameterType, columnPrefix);
    Object value = null;
    if (nestedQueryParameterObject != null) {
        // 获取嵌套查询对应的 BoundSql 对象和相应的 CacheKey 对象
        final BoundSql nestedBoundSql =
```

```
            nestedQuery.getBoundSql(nestedQueryParameterObject);
        final CacheKey key = executor.createCacheKey(nestedQuery,
            nestedQueryParameterObject, RowBounds.DEFAULT, nestedBoundSql);
        // 获取嵌套查询结果集经过映射后的目标类型
        final Class<?> targetType = constructorMapping.getJavaType();
        // 创建ResultLoader对象，并调用loadResult()方法执行嵌套查询，得到相应的构造方法参数值
        final ResultLoader resultLoader = new ResultLoader(configuration, executor,
            nestedQuery, nestedQueryParameterObject, targetType, key, nestedBoundSql);
        value = resultLoader.loadResult();
    }
    return value;
}
```

通过上述的分析可知，在创建构造函数的参数时涉及的嵌套查询，无论配置如何，都不会延迟加载，在后面介绍其他属性的嵌套查询中，才会有延迟加载的处理逻辑。

前文介绍的 DefaultResultSetHandler.applyPropertyMappings()方法会调用 getPropertyMappingValue()方法映射每个属性，简单回顾一下其实现：

```
private Object getPropertyMappingValue(...) throws SQLException {
    if (propertyMapping.getNestedQueryId() != null) { // 针对嵌套查询的处理
        return getNestedQueryMappingValue(rs, metaResultObject, propertyMapping,
            lazyLoader, columnPrefix);
    }
    // ... 多结果集的处理和普通属性的映射（略）
}
```

其中会调用 getNestedQueryMappingValue()方法处理嵌套查询，如果开启了延迟加载功能，则创建相应的 ResultLoader 对象并返回 DEFERED 这个标识对象；如果未开启延迟加载功能，则直接执行嵌套查询，并返回结果对象。getNestedQueryMappingValue()方法的具体实现如下：

```
private Object getNestedQueryMappingValue(ResultSet rs, MetaObject metaResultObject,
    ResultMapping propertyMapping, ResultLoaderMap lazyLoader, String columnPrefix)
        throws SQLException {
    // 获取嵌套查询的id和对应的MappedStatement对象
    final String nestedQueryId = propertyMapping.getNestedQueryId();
    final MappedStatement nestedQuery =
        configuration.getMappedStatement(nestedQueryId);
    final String property = propertyMapping.getProperty();
    // 获取传递给嵌套查询的参数类型和参数值
```

```java
        final Class<?> nestedQueryParameterType = nestedQuery.getParameterMap().getType();
        final Object nestedQueryParameterObject = prepareParameterForNestedQuery(rs,
            propertyMapping, nestedQueryParameterType, columnPrefix);
Object value = null;
if (nestedQueryParameterObject != null) {
    // 获取嵌套查询对应的 BoundSql 对象和相应 CacheKey 对象
    final BoundSql nestedBoundSql =
        nestedQuery.getBoundSql(nestedQueryParameterObject);
    final CacheKey key = executor.createCacheKey(nestedQuery,
            nestedQueryParameterObject, RowBounds.DEFAULT, nestedBoundSql);
    // 获取嵌套查询结果集经过映射后的目标类型
    final Class<?> targetType = propertyMapping.getJavaType();
    // 检测缓存中是否存在该嵌套查询的结果对象
    if (executor.isCached(nestedQuery, key)) {
        // 创建 DeferredLoad 对象，并通过该 DeferredLoad 对象从缓存中加载结果对象
        executor.deferLoad(nestedQuery, metaResultObject, property, key,
            targetType);
        value = DEFERED; // 返回 DEFERED 标识（是一个特殊的标识对象）
    } else {
        // 创建嵌套查询相应的 ResultLoader 对象
        final ResultLoader resultLoader = new ResultLoader(configuration, executor,
            nestedQuery, nestedQueryParameterObject, targetType, key, nestedBoundSql);
        if (propertyMapping.isLazy()) {
            // 如果该属性配置了延迟加载，则将其添加到 ResultLoaderMap 中，等待真正使用时
            // 再执行嵌套查询并得到结果对象
            lazyLoader.addLoader(property, metaResultObject, resultLoader);
            value = DEFERED; // 返回 DEFERED 标识
        } else {
            // 没有配置延迟加载，则直接调用 ResultLoader.loadResult() 方法执行嵌套查询，并
            // 映射得到结果对象
            value = resultLoader.loadResult();
        }
    }
}
return value;
}
```

在 getPropertyMappingValue() 方法中涉及 Executor 中的缓存功能，在后面介绍 BaseExecutor 时还会详细介绍 DeferredLoad 对象的实现原理以及一级缓存的内容。

另一处涉及延迟加载的代码是 DefaultResultSetHandler.createResultObject() 方法。在对一行

记录进行映射时，会使用 createResultObject() 方法创建结果对象，其中会遍历 ResultMap.propertyResultMappings 集合，如果存在嵌套查询且配置了延迟加载，则为结果对象代理对象并将该代理对象返回。createResultObject()方法中的相关代码片段如下：

```
private Object createResultObject(...) throws SQLException {
    // ... 定义 constructorArgsh 和 constructorArgs 用于记录构造函数的参数类型和参数值（略）

    // 创建该行记录对应的结果对象
    Object resultObject = createResultObject(...);
    for (ResultMapping propertyMapping : propertyMappings) {
        // 如果存在嵌套查询且该属性为延迟加载的属性，则使用 ProxyFactory 创建代理对象，
        // 默认使用的是 JavassistProxyFactory
        if (propertyMapping.getNestedQueryId() != null && propertyMapping.isLazy()) {
            resultObject = configuration.getProxyFactory().createProxy(resultObject,
lazyLoader, configuration, objectFactory,
                constructorArgTypes, constructorArgs);
        }
    }
    // ... 更新 useConstructorMappings 的值（略）
    return resultObject;
}
```

在图 3-36 中展示了映射过程中涉及嵌套查询和延迟加载的环节，帮助读者更加清晰完整地理解 MyBatis 中处理嵌套查询属性以及延迟加载属性的流程。

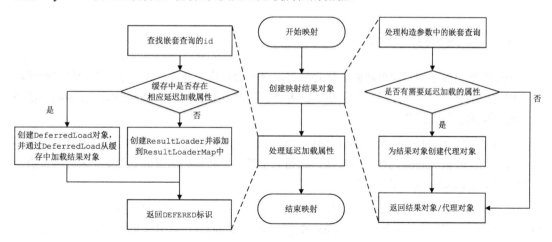

图 3-36

图 3-37 总结了上层应用程序使用延迟加载属性时涉及的相关操作。

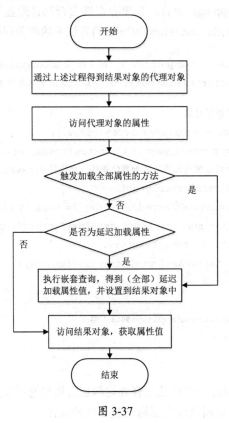

图 3-37

3.3.6 多结果集处理

现在读者已经了解了简单映射、嵌套映射以及嵌套查询的处理过程，本小节会将多结果集的处理过程展开进行详细介绍。为了便于读者理解，本节依然会结合 handleResultSets()方法小节中使用到的示例进行分析。

在前面介绍 handleResultSets()方法时，通过示例简单描述了多结果集的处理流程，在分析示例时提到：映射 author 属性时会发现，它指向了第二个结果集，而该结果集还未处理，会将其加入到 nextResultMaps 集合中暂存。

在示例中获取 Blog.author 属性值时，调用的是 DefaultResultSetHandler.getPropertyMappingValue()方法，其中会调用 addPendingChildRelation()方法对多结果集的情况进行处理，该方法的具体步骤如下：

（1）调用 createKeyForMultipleResults()方法，为指定结果集创建 CacheKey 对象，该 CacheKey 对象由三部分构成。

    a） parentMapping 对象，该结果集映射得到的结果对象会设置到该 parentMapping 指定的属性上。在示例中，parentMapping 就是下面的<association>节点产生的 ResultMapping 对象。

```
<association property="author" javaType="Author"
        resultSet="authors" column="author_id" foreignColumn="id">
```

    b） parentMapping.column 属性指定的列名（可能有多个列），示例中为字符串"author_id"。

    c） 这些列名在该记录中的值（可能有多个值），在示例中为 author_id 列的值，假设其值为 1。

（2）创建 PendingRelation 对象，PendingRelation 只有两个 public 字段，没有提供任何方法。PendingRelation 中记录了当前结果对象相应的 MetaObject 对象以及 parentMapping 对象。

（3）将步骤 2 中得到的 PendingRelation 对象添加到 pendingRelations 集合中缓存。

（4）在 nextResultMaps 集合中记录指定属性对应的结果集名称，示例中结果集名称是 authors，以及它对应的 ResultMapping 对象。

DefaultResultSetHandler.addPendingChildRelation()方法的具体实现如下：

```
private void addPendingChildRelation(ResultSet rs, MetaObject metaResultObject,
        ResultMapping parentMapping) throws SQLException {
    // 步骤1、为指定结果集创建 CacheKey 对象
    CacheKey cacheKey = createKeyForMultipleResults(rs, parentMapping,
        parentMapping.getColumn(), parentMapping.getColumn());

    // 步骤2、创建 PendingRelation 对象
    PendingRelation deferLoad = new PendingRelation();
    deferLoad.metaObject = metaResultObject;
    deferLoad.propertyMapping = parentMapping;

    // 步骤3、将 PendingRelation 对象添加到 pendingRelations 集合缓存
    List<PendingRelation> relations = pendingRelations.get(cacheKey);
    if (relations == null) {
        relations = new ArrayList<PendingRelation>();
        pendingRelations.put(cacheKey, relations);
```

```
        relations.add(deferLoad);
    }
    // 步骤 4、在 nextResultMaps 集合记录指定属性对应的结果集名称以及对应的 ResultMapping 对象
    ResultMapping previous = nextResultMaps.get(parentMapping.getResultSet());
    if (previous == null) {
        nextResultMaps.put(parentMapping.getResultSet(), parentMapping);
    } else {
        // ... 如果同名的结果集对应不同的 ResultMapping,则抛出异常
    }
}
```

createKeyForMultipleResults()方法的具体实现如下:

```
private CacheKey createKeyForMultipleResults(...) throws SQLException {
    CacheKey cacheKey = new CacheKey();
    cacheKey.update(resultMapping); // 添加 ResultMapping
    if (columns != null && names != null) {
        // 按照逗号切分列名
        String[] columnsArray = columns.split(",");
        String[] namesArray = names.split(",");
        for (int i = 0; i < columnsArray.length; i++) {
            // 查询该行记录对应列的值
            Object value = rs.getString(columnsArray[i]);
            if (value != null) {
                cacheKey.update(namesArray[i]); // 添加列名和列值
                cacheKey.update(value);
            }
        }
    }
    return cacheKey;
}
```

在示例中,完成 blogs 结果集的映射之后,会返回到 handleResultSet()方法处理 nextResultMaps 集合中记录的结果集,示例中是名为 authors 的结果集,具体代码片段如下:

```
public List<Object> handleResultSets(Statement stmt) throws SQLException {
    // ... 调用 handleResultSet()方法映射 blogs 结果集(略)
```

```
        // 获取MappedStatement.resultSets属性,该属性列出了多结果集的所有名称,名称之间用逗号分隔
        String[] resultSets = mappedStatement.getResultSets();
        if (resultSets != null) {
            while (rsw != null && resultSetCount < resultSets.length) {
                // 根据resultSet的名称,获取未处理的ResultMapping
                ResultMapping parentMapping =
                    nextResultMaps.get(resultSets[resultSetCount]);
                if (parentMapping != null) {
                    // 获取映射该结果集要使用的ResultMap对象
                    String nestedResultMapId = parentMapping.getNestedResultMapId();
                    ResultMap resultMap = configuration.getResultMap(nestedResultMapId);
                    // 根据ResultMap对象映射该结果集
                    handleResultSet(rsw, resultMap, null, parentMapping);
                }
                rsw = getNextResultSet(stmt); // 获取下一个结果集
                // 清空nestedResultObjects集合,为映射下一个结果集做准备
                cleanUpAfterHandlingResultSet();
                resultSetCount++; // 递增resultSetCount
            }
        }
        return collapseSingleResultList(multipleResults);
    }
```

需要注意的是 handleResultSet()方法的最后一个参数 parentMapping,也就是示例中 <association property="author".../>节点产生的 ResultMapping 对象。

无论是简单映射、嵌套映射、嵌套查询以及这里介绍的多结果集的处理过程,都是通过 handleResultSet()方法完成映射的,与前面介绍的映射过程都是类似的。唯一不同的地方是 storeObject()方法执行的逻辑,读者可以回顾简单映射小节中介绍的 storeObject()方法,当 parentMapping 为空时,会将映射结果对象保存到 ResultHandler 中,当 parentMapping 不为空时, 则会调用 linkToParents()方法,将映射的结果结果设置到外层对象的相应属性中。linkToParents() 方法的具体实现如下:

```
    private void linkToParents(ResultSet rs, ResultMapping parentMapping, Object rowValue)
            throws SQLException {
        // 创建CacheKey对象。注意这里构成CacheKey的第三部分,它换成了外键的值,也就是示例中authors
        // 结果集中参与映射的记录中的id值,下面会通过一张示意图进行解释
```

```
CacheKey parentKey = createKeyForMultipleResults(rs, parentMapping,
    parentMapping.getColumn(), parentMapping.getForeignColumn());
// 获取 pendingRelations 集合中 parentKey 对应的 PendingRelation 对象
List<PendingRelation> parents = pendingRelations.get(parentKey);
if (parents != null) {
    for (PendingRelation parent : parents) { // 遍历 PendingRelations 集合
        if (parent != null && rowValue != null) {
            // 将当前记录的结果对象添加到外层对象的相应属性中
            linkObjects(parent.metaObject, parent.propertyMapping, rowValue);
        }
    }
}
```

下面结合示例说明 linkToParents() 方法的原理：首先创建 CacheKey 对象，如图 3-38 所示，该 CacheKey 与映射 Blog.author 属性时在 addPendingChildRelation() 方法中创建的 CacheKey 是一致的。之后查找 pendingRelations 集合中相应的 PendingRelation 对象，其中记录了 Blog 对象及其 author 属性对应的 ResultMapping 对象。最后调用 linkObject() 方法将映射得到的 Author 对象设置到外层 Blog 对象的 author 属性中。

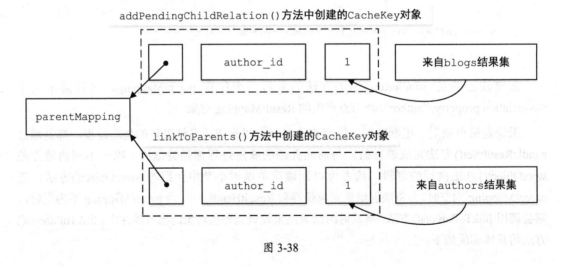

图 3-38

3.3.7 游标

介绍完 DefaultResultSetHandler 中的 handleResultSets() 方法实现，再看 DefaultResultSetHandler

中的其他方法实现。首先来看 handleCursorResultSets() 方法，该方法在数据库查询结束之后，将结果集对应的 ResultSetWrapper 对象以及映射使用的 ResultMap 对象封装成 DefaultCursor 对象并返回。

```java
public <E> Cursor<E> handleCursorResultSets(Statement stmt) throws SQLException {
    // 获取结果集并封装成 ResultSetWrapper 对象
    ResultSetWrapper rsw = getFirstResultSet(stmt);
    // 获取映射使用的 ResultMap 对象集合
    List<ResultMap> resultMaps = mappedStatement.getResultMaps();
    // ... 边界检测，只能映射一个结果集，所以只能存在一个 ResultMap 对象（略）

    // 使用第一个 ResultMap 对象
    ResultMap resultMap = resultMaps.get(0);
    // 将 ResultSetWrapper 对象、映射使用的 ResultMap 对象以及控制映射的起止位置的 RowBounds
    // 对象封装成 DefaultCursor 对象
    return new DefaultCursor<E>(this, resultMap, rsw, rowBounds);
}
```

MyBatis 中使用 Cursor 接口表示游标，Cursor 接口继承了 Iteratable 接口。MyBatis 提供的唯一的 Cursor 接口实现是 DefaultCursor，其中核心字段的含义如下所示。

```java
// 用于完成映射的 DefaultResultSetHandler 对象
private final DefaultResultSetHandler resultSetHandler;

private final ResultMap resultMap; // 映射使用的 ResultMap 对象

private final ResultSetWrapper rsw; // 其中封装了结果集的相关元信息，前面已介绍过了，不再赘述

private final RowBounds rowBounds; // 指定了对结果集进行映射的起止位置

// ObjectWrapperResultHandler 继承了 ResultHandler 接口，与前面介绍的 DefaultResultHandler
// 类似，用于暂存映射的结果对象
private final ObjectWrapperResultHandler<T> objectWrapperResultHandler =
        new ObjectWrapperResultHandler<T>();

// 通过该迭代器获取映射得到的结果对象
private final CursorIterator cursorIterator = new CursorIterator();
```

```java
private boolean iteratorRetrieved; // 标识是否正在迭代结果集

private int indexWithRowBound = -1; // 记录已经完成映射的行数
```

当用户通过 SqlSession 得到 DefaultCursor 对象后,可以调用其 iterator()方法获取迭代器对结果集进行迭代,在迭代过程中才会真正执行映射操作,将记录行映射成结果对象,此处使用的迭代器就是 CursorIterator 对象(DefaultCursor.cursorIterator 字段)。CursorIterator 作为一个迭代器,其 next()方法会返回一行记录映射的结果对象。

```java
public T next() {
    // 在 hasNext()方法中也会调用 fetchNextUsingRowBound()方法,并将映射结果对象记录到 object 字段中
    T next = object;
    if (next == null) {
        next = fetchNextUsingRowBound(); // 对结果集进行映射的核心
    }
    if (next != null) {
        object = null;
        iteratorIndex++; // 记录返回结果对象的个数
        return next;
    }
    throw new NoSuchElementException();
}
```

其中的 fetchNextUsingRowBound()方法是完成结果集映射的核心,具体实现如下:

```java
protected T fetchNextUsingRowBound() {
    // 映射一行数据库记录,得到结果对象
    T result = fetchNextObjectFromDatabase();
    // 从结果集开始一条条记录映射,但是将 RowBounds.offset 之前的映射结果全部忽略
    while (result != null && indexWithRowBound < rowBounds.getOffset()) {
        result = fetchNextObjectFromDatabase();
    }
    return result;
}

// 下面是 fetchNextObjectFromDatabase()方法的实现:
protected T fetchNextObjectFromDatabase() {
    // ... 检测当前游标对象是否关闭(略)
```

```
    // ... 省略 try/catch 代码块
    status = CursorStatus.OPEN; // 更新游标状态
    // 通过 DefaultResultSetHandler.handleRowValues()方法完成映射，具体实现前面已经介绍过了，
    // 这里不再重复。这里会将映射得到的结果对象保存到 ObjectWrapperResultHandler.result 字段中
    resultSetHandler.handleRowValues(rsw, resultMap, objectWrapperResultHandler,
            RowBounds.DEFAULT, null);

    T next = objectWrapperResultHandler.result; // 获取结果对象
    if (next != null) {
        indexWithRowBound++; // 统计返回的结果对象数量
    }
    // 检测是否还存在需要映射的记录，如果没有，则关闭游标并修改状态
    if (next == null || (getReadItemsCount() == rowBounds.getOffset() +
            rowBounds.getLimit())) {
        close(); // 关闭结果集以及对应的 Statement 对象
        status = CursorStatus.CONSUMED;
    }
    objectWrapperResultHandler.result = null;
    return next; // 返回结果对象
}
```

3.3.8 输出类型的参数

最后介绍 DefaultResultSetHandler 对存储过程中输出参数的相关处理，该处理过程是在 handleOutputParameters()方法中实现的，具体实现如下：

```
public void handleOutputParameters(CallableStatement cs) throws SQLException {
    // 获取用户传入的实际参数，并为其创建相应的 MetaObject 对象
    final Object parameterObject = parameterHandler.getParameterObject();
    final MetaObject metaParam = configuration.newMetaObject(parameterObject);
    // 获取 BoundSql.parameterMappings 集合，其中记录了参数相关信息，请读者回顾前面的相关介绍
    final List<ParameterMapping> parameterMappings = boundSql.getParameterMappings();

    for (int i = 0; i < parameterMappings.size(); i++) { // 遍历所有参数信息
        final ParameterMapping parameterMapping = parameterMappings.get(i);
        if (parameterMapping.getMode() == ParameterMode.OUT ||
                parameterMapping.getMode() == ParameterMode.INOUT) {
```

```
            // 如果存在输出类型的参数,则解析参数值,并设置到 parameterObject 中
            if (ResultSet.class.equals(parameterMapping.getJavaType())) {
                // 如果指定该输出参数为 ResultSet 类型,则需要进行映射
                handleRefCursorOutputParameter((ResultSet) cs.getObject(i + 1),
                    parameterMapping, metaParam);
            } else {
                // 使用 TypeHandler 获取参数值,并设置到 parameterObject 中
                final TypeHandler<?> typeHandler = parameterMapping.getTypeHandler();
                metaParam.setValue(parameterMapping.getProperty(),
                    typeHandler.getResult(cs, i + 1));
            }
          }
        }
      }
    }
```

handleRefCursorOutputParameter()方法负责处理 ResultSet 类型的输出参数,它会按照指定的 ResultMap 对该 ResultSet 类型的输出参数进行映射,并将映射得到的结果对象设置到用户传入的 parameterObject 对象中。handleRefCursorOutputParameter()方法具体代码如下:

```
    private void handleRefCursorOutputParameter(ResultSet rs,
        ParameterMapping parameterMapping, MetaObject metaParam) throws SQLException {
      // ... 省略 try/catch 代码块
      // 获取映射使用的 ResultMap 对象
      final String resultMapId = parameterMapping.getResultMapId();
      final ResultMap resultMap = configuration.getResultMap(resultMapId);
      // 创建用于保存映射结果对象的 DefaultResultHandler 对象
      final DefaultResultHandler resultHandler = new DefaultResultHandler(objectFactory);
      // 将结果集封装成 ResultSetWrapper
      final ResultSetWrapper rsw = new ResultSetWrapper(rs, configuration);
      // 通过 handleRowValues()方法完成映射操作,并将结果对象保存到 DefaultResultHandler 中
      handleRowValues(rsw, resultMap, resultHandler, new RowBounds(), null);
      // 将映射得到的结果对象保存到 parameterObject 中
      metaParam.setValue(parameterMapping.getProperty(), resultHandler.getResultList());
    }
```

到此为止,ResultSetHandler 接口以及 DefaultResultSetHandler 的实现原理就全部介绍完了。希望读者通过阅读本节,理解 MyBatis 结果集映射的核心原理。

3.4 KeyGenerator

默认情况下，insert 语句并不会返回自动生成的主键，而是返回插入记录的条数。如果业务逻辑需要获取插入记录时产生的自增主键，则可以使用 Mybatis 提供的 KeyGenerator 接口。

不同的数据库产品对应的主键生成策略不一样，例如，Oracle、DB2 等数据库产品是通过 sequence 实现自增 id 的，在执行 insert 语句之前必须明确指定主键的值；而 MySQL、Postgresql 等数据库在执行 insert 语句时，可以不指定主键，在插入过程中由数据库自动生成自增主键。KeyGenerator 接口针对这些不同的数据库产品提供了对应的处理方法，KeyGenerator 接口的定义如下：

```
public interface KeyGenerator {
    // 在执行 insert 之前执行，设置属性 order="BEFORE"
    void processBefore(Executor executor, MappedStatement ms, Statement stmt,
        Object parameter);

    // 在执行 insert 之后执行，设置属性 order="AFTER"
    void processAfter(Executor executor, MappedStatement ms, Statement stmt,
        Object parameter);
}
```

MyBatis 提供了三个 KeyGenerator 接口的实现，如图 3-39 所示。

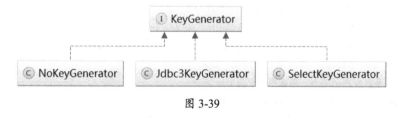

图 3-39

NoKeyGenerator 虽然实现了 KeyGenerator 接口，但是其中的 processBefore()方法和 processAfter()方法都是空实现，所以不再单独介绍。

3.4.1 Jdbc3KeyGenerator

Jdbc3KeyGenerator 用于取回数据库生成的自增 id，它对应于 mybatis-config.xml 配置文件中的 useGeneratedKeys 全局配置，以及映射配置文件中 SQL 节点（<insert>节点）的 useGeneratedKeys 属性。在前面对 XMLStatementBuilder.parseStatementNode()方法的介绍中，有

如下代码片段：

```
if (configuration.hasKeyGenerator(keyStatementId)) { // SQL 节点下存在<selectKey>节点
    keyGenerator = configuration.getKeyGenerator(keyStatementId);
} else {
    // 根据 SQL 节点的 useGeneratedKeys 属性值、mybatis-config.xml 中全局的 useGeneratedKeys
    // 配置，以及是否为 insert 语句，决定使用的 KeyGenerator 接口实现
    keyGenerator = context.getBooleanAttribute("useGeneratedKeys",
        configuration.isUseGeneratedKeys() &&
            SqlCommandType.INSERT.equals(sqlCommandType))
            ? new Jdbc3KeyGenerator() : new NoKeyGenerator();
}
```

Jdbc3KeyGenerator.processBefore()方法是空实现，只实现了 processAfter()方法，该方法会调用 Jdbc3KeyGenerator.processBatch()方法将 SQL 语句执行后生成的主键记录到用户传递的实参中。一般情况下，对于单行插入操作，传入的实参是一个 JavaBean 对象或是 Map 对象，则该对象对应一次插入操作的内容；对于多行插入，传入的实参可以是对象或 Map 对象的数组或集合，集合中每一个元素都对应一次插入操作。

Jdbc3KeyGenerator.processAfter()方法首先会调用 Jdbc3KeyGenerator.getParameters()方法将用户传入的实参转换成 Collection 类型对象，代码如下：

```
private Collection<Object> getParameters(Object parameter) {
    Collection<Object> parameters = null;
    if (parameter instanceof Collection) { // 参数为 Collection 类型
        parameters = (Collection) parameter;
    } else if (parameter instanceof Map) {
        // 参数为 Map 类型，则获取其中指定的 key
        Map parameterMap = (Map) parameter;
        if (parameterMap.containsKey("collection")) {
            parameters = (Collection) parameterMap.get("collection");
        } else if (parameterMap.containsKey("list")) {
            parameters = (List) parameterMap.get("list");
        } else if (parameterMap.containsKey("array")) {
            parameters = Arrays.asList((Object[]) parameterMap.get("array"));
        }
    }
    if (parameters == null) { // 参数为普通对象或不包含上述 key 的 Map 集合，则创建 ArrayList
        parameters = new ArrayList<Object>();
```

```
            parameters.add(parameter);
        }
        return parameters;
    }
```

之后，processBatch()方法会遍历数据库生成的主键结果集，并设置到 parameters 集合对应元素的属性中。

```
public void processAfter(Executor executor, MappedStatement ms, Statement stmt,
        Object parameter) {
    // 将用户传入的实参 parameter 封装成集合类型，然后传入 processBatch()方法中处理
    processBatch(ms, stmt, getParameters(parameter));
}

public void processBatch(MappedStatement ms, Statement stmt,
        Collection<Object> parameters) {
    ResultSet rs = null;
    // 获取数据库自动生成的主键，如果没有生成主键，则返回结果集为空
    rs = stmt.getGeneratedKeys();
    final Configuration configuration = ms.getConfiguration();
    final TypeHandlerRegistry typeHandlerRegistry =
            configuration.getTypeHandlerRegistry();
    // 获得 keyProperties 属性指定的属性名称，它表示主键对应的属性名称
    final String[] keyProperties = ms.getKeyProperties();
    // 获取 ResultSet 的元数据信息
    final ResultSetMetaData rsmd = rs.getMetaData();
    TypeHandler<?>[] typeHandlers = null;
    // 检测数据库生成的主键的列数与 keyProperties 属性指定的列数是否匹配
    if (keyProperties != null && rsmd.getColumnCount() >= keyProperties.length) {
        for (Object parameter : parameters) {
            if (!rs.next()) { // parameters 中有多少元素，就对应生成多少个主键
                break;
            }
            // 为用户传入的实参创建相应的 MetaObject 对象
            final MetaObject metaParam = configuration.newMetaObject(parameter);
            // ... 获取对应的 TypeHandler 对象（略）
            // 将生成的主键设置到用户传入的参数的对应位置
            populateKeys(rs, metaParam, keyProperties, typeHandlers);
```

        }
    }
    // ...关闭rs结果集（略）
}
```

为了便于读者理解，这里介绍一个简单的示例，现假设要执行的 SQL 语句如下：

```
<insert id="test_insert" useGeneratedKeys="true" keyProperty="id">
    INSERT INTO t_user(username,pwd) VALUES
    <foreach item="item" collection="list" separator=",">
        (#{item.username}, #{item.pwd})
    </foreach>
</insert>
```

图 3-40 描述了整个示例的执行流程。

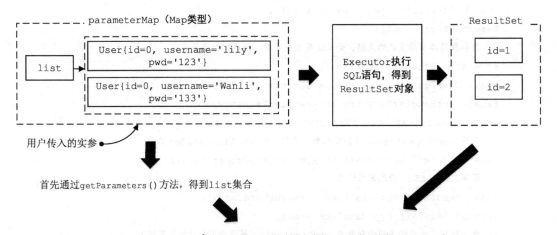

图 3-40

3.4.2 SelectkeyGenerator

对于不支持自动生成自增主键的数据库，例如 Oracle 数据库，用户可以利用 MyBatis 提供的 SelectkeyGenerator 来生成主键，SelectkeyGenerator 也可以实现类似于 Jdbc3KeyGenerator 提供的、获取数据库自动生成的主键的功能。

在前面分析<selectKey>节点的解析过程中，我们曾经见到过 SelectkeyGenerator 的身影。
```

SelectkeyGenerator 主要用于生成主键，它会执行映射配置文件中定义的<selectKey>节点的 SQL
语句，该语句会获取 insert 语句所需要的主键。

SelectKeyGenerator 中定义的字段的含义如下：

```
// <selectKey>节点中定义的 SQL 语句所对应的 MappedStatement 对象。该 MappedStatement 对象是
// 在解析<selectKey>节点时创建的，前面已经介绍过该解析过程，这里不再重复。该 SQL 语句用于获取
// insert 语句中使用的主键
private MappedStatement keyStatement;

// 标识<selectKey>节点中定义的 SQL 语句是在 insert 语句之前执行还是之后执行
private boolean executeBefore;
```

SelectkeyGenerator 中的 processBefore() 方法和 processAfter() 方法的实现都是调用 processGeneratedKeys()方法，两者的具体实现如下：

```
public void processBefore(...) {
    if (executeBefore) { processGeneratedKeys(executor, ms, parameter);    }
}

public void processAfter(...) {
    if (!executeBefore) { processGeneratedKeys(executor, ms, parameter);    }
}
```

processGeneratedKeys()方法会执行<selectKey>节点中配置的 SQL 语句，获取 insert 语句中用到的主键并映射成对象，然后按照配置，将主键对象中对应的属性设置到用户参数中。processGeneratedKeys()方法的具体实现如下：

```
private void processGeneratedKeys(Executor executor, MappedStatement ms,
                Object parameter) {
    // ... 检测用户传入的实参（略）
    // ... 省略 try/catch 代码块
    // 获取<selectKey>节点的 keyProperties 配置的属性名称，它表示主键对应的属性
    String[] keyProperties = keyStatement.getKeyProperties();
    final Configuration configuration = ms.getConfiguration();
    // 创建用户传入的实参对象对应的 MetaObject 对象
    final MetaObject metaParam = configuration.newMetaObject(parameter);
    if (keyProperties != null) {
        // 创建 Executor 对象，并执行 keyStatement 字段中记录的 SQL 语句，并得到主键对象
```

```
        Executor keyExecutor = configuration.newExecutor(executor.getTransaction(),
            ExecutorType.SIMPLE);
        List<Object> values = keyExecutor.query(keyStatement, parameter,
            RowBounds.DEFAULT, Executor.NO_RESULT_HANDLER);
        // ... 检测 values 集合的长度,该集合长度只能为 1 (略)
        // 创建主键对象对应的 MetaObject 对象
        MetaObject metaResult = configuration.newMetaObject(values.get(0));
        if (keyProperties.length == 1) {
            if (metaResult.hasGetter(keyProperties[0])) {
                // 从主键对象中获取指定属性,设置到用户参数的对应属性中
                setValue(metaParam, keyProperties[0],
                    metaResult.getValue(keyProperties[0]));
            } else {
                // 如果主键对象不包含指定属性的 getter 方法,可能是一个基本类型,直接将主键对象设
                // 置到用户参数中
                setValue(metaParam, keyProperties[0], values.get(0));
            }
        } else {
            // 处理主键有多列的情况,其实现是从主键对象中取出指定属性,并设置到用户参数的对应属性中
            handleMultipleProperties(keyProperties, metaParam, metaResult);
        }
    }
}
```

为了便于读者理解,这里通过一个示例进行分析,假设要执行的 SQL 语句如下:

```
<insert id="insert" >
    <!-- 在 insert 语句执行之前,先通过执行<selectKey>节点对应的 Select 语句生成 insert 语句中
        使用的主键,也就是这里的 id -->
    <selectKey keyProperty="id" resultType="int" order="BEFORE">
        SELECT FLOOR(RAND() * 10000);
    </selectKey>
    insert into T_USER (ID,username,pwd) values ( #{id}, #{username}, #{pwd} )
</insert>
```

图 3-41 描述了该示例的执行流程。

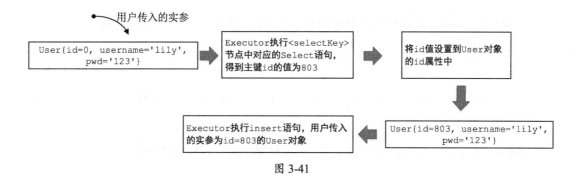

图 3-41

3.5 StatementHandler

StatementHandler 接口是 MyBatis 的核心接口之一，它完成了 MyBatis 中最核心的工作，也是后面要介绍的 Executor 接口实现的基础。

StatementHandler 接口中的功能很多，例如创建 Statement 对象，为 SQL 语句绑定实参，执行 select、insert、update、delete 等多种类型的 SQL 语句，批量执行 SQL 语句，将结果集映射成结果对象。

StatementHandler 接口的定义如下：

```
public interface StatementHandler {

    // 从连接中获取一个 Statement
    Statement prepare(Connection connection, Integer transactionTimeout)
        throws SQLException;

    // 绑定 statement 执行时所需的实参
    void parameterize(Statement statement) throws SQLException;

    // 批量执行 SQL 语句
    void batch(Statement statement) throws SQLException;

    // 执行 update/insert/delete 语句
    int update(Statement statement) throws SQLException;

    // 执行 select 语句
    <E> List<E> query(Statement statement, ResultHandler resultHandler)
        throws SQLException;
```

```
<E> Cursor<E> queryCursor(Statement statement) throws SQLException;

BoundSql getBoundSql();

ParameterHandler getParameterHandler();// 获取其中封装的 ParameterHandler，后面详述
}
```

MyBatis 中提供了 StatementHandler 接口的多种实现类，如图 3-42 所示。

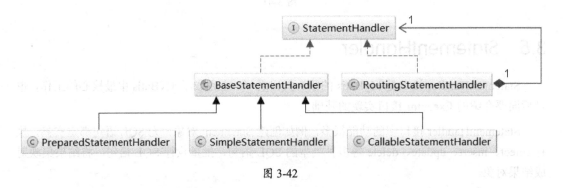

图 3-42

3.5.1　RoutingStatementHandler

对于 RoutingStatementHandler 在整个 StatementHandler 接口层次中的扮演角色，有人觉得它是一个装饰器，但它并没有提供功能上的扩展；有人觉得这里使用了策略模式；还有人认为它是一个静态代理类。笔者个人倾向于策略模式的观点，后面还会详细介绍策略模式的相关知识。

RoutingStatementHandler 会根据 MappedStatement 中指定的 statementType 字段，创建对应的 StatementHandler 接口实现。RoutingStatementHandler 类的具体实现代码如下：

```
public class RoutingStatementHandler implements StatementHandler {

    private final StatementHandler delegate; // 底层封装的真正的 StatementHandler 对象

    public RoutingStatementHandler(Executor executor, MappedStatement ms,
        Object parameter, RowBounds rowBounds, ResultHandler resultHandler,
        BoundSql boundSql) {
        // RoutingStatementHandler 的主要功能就是根据 MappedStatement 的配置，生成一个
        // 对应的 StatementHandler 对象，并设置到 delegate 字段中
```

```
        switch (ms.getStatementType()) {
            case STATEMENT:
                delegate = new SimpleStatementHandler(executor, ms, parameter,
                    rowBounds, resultHandler, boundSql);
                break;
            case PREPARED:
                delegate = new PreparedStatementHandler(executor, ms, parameter,
                    rowBounds, resultHandler, boundSql);
                break;
            case CALLABLE:
                delegate = new CallableStatementHandler(executor, ms, parameter,
                    rowBounds, resultHandler, boundSql);
                break;
            default:
                throw new ExecutorException("...");
        }
    }
    //...RoutingStatementHandler中的所有方法，都是通过调用delegate对象的对应方法实现的(略)
}
```

3.5.2 BaseStatementHandler

BaseStatementHandler 是一个实现了 StatementHandler 接口的抽象类，它只提供了一些参数绑定相关的方法，并没有实现操作数据库的方法。BaseStatementHandler 中核心字段的含义如下：

```
// 记录使用的 ParameterHandler 对象，ParameterHandler 的主要功能是为 SQL 语句绑定实参，也就是
// 使用传入的实参替换 SQL 语句的中"?"占位符，后面会详细介绍
protected final ParameterHandler parameterHandler;

// 记录使用的 ResultSetHandler 对象，正如前文所述，它的主要功能是将结果集映射成结果对象
protected final ResultSetHandler resultSetHandler;

// 记录 SQL 语句对应的 MappedStatement 和 BoundSql 对象
protected final MappedStatement mappedStatement;
protected BoundSql boundSql;

// 记录执行 SQL 语句的 Executor 对象
```

```
protected final Executor executor;

// RowBounds 记录了用户设置的 offset 和 limit，用于在结果集中定位映射的起始位置和结束位置
protected final RowBounds rowBounds;
```

在 BaseStatementHandler 的构造方法中，除了初始化上述字段之外，还会调用 KeyGenerator.processBefore()方法初始化 SQL 语句的主键，具体实现如下：

```
protected BaseStatementHandler(...) {
    // ... 初始化其他字段（略）
    if (boundSql == null) {
        // 调用 KeyGenerator.processBefore()方法获取主键
        generateKeys(parameterObject);
        boundSql = mappedStatement.getBoundSql(parameterObject);
    }
}

// 下面是 generateKeys()方法的实现:
protected void generateKeys(Object parameter) {
    KeyGenerator keyGenerator = mappedStatement.getKeyGenerator();
    keyGenerator.processBefore(executor, mappedStatement, null, parameter);
}
```

BaseStatementHandler 实现了 StatementHandler 接口中的 prepare()方法，该方法首先调用 instantiateStatement()抽象方法初始化 java.sql.Statement 对象，然后为其配置超时时间以及 fetchSize 等设置，代码比较简单，不再贴出来了。

BaseStatementHandler 依赖两个重要的组件，它们分别是 ParameterHandler 和 ResultSetHandler。其中 ResultSetHandler 接口以及相关实现已经在前面分析过了，不再重复。下面着重分析 ParameterHandler 接口。

3.5.3 ParameterHandler

通过前面对动态 SQL 的介绍可知，在 BoundSql 中记录的 SQL 语句中可能包含 "?" 占位符，而每个 "?" 占位符都对应了 BoundSql.parameterMappings 集合中的一个元素，在该 ParameterMapping 对象中记录了对应的参数名称以及该参数的相关属性。

在 ParameterHandler 接口中只定义了一个 setParameters()方法，该方法主要负责调用

PreparedStatement.set*()方法为 SQL 语句绑定实参。MyBatis 只为 ParameterHandler 接口提供了唯一一个实现类，也就是本小节主要介绍的 DefaultParameterHandler。DefaultParameterHandler 中核心字段的含义如下：

```java
// TypeHandlerRegistry 对象，管理 MyBatis 中的全部 TypeHandler 对象
private final TypeHandlerRegistry typeHandlerRegistry;

// MappedStatement 对象，其中记录 SQL 节点相应的配置信息
private final MappedStatement mappedStatement;

// 用户传入的实参对象
private final Object parameterObject;

// 对应的 BoundSql 对象,需要设置参数的 PreparedStatement 对象,就是根据该 BoundSql 中记录的 SQL
// 语句创建的，BoundSql 中也记录了对应参数的名称和相关属性
private BoundSql boundSql;
```

在 DefaultParameterHandler.setParameters()方法中会遍历 BoundSql.parameterMappings 集合中记录的 ParameterMapping 对象，并根据其中记录的参数名称查找相应实参，然后与 SQL 语句绑定。setParameters()方法的具体代码如下：

```java
public void setParameters(PreparedStatement ps) {
    ...
    // 取出 sql 中的参数映射列表
    List<ParameterMapping> parameterMappings = boundSql.getParameterMappings();
    // 检测 parameterMappings 集合是否为空（略）
    for (int i = 0; i < parameterMappings.size(); i++) {
        ParameterMapping parameterMapping = parameterMappings.get(i);
        // 过滤掉存储过程中的输出参数
        if (parameterMapping.getMode() != ParameterMode.OUT) {
            Object value; // 记录绑定的实参
            String propertyName = parameterMapping.getProperty(); // 获取参数名称
            if (boundSql.hasAdditionalParameter(propertyName)) { // 获取对应的实参值
                value = boundSql.getAdditionalParameter(propertyName);
            } else if (parameterObject == null) { // 整个实参为空
                value = null;
            } else if (typeHandlerRegistry.hasTypeHandler(parameterObject.getClass())) {
                value = parameterObject; // 实参可以直接通过 TypeHandler 转换成 JdbcType
```

```
            } else {
                // 获取对象中相应的属性值或查找 Map 对象中值
                MetaObject metaObject = configuration.newMetaObject(parameterObject);
                value = metaObject.getValue(propertyName);
            }
            // 获取 ParameterMapping 中设置的 TypeHandler 对象
            TypeHandler typeHandler = parameterMapping.getTypeHandler();
            JdbcType jdbcType = parameterMapping.getJdbcType();
            if (value == null && jdbcType == null) {
                jdbcType = configuration.getJdbcTypeForNull();
            }
            // 下面省略了 try/catch 代码块
            // 通过 TypeHandler.setParametera()方法会调用 PreparedStatement.set*()方法
            // 为 SQL 语句绑定相应的实参，读者可以回顾第 2 章 TypeHandler 小节的内容
            typeHandler.setParameter(ps, i + 1, value, jdbcType);
        }
    }
}
```

为 SQL 语句绑定完实参之后，就可以调用 Statement 对象相应的 execute()方法，将 SQL 语句交给数据库执行了，该步骤在下一节介绍 BaseStatementHandler 子类的具体实现时会详细介绍。

3.5.4 SimpleStatementHandler

SimpleStatementHandler 继承了 BaseStatementHandler 抽象类。它底层使用 java.sql.Statement 对象来完成数据库的相关操作，所以 SQL 语句中不能存在占位符，相应的，SimpleStatementHandler. parameterize()方法是空实现。

SimpleStatementHandler.instantiateStatement()方法直接通过 JDBC Connection 创建 Statement 对象，具体实现如下：

```
protected Statement instantiateStatement(Connection connection) throws SQLException {
    if (mappedStatement.getResultSetType() != null) {
        // 设置结果集是否可以滚动及其游标是否可以上下移动，设置结果集是否可更新
        return connection.createStatement(mappedStatement.getResultSetType()
            .getValue(), ResultSet.CONCUR_READ_ONLY);
    } else {
```

```
        return connection.createStatement();
    }
}
```

上面创建的 Statement 对象之后会被用于完成数据库操作,SimpleStatementHandler.query() 方法等完成了数据库查询的操作,并通过 ResultSetHandler 将结果集映射成结果对象。

```
public <E> List<E> query(Statement statement, ResultHandler resultHandler)
        throws SQLException {
    String sql = boundSql.getSql(); // 获取 SQL 语句
    statement.execute(sql); // 调用 Statement.executor()方法执行 SQL 语句
    return resultSetHandler.<E>handleResultSets(statement); // 映射结果集
}
```

SimpleStatementHandler 中的 queryCursor()、batch()方法与 query()方法实现类似,也是直接调用 Statement 对象的相应方法,不再赘述。

SimpleStatementHandler.update()方法负责执行 insert、update 或 delete 等类型的 SQL 语句,并且会根据配置的 KeyGenerator 获取数据库生成的主键,具体实现如下:

```
public int update(Statement statement) throws SQLException {
    String sql = boundSql.getSql(); // 获取 SQL 语句
    Object parameterObject = boundSql.getParameterObject(); // 获取用户传入的实参
    // 获取配置的 KeyGenerator 对象
    KeyGenerator keyGenerator = mappedStatement.getKeyGenerator();
    int rows;
    if (keyGenerator instanceof Jdbc3KeyGenerator) {
        statement.execute(sql, Statement.RETURN_GENERATED_KEYS); // 执行 SQL 语句
        rows = statement.getUpdateCount(); // 获取受影响的行数
        // 将数据库生成的主键添加到 parameterObject 中
        keyGenerator.processAfter(executor, mappedStatement, statement,
            parameterObject);
    } else if (keyGenerator instanceof SelectKeyGenerator) {
        statement.execute(sql); // 执行 SQL 语句
        rows = statement.getUpdateCount();// 获取受影响的行数
        // 执行<selectKey>节点中配置的 SQL 语句获取数据库生成的主键,并添加到 parameterObject 中
        keyGenerator.processAfter(executor, mappedStatement, statement,
            parameterObject);
    } else {
```

```
            statement.execute(sql);
            rows = statement.getUpdateCount();
        }
        return rows;
    }
```

3.5.5　PreparedStatementHandler

PreparedStatementHandler 底层依赖于 java.sql.PreparedStatement 对象来完成数据库的相关操作。在 SimpleStatementHandler.parameterize()方法中，会调用前面介绍的 ParameterHandler.setParameters()方法完成 SQL 语句的参数绑定，代码比较简单，不再贴出来了。

PreparedStatementHandler.instantiateStatement() 方法直接调用 JDBC Connection 的 prepareStatement()方法创建 PreparedStatement 对象，具体实现如下：

```
protected Statement instantiateStatement(Connection connection) throws SQLException {
    String sql = boundSql.getSql(); // 获取待执行的 SQL 语句
    // 根据 MappedStatement.keyGenerator 字段的值，创建 PreparedStatement 对象
    if (mappedStatement.getKeyGenerator() instanceof Jdbc3KeyGenerator) {
        String[] keyColumnNames = mappedStatement.getKeyColumns();
        if (keyColumnNames == null) {
            return connection.prepareStatement(sql,
                PreparedStatement.RETURN_GENERATED_KEYS); // 返回数据库生成的主键
        } else {
            // 在 insert 语句执行完成之后，会将 keyColumnNames 指定的列返回
            return connection.prepareStatement(sql, keyColumnNames);
        }
    } else if (mappedStatement.getResultSetType() != null) {
        // 设置结果集是否可以滚动以及其游标是否可以上下移动，设置结果集是否可更新
        return connection.prepareStatement(sql,
            mappedStatement.getResultSetType().getValue(), ResultSet.CONCUR_READ_ONLY);
    } else {
        return connection.prepareStatement(sql); // 创建普通的 PreparedStatement 对象
    }
}
```

PreparedStatementHandler 中其他方法的实现与 SimpleStatementHandler 对应方法的实现类似，这里就不再赘述了。

CallableStatementHandler 底层依赖于 java.sql.CallableStatement 调用指定的存储过程，其 parameterize()方法也会调用 ParameterHandler.setParameters()方法完成 SQL 语句的参数绑定，并指定输出参数的索引位置和 JDBC 类型。其余方法与前面介绍的 ResultSetHandler 实现类似，唯一区别是会调用前面介绍的 ResultSetHandler.handleOutputParameters()处理输出参数，这里不再赘述了，感兴趣的读者可以参考源码进行学习。

通过本节的介绍，读者会发现 StatementHandler 依赖 ParameterHandler 和 ResultSetHandler 完成了 MyBatis 的核心功能，它控制着参数绑定、SQL 语句执行、结果集映射等一系列核心流程，希望通过本节的介绍，读者可以理解 StatementHandler 的原理。

3.6 Executor

Executor 是 MyBatis 的核心接口之一，其中定义了数据库操作的基本方法。在实际应用中经常涉及的 SqlSession 接口的功能，都是基于 Executor 接口实现的。Executor 接口中定义的方法如下：

```
public interface Executor {

    //执行update、insert、delete 三种类型的 SQL 语句
    int update(MappedStatement ms, Object parameter) throws SQLException;

    // 执行select 类型的 SQL 语句，返回值分为结果对象列表或游标对象
    <E> List<E> query(MappedStatement ms, Object parameter, RowBounds rowBounds,
        ResultHandler resultHandler, CacheKey cacheKey, BoundSql boundSql)
           throws SQLException;

    <E> List<E> query(MappedStatement ms, Object parameter, RowBounds rowBounds,
        ResultHandler resultHandler) throws SQLException;

    <E> Cursor<E> queryCursor(MappedStatement ms, Object parameter,
        RowBounds rowBounds) throws SQLException;

    List<BatchResult> flushStatements() throws SQLException; // 批量执行SQL 语句

    void commit(boolean required) throws SQLException; // 提交事务

    void rollback(boolean required) throws SQLException; // 回滚事务
```

```
    // 创建缓存中用到的 CacheKey 对象
    CacheKey createCacheKey(MappedStatement ms, Object parameterObject,
        RowBounds rowBounds, BoundSql boundSql);

    boolean isCached(MappedStatement ms, CacheKey key); // 根据 CacheKey 对象查找缓存

    void clearLocalCache() ;// 清空一级缓存

    // 延迟加载一级缓存中的数据，DeferredLoad 的相关内容后面会详细介绍
    void deferLoad(MappedStatement ms, MetaObject resultObject, String property,
        CacheKey key, Class<?> targetType);

    Transaction getTransaction(); // 获取事务对象

    void close(boolean forceRollback); // 关闭 Executor 对象

    boolean isClosed();// 检测 Executor 是否已关闭
}
```

MyBatis 提供的 Executor 接口实现如图 3-43 所示，在这些 Executor 接口实现中涉及两种设计模式，分别是模板方法模式和装饰器模式。装饰器模式在前面已经介绍过了，很明显，这里的 CachingExecutor 扮演了装饰器的角色，为 Executor 添加了二级缓存的功能，二级缓存的实现原理在后面介绍 CacheExecutor 时详细分析。在开始介绍 Executor 接口的实现之前，先来介绍模板方法模式的相关知识。

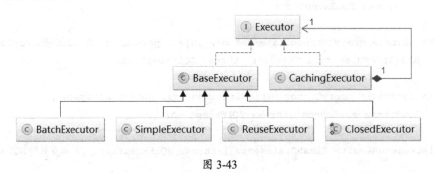

图 3-43

3.6.1 模板方法模式

在程序开发中，经常会遇到这种情况：某个方法要实现的算法需要多个步骤，但其中有一

些步骤是固定不变的，而另一些步骤则是不固定的。为了提高代码的可扩展性和可维护性，模板方法模式在这种场景下就派上了用场。

在模板方法模式中，一个算法可以分为多个步骤，这些步骤的执行次序在一个被称为"模板方法"的方法中定义，而算法的每个步骤都对应着一个方法，这些方法被称为"基本方法"。模板方法按照它定义的顺序依次调用多个基本方法，从而实现整个算法流程。在模板方法模式中，会将模板方法的实现以及那些固定不变的基本方法的实现放在父类中，而那些不固定的基本方法在父类中只是抽象方法，其真正的实现代码会被延迟到子类中完成。

下面来看模板方法模式的结构，如图 3-44 所示，其中 template()方法是模板方法，operation3()是固定不变的基本方法，而 operation1、operation2、operation4 都是不固定的基本方法，所以在 AbstractClass 中都定义为抽象方法，而 ConcreteClass1 和 ConcreteClass2 这两个子类需要实现这些方法。

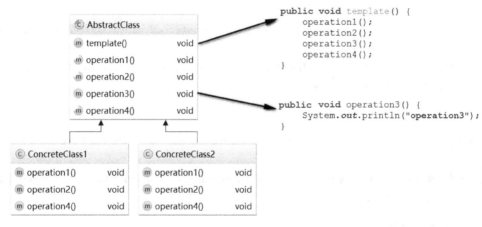

图 3-44

通过上面的描述可知，模板方法模式可以将模板方法以及固定不变的基本方法统一封装到父类中，而将变化的部分封装到子类中实现，这样就由父类控制整个算法的流程，而子类实现算法的某些细节，实现了这两方面的解耦。当需要修改算法的行为时，开发人员可以通过添加子类的方式实现，这符合"开放-封闭"原则。

模板方法模式不仅可以复用已有的代码，还可以充分利用了面向对象的多态性，系统可以在运行时选择一种具体子类实现完整的算法，这就提高系统的灵活性和可扩展性。

模板方法模式与其他设计模式一样，都会增加系统的抽象程度。另外，模板方法模式在修改算法实现细节时，会增加类的个数，也会增加系统的复杂性。

3.6.2 BaseExecutor

BaseExecutor 是一个实现了 Executor 接口的抽象类，它实现了 Executor 接口的大部分方法，其中就使用了模板方法模式。BaseExecutor 中主要提供了缓存管理和事务管理的基本功能，继承 BaseExecutor 的子类只要实现四个基本方法来完成数据库的相关操作即可，这四个方法分别是：doUpdate()方法、doQuery()方法、doQueryCursor()方法、doFlushStatement()方法，其余的功能在 BaseExecutor 中实现。

BaseExecutor 中各个字段的含义如下：

```
protected Transaction transaction; // Transaction 对象，实现事务的提交、回滚和关闭操作

protected Executor wrapper; // 其中封装的 Executor 对象

protected ConcurrentLinkedQueue<DeferredLoad> deferredLoads; // 延迟加载队列，后面详述

// 一级缓存，用于缓存该 Executor 对象查询结果集映射得到的结果对象，PerpetualCache 的具体实现在
// 前面已经介绍过了，这里不再重复
protected PerpetualCache localCache;

protected PerpetualCache localOutputParameterCache; // 一级缓存，用于缓存输出类型的参数

// 用来记录嵌套查询的层数，分析 DefaultResultSetHandler 时介绍过嵌套查询，后面还会详细分析该字段
protected int queryStack;
```

1. 一级缓存简介

在常见的应用系统中，数据库是比较珍贵的资源，很容易成为整个系统的瓶颈。在设计和维护系统时，会进行多方面的权衡，并且利用多种优化手段，减少对数据库的直接访问。使用缓存是一种比较有效的优化手段，使用缓存可以减少应用系统与数据库的网络交互、减少数据库访问次数、降低数据库的负担、降低重复创建和销毁对象等一系列开销，从而提高整个系统的性能。从另一方面来看，当数据库意外宕机时，缓存中保存的数据可以继续支持应用程序中的部分展示的功能，提高系统的可用性。

MyBatis 作为一个功能强大的 ORM 框架，也提供了缓存的功能，其缓存设计为两层结构，分别为一级缓存和二级缓存。二级缓存在后面介绍 CachingExecutor 时会详细介绍，本小节主要介绍一级缓存的相关内容。

一级缓存是会话级别的缓存，在 MyBatis 中每创建一个 SqlSession 对象，就表示开启一次

数据库会话。在一次会话中，应用程序可能会在短时间内，例如一个事务内，反复执行完全相同的查询语句，如果不对数据进行缓存，那么每一次查询都会执行一次数据库查询操作，而多次完全相同的、时间间隔较短的查询语句得到的结果集极有可能完全相同，这也就造成了数据库资源的浪费。

MyBatis 中的 SqlSession 是通过本节介绍的 Executor 对象完成数据库操作的，为了避免上述问题，在 Executor 对象中会建立一个简单的缓存，也就是本小节所要介绍的"一级缓存"，它会将每次查询的结果对象缓存起来。在执行查询操作时，会先查询一级缓存，如果其中存在完全一样的查询语句，则直接从一级缓存中取出相应的结果对象并返回给用户，这样不需要再访问数据库了，从而减小了数据库的压力。

一级缓存的生命周期与 SqlSession 相同，其实也就与 SqlSession 中封装的 Executor 对象的生命周期相同。当调用 Executor 对象的 close() 方法时，该 Executor 对象对应的一级缓存就变得不可用。一级缓存中对象的存活时间受很多方面的影响，例如，在调用 Executor.update() 方法时，也会先清空一级缓存。其他影响一级缓存中数据的行为，我们在分析 BaseExecutor 的具体实现时会详细介绍。一级缓存默认是开启的，一般情况下，不需要用户进行特殊配置。如果存在特殊需求，读者可以考虑使用第 4 章介绍的插件功能来改变其行为。

2. 一级缓存的管理

执行 select 语句查询数据库是最常用的功能，BaseExecutor.query() 方法实现该功能的思路还是比较清晰的，如图 3-45 所示。

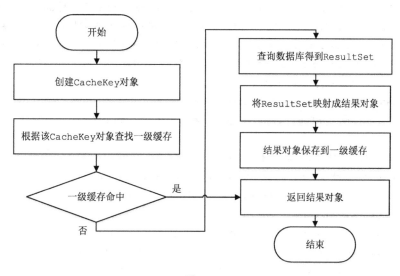

图 3-45

BaseExecutor.query() 方法会首先创建 CacheKey 对象，并根据该 CacheKey 对象查找一级缓

存,如果缓存命中则返回缓存中记录的结果对象,如果缓存未命中则查询数据库得到结果集,之后将结果集映射成结果对象并保存到一级缓存中,同时返回结果对象。query()方法的具体实现如下:

```
public <E> List<E> query(MappedStatement ms, Object parameter, RowBounds rowBounds,
        ResultHandler resultHandler) throws SQLException {
    BoundSql boundSql = ms.getBoundSql(parameter); // 获取 BoundSql 对象
    // 创建 CacheKey 对象,该 CacheKey 对象的组成部分在后面详细介绍
    CacheKey key = createCacheKey(ms, parameter, rowBounds, boundSql);
    // 调用 query() 的另一个重载,继续后续处理
    return query(ms, parameter, rowBounds, resultHandler, key, boundSql);
}
```

CacheKey 对象在前面介绍缓存模块时已经分析过了,这里主要关注 BaseExecutor.createCacheKey()方法创建的 CacheKey 对象由哪几部分构成,createCacheKey()方法具体实现如下:

```
public CacheKey createCacheKey(MappedStatement ms, Object parameterObject,
        RowBounds rowBounds, BoundSql boundSql) {
    // ... 检测当前 Executor 是否已经关闭(略)
    CacheKey cacheKey = new CacheKey(); // 创建 CacheKey 对象
    cacheKey.update(ms.getId()); // 将 MappedStatement 的 id 添加到 CacheKey 对象中
    cacheKey.update(rowBounds.getOffset()); // 将 offset 添加到 CacheKey 对象中
    cacheKey.update(rowBounds.getLimit()); // 将 limit 添加到 CacheKey 对象中
    cacheKey.update(boundSql.getSql()); //将 SQL 语句添加到 CacheKey 对象中
    List<ParameterMapping> parameterMappings = boundSql.getParameterMappings();
    TypeHandlerRegistry typeHandlerRegistry =
            ms.getConfiguration().getTypeHandlerRegistry();

    // 获取用户传入的实参,并添加到 CacheKey 对象中
    for (ParameterMapping parameterMapping : parameterMappings) {
        if (parameterMapping.getMode() != ParameterMode.OUT) { // 过滤掉输出类型的参数
            Object value;
            String propertyName = parameterMapping.getProperty();
            if (boundSql.hasAdditionalParameter(propertyName)) {
                value = boundSql.getAdditionalParameter(propertyName);
            } else if (parameterObject == null) {
                value = null;
```

```
      } else if (typeHandlerRegistry.hasTypeHandler(parameterObject.getClass())) {
        value = parameterObject;
      } else {
        MetaObject metaObject = configuration.newMetaObject(parameterObject);
        value = metaObject.getValue(propertyName);
      }
      cacheKey.update(value); // 将实参添加到 CacheKey 对象中
    }
  }
  // 如果 Environment 的 id 不为空，则将其添加到 CacheKey 中
  if (configuration.getEnvironment() != null) {
    cacheKey.update(configuration.getEnvironment().getId());
  }
  return cacheKey;
}
```

可以清晰地看到，该 CacheKey 对象由 MappedStatement 的 id、对应的 offset 和 limit、SQL 语句（包含"?"占位符）、用户传递的实参以及 Environment 的 id 这五部分构成。

继续来看上述代码中调用的 query()方法的另一重载的具体实现，该重载会根据前面创建的 CacheKey 对象查询一级缓存，如果缓存命中则将缓存中记录的结果对象返回，如果缓存未命中，则调用 doQuery()方法完成数据库的查询操作并得到结果对象，之后将结果对象记录到一级缓存中。具体实现如下：

```
public <E> List<E> query(MappedStatement ms, Object parameter, RowBounds rowBounds,
      ResultHandler resultHandler, CacheKey key, BoundSql boundSql)
        throws SQLException {
  // ... 检测当前 Executor 是否已经关闭（略）
  if (queryStack == 0 && ms.isFlushCacheRequired()) {
    // 非嵌套查询，并且<select>节点配置的 flushCache 属性为 true 时，才会清空一级缓存
    // flushCache 配置项是影响一级缓存中结果对象存活时长的第一个方面
    clearLocalCache();
  }
  List<E> list;
  try {
    queryStack++; // 增加查询层数
    // 查询一级缓存
    list = resultHandler == null ? (List<E>) localCache.getObject(key) : null;
    if (list != null) {
```

```
            // 针对存储过程调用的处理，其功能是：在一级缓存命中时，获取缓存中保存的输出类型参数，
            // 并设置到用户传入的实参（parameter）对象中，代码就不贴出来了，读者可以查看源码学习
            handleLocallyCachedOutputParameters(ms, key, parameter, boundSql);
        } else {
            // 其中会调用 doQuery()方法完成数据库查询，并得到映射后的结果对象，doQuery()方法是
            // 一个抽象方法，也是上述 4 个基本方法之一，由 BaseExecutor 的子类具体实现。
            list = queryFromDatabase(ms, parameter, rowBounds, resultHandler,
                key, boundSql);
        }
    } finally {
        queryStack--; // 当前查询完成，查询层数减少
    }
    if (queryStack == 0) {
        // ... 延迟加载的相关内容，后面会详细介绍（略）
    }
    return list;
}
```

上面介绍了 BaseExecutor 中缓存的第一种功能，也就是缓存结查询得到的结果对象。除此之外，一级缓存还有第二个功能：前面在分析嵌套查询时，如果一级缓存中缓存了嵌套查询的结果对象，则可以从一级缓存中直接加载该结果对象；如果一级缓存中记录的嵌套查询的结果对象并未完全加载，则可以通过 DeferredLoad 实现类似延迟加载的功能。

Executor 中与上述功能直接相关的方法有两个，一个是 isCached()方法负责检测是否缓存了指定查询的结果对象，具体实现如下：

```
public boolean isCached(MappedStatement ms, CacheKey key) {
    return localCache.getObject(key) != null; // 检测缓存中是否缓存了 CacheKey 对应的对象
}
```

另一个是 deferLoad()方法，它负责创建 DeferredLoad 对象并将其添加到 deferredLoads 集合中，具体实现如下：

```
public void deferLoad(MappedStatement ms, MetaObject resultObject, String property,
        CacheKey key, Class<?> targetType) {
    // ... 边界检测（略）
    // 创建 DeferredLoad 对象
    DeferredLoad deferredLoad = new DeferredLoad(resultObject, property, key,
        localCache, configuration, targetType);
```

```java
    if (deferredLoad.canLoad()) {
        // 一级缓存中已经记录了指定查询的结果对象，直接从缓存中加载对象，并设置到外层对象中
        deferredLoad.load();
    } else {
        // 将 DeferredLoad 对象添加到 deferredLoads 队列中，待整个外层查询结束后，再加载该结果对象
        deferredLoads.add(new DeferredLoad(resultObject, property, key, localCache,
            configuration, targetType));
    }
}
```

DeferredLoad 是定义在 BaseExecutor 中的内部类，它负责从 localCache 缓存中延迟加载结果对象，其字段的含义如下：

```java
private final MetaObject resultObject; // 外层对象对应的 MetaObject 对象

private final String property; // 延迟加载的属性名称

private final Class<?> targetType; // 延迟加载的属性的类型

private final CacheKey key; // 延迟加载的结果对象在一级缓存中相应的 CacheKey 对象

// 一级缓存，与 BaseExecutor.localCache 字段指向同一 PerpetualCache 对象
private final PerpetualCache localCache;

// ResultExtractor 负责结果对象的类型转换，前面已经介绍过，不再重复描述
private final ResultExtractor resultExtractor;
```

DeferredLoad.canLoad() 方法负责检测缓存项是否已经完全加载到了缓存中。首先要说明"完全加载"的含义：BaseExecutor.queryFromDatabase() 方法中，开始查询调用 doQuery() 方法查询数据库之前，会先在 localCache 中添加占位符，待查询完成之后，才将真正的结果对象放到 localCache 中缓存，此时该缓存项才算"完全加载"。BaseExecutor.queryFromDatabase() 方法的实现大致如下：

```java
private <E> List<E> queryFromDatabase(...) throws SQLException {
    List<E> list;
    localCache.putObject(key, EXECUTION_PLACEHOLDER); // 在缓存中添加占位符
    try {
        // 调用 doQuery() 方法(抽象方法)，完成数据库查询操作，并返回结果对象
```

```
            list = doQuery(ms, parameter, rowBounds, resultHandler, boundSql);
        } finally {
            localCache.removeObject(key); // 删除占位符
        }
        localCache.putObject(key, list); // 将真正的结果对象添加到一级缓存中
        if (ms.getStatementType() == StatementType.CALLABLE) { // 是否为存储过程调用
            localOutputParameterCache.putObject(key, parameter); // 缓存输出类型的参数
        }
        return list;
    }
```

DeferredLoad.canLoad()方法的具体实现如下：

```
public boolean canLoad() {
    return localCache.getObject(key) != null && // 检测缓存是否存在指定的结果对象
        localCache.getObject(key) != EXECUTION_PLACEHOLDER; // 检测是否为占位符
}
```

DeferredLoad.load()方法负责从缓存中加载结果对象，并设置到外层对象的相应属性中，具体实现如下：

```
public void load() {
    // 从缓存中查询指定的结果对象
    List<Object> list = (List<Object>) localCache.getObject(key);
    // 将缓存的结果对象转换成指定类型
    Object value = resultExtractor.extractObjectFromList(list, targetType);
    resultObject.setValue(property, value); // 设置到外层对象的对应属性
}
```

介绍完 DeferredLoad 对象之后，来看触发 DeferredLoad 从缓存中加载结果对象的相关代码，这段代码在 BaseExecutor.query()方法中，如下所示。

```
public <E> List<E> query(...) throws SQLException {
    // ... 边界检测、相关准备操作（略）
    // ... 在前面已经分析过查询缓存、检测缓存是否命中以及调用 queryFromDatabase()方法操作数据
    // 库的具体实现，这里不再重复（略）

    if (queryStack == 0) {
        // 在最外层的查询结束时，所有嵌套查询也已经完成，相关缓存项也已经完全加载，所以在这里可以
```

```
        // 触发DeferredLoad加载一级缓存中记录的嵌套查询的结果对象
        for (DeferredLoad deferredLoad : deferredLoads) {
            deferredLoad.load();
        }
        deferredLoads.clear();// 加载完成后,清空deferredLoads集合
        if (configuration.getLocalCacheScope() == LocalCacheScope.STATEMENT) {
            // 根据localCacheScope配置决定是否清空一级缓存,localCacheScope配置是影响一级缓
            // 存中结果对象存活时长的第二个方面
            clearLocalCache();
        }
    }
    return list;
}
```

BaseExecutor.queryCursor()方法的主要功能也是查询数据库,这一点与query()方法类似,但它不会直接将结果集映射为结果对象,而是将结果集封装成 Cursor 对并返回,待用户遍历 Cursor时才真正完成结果集的映射操作。另外,queryCursor()方法是直接调用 doQueryCursor()这个基本方法实现的,并不会像 query()方法那样使用查询一级缓存。queryCursor ()方法的代码比较简单,感兴趣的读者可以参考源码。

介绍完缓存的填充过程和使用,再来看缓存的清除功能,该功能是在 clearLocalCache()方法中完成的,在很多地方都可以看到它的身影,其调用栈如图 3-46 所示。

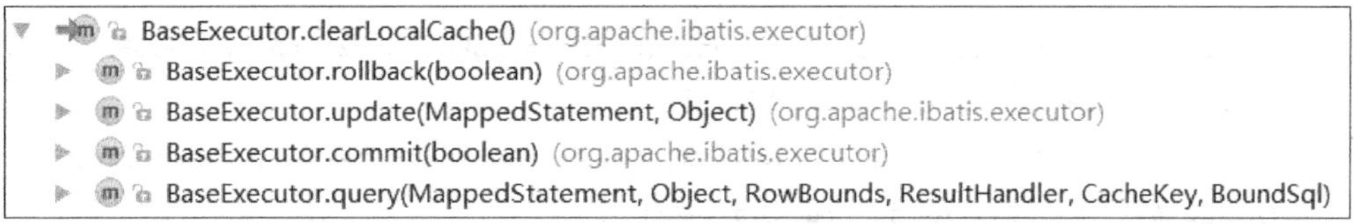

```
▼ ■m ᴬ BaseExecutor.clearLocalCache()  (org.apache.ibatis.executor)
    ▶ m ᴬ BaseExecutor.rollback(boolean)  (org.apache.ibatis.executor)
    ▶ m ᴬ BaseExecutor.update(MappedStatement, Object)  (org.apache.ibatis.executor)
    ▶ m ᴬ BaseExecutor.commit(boolean)  (org.apache.ibatis.executor)
    ▶ m ᴬ BaseExecutor.query(MappedStatement, Object, RowBounds, ResultHandler, CacheKey, BoundSql)
```

图 3-46

前面已经介绍过,BaseExecutor.query()方法会根据 flushCache 属性和 localCacheScope 配置决定是否清空一级缓存,这里不再重复描述。

BaseExecutor.update()方法负责执行 insert、update、delete 三类 SQL 语句,它是调用 doUpdate()模板方法实现的。在调用 doUpdate()方法之前会清空缓存,因为执行 SQL 语句之后,数据库中的数据已经更新,一级缓存的内容与数据库中的数据可能已经不一致了,所以需要调用clearLocalCache()方法清空一级缓存中的"脏数据"。

```
public int update(MappedStatement ms, Object parameter) throws SQLException {
    // ... 判断当前 Executor 是否已经关闭 (略)
```

```
    // clearLocalCache()方法中会调用 localCache、localOutputParameterCache 两个
    // 缓存的 clear()方法完成清理工作。这是影响一级缓存中数据存活时长的第三个方面
    clearLocalCache();
    // 调用 doUpdate()方法执行 SQL 语句，该方法也是前面介绍的 4 个基本方法之一
    return doUpdate(ms, parameter);
}
```

3. 事务相关操作

在 BatchExecutor 实现（具体实现后面详细介绍）中，可以缓存多条 SQL 语句，等待合适的时机将缓存的多条 SQL 语句一并发送到数据库执行。Executor.flushStatements()方法主要是针对批处理多条 SQL 语句的，它会调用 doFlushStatements()这个基本方法处理 Executor 中缓存的多条 SQL 语句。在 BaseExecutor.commit()、rollback()等方法中都会首先调用 flushStatements()方法，然后再执行相关事务操作，其调用栈如图 3-47 所示。

```
▼ →m ⃞ BaseExecutor.doFlushStatements(boolean)  (org.apache.ibatis.executor)
  ▼   m ⃞ BaseExecutor.flushStatements(boolean)  (org.apache.ibatis.executor)
    ▶   m ⃞ BaseExecutor.rollback(boolean)  (org.apache.ibatis.executor)
    ▼   m ⃞ BaseExecutor.flushStatements()  (org.apache.ibatis.executor)
      ▶   m ⃞ BaseExecutor.commit(boolean)  (org.apache.ibatis.executor)
```

图 3-47

BaseExecutor.flushStatements()方法的具体实现如下：

```
public List<BatchResult> flushStatements(boolean isRollBack) throws SQLException {
    // ... 判断当前 Executor 是否已经关闭（略）
    // 调用 doFlushStatements()这个基本方法，其参数 isRollBack 表示是否执行 Executor 中缓存的
    // SQL 语句，false 表示执行，true 表示不执行
    return doFlushStatements(isRollBack);
}
```

BaseExecutor.commit()方法首先会清空一级缓存、调用 flushStatements()方法，最后才根据参数决定是否真正提交事务。commit()方法的实现如下：

```
public void commit(boolean required) throws SQLException {
    // ... 判断当前 Executor 是否已经关闭（略）
    clearLocalCache(); // 清空一级缓存
    flushStatements(); // 执行缓存的 SQL 语句，其中调用了 flushStatements(false)方法
    if (required) { // 根据 required 参数决定是否提交事务
```

```
            transaction.commit();
        }
    }
```

BaseExecutor.rollback()方法的实现与 commit()实现类似,同样会根据参数决定是否真正回滚事务,区别是其中调用的是 flushStatements()方法的 isRollBack 参数为 true,这就会导致 Executor 中缓存的 SQL 语句全部被忽略(不会被发送到数据库执行),感兴趣的读者请参考源码。

BaseExecutor.close()方法首先会调用 rollback()方法忽略缓存的 SQL 语句,之后根据参数决定是否关闭底层的数据库连接。代码比较简单,感兴趣的读者请参考源码。

3.6.3　SimpleExecutor

SimpleExecutor 继承了 BaseExecutor 抽象类,它是最简单的 Executor 接口实现。正如前面所说,Executor 使用了模板方法模式,一级缓存等固定不变的操作都封装到了 BaseExecutor 中,在 SimpleExecutor 中就不必再关心一级缓存等操作,只需要专注实现 4 个基本方法的实现即可。

首先来看 SimpleExecutor.doQuery()方法的具体实现:

```
public <E> List<E> doQuery(MappedStatement ms, Object parameter, RowBounds rowBounds,
        ResultHandler resultHandler, BoundSql boundSql) throws SQLException {
    Statement stmt = null;
    try {
        Configuration configuration = ms.getConfiguration(); // 获取配置对象
        // 创建StatementHandler对象,实际返回的是RoutingStatementHandler对象,前面介绍过,
        // 其中根据MappedStatement.statementType选择具体的StatementHandler实现
        StatementHandler handler = configuration.newStatementHandler(wrapper, ms,
            parameter, rowBounds, resultHandler, boundSql);
        // 完成Statement的创建和初始化,该方法首先会调用StatementHandler.prepare()方法创建
        // Statement对象,然后调用StatementHandler.parameterize()方法处理占位符
        stmt = prepareStatement(handler, ms.getStatementLog());
        // 调用StatementHandler.query()方法,执行SQL语句,并通过ResultSetHandler完成结
        // 果集的映射
        return handler.<E>query(stmt, resultHandler);
    } finally {
        closeStatement(stmt); // 关闭Statement对象
    }
}
```

```
    }
    // 下面是 prepareStatement()方法的实现:
    private Statement prepareStatement(StatementHandler handler, Log statementLog)
            throws SQLException {
        Statement stmt;
        Connection connection = getConnection(statementLog);
        stmt = handler.prepare(connection, transaction.getTimeout());// 创建 Statement 对象
        handler.parameterize(stmt); // 处理占位符
        return stmt;
    }
```

SimpleExecutor 中 doQueryCursor()方法、update()方法与 doQuery()方法实现类似,这里不再赘述。SimpleExecutor 不提供批量处理 SQL 语句的功能,所以其 doFlushStatements()方法直接返回空集合,不做其他任何操作。

3.6.4 ReuseExecutor

在传统的 JDBC 编程中,重用 Statement 对象是常用的一种优化手段,该优化手段可以减少 SQL 预编译的开销以及创建和销毁 Statement 对象的开销,从而提高性能。

ReuseExecutor 提供了 Statement 重用的功能,ReuseExecutor 中通过 statementMap 字段(HashMap<String, Statement>类型)缓存使用过的 Statement 对象,key 是 SQL 语句,value 是 SQL 对应的 Statement 对象。

ReuseExecutor.doQuery()、doQueryCursor()、doUpdate()方法的实现与 SimpleExecutor 中对应方法的实现一样,区别在于其中调用的 prepareStatement()方法,SimpleExecutor 每次都会通过 JDBC Connection 创建新的 Statement 对象,而 ReuseExecutor 则会先尝试重用 StatementMap 中缓存的 Statement 对象。

ReuseExecutor.prepareStatement()方法的具体实现如下:

```
    private Statement prepareStatement(StatementHandler handler, Log statementLog)
            throws SQLException {
        Statement stmt;
        BoundSql boundSql = handler.getBoundSql();
        String sql = boundSql.getSql(); // 获取 SQL 语句
        if (hasStatementFor(sql)) { // 检测是否缓存了相同模式的 SQL 语句所对应的 Statement 对象
            stmt = getStatement(sql); // 获取 statementMap 集合中缓存的 Statement 对象
            applyTransactionTimeout(stmt); // 修改超时时间
```

```
        } else {
            Connection connection = getConnection(statementLog); // 获取数据库连接
            // 创建新的 Statement 对象,并缓存到 statementMap 集合中
            stmt = handler.prepare(connection, transaction.getTimeout());
            putStatement(sql, stmt);
        }
        handler.parameterize(stmt); // 处理占位符
        return stmt;
    }
```

当事务提交或回滚、连接关闭时,都需要关闭这些缓存的 Statement 对象。前面介绍 BaseExecutor.commit()、rollback()和 close()方法时提到,其中都会调用 doFlushStatements()方法, 所以在该方法中实现关闭 Statement 对象的逻辑非常合适,具体实现如下:

```
public List<BatchResult> doFlushStatements(boolean isRollback) throws SQLException {
    for (Statement stmt : statementMap.values()) {
        closeStatement(stmt); // 遍历 statementMap 集合并关闭其中的 Statement 对象
    }
    statementMap.clear(); // 清空 statementMap 缓存
    return Collections.emptyList(); // 返回空集合
}
```

这里需要注意一下 ReuseExecutor.queryCursor()方法的使用,熟悉 JDBC 编程的读者知道, 每个 Statement 对象只能对应一个结果集,当多次调用 queryCursor()方法执行同一 SQL 语句时, 会复用同一个 Statement 对象,只有最后一个 ResultSet 是可用的。而 queryCursor()方法返回的 是 Cursor 对象,在用户迭代 Cursor 对象时,才会真正遍历结果集对象并进行映射操作,这就可 能导致使用前面创建的 Cursor 对象中封装的结果集关闭。示例如下:

```
// ... 省略 SqlSession 以及创建相关参数的步骤
Cursor<BlogForCursor> cursor1 = session.selectCursor("...cursorTest", parameter1);
// 使用同一 Statement 对象,会导致 cursor1 中封装的结果集关闭
Cursor<BlogForCursor> cursor2 = session.selectCursor("...cursorTest", parameter2);
// 在下面迭代 cursor1 时就会抛出"Operation not allowed after ResultSet closed"的异常
Iterator<BlogForCursor> iterator = cursor1.iterator();
while (iterator.hasNext()) {
    BlogForCursor blogForCursor = iterator.next();
    System.out.println(blogForCursor);
}
```

还有一个问题是，在前面介绍 DefaultCursor.CursorIterator 时提到过，当完成结果集的处理时，fetchNextObjectFromDatabase()方法会调用 DefaultCursor.close()方法将其中封装的结果集关闭，并且同时会关闭结果集对应的 Statement 对象，这就导致缓存的 Statement 对象关闭，在后续继续使用该 Statement 对象时就会抛出 NullPointException。

反观 ReuseExecutor.query()方法，在 select 语句执行之后，会立即将结果集映射成结果对象，然后关闭结果集，但是不会关闭相关的 Statement 对象，所以使用 ReuseExecutor.query()方法并不涉及上述问题。

3.6.5 BatchExecutor

应用系统在执行一条 SQL 语句时，会将 SQL 语句以及相关参数通过网络发送到数据库系统。对于频繁操作数据库的应用系统来说，如果执行一条 SQL 语句就向数据库发送一次请求，很多时间会浪费在网络通信上。使用批量处理的优化方式可以在客户端缓存多条 SQL 语句，并在合适的时机将多条 SQL 语句打包发送给数据库执行，从而减少网络方面的开销，提升系统的性能。

不过有一点需要注意，在批量执行多条 SQL 语句时，每次向数据库发送的 SQL 语句条数是有上限的，如果超过这个上限，数据库会拒绝执行这些 SQL 语句并抛出异常。所以批量发送 SQL 语句的时机很重要。

BatchExecutor 实现了批处理多条 SQL 语句的功能，其中核心字段的含义如下：

```
// 缓存多个 Statement 对象，其中每个 Statement 对象中都缓存了多条 SQL 语句
private final List<Statement> statementList = new ArrayList<Statement>();

// 记录批处理的结果，BatchResult 中通过 updateCounts 字段（int[]数组类型）记录每个 Statement
// 执行批处理的结果
private final List<BatchResult> batchResultList = new ArrayList<BatchResult>();

private String currentSql; // 记录当前执行的 SQL 语句

private MappedStatement currentStatement; // 记录当前执行的 MappedStatement 对象
```

JDBC 中的批处理只支持 insert、update、delete 等类型的 SQL 语句，不支持 select 类型的 SQL 语句，所以下面要分析的是 BatchExecutor.doUpdate()方法。

BatchExecutor.doUpdate()方法在添加一条 SQL 语句时，首先会将 currentSql 字段记录的 SQL 语句以及 currentStatement 字段记录的 MappedStatement 对象与当前添加的 SQL 以及

MappedStatement 对象进行比较,如果相同则添加到同一个 Statement 对象中等待执行,如果不同则创建新的 Statement 对象并将其缓存到 statementList 集合中等待执行。doUpdate()方法的具体实现如下:

```
public int doUpdate(MappedStatement ms, Object parameterObject) throws SQLException {
    final Configuration configuration = ms.getConfiguration(); // 获取配置对象
    // 创建 StatementHandler 对象
    final StatementHandler handler = configuration.newStatementHandler(this,
            ms, parameterObject, RowBounds.DEFAULT, null, null);
    final BoundSql boundSql = handler.getBoundSql();
    final String sql = boundSql.getSql(); // 获取 SQL 语句
    final Statement stmt;
    // 如果当前执行的 SQL 模式与上次执行的 SQL 模式相同且对应的 MappedStatement 对象相同
    if (sql.equals(currentSql) && ms.equals(currentStatement)) {
        // 获取 statementList 集合中最后一个 Statement 对象
        int last = statementList.size() - 1;
        stmt = statementList.get(last);
        applyTransactionTimeout(stmt);
        handler.parameterize(stmt); // 绑定实参,处理"?"占位符
        // 查找对应的 BatchResult 对象,并记录用户传入的实参
        BatchResult batchResult = batchResultList.get(last);
        batchResult.addParameterObject(parameterObject);
    } else {
        Connection connection = getConnection(ms.getStatementLog());
        // 创建新的 Statement 对象
        stmt = handler.prepare(connection, transaction.getTimeout());
        handler.parameterize(stmt); // 绑定实参,处理"?"占位符
        currentSql = sql; // 更新 currentSql 和 currentStatement
        currentStatement = ms;
        statementList.add(stmt); // 将新创建的 Statement 对象添加到 statementList 集合中
        // 添加新的 BatchResult 对象
        batchResultList.add(new BatchResult(ms, sql, parameterObject));
    }
    // 底层通过调用 Statement.addBatch()方法添加 SQL 语句
    handler.batch(stmt);
    return BATCH_UPDATE_RETURN_VALUE;
}
```

熟悉 JDBC 批处理功能的读者知道，Statement 中可以添加不同模式的 SQL，但是每添加一个新模式的 SQL 语句都会触发一次编译操作。PreparedStatement 中只能添加同一模式的 SQL 语句，只会触发一次编译操作，但是可以通过绑定多组不同的实参实现批处理。通过上面对 doUpdate()方法的分析可知，BatchExecutor 会将连续添加的、相同模式的 SQL 语句添加到同一个 Statement/PreparedStatement 对象中，如图 3-48 所示，这样可以有效地减少编译操作的次数。

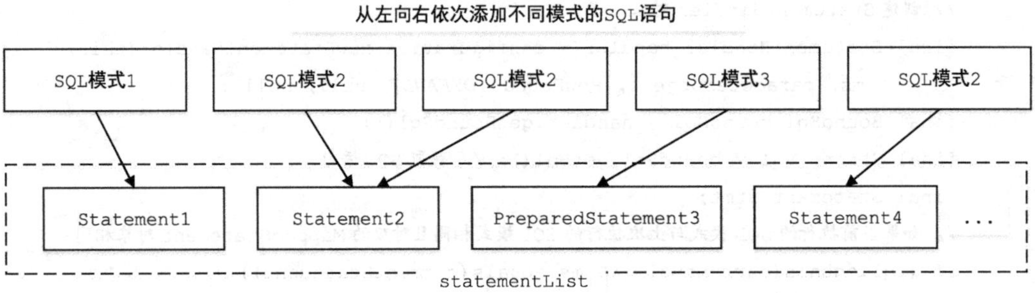

图 3-48

在添加完待执行的 SQL 语句之后，来看一下 BatchExecutor.doFlushStatements()方法是如何批量处理这些 SQL 语句的：

```java
public List<BatchResult> doFlushStatements(boolean isRollback) throws SQLException {
    try {
        // results 集合用于储存批处理的结果
        List<BatchResult> results = new ArrayList<BatchResult>();
        // 如果明确指定了要回滚事务，则直接返回空集合，忽略 statementList 集合中记录的 SQL 语句
        if (isRollback) {
            return Collections.emptyList();
        }
        for (int i = 0, n = statementList.size(); i < n; i++) {// 遍历 statementList 集合
            Statement stmt = statementList.get(i); // 获取 Statement 对象
            applyTransactionTimeout(stmt);
            BatchResult batchResult = batchResultList.get(i); // 获取对应 BatchResult 对象
            try {
                // 调用 Statement.executeBatch()方法批量执行其中记录的 SQL 语句，并使用返回的 int 数组
                // 更新 BatchResult.updateCounts 字段，其中每一个元素都表示一条 SQL 语句影响的记录条数
                batchResult.setUpdateCounts(stmt.executeBatch());
                MappedStatement ms = batchResult.getMappedStatement();
                List<Object> parameterObjects = batchResult.getParameterObjects();
                // 获取配置的 KeyGenerator 对象
```

```
                KeyGenerator keyGenerator = ms.getKeyGenerator();
                if (Jdbc3KeyGenerator.class.equals(keyGenerator.getClass())) {
                    Jdbc3KeyGenerator jdbc3KeyGenerator =
                            (Jdbc3KeyGenerator) keyGenerator;
                    // 获取数据库生成的主键,并设置到parameterObjects中,前面已经分析过,这里不再重复
                    jdbc3KeyGenerator.processBatch(ms, stmt, parameterObjects);
                } else if (!NoKeyGenerator.class.equals(keyGenerator.getClass())) {
                    // 对于其他类型的KeyGenerator,会调用其processAfter()方法
                    for (Object parameter : parameterObjects) {
                        keyGenerator.processAfter(this, ms, stmt, parameter);
                    }
                }
            } catch (BatchUpdateException e) {
                // ... 异常处理(略)
            }
            results.add(batchResult); // 添加BatchResult到results集合
        }
        return results;
    } finally {
        // ...关闭所有Statement对象,并清空currentSql字段、清空statementList集合、
        // 清空batchResultList集合(略)
    }
}
```

BatchExecutor 中 doQuery()和 doQueryCursor()方法的实现与前面介绍的 SimpleExecutor 类似,主要区别就是 BatchExecutor 中的这两个方法在最开始都会先调用 flushStatements()方法,执行缓存的 SQL 语句,这样才能从数据库中查询到最新的数据,具体代码就不再展示了。

3.6.6 CachingExecutor

CachingExecutor 是一个 Executor 接口的装饰器,它为 Executor 对象增加了二级缓存的相关功能。在开始介绍 CachingExecutor 的具体实现之前,先来简单介绍一下 MyBatis 中的二级缓存及其依赖的相关组件。

1. 二级缓存简介

MyBatis 中提供的二级缓存是应用级别的缓存,它的生命周期与应用程序的生命周期相同。与二级缓存相关的配置有三个,如下所示。

(1)首先是 mybatis-config.xml 配置文件中的 cacheEnabled 配置，它是二级缓存的总开关。只有当该配置设置为 true 时，后面两项的配置才会有效果，cacheEnabled 的默认值为 true。具体配置如下：

```
<settings>
    <setting name="cacheEnabled" value="true"/>
    ...
</settings>
```

（2）在前面介绍映射配置文件的解析流程时提到，映射配置文件中可以配置<cache>节点或<cached-ref>节点。

如果映射配置文件中配置了这两者中的任一一个节点，则表示开启了二级缓存功能。如果配置了<cache>节点，在解析时会为该映射配置文件指定的命名空间创建相应的 Cache 对象作为其二级缓存，默认是 PerpetualCache 对象，用户可以通过<cache>节点的 type 属性指定自定义 Cache 对象。

如果配置了<cache-ref>节点，在解析时则不会为当前映射配置文件指定的命名空间创建独立的 Cache 对象，而是认为它与<cache-ref>节点的 namespace 属性指定的命名空间共享同一个 Cache 对象。

通过<cache>节点和<cache-ref>节点的配置，用户可以在命名空间的粒度上管理二级缓存的开启和关闭。

（3）最后一个配置项是<select>节点中的 useCache 属性，该属性表示查询操作产生的结果对象是否要保存到二级缓存中。useCache 属性的默认值是 true。

为了读者更好地理解 MyBatis 的两层缓存结构，下面给出图 3-49 这张示意图。这里以图中的 SqlSession2 为例，简单说明二级缓存的使用过程。

当应用程序通过 SqlSession2 执行定义在命名空间 namespace2 中的查询操作时，SqlSession2 首先到 namespace2 对应的二级缓存中查找是否缓存了相应的结果对象。如果没有，则继续到 SqlSession2 对应的一级缓存中查找是否缓存了相应的结果对象，如果依然没有，则访问数据库获取结果集并映射成结果对象返回。最后，该结果对象会记录到 SqlSession 对应的一级缓存以及 namespace2 对应的二级缓存中，等待后续使用。另外需要注意的是，图 3-49 中的命名空间 namespace2 和 namespace3 共享了同一个二级缓存对象，所以通过 SqlSession3 执行命名空间 namespace3 中的完全相同的查询操作（只要该查询生成的 CacheKey 对象与上述 SqlSession2 中的查询生成 CacheKey 对象相同即可）时，可以直接从二级缓存中得到相应的结果对象。

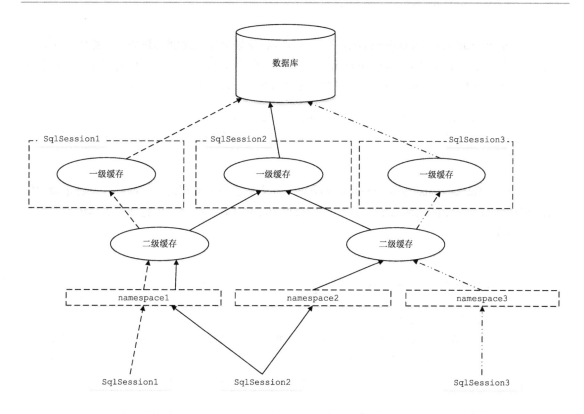

图 3-49

2. TransactionalCache & TransactionalCacheManager

TransactionalCache 和 TransactionalCacheManager 是 CachingExecutor 依赖的两个组件。其中，TransactionalCache 继承了 Cache 接口，主要用于保存在某个 SqlSession 的某个事务中需要向某个二级缓存中添加的缓存数据。TransactionalCache 中核心字段的含义如下：

```
private Cache delegate; // 底层封装的二级缓存所对应的 Cache 对象

// 当该字段为 true 时，则表示当前 TransactionalCache 不可查询，且提交事务时会将底层 Cache 清空
private boolean clearOnCommit;

// 暂时记录添加到 TransactionalCache 中的数据。在事务提交时，会将其中的数据添加到二级缓存中
private Map<Object, Object> entriesToAddOnCommit;

// 记录缓存未命中的 CacheKey 对象
private Set<Object> entriesMissedInCache;
```

TransactionalCache.putObject()方法并没有直接将结果对象记录到其封装的二级缓存中，而是暂时保存在 entriesToAddOnCommit 集合中，在事务提交时才会将这些结果对象从 entriesToAddOnCommit 集合添加到二级缓存中。putObject()方法的具体实现如下：

```java
public void putObject(Object key, Object object) {
    entriesToAddOnCommit.put(key, object); // 将缓存项暂存在 entriesToAddOnCommit 集合中
}
```

再来看 TransactionalCache.getObject()方法，它首先会查询底层的二级缓存，并将未命中的 key 记录到 entriesMissedInCache 中，之后会根据 clearOnCommit 字段的值决定具体的返回值，具体实现如下：

```java
public Object getObject(Object key) {
    // 查询底层的 Cache 是否包含指定的 key
    Object object = delegate.getObject(key);
    if (object == null) {
        // 如果底层缓存对象中不包含该缓存项，则将该 key 记录到 entriesMissedInCache 集合中
        entriesMissedInCache.add(key);
    }

    // 如果 clearOnCommit 为 true，则当前 TransactionalCache 不可查询，始终返回 null
    if (clearOnCommit) {
        return null;
    } else {
        return object; // 返回从底层 Cache 中查询到的对象
    }
}
```

TransactionalCache.clear()方法会清空 entriesToAddOnCommit 集合，并设置 clearOnCommit 为 true，具体代码不再贴出来了。

TransactionalCache.commit()方法会根据 clearOnCommit 字段的值决定是否清空二级缓存，然后调用 flushPendingEntries()方法将 entriesToAddOnCommit 集合中记录的结果对象保存到二级缓存中，具体实现如下：

```java
public void commit() {
    if (clearOnCommit) { // 在事务提交前，清空二级缓存
        delegate.clear();
```

```
    }
    flushPendingEntries(); // 将 entriesToAddOnCommit 集合中的数据保存到二级缓存
    // 重置 clearOnCommit 为 false，并清空 entriesToAddOnCommit、entriesMissedInCache 集合
    reset();
}

private void flushPendingEntries() {
    // 遍历 entriesToAddOnCommit 集合，将其中记录的缓存项添加到二级缓存中
    for (Map.Entry<Object, Object> entry : entriesToAddOnCommit.entrySet()) {
        delegate.putObject(entry.getKey(), entry.getValue());
    }
    // 遍历 entriesMissedInCache 集合，将 entriesToAddOnCommit 集合中不包含的缓存项添加到
    // 二级缓存中
    for (Object entry : entriesMissedInCache) {
        if (!entriesToAddOnCommit.containsKey(entry)) {
            delegate.putObject(entry, null);
        }
    }
}
```

TransactionalCache.rollback()方法会将 entriesMissedInCache 集合中记录的缓存项从二级缓存中删除，并清空 entriesToAddOnCommit 集合和 entriesMissedInCache 集合。

```
public void rollback() {
    // 将 entriesMissedInCache 集合中记录的缓存项从二级缓存中删除
    unlockMissedEntries();

    // 重置 clearOnCommit 为 false，并清空 entriesToAddOnCommit、entriesMissedInCache 集合
    reset();
}
```

TransactionalCacheManager 用于管理 CachingExecutor 使用的二级缓存对象，其中只定义了一个 transactionalCaches 字段（HashMap<Cache, TransactionalCache>类型），它的 key 是对应的 CachingExecutor 使用的二级缓存对象，value 是相应的 TransactionalCache 对象，在该 TransactionalCache 中封装了对应的二级缓存对象，也就是这里的 key。

TransactionalCacheManager 的实现比较简单，下面简单介绍各个方法的功能和实现。

- **clear()方法、putObject()方法、getObject()方法**：调用指定二级缓存对应的

TransactionalCache 对象的对应方法，如果 transactionalCaches 集合中没有对应 TransactionalCache 对象，则通过 getTransactionalCache()方法创建。

```
private TransactionalCache getTransactionalCache(Cache cache) {
    TransactionalCache txCache = transactionalCaches.get(cache);
    if (txCache == null) {
        txCache = new TransactionalCache(cache); // 创建 TransactionalCache 对象
        transactionalCaches.put(cache, txCache); // 添加到 transactionalCaches 集合
    }
    return txCache;
}
```

- **commit()方法、rollback()方法**：遍历 transactionalCaches 集合，并调用其中各个 TransactionalCache 对象的相应方法。

3. CachingExecutor 的实现

介绍完二级缓存以及 CachingExecutor 依赖的组件之后，回到 CachingExecutor 的实现继续介绍。通过图 3-50 可以清晰地看到，CachingExecutor 中封装了一个用执行数据库操作的 Executor 对象，以及一个用于管理缓存的 TransactionalCacheManager 对象。

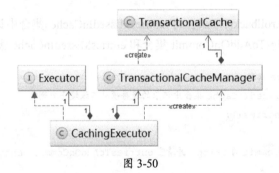

图 3-50

CachingExecutor.query()方法执行查询操作的步骤如下：

（1）获取 BoundSql 对象，创建查询语句对应的 CacheKey 对象。

（2）检测是否开启了二级缓存，如果没有开启二级缓存，则直接调用底层 Executor 对象的 query()方法查询数据库。如果开启了二级缓存，则继续后面的步骤。

（3）检测查询操作是否包含输出类型的参数，如果是这种情况，则报错。

（4）调用 TransactionalCacheManager.getObject()方法查询二级缓存，如果二级缓存中查找到相应的结果对象，则直接将该结果对象返回。

（5）如果二级缓存没有相应的结果对象，则调用底层 Executor 对象的 query() 方法，正如前面介绍的，它会先查询一级缓存，一级缓存未命中时，才会查询数据库。最后还会将得到的结果对象放入 TransactionalCache.entriesToAddOnCommit 集合中保存。

CachingExecutor.query() 方法的具体代码如下：

```java
public <E> List<E> query(MappedStatement ms, Object parameterObject,
        RowBounds rowBounds, ResultHandler resultHandler) throws SQLException {
    // 步骤1：获取 BoundSql 对象，解析 BoundSql 的过程前面已经介绍过，这里不再赘述
    BoundSql boundSql = ms.getBoundSql(parameterObject);
    // 创建 CacheKey 对象，请读者参考前面对 BaseExecutor.createCacheKey() 方法的介绍
    CacheKey key = createCacheKey(ms, parameterObject, rowBounds, boundSql);
    return query(ms, parameterObject, rowBounds, resultHandler, key, boundSql);
}

public <E> List<E> query(MappedStatement ms, Object parameterObject,
   RowBounds rowBounds, ResultHandler resultHandler, CacheKey key, BoundSql boundSql)
        throws SQLException {
    Cache cache = ms.getCache(); // 获取查询语句所在命名空间对应的二级缓存
    if (cache != null) { // 步骤2：是否开启了二级缓存功能
        flushCacheIfRequired(ms); // 根据<select>节点的配置，决定是否需要清空二级缓存
        // 检测 SQL 节点的 useCache 配置以及是否使用了 resultHandler 配置
        if (ms.isUseCache() && resultHandler == null) {
            //步骤3：二级缓存不能保存输出类型的参数，如果查询操作调用了包含输出参数的存储过程，则报错
            ensureNoOutParams(ms, parameterObject, boundSql);
            // 步骤4：查询二级缓存
            List<E> list = (List<E>) tcm.getObject(cache, key);
            if (list == null) {
                // 步骤5：二级缓存没有相应的结果对象，调用封装的 Executor 对象的 query() 方法，正
                // 如前面介绍的，其中会先查询一级缓存
                list = delegate.<E>query(ms, parameterObject, rowBounds,
                        resultHandler, key, boundSql);
                // 将查询结果保存到 TransactionalCache.entriesToAddOnCommit 集合中
                tcm.putObject(cache, key, list);
            }
            return list;
        }
    }
    // 没有启动二级缓存，直接调用底层 Executor 执行数据库查询操作
```

```
        return delegate.<E>query(ms, parameterObject, rowBounds, resultHandler,
            key, boundSql);
    }
```

通过上面的分析，CachingExecutor、TransactionalCacheManager、TransactionalCache 以及二级缓存之间的关系如图 3-51 所示。

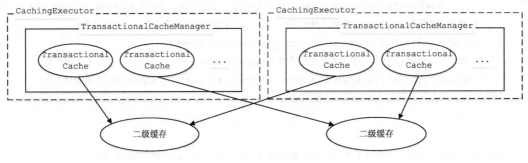

图 3-51

读者可能会奇怪，不同的 CachingExecutor 对象由不同的线程操作，那么二级缓存会不会出现线程安全的问题呢？请读者回顾一下 CacheBuilder.build() 方法，其中会调用 CacheBuilder.setStandardDecorators() 方法为 PerpetualCache 类型的 Cache 对象添加装饰器，在这个过程中就会添加 SynchronizedCache 这个装饰器，从而保证二级缓存的线程安全。

再来看 CachingExecutor.commit() 和 rollback() 方法的实现，它们首先调用底层 Executor 对象的对应方法完成事务的提交和回滚，然后调用 TransactionalCacheManager 的对应方法完成对二级缓存的相应操作。具体代码如下：

```
@Override
public void commit(boolean required) throws SQLException {
    delegate.commit(required); // 调用底层的 Executor 提交事务
    tcm.commit();  // 遍历所有相关的 TransactionalCache 对象执行 commit() 方法
}

@Override
public void rollback(boolean required) throws SQLException {
    try {
        delegate.rollback(required); // 调用底层的 Executor 回滚事务
    } finally {
        if (required) {
```

```
            tcm.rollback();// 遍历所有相关的TransactionalCache对象执行rollback()方法
        }
    }
}
```

看到这里,读者可能会提出这样的疑问:为什么要在事务提交时才将 TransactionalCache.entriesToAddOnCommit 集合中缓存的数据写入到二级缓存,而不是像一级缓存那样,将每次查询结果都直接写入二级缓存?笔者认为,这是为了防止出现"脏读"的情况,最终实现的效果有点类似于"不可重复读"的事务隔离级别。假设当前数据库的隔离级别是"不可重复读",先后开启 T1、T2 两个事务,如图 3-52 所示,在事务 T1 中添加了记录 A,之后查询 A 记录,最后提交事务,事务 T2 会查询记录 A。如果事务 T1 查询记录 A 时,就将 A 对应的结果对象放入二级缓存,则在事务 T2 第一次查询记录 A 时即可从二级缓存中直接获取其对应的结果对象。此时 T1 仍然未提交,这就出现了"脏读"的情况,显然不是用户期望的结果。

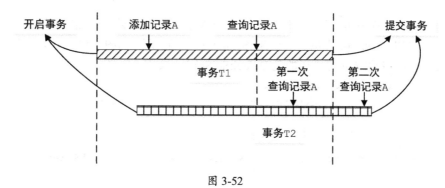

图 3-52

按照 CacheExecutor 的本身实现,事务 T1 查询记录 A 时二级缓存未命中,会查询数据库,因为是同一事务,所以可以查询到记录 A 并得到相应的结果对象,并且会将记录 A 保存到 TransactionalCache.entriesToAddOnCommit 集合中。而事务 T2 第一次查询记录 A 时,二级缓存未命中,则会访问数据库,因为是不同的事务,数据库的"不可重复读"隔离级别会保证事务 T2 无法查询到记录 A,这就避免了上面"脏读"的场景。在图 3-52 中,事务 T1 提交时会将 entriesToAddOnCommit 集合中的数据添加到二级缓存中,所以事务 T2 第二次查询记录 A 时,二级缓存才会命中,这就导致了同一事务中多次读取的结果不一致,也就是"不可重复读"的场景。

读者可能提出的另一个疑问是 TransactionalCache.entriesMissedInCache 集合的功能是什么?为什么要在事务提交和回滚时,调用二级缓存的 putObject()方法处理该集合中记录的 key 呢?笔者认为,这与 BlockingCache 的支持相关。通过对 CachingExecutor.query()方法的分析我们知道,查询二级缓存时会使用 getObject()方法,如果二级缓存没有对应数据,则查询数据库并使用 putObject()方法将查询结果放入二级缓存。如果底层使用了 BlockingCache，则 getObject()方法会有对应的加锁过程，putObject()方法则会有对应的解锁过程，如果在两者之间出现异常，则无法释放锁，导致该缓存项无法被其他 SqlSession 使用。为了避免出现这种情况，TransactionalCache 使用 entriesMissedInCache 集合记录了未命中的 CacheKey，也就是那些加了锁的缓存项，而 entriesToAddOnCommit 集合可以看作 entriesMissedInCache 集合子集，也就是那些正常解锁的缓存项。对于其他未正常解锁的缓存项，则会在事务提交或回滚时进行解锁操作。

最后，需要读者注意的是，CachingExecutor.update()方法并不会像 BaseExecutor.update()方法处理一级存那样，直接清除缓存中的所有数据，而是与 CachingExecutor.query()方法一样调用 flushCacheIfRequired()方法检测 SQL 节点的配置后，决定是否清除二级缓存。

3.7 接口层

SqlSession 是 MyBatis 核心接口之一，也是 MyBatis 接口层的主要组成部分，对外提供 MyBatis 常用 API。MyBatis 提供了两个 SqlSession 接口的实现，如图 3-53 所示，这里使用了工厂方法模式，其中开发人员最常用的是 DefaultSqlSession 实现。

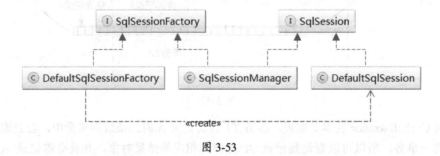

图 3-53

SqlSessionFactory 负责创建 SqlSession 对象，其中只包含了多个 openSession()方法的重载，可以通过其参数指定事务的隔离级别、底层使用 Executor 的类型以及是否自动提交事务等方面的配置。SqlSessionFactory 接口的定义比较简单，代码就不再展示了。

在 SqlSession 中定义了常用的数据库操作以及事务的相关操作，为了方便用户使用，每种类型的操作都提供了多种重载。SqlSession 接口的定义如下：

```
public interface SqlSession extends Closeable {
    // 泛型方法，参数表示使用的查询 SQL 语句，返回值为查询的结果对象
    <T> T selectOne(String statement);
```

```java
// 第二个参数表示需要用户传入的实参,也就是SQL语句绑定的实参
<T> T selectOne(String statement, Object parameter);

// 查询结果集有多条记录,会封装成结果对象列表返回
<E> List<E> selectList(String statement);
<E> List<E> selectList(String statement, Object parameter);
// 第三个参数用于限制解析结果集的范围,前面的分析过程中已经多次遇到
<E> List<E> selectList(String statement, Object parameter, RowBounds rowBounds);

// selectMap()方法的原理和参数都与selectList()方法类似,但结果集会被映射成Map对象返回。其
// 中第二个参数指定了结果集哪一列作为Map的key,其他参数不再重复解释
<K, V> Map<K, V> selectMap(String statement, String mapKey);
<K, V> Map<K, V> selectMap(String statement, Object parameter, String mapKey);
<K, V> Map<K, V> selectMap(String statement, Object parameter,
        String mapKey, RowBounds rowBounds);

// 返回值是游标对象,参数含义与selectList()方法相同
<T> Cursor<T> selectCursor(String statement);
<T> Cursor<T> selectCursor(String statement, Object parameter);
<T> Cursor<T> selectCursor(String statement, Object parameter, RowBounds rowBounds);

// 查询的结果对象将由此处指定的ResultHandler对象处理,其余参数含义与selectList()方法相同
void select(String statement, Object parameter, ResultHandler handler);
void select(String statement, ResultHandler handler);
void select(String statement, Object parameter, RowBounds rowBounds,
        ResultHandler handler);

// 执行insert语句
int insert(String statement);
int insert(String statement, Object parameter);

// 执行update语句
int update(String statement);
int update(String statement, Object parameter);

// 执行delete语句
int delete(String statement);
int delete(String statement, Object parameter);
```

```
// 提交事务
void commit();
void commit(boolean force);

// 回滚事务
void rollback();
void rollback(boolean force);

List<BatchResult> flushStatements();// 将请求刷新到数据库

void close();// 关闭当前 Session

void clearCache();// 清空缓存

Configuration getConfiguration();// 获取 Configuration 对象

<T> T getMapper(Class<T> type); // 获取 type 对应的 Mapper 对象

Connection getConnection();// 获取该 SqlSession 对应的数据库连接
}
```

在开始介绍 SqlSession 接口的实现之前，先简单介绍其中涉及的策略模式的相关知识。

3.7.1 策略模式

在实际开发过程中，实现某一功能可能会有多种算法，例如常用的排序算法就有插入排序、选择排序、交换排序、归并排序等。有些场景下，系统需要根据输入条件以及运行环境选择不同的算法来完成某一功能，开发人员可以通过硬编码的方式将多种算法通过条件分支语句写到一个类中，但这显然是不符合"开放-封闭"原则的，当需要添加新的算法时，只能修改这个类的代码，破坏了这个类的稳定性。而且，将大量的复杂算法堆放到一起，代码看起来也会比较复杂，不易维护。

为了解决上述问题，可以考虑使用策略模式。策略模式中定义了一系列算法，将每一个算法封装起来，由不同的类进行管理，并让它们之间可以相互替换。这样，每种算法都可以独立地变化。图 3-54 是策略模式的类图。

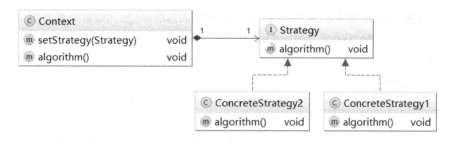

图 3-54

Context 类表示算法的调用者，Strategy 接口表示算法的统一接口，ConcreteStrategy1 和 ConcreteStrategy2 表示具体的算法实现。

当系统需要添加新的算法时，可以直接为 Strategy 接口添加新的实现类。开发人员也可以通过 Context.setStrategy()方法设置新的 Strategy 接口实现，为应用程序更换具体的算法，这是符合"开放-封闭"原则的。另外，可以将反射技术与策略模式结合，这样应用程序就不需要了解所有 Strategy 接口实现类，而是在运行时通过反射的方式创建实际使用的 Strategy 对象。

3.7.2 SqlSession

从本书开始到现在为止，所有的示例中使用的 SqlSession 对象实现都是 DefaultSqlSession 类型，它也是单独使用 MyBatis 进行开发时最常用的 SqlSession 接口实现。DefaultSqlSession 中核心字段的含义如下：

```
private Configuration configuration; // Configuration 配置对象

private Executor executor;  // 底层依赖的 Executor 对象

private boolean autoCommit; // 是否自动提交事务

private boolean dirty; // 当前缓存中是否有脏数据

// 为防止用户忘记关闭已打开的游标对象，会通过 cursorList 字段记录由该 SqlSession 对象生成的游标
// 对象，在 DefaultSqlSession.close()方法中会统一关闭这些游标对象
private List<Cursor<?>> cursorList;
```

在 DefaultSqlSession 中使用到了策略模式，DefaultSqlSession 扮演了 Context 的角色，而将所有数据库相关的操作全部封装到 Executor 接口实现中，并通过 executor 字段选择不同的 Executor 实现。

DefaultSqlSession 中实现了 SqlSession 接口中定义的方法，并且为每种数据库操作提供了多个重载。图 3-55 为 select()方法、selectOne()方法、selectList()方法以及 selectMap()方法的各个重载方法之间的调用关系。

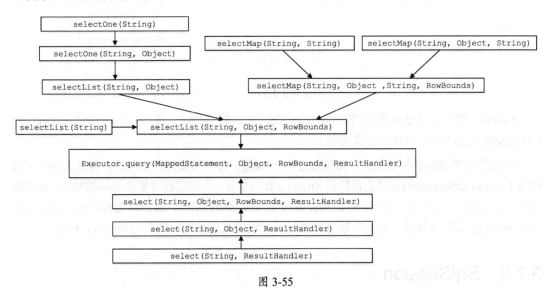

图 3-55

上述重载方法最终都是通过调用 Executor.query(MappedStatement, Object, RowBounds, ResultHandler)方法实现数据库查询操作的，但各自对结果对象进行了相应的调整，例如 selectOne()方法是从结果对象集合中获取了第一个元素返回；selectMap()方法会将 List 类型的结果对象集合转换成 Map 类型集合返回；select()方法是将结果对象集合交由用户指定的 ResultHandler 对象处理，且没有返回值；selectList()方法则是直接返回结果对象集合。

DefaultSqlSession.insert()方法、update()方法、delete()方法也有多个重载，它们最后都是通过调用 DefaultSqlSession.update(String, Object)方法实现的，该重载首先会将 dirty 字段置为 true，然后再通过 Executor.update()方法完成数据库修改操作。代码比较简单，就不再展示了。

DefaultSqlSession.commit()方法、rollback()方法以及 close()方法都会调用 Executor 中相应的方法，其中就会涉及清空缓存的操作（具体实现请读者参考 Executor 小节），之后就会将 dirty 字段设置为 false。

上述的 dirty 字段主要在 isCommitOrRollbackRequired()方法中，与 autoCommit 字段以及用户传入的 force 参数共同决定是否提交/回滚事务，具体实现如下所示。该方法的返回值将作为 Executor.commit()方法和 rollback()方法的参数。

```
private boolean isCommitOrRollbackRequired(boolean force) {
    return (!autoCommit && dirty) || force;
}
```

3.7.3 DefaultSqlSessionFactory

DefaultSqlSessionFactory 是一个具体工厂类,实现了 SqlSessionFactory 接口。DefaultSqlSessionFactory 主要提供了两种创建 DefaultSqlSession 对象的方式,一种方式是通过数据源获取数据库连接,并创建 Executor 对象以及 DefaultSqlSession 对象,该方式的具体实现如下:

```java
private SqlSession openSessionFromDataSource(ExecutorType execType,
            TransactionIsolationLevel level, boolean autoCommit) {
    Transaction tx = null;
    try {
        // 获取 mybatis-config.xml 配置文件中配置的 Environment 对象
        final Environment environment = configuration.getEnvironment();
        // 获取的 TransactionFactory 对象
        final TransactionFactory transactionFactory =
            getTransactionFactoryFromEnvironment(environment);
        // 创建 Transaction 对象
        tx = transactionFactory.newTransaction(environment.getDataSource(),
            level, autoCommit);
        // 根据配置创建 Executor 对象
        final Executor executor = configuration.newExecutor(tx, execType);
        // 创建 DefaultSqlSession 对象
        return new DefaultSqlSession(configuration, executor, autoCommit);
    } catch (Exception e) {
        closeTransaction(tx); // 关闭 Transaction
        throw ExceptionFactory.wrapException("Error opening session.  Cause: " + e, e);
    } finally {
        ErrorContext.instance().reset();
    }
}
```

另一种方式是用户提供数据库连接对象,DefaultSqlSessionFactory 会使用该数据库连接对象创建 Executor 对象以及 DefaultSqlSession 对象,具体实现如下:

```java
private SqlSession openSessionFromConnection(ExecutorType execType,
        Connection connection) {
    try {
        boolean autoCommit;
        try {
```

```
        // 获取当前连接的事务是否为自动提交方式
        autoCommit = connection.getAutoCommit();
    } catch (SQLException e) {
        // 当前数据库驱动提供的连接不支持事务，则可能会抛出异常
        autoCommit = true;
    }
    // 获取 mybatis-config.xml 配置文件中配置的 Environment 对象
    final Environment environment = configuration.getEnvironment();
    // 获取的 TransactionFactory 对象
    final TransactionFactory transactionFactory =
            getTransactionFactoryFromEnvironment(environment);
    // 创建 Transaction 对象
    final Transaction tx = transactionFactory.newTransaction(connection);
    // 根据配置创建 Executor 对象
    final Executor executor = configuration.newExecutor(tx, execType);
    // 创建 DefaultSqlSession 对象
    return new DefaultSqlSession(configuration, executor, autoCommit);
} catch (Exception e) {
    throw ExceptionFactory.wrapException("Error opening session. Cause: " + e, e);
} finally {
    ErrorContext.instance().reset();
}
}
```

DefaultSqlSessionFactory 中提供的所有 openSession() 方法重载都是基于上述两种方式创建 DefaultSqlSession 对象的，这里不再赘述。

3.7.4 SqlSessionManager

SqlSessionManager 同时实现了 SqlSession 接口和 SqlSessionFactory 接口，也就同时提供了 SqlSessionFactory 创建 SqlSession 对象以及 SqlSession 操纵数据库的功能。

SqlSessionManager 中各个字段的含义如下：

```
// 底层封装的 SqlSessionFactory 对象
private final SqlSessionFactory sqlSessionFactory;

// ThreadLocal 变量，记录一个与当前线程绑定的 SqlSession 对象
```

```
    private ThreadLocal<SqlSession> localSqlSession = new ThreadLocal<SqlSession>();

    // localSqlSession 中记录的 SqlSession 对象的代理对象，在 SqlSessionManager 初始化时，
    // 会使用 JDK 动态代理的方式为 localSqlSession 创建代理对象
    private final SqlSession sqlSessionProxy;
```

SqlSessionManager 与 DefaultSqlSessionFactory 的主要不同点是 SqlSessionManager 提供了两种模式：第一种模式与 DefaultSqlSessionFactory 的行为相同，同一线程每次通过 SqlSessionManager 对象访问数据库时，都会创建新的 DefaultSession 对象完成数据库操作；第二种模式是 SqlSessionManager 通过 localSqlSession 这个 ThreadLocal 变量，记录与当前线程绑定的 SqlSession 对象，供当前线程循环使用，从而避免在同一线程多次创建 SqlSession 对象带来的性能损失。

首先来看 SqlSessionManager 的构造方法，其构造方法都是私有的，如果要创建 SqlSessionManager 对象，需要调用其 newInstance() 方法（但需要注意的是，这不是单例模式）。

```
    // SqlSessionManager 的私有构造方法
    private SqlSessionManager(SqlSessionFactory sqlSessionFactory) {
        this.sqlSessionFactory = sqlSessionFactory;
        // 使用动态代理的方式生成 SqlSession 的代理对象
        this.sqlSessionProxy = (SqlSession) Proxy.newProxyInstance(
                SqlSessionFactory.class.getClassLoader(), new Class[]{SqlSession.class},
                new SqlSessionInterceptor());
    }

    // 通过 newInstance() 方法创建 SqlSessionManager 对象
    public static SqlSessionManager newInstance(SqlSessionFactory sqlSessionFactory) {
        return new SqlSessionManager(sqlSessionFactory);
    }
```

SqlSessionManager.openSession() 方法以及其重载是直接通过调用其中底层封装的 SqlSessionFactory 对象的 openSession() 方法来创建 SqlSession 对象的，代码比较简单，就不再展示了。

SqlSessionManager 中实现的 SqlSession 接口方法，例如 select*()、update()等，都是直接调用 sqlSessionProxy 字段记录的 SqlSession 代理对象的相应方法实现的。在创建该代理对象时使用的 InvocationHandler 对象是 SqlSessionInterceptor 对象，它是定义在 SqlSessionManager 中的内部类，其 invoke() 方法实现如下：

```java
public Object invoke(Object proxy, Method method, Object[] args) throws Throwable {
    // 获取当前线程绑定的 SqlSession 对象
    final SqlSession sqlSession = SqlSessionManager.this.localSqlSession.get();
    if (sqlSession != null) { // 第二种模式
        // ... 省略 try/catch 代码块
        // 调用真正的 SqlSession 对象, 完成数据库的相关操作
        return method.invoke(sqlSession, args);
    } else { // 第一种模式
        // 如果当前线程未绑定 SqlSession 对象, 则创建新的 SqlSession 对象
        final SqlSession autoSqlSession = openSession();
        try {
            // 通过新建的 SqlSession 对象完成数据库操作
            final Object result = method.invoke(autoSqlSession, args);
            autoSqlSession.commit(); // 提交事务
            return result;
        } catch (Throwable t) {
            autoSqlSession.rollback(); // 回滚事务
            throw ExceptionUtil.unwrapThrowable(t);
        } finally {
            autoSqlSession.close(); // 关闭上面创建的 SqlSession 对象
        }
    }
}
```

通过对 SqlSessionInterceptor 的分析可知,第一种模式中新建的 SqlSession 在使用完成后会立即关闭。在第二种模式中,与当前线程绑定的 SqlSession 对象需要先通过 SqlSessionManager.startManagedSession() 方法进行设置,具体实现如下:

```java
public void startManagedSession() {
    this.localSqlSession.set(openSession());
}
// ... 省略 startManagedSession()方法的其他重载
```

当需要提交/回滚事务或是关闭 localSqlSession 中记录的 SqlSession 对象时,需要通过 SqlSessionManager.commit()、rollback()以及 close()方法完成,其中会先检测当前线程是否绑定了 SqlSession 对象,如果未绑定则抛出异常,如果绑定了则调用该 SqlSession 对象的相应方法。

3.8 本章小结

本章主要介绍了 MyBatis 核心处理层以及接口层中各个模块的功能和实现原理。首先介绍了 MyBatis 初始化的流程，让读者了解 MyBatis 是如何一步步从 mybatis-config.xml 配置文件以及映射配置文件中加载配置信息的。之后，介绍了 MyBatis 对 OGNL 表达式、静态/动态 SQL 语句、用户传入的实参等信息的处理，从而得到可以交由数据库执行的 SQL 语句。然后分析了 MyBatis 的核心功能之一——结果集映射，其中涉及了 MyBatis 结果集映射的方方面面，例如，简单映射、嵌套映射、嵌套查询、延迟加载、多结果集处理、游标实现原理以及对存储过程中输出类型参数的处理。之后还对 MyBatis 中提供的主键生成器（KeyGenerator）做了详细分析。最后介绍了 Executor 接口及其实现，其中对多个 Executor 接口实现类的特性做了分析，同时也分析了 MyBatis 中一级缓存和二级缓存的原理。

在本章最后，介绍了 MyBatis 的接口层的相关实现。MyBatis 接口层比较简单，所以不再单独开一章进行介绍。在第 4 章中，还会分析另一个 SqlSession 接口的实现——SqlSessionTemplate，它主要用于 MyBatis 与 Spring 的集成开发场景中。

希望通过对本章的阅读，读者能够理解 MyBatis 核心处理层和接口层的实现原理，帮助读者在实践中更好地使用 MyBatis。

第 4 章 高级主题

4.1 插件模块

插件是一种常见的扩展方式,大多数开源框架也都支持用户通过添加自定义插件的方式来扩展或改变框架原有的功能。Mybatis 中也提供了插件的功能,虽然叫插件,但是实际上是通过拦截器(Interceptor)实现的。在 MyBatis 的插件模块中涉及责任链模式和 JDK 动态代理,JDK 动态代理的相关知识在前面已经介绍过了,不再重复描述,下面简单介绍责任链模式的基础知识。

4.1.1 责任链模式

请读者考虑如下场景,在系统之间或是同一系统中的不同组件之间,经常会使用请求消息的方式进行数据的交互。当接收者接收到一个来自发送者的请求消息时,接收者可能要对请求消息的多个部分进行解析处理,例如,Tomcat 处理 HTTP 请求时就会处理请求头和请求体两部分,当然,Tomcat 的真正实现会将 HTTP 请求切分成更细的部分进行处理。如果处理请求各部分的逻辑都在一个类中实现,这个类会非常臃肿。如果请求通过增加新字段完成升级,则接收者需要添加处理新字段的处理逻辑,这就需要修改该类的代码,不符合"开放-封闭"原则。本小节介绍的责任链模式可以很好地解决上述问题。

在责任链模式中,将上述完整的、臃肿的接收者的实现逻辑拆分到多个只包含部分逻辑的、功能单一的 Handler 处理类中,开发人员可以根据业务需求将多个 Handler 对象组合成一条责任链,实现请求的处理。在一条责任链中,每个 Handler 对象都包含对下一个 Handler 对象的引用,一个 Handler 对象处理完请求消息（或不能处理该请求）时，会把请求传给下一个 Handler 对象继续处理，依此类推，直至整条责任链结束。简单看一下责任链模式的类图，如图 4-1 所示。

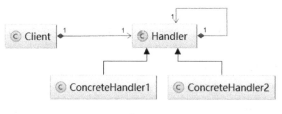

图 4-1

下面通过一个示例简单说明责任链模式的使用方式，假设请求消息中有 A、B、C 三个字段，接收者 HandlerA、HandlerB、HandlerC 分别实现了处理三个字段的业务逻辑，当业务需要处理 A、C 两个字段时，开发人员可以动态组合得到 HandlerA→HandlerC 这条责任链；为了在请求消息中承载更多信息，则通过添加 D 字段的方式对请求消息进行升级，接收者一端可以添加 HandlerD 类负责处理字段 D，并动态组合得到 HandlerA→HandlerC→HandlerD 这条责任链。

通过上述示例可以清楚地了解到，责任链模式可以通过重用 Handler 类实现代码复用，发送者根本不知道接收者内部的责任链构成，也降低了发送者和接收者的耦合度。另外，还可以通过动态改变责任链内 Handler 对象的组合顺序或动态新增、删除 Handler 对象，满足新的需求，这大大提高了系统的灵活性，也符合"开放-封闭"原则。

使用责任链模式也会带来一些小问题，例如，在开发过程中构造的责任链变成了环形结构，在进行代码调试以及定位问题时也会比较麻烦。

4.1.2 Interceptor

MyBatis 允许用户使用自定义拦截器对 SQL 语句执行过程中的某一点进行拦截。默认情况下，MyBatis 允许拦截器拦截 Executor 的方法、ParameterHandler 的方法、ResultSetHandler 的方法以及 StatementHandler 的方法。具体可拦截的方法如下：

- Executor 中的 update()方法、query()方法、flushStatements()方法、commit()方法、rollback()方法、getTransaction()方法、close()方法、isClosed()方法。
- ParameterHandler 中的 getParameterObject()方法、setParameters()方法。
- ResultSetHandler 中的 handleResultSets()方法、handleOutputParameters()方法。
- StatementHandler 中的 prepare()方法、parameterize()方法、batch()方法、update()方法、query()方法。

MyBatis 中使用的拦截器都需要实现 Interceptor 接口。Interceptor 接口是 MyBatis 插件模块

的核心,其定义如下:

```
public interface Interceptor {
    // 执行拦截逻辑的方法
    Object intercept(Invocation invocation) throws Throwable;

    // 决定是否触发intercept()方法
    Object plugin(Object target);

    // 根据配置初始化Interceptor对象
    void setProperties(Properties properties);
}
```

MyBatis通过拦截器可以改变Mybatis的默认行为,例如实现SQL重写之类的功能,由于拦截器会深入到Mybatis的核心,因此在编写自定义插件之前,最好了解它的原理,以便写出安全高效的插件。本小节将从插件配置和编写、插件运行原理、插件注册、执行拦截的时机等多个方面对插件进行介绍。

用户自定义的拦截器除了继承Interceptor接口,还需要使用@Intercepts和@Signature两个注解进行标识。@Intercepts注解中指定了一个@Signature注解列表,每个@Signature注解中都标识了该插件需要拦截的方法信息,其中@Signature注解的 type 属性指定需要拦截的类型,method属性指定需要拦截的方法,args属性指定了被拦截方法的参数列表。通过这三个属性值,@Signature注解就可以表示一个方法签名,唯一确定一个方法。如下示例所示,该拦截器需要拦截 Executor 接口的两个方法,分别是 query(MappedStatement, Object, RowBounds, ResultHandler)方法和close(boolean)方法。

```
@Intercepts({
    @Signature(type = Executor.class, method = "query", args = {
        MappedStatement.class, Object.class, RowBounds.class,
            ResultHandler.class}),
    @Signature(type = Executor.class, method = "close", args = {boolean.class})
})
public class ExamplePlugin implements Interceptor {

    private int testProp; // 省略该属性的getter/setter方法

    // ... 其他方法在后面详细介绍
}
```

定义完成一个自定义拦截器之后，需要在 mybatis-config.xml 配置文件中对该拦截器进行配置，如下所示。

```xml
<plugins>
    <plugin interceptor="com.test.ExamplePlugin">
        <!-- 对拦截器中的属性进行初始化 -->
        <property name="testProp" value="100"/>
    </plugin>
</plugins>
```

到此为止，一个用户自定义的拦截器就配置好了。在 MyBatis 初始化时，会通过 XMLConfigBuilder.pluginElement()方法解析 mybatis-config.xml 配置文件中定义的<plugin>节点，得到相应的 Interceptor 对象以及配置的相应属性，之后会调用 Interceptor.setProperties(properties)方法完成对 Interceptor 对象的初始化配置，最后将 Interceptor 对象添加到 Configuration.interceptorChain 字段中保存。读者可以回顾第 3 章中对 MyBatis 初始化流程的介绍。

完成 Interceptor 的加载操作之后，继续介绍 MyBatis 的拦截器如何对 Executor、ParameterHandler、ResultSetHandler、StatementHandler 进行拦截。在 MyBatis 中使用的这四类的对象，都是通过 Configuration.new*()系列方法创建的。如果配置了用户自定义拦截器，则会在该系列方法中，通过 InterceptorChain.pluginAll()方法为目标对象创建代理对象，所以通过 Configuration.new*()系列方法得到的对象实际是一个代理对象。

下面以 Configuration.newExecutor() 方法为例进行分析，Configuration 中的 newParameterHandler()方法、newResultSetHandler()方法、newStatementHandler()方法原理类似，不再赘述。Configuration.newExecutor()方法的具体实现如下：

```java
public Executor newExecutor(Transaction transaction, ExecutorType executorType) {
    executorType = executorType == null ? defaultExecutorType : executorType;
    executorType = executorType == null ? ExecutorType.SIMPLE : executorType;
    Executor executor;
    // 根据参数，选择合适的 Executor 实现
    if (ExecutorType.BATCH == executorType) {
        executor = new BatchExecutor(this, transaction);
    } else if (ExecutorType.REUSE == executorType) {
        executor = new ReuseExecutor(this, transaction);
    } else {
        executor = new SimpleExecutor(this, transaction);
```

```
    }
    if (cacheEnabled) { // 根据配置决定是否开启二级缓存的功能
        executor = new CachingExecutor(executor);
    }
    // 通过InterceptorChain.pluginAll()方法创建Executor的代理对象
    executor = (Executor) interceptorChain.pluginAll(executor);
    return executor;
}
```

InterceptorChain 中使用 interceptors 字段（ArrayList<Interceptor> 类型）记录了 mybatis-config.xml 文件中配置的拦截器。在 InterceptorChain.pluginAll()方法中会遍历该 interceptors 集合，并调用其中每个元素的 plugin()方法创建代理对象，具体实现如下所示。

```
public Object pluginAll(Object target) {
    for (Interceptor interceptor : interceptors) { // 遍历interceptors集合
        target = interceptor.plugin(target); // 调用Interceptor.plugin()方法
    }
    return target;
}
```

用户自定义拦截器的 plugin()方法，可以考虑使用 MyBatis 提供的 Plugin 工具类实现，它实现了 InvocationHandler 接口，并提供了一个 wrap()静态方法用于创建代理对象。Plugin.wrap() 方法的具体实现如下：

```
public static Object wrap(Object target, Interceptor interceptor) {
    // 获取用户自定义Interceptor中@Signature注解的信息，getSignatureMap()方法负责
    // 处理@Signature注解，代码并不复杂，不再赘述
    Map<Class<?>, Set<Method>> signatureMap = getSignatureMap(interceptor);
    Class<?> type = target.getClass(); // 获取目标类型
    // 获取目标类型实现的接口，正如前文所述，拦截器可以拦截的4类对象都实现了相应的接口，这也是能
    // 使用JDK动态代理的方式创建代理对象的基础
    Class<?>[] interfaces = getAllInterfaces(type, signatureMap);
    if (interfaces.length > 0) {
        // 使用JDK动态代理的方式创建代理对象
        return Proxy.newProxyInstance(
            type.getClassLoader(),
            interfaces,
```

```
            // 这里使用 InvocationHandler 对象就是 Plugin 对象
            new Plugin(target, interceptor, signatureMap));
    }
    return target;
}
```

Plugin 中各个字段的含义如下:

```
private Object target; // 目标对象

private Interceptor interceptor; // Interceptor 对象

private Map<Class<?>, Set<Method>> signatureMap; // 记录了@Signature 注解中的信息
```

在 Plugin.invoke()方法中，会将当前调用的方法与 signatureMap 集合中记录的方法信息进行比较，如果当前调用的方法是需要被拦截的方法，则调用其 intercept()方法进行处理，如果不能被拦截则直接调用 target 的相应方法。Plugin.invoke()方法的具体实现如下:

```
public Object invoke(Object proxy, Method method, Object[] args) throws Throwable {
    try {
        // 获取当前方法所在类或接口中，可被当前 Interceptor 拦截的方法
        Set<Method> methods = signatureMap.get(method.getDeclaringClass());
        // 如果当前调用的方法需要被拦截，则调用 interceptor.intercept()方法进行拦截处理
        if (methods != null && methods.contains(method)) {
            return interceptor.intercept(new Invocation(target, method, args));
        }
        // 如果当前调用的方法不能被拦截，则调用 target 对象的相应方法
        return method.invoke(target, args);
    } catch (Exception e) {
        throw ExceptionUtil.unwrapThrowable(e);
    }
}
```

Interceptor.intercept()方法的参数是 Invocation 对象，其中封装了目标对象、目标方法以及调用目标方法的参数，并提供了 proceed()方法调用目标方法，如下所示。所以在 Interceptor.intercept()方法中执行完拦截处理之后，如果需要调用目标方法，则通过 Invocation. proceed()方法实现。

```
public Object proceed() throws InvocationTargetException, IllegalAccessException {
    return method.invoke(target, args);
}
```

经过上述分析可知，MyBatis 提供的插件模块本身难度不大，但是要编写出性能良好、设计优秀的插件就需要对 MyBatis 中各个模块的运行原理有一定的理解，这也是为什么将插件模块放到最后介绍的原因。

4.1.3 应用场景分析

1. 分页插件

使用 MyBatis 插件可以实现很多有用的功能。例如，常见的分页功能。MyBatis 本身可以通过 RowRounds 方式进行分页，但是在前面分析 DefaultResultSetHandler 时已经发现，它并没有转换成分页相关的 SQL 语句，例如 MySQL 数据库中的 limit 语句，而是通过调用 ResultSet.absolute()方法或循环调用 ResultSet.next()方法定位到指定的记录行。当一个表中的数据量比较大时，这种分页方式依然会查询全表数据，导致性能问题。

当然，开发人员可以在映射配置文件编写带有 limit 关键字以及分页参数的 select 语句来实现物理分页，避免上述性能问题。但是，对于已有系统来说，用这种方式添加分页功能会造成大量代码修改。

为解决这个问题，可以考虑使用插件的方式实现分页功能。用户可以添加自定义拦截器并在其中拦截 Executor.query(MappedStatemen, Object, RowBounds, ResultHandler, CacheKey, BoundSql)方法或 Executor.query(MappedStatemen, Object, RowBounds, ResultHandler)方法。在拦截的 Executor.query()方法中，可以通过 RowBounds 参数获取所需记录的起止位置，通过 BoundSql 参数获取待执行的 SQL 语句，这样就可以在 SQL 语句中合适的位置添加"limit offset,length"片段，实现分页功能。

这里，笔者提供一个自己在实战经历中积累的分页插件实现。在该分页插件的实现中，为了支持多种数据库的分页功能，使用了前面介绍的策略模式，读者可以仔细品味这里的设计。关于哪种场景下是否适合应用某种设计模式的问题，除了软件设计人员了解前面介绍的多种设计模式，还需要设计经验与具体需求相结合，设计人员可以通过"多听多看"的方式（"多听"其他设计人员分享设计经验，"多看"优秀框架、类库的代码，并从中分析设计模式的应用场景和设计思维），提高自己敏锐的设计嗅觉。

废话不多说，先来看该分页插件的整体设计思路，如图 4-2 所示，其中展示了插件类 PageInterceptor 以及它依赖的 Dialect 策略。

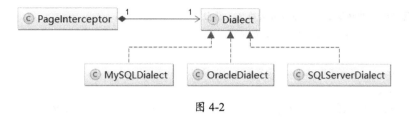

图 4-2

首先来关注 PageInterceptor 中的注解信息以及其中定义的字段的含义：

```
@Intercepts({@Signature(type = Executor.class, method = "query", args = {
    MappedStatement.class, Object.class, RowBounds.class,
    ResultHandler.class})})
public class PageInterceptor implements Interceptor {

    // 记录 Executor.query()方法中，指定类型的参数在参数列表中的索引位置
    // MappedStatement 对象在参数列表中的索引位置
    private static int MAPPEDSTATEMENT_INDEX = 0;

    // 用户传入的实参对象在参数列表中的索引位置
    private static int PARAMETEROBJECT_INDEX = 1;

    // MappedStatement 类型的参数在参数列表中的索引位置
    private static int ROWBOUNDS_INDEX = 2;

    // Dialect 对象。每种数据库产品对
    private Dialect dialect;

    // ... 紧接着会具体分析其中的方法，这里暂时省略
}
```

通过 PageInterceptor 中的@Intercepts 注解信息和@Signature 注解信息可以了解到，PageInterceptor 会拦截 Executor.qurey(MappedStatemen, Object, RowBounds, ResultHandler)方法，如果读者需要拦截其他方法，可以修改其中的@Signature 注解。

这里简单介绍一下 Dialect 策略，时下流行的数据库产品对分页 SQL 的支持不尽相同，例如，MySQL 是通过"limit offset,length"语句实现分页的，而 Oracle 则是通过 ROWNUM 来实现的。为了让读者有更清楚的认识，给出两个分页的 SQL 语句，在前端页面中每页展示 10 条记录，这里假设用户要查看第 2 页的内容，则需要查询的是数据库表中第 10～20 条记录行。

```
// 下面是 MySQL 中通过 limit 实现分页的 SQL 语句
select * from t_user limit 10,10

// 下面是 Oracle 中通过 ROWNUM 实现分页的 SQL 语句
SELECT * FROM (
SELECT u.*, ROWNUM rn FROM (SELECT * FROM t_user) u WHERE ROWNUM <= 20
) WHERE rn > 10
```

正因为如此，才会为 PageInterceptor 添加 Dialect 策略，对不同数据库的分页提供支持。

了解完 PageInterceptor 拦截的方法以及设计 Dialect 策略的目的之后，再来看 PageInterceptor.plugin()方法，正如上一小节所述，PageInterceptor.plugin()方法是通过 Plugin.wrap()方法实现的。

```java
public Object plugin(Object target) {
    return Plugin.wrap(target, this);
}
```

其中会解析 PageInterceptor 中@Intercepts 注解和@Signature 注解的信息，从而确定需要拦截的方法，然后使用 JDK 动态代理的方式为 Executor 创建代理对象。在该代理对象中，会拦截 Executor.query(MappedStatemen, Object, RowBounds, ResultHandler)方法，拦截的具体逻辑是在 PageInterceptor.intercept()方法中实现的。PageInterceptor.intercept()方法的具体实现代码如下：

```java
public Object intercept(final Invocation invocation) throws Throwable {
    // 从 Invocation 对象中获取被拦截的方法的参数列表，这里就是 Executor.query(MappedStatemen,
    // Object, RowBounds, ResultHandler)的参数列表
    final Object[] queryArgs = invocation.getArgs();
    // 结合前面介绍的 PageInterceptor 中的字段，获取 Executor.query()方法中的参数
    // 获取 MappedStatement 对象
    final MappedStatement ms = (MappedStatement) queryArgs[MAPPEDSTATEMENT_INDEX];
    // 获取用户传入的实参对象
    final Object parameter = queryArgs[PARAMETEROBJECT_INDEX];
    // 获取 RowBounds 对象
    final RowBounds rowBounds = (RowBounds) queryArgs[ROWBOUNDS_INDEX];

    // 获取 RowBounds 对象中记录的 offset 值，也就是查询的起始位置
    int offset = rowBounds.getOffset();
    // 获取 RowBounds 对象中记录的 limit 值，也就是查询返回的记录条数
    int limit = rowBounds.getLimit();
```

```java
    // 获取BoundSql对象,其中记录了包含"?"占位符的SQL语句
    final BoundSql boundSql = mappedStatement.getBoundSql(parameter);
// 获取BoundSql中记录的SQL语句
    final StringBuffer bufferSql = new StringBuffer(boundSql.getSql()
            .trim());

    // 对SQL语句进行格式化。在映射配置文件中编写SQL语句时,或是经过动态SQL解析之后,SQL
    // 语句的格式会比较凌乱,这里可以对SQL语句进行格式化
String sql = getFommatSql(bufferSql.toString().trim());

// 通过Dialect策略,检测当前使用的数据库产品是否支持分页功能
if(dialect.supportPage()){
    // Dialect策略根据具体的数据块产品、SQL语句以及offset值和limit值,生成包含分页功能
    // 的SQL语句
    sql = dialect.getPagingSql(sql, offset, limit);

    // 当前拦截的Executor.query()方法中的RowBounds参数不再控制查找结果集的范围,所以要进行重置
    queryArgs[ROWBOUNDS_INDEX] = new RowBounds(RowBounds.NO_ROW_OFFSET,
            RowBounds.NO_ROW_LIMIT);
}

// 根据当前的SQL语句创建新的MappedStatement对象,并更新到Invocation对象记录的参数列表中
queryArgs[MAPPEDSTATEMENT_INDEX] = createMappedStatement(mappedStatement,
        boundSql, sql);

// 通过Invocation.proceed()方法调用被拦截的Executor.query()方法,具体原理前面已经分析过了
return invocation.proceed();
}
```

在 PageInterceptor 处理完拦截到的 SQL 语句之后,会根据当前的 SQL 语句创建新的 MappedStatement 对象,并更新到 Invocation 对象记录的参数列表中,下面来看一下新建 MappedStatement 对象的实现:

```java
private MappedStatement createMappedStatement(MappedStatement mappedStatement,
                                    BoundSql boundSql, String sql) {
    // 为处理后的SQL语句创建新的BoundSql对象,其中会复制原有BoundSql对象的
    // parameterMappings等集合的信息
```

```java
BoundSql newBoundSql = createBoundSql(mappedStatement, boundSql, sql);
// 为处理后的 SQL 语句创建新的 MappedStatement 对象，其中封装的 BoundSql 是上面新建的
// BoundSql 对象，其他的字段直接复制原有 MappedStatement 对象
return createMappedStatement(mappedStatement, new BoundSqlSqlSource(newBoundSql));
}
```

最后来看 PageInterceptor.setProperties()方法，该方法会根据 PageInterceptor 在配置文件中的配置完成 PageInterceptor 的初始化，具体实现如下：

```java
public void setProperties(Properties properties) {
    // 查找名称为"dbName"的配置项
    String dbName = properties.getProperty("dbName");

    // 查找以"dialect."开头的配置项
    String prefix = "dialect.";
    Map<String, String> result = new HashMap<String, String>();
    for (Map.Entry<Object, Object> entry : properties.entrySet()) {
        String key = (String) entry.getKey();
        if (key != null && key.startsWith(prefix)) {
            result.put(key.substring(prefix.length()), (String) entry.getValue());
        }
    }

    // 获取当前使用的数据库产品对应的 Dialect 对象
    String dialectClass = result.get(dbName);
    try {
        // 通过反射的方式创建 Dialect 接口的具体实现
        Dialect dialect = (Dialect) Class.forName(dialectClass).newInstance();
        // 设置当前使用的 Dialect 策略
        this.setDialect(dialect);
    } catch (Exception e) {
        throw new RuntimeException(
                "Cann't find Dialect for " + dbName + "!", e);
    }
}
```

为了读者便于理解 PageInterceptor.setProperties()方法，这里给出 PageInterceptor 在 mybatis-config.xml 配置文件中的相关配置：

```xml
<plugins>
    <plugin interceptor="com.xxx.interceptor.PageInterceptor">
        <property name="jdbc.dbType" value="mysql"/>
        <property name="Dialect.oracle" value="com.xxx.dialect.OracleDialect"/>
        <property name="Dialect.mysql" value="com.xxx.dialect.MySQLDialect"/>
        <property name="Dialect.mssql" value="com.xxx.dialect.SQLServerDialect"/>
    </plugin>
</plugins>
```

PageInterceptor 的实现就介绍到这里了，下面来看 Dialect 接口，它是所有策略的统一接口，定义了所有策略的行为，其具体代码如下：

```java
public interface Dialect {

    // 检测当前使用的数据库产品是否支持分页
    public boolean supportPage();

    // 根据当前使用的数据库产品,为当前 SQL 语句添加分页功能,调用该方法之前,需要通过 supportPage()
    // 方法确定对应数据库产品支持分页
    public String getPagingSql(String sql, int offset, int limit);
}
```

在这里主要介绍 Dialect 接口的两个实现，分别是 OracleDialect 和 MySQLDialect，其他数据库产品对应的 Dialect 实现留给读者自行实现。其中，OracleDialect 是针对 Oracle 数据库的 Dialect 接口实现，MySQLDialect 是针对 MySQL 数据库的 Dialect 接口实现。OracleDialect 和 MySQLDialect 的 supportPage()方法都直接返回 true，表示支持分页功能，具体实现代码就不再展示了。

下面首先介绍 OracleDialect.getPagingSql()方法的具体实现：

```java
public String getPagingSql(String sql, int offset, int limit) {
    sql = sql.trim();
    // 记录当前 select 语句是否包含"for update"子句,该子句会对数据行加锁
    boolean hasForUpdate = false;
    String forUpdatePart= " for update";
    if (sql.toLowerCase().endsWith(forUpdatePart)) {
        // 将当前 SQL 语句的" for update"片段删除
        sql = sql.substring(0, sql.length() - forUpdatePart.length());
```

```
            hasForUpdate = true; // 将 hasForUpdate 标识设置为 true
        }

        // result 用于记录添加分页支持之后的 SQL 语句, 这里预先将 StringBuffer 扩充到合理的值
        StringBuffer result = new StringBuffer(sql.length() + 100);
        // 根据 offset 值拼接支持分页的 SQL 语句的前半段
        if (offset > 0) {
            result.append("select * from ( select row_.*, rownum rownum_ from ( ");
        } else {
            result.append("select * from ( ");
        }

        result.append(sql); // 将原有的 SQL 语句拼接到 result 中

        // 根据 offset 值拼接支持分页的 SQL 语句的后半段
        if (offset > 0) {
            String endOffset = offset + "+" + limit;
            result.append(" ) row_ ) where rownum_ <= " + endOffset
                    + " and rownum_ > " + offset);
        } else {
            result.append(" ) where rownum <= " + limit);
        }
        // 根据前面记录的 hasForUpdate 标志, 决定是否复原"for update"子句
        if (hasForUpdate) {
            result.append(" for update");
        }
        return result.toString();
    }
```

再来介绍 MySQLDialect 的具体实现, MySQLDialect.getPagingSql()方法也是首先处理"for update"子句, 然后根据 offset 的值拼装支持分页的 SQL 语句, 最后恢复"for update"子句并返回拼装好的 SQL 语句。

```
    public String getPagingSql(String sql, int offset, int limit) {
        sql = sql.trim();
        // 记录当前 select 语句是否包含"for update"子句, 该子句会对数据行加锁
        boolean hasForUpdate = false;
        String forUpdatePart = "for update";
```

```java
    if (sql.toLowerCase().endsWith(forUpdatePart)) {
        // 将当前SQL语句的"for update"片段删除
        sql = sql.substring(0, sql.length() - forUpdatePart.length());
        hasForUpdate = true; // 将hasForUpdate标识设置为true
    }

    // result用于记录添加分页支持之后的SQL语句，这里预先将StringBuffer扩充到合理的值
    StringBuffer result = new StringBuffer(sql.length() + 100);
    result.append(sql).append(" limit ");
    // 根据offset值拼接支持分页的SQL语句
    if (offset > 0) {
        result.append(offset).append(",").append(limit);
    } else {
        result.append(limit);
    }

    // 根据前面记录的hasForUpdate标志，决定是否复原"for update"子句
    if (hasForUpdate) {
        result.append(" for update");
    }
    return result.toString();
}
```

另外需要注意的是，在MySQL数据库中通过"limit offset.length"方式实现分页时，如果offset的值很大，则查询性能会很差。下面是一个简单实例：

```
mysql> select * from t_user limit 10, 100;
      100 rows in set (0.01 sec)

mysql> select * from t_user limit 1000000, 100;
      100 rows in set (0.15 sec)
```

之所以会出现性能问题是因为"limit 1000000,100"的意思是扫描满足条件的1000100行，扔掉前面的1000000行，再返回最后的100行。在很多场景中，可以通过索引的方式对分页进行优化，示例如下，其中user_id是t_user的主键，自带聚簇索引。

```
mysql> select * from t_user where user_id >= (select user_id from t_user limit 1000000,1)
      limit 100;
      100 rows in set (0.02 sec)
```

上述 select 语句在 MySQL 中的大概执行计划是先执行子查询，它会使用 user_id 上的聚簇索引（也是一个覆盖索引）查找 1000001，并返回最后一个 user_id 的值。然后，再次根据 user_id 上的聚簇索引执行主查询，获取 100 条记录。因为两次查询都使用了索引，所以速度较快。当使用"limit offset.length"方式实现分页遇到性能问题时，可以根据实际的业务需求，考虑在 MyBatis 的用户自定义插件中，将相关 limit 语句实现的分页功能修改成上述使用子查询和索引的方式实现。当然，"为查找一条记录翻阅多页"这个功能的用户体验本身就很差，也可以通过设计良好的关键字查询功能，避免翻阅多页带来的问题。

PageHelper 是国人开发的一款 MyBatis 分页插件，它的核心原理也是基于 Interceptor 实现的，感兴趣的读者可以参考其官方网站。

2. JsqlParser 介绍

在下一小节，笔者将会介绍一个简易的分表插件的实现，读者可以在此基础之上，根据自己实际的业务逻辑进行扩展。

首先来介绍其中使用的 JsqlParser 工具。JsqlParser 是一个 SQL 语句的解析器，主要用于完成对 SQL 语句进行解析和组装的工作。JsqlParser 会解析 SQL 语句关键词之间的内容，并形成树状结构，树状结构中的节点是由相应的 Java 对象表示的。JSqlParser 可以解析多种数据库产品支持的 SQL 语句，例如 Oracle、SQLServer、MySQL、PostgreSQL 等。

下面通过示例介绍 JsqlParser 的方式，示例类名称为 ParseTest，其中针对 select、update、insert、delete 四种类型的 SQL 语句的各个部分进行了解析，其 main 函数如下：

```java
public class ParseTest {
    public static void main(String[] args) throws Exception {
        String selectSql = "SELECT user_name,age,email FROM t_user WHERE user_id > 16546"
            + " group by age order by user_name";
        String insertSql = "INSERT INTO t_order (id,user_id,sum) VALUES"
            + " ('ERF12363615',12,23.6)";
        String updateSql = "UPDATE Person SET FirstName = 'Fred' "
            + "WHERE LastName = 'Wilson'";
        String deleteSql = "DELETE FROM t_item WHERE id = 'FRDA1263879' ";

        // parseSQL()静态方法是解析 SQL 语句的入口函数
        ParseTest.parseSQL(selectSql);
        ParseTest.parseSQL(insertSql);
        ParseTest.parseSQL(updateSql);
        ParseTest.parseSQL(deleteSql);
```

```
        // 输出：
        // SELECT user_name,age,email FROM t_user WHERE user_id > 16546 group by age
        // order by user_name
        // 列名：user_name age email
        // 表名：t_user
        // Where 部分：user_id > 16546
        // group by 部分的列名：age
        // order by 部分的列名：user_name
        //
        // INSERT INTO t_order (id,user_id,sum) VALUES ('ERF12363615',12,23.6)
        // 列名：id user_id sum
        // 表名：t_order
        // 列值：'ERF12363615'   12    23.6
        //
        // UPDATE Person SET FirstName = 'Fred' WHERE LastName = 'Wilson'
        // 列名： FirstName
        // 表名：Person
        // 列值：'Fred'
        // Where 部分：LastName = 'Wilson'
        //
        // DELETE FROM t_item WHERE id = 'FRDA1263879'
        // 表名：t_item
        // Where 部分：id = 'FRDA1263879'
    }
    ... ...
}
```

ParseTest.parseSQL()静态方法是解析 SQL 语句的入口函数，它会根据 SQL 语句的类型调用不同的方法完成解析，具体实现如下：

```
public static void parseSQL(String sql) throws JSQLParserException {
    // CCJSqlParserUtil 是 JsqlParser 中比较重要的工具类，它会解析 SQL 语句并返回 Statement 对
    // 象，Statement 对象可用于导航描述 SQL 语句的结构
    Statement statement = CCJSqlParserUtil.parse(sql);
    System.out.println('\n' + sql);
    if (statement instanceof Select) { // 检测被解析的 SQL 语句是否为 select 语句
        Select select = (Select) statement;
        parseSelect(select);
```

```
        } else if (statement instanceof Update) { // 检测被解析的 SQL 语句是否为 update 语句
            Update update = (Update) statement;
            parseUpdate(update);
        } else if (statement instanceof Insert) { // 检测被解析的 SQL 语句是否为 update 语句
            Insert insert = (Insert) statement;
            parseInsert(insert);
        } else if (statement instanceof Delete) { // 检测被解析的 SQL 语句是否为 delete 语句
            Delete delete = (Delete) statement;
            parseDelete(delete);
        }
    }
```

首先来看 parseSelect() 方法对象 select 语句的解析，其中解析了 select 语句中的列名、表名、Where 子句、group by 子句以及 order by 子句的内容。具体实现如下：

```
public static void parseSelect(Select select) {
    // 获取 select 语句查询的列
    System.out.println("\n列名: ");
    PlainSelect plain = (PlainSelect) select.getSelectBody();
    List<SelectItem> selectitems = plain.getSelectItems();
    if (selectitems != null) { // 输出列名
        for (int i = 0; i < selectitems.size(); i++) {
            SelectItem selectItem = selectitems.get(i);
            System.out.print(selectItem.toString() + "   ");
        }
    }

    // 解析 Select 语句中的表名
    System.out.print("\n表名: ");
    TablesNamesFinder tablesNamesFinder = new TablesNamesFinder();
    List<String> tableList = tablesNamesFinder.getTableList(select);
    for (String tableName : tableList) {
        System.out.println(tableName);
    }

    // 解析 SQL 语句中 Where 部分
    Expression whereExpression = plain.getWhere();
    System.out.println("\nWhere 部分: " + whereExpression.toString());
```

```java
        // 解析SQL语句中group by部分的列名
        System.out.print("\ngroup by部分的列名：");
        List<Expression> groupByColumnReferences = plain
                .getGroupByColumnReferences();
        if (groupByColumnReferences != null) {
            for (int i = 0; i < groupByColumnReferences.size(); i++) {
                System.out.print(groupByColumnReferences.get(i).toString()
                        + " ");
            }
        }

        // 解析SQL语句中order by部分的列名
        System.out.print("\norder by部分的列名：");
        List<OrderByElement> orderByElements = plain.getOrderByElements();
        if (orderByElements != null) {
            for (int i = 0; i < orderByElements.size(); i++) {
                System.out.println(orderByElements.get(i).toString() + " ");
            }
        }
    }
```

再来看parseInsert()方法对insert语句的解析，其中解析了insert语句中的列名、表名以及列值。具体实现如下：

```java
    public static void parseInsert(Insert insert) {
        // 获取insert语句中更新的列名
        System.out.println("\n列名：");
        List<Column> columns = insert.getColumns();
        if (columns != null) { // 输出列名
            for (int i = 0; i < columns.size(); i++) {
                Column column = columns.get(i);
                System.out.print(column.getColumnName() + " ");
            }
        }

        // 解析insert语句中的表名
        System.out.print("\n表名：");
```

```java
    String tableName = insert.getTable().getName();
    System.out.println(tableName);

    // 解析 insert 语句中的插入记录的各个列值
    System.out.print("\n列值: ");
    List<Expression> insertValuesExpression = ((ExpressionList) insert
            .getItemsList()).getExpressions();
    for (int i = 0; i < insertValuesExpression.size(); i++) {
        System.out.println(insertValuesExpression.get(i).toString());
    }
}
```

在该示例中，parseUpdate()方法和 parseDelete()方法中的实现逻辑与 parseInsert()方法类似，其中 parseUpdate()方法解析了列名、表名以及列值这三部分，parseDelete()方法解析了表名和 Where 子句两部分，具体代码就不再展示了。

下面通过一个示例方法介绍 JsqlParser 解析 select 语句中 JOIN 部分的 API，具体实现如下：

```java
public static void parseSelectJoin(String sql) throws JSQLParserException {
    Statement statement = (Statement) CCJSqlParserUtil.parse(sql);
    Select selectStatement = (Select) statement;
    PlainSelect plain = (PlainSelect) selectStatement.getSelectBody();
    List<Join> joinList = plain.getJoins();
    if (joinList != null) {
        for (int i = 0; i < joinList.size(); i++) {
            Join join = joinList.get(i);
            System.out.println("JOIN 部分: " + joinList.get(i).toString());
            System.out
                    .println("连接表达式: " + join.getOnExpression().toString());
        }
    }
}
// 输出
// JOIN 部分: INNER JOIN Orders ON Persons.Id_P = Orders.Id_P
// 连接表达式: Persons.Id_P = Orders.Id_P
```

JsqlParser 除了可以解析 SQL 语句，还提供了修改 SQL 语句的功能。这里依然通过一个示例代码介绍使用 JsqlParser 修改 SQL 语句的方法，首先来看 main 函数：

```java
public static void main(String[] args) throws JSQLParserException {
    // 使用如下信息拼装成完整的select语句，insert、update、delete语句的处理方式类似，不再赘述
    String originalSelectSql = "SELECT * FROM t_user";
    String[] items = {"user_name", "age", "email", "order_id", "sum"};
    String[] tables = {"t_user", "t_order"};
    String where = " user_id > 38647 ";
    String[] groups = {" age "};
    String[] orders = {" user_name ", " age DESC"};

    createSelect(originalSelectSql, items, tables, where, groups, orders);
    // 输出：
    // SELECT user_name, age, email, order_id, sum FROM t_user INNER JOIN t_order
    //     WHERE user_id > 38647 GROUP BY age ORDER BY user_name, age DESC
}
```

在createSelect()方法中会调用不同的部分组装SQL语句不同的部分，具体实现：

```java
public static void createSelect(String sql, String[] columns, String[] tables,
                    String where, String[] groups, String[] orders)
        throws JSQLParserException {
    // 解析SQL语句，形成Select对象
    Select select = (Select) CCJSqlParserUtil.parse(sql);
    PlainSelect plain = (PlainSelect) select.getSelectBody();
    createSelectColumns(plain, columns);// 创建查询的列名
    createSelectTables(plain, tables);// 创建查询的表名
    createSelectWhere(plain, where);// 创建where子句
    createSelectGroupBy(plain, groups); // 创建group by子句
    createSelectOrderBy(plain, orders); // 创建order by子句
    // 重置SelectBody
    select.setSelectBody(plain);
    // 输出拼装完成的SQL语句
    System.out.println(select.toString());
}
```

createSelectColumns()方法完成了select语句中列名的处理，具体实现如下：

```java
public static void createSelectColumns(PlainSelect plain, String[] columns)
        throws JSQLParserException {
    SelectItem[] selectItems = new SelectItem[columns.length];
```

```java
        plain.setSelectItems(null); // 清空原有 SQL 语句查询的列名
        for (int i = 0; i < columns.length; i++) {
            // 将 items 转换成 SelectItem 对象
            selectItems[i] = new SelectExpressionItem(
                    CCJSqlParserUtil.parseExpression(columns[i]));
            // 将 SelectItem 对象添加到 PlainSelect 对象中
            plain.addSelectItems(selectItems[i]);
        }
    }
```

createSelectTables()方法完成了 select 语句中表名的处理，具体实现如下：

```java
    public static void createSelectTables(PlainSelect plain, String[] tables) {
        plain.setFromItem(null);// 清空 FROM 部分
        plain.setJoins(null); // 清空 JOIN 部分
        if (tables.length == 1) {
            // 如果只查询一张表，则直接设置查询的表(FROM 部分)
            plain.setFromItem(new Table(tables[0]));
        }
        // 如果使用 JOIN 方式查询多表，则使用 JOIN 对象进行设置
        // 多表 JOIN 连接时，使用 joins 集合记录全部的 JOIN 对象
        List<Join> joins = new ArrayList<Join>();
        for (int i = 0; i < tables.length - 1 && tables.length >= 2; ) {
            Join join = new Join();
            if (i == 0) {
                // 设置第一张表
                plain.setFromItem(new Table(tables[0]));
            }
            i++;
            join.setInner(true); // 这里默认使用内连接
            // 读者可以根据具体的业务需求，使用 Join.setLeft()、setLeft()、setOuter()、setFull()等方法
            // 设置不同类型的连接方式
            // ... 读者还可以通过 join.setOnExpression()方法，设置连接条件（略）
            join.setRightItem(new Table(tables[i])); // 设置连接表
            joins.add(join); // 记录到 joins 集合中
        }
        plain.setJoins(joins);
    }
```

createSelectWhere()方法完成了 select 语句中 where 子句的处理,具体实现如下:

```java
public static void createSelectWhere(PlainSelect plain, String where)
        throws JSQLParserException {
    // 通过 CCJSqlParserUtil 工具类解析 Where 子句
    Expression whereExpr = (Expression) (CCJSqlParserUtil
            .parseCondExpression(where));
    // 设置 where 子句
    plain.setWhere(whereExpr);
}
```

createSelectGroupBy()方法完成了 select 语句中 group by 子句的处理,具体实现如下:

```java
public static void createSelectGroupBy(PlainSelect plain, String[] groupBys)
        throws JSQLParserException {
    List<Expression> GroupByColumnReferences = new ArrayList<Expression>();
    for (int i = 0; i < groupBys.length; i++) {
        // 通过 CCJSqlParserUtil 工具类解析 group by 子句
        GroupByColumnReferences.add(CCJSqlParserUtil
                .parseExpression(groupBys[i]));
    }
    plain.setGroupByColumnReferences(GroupByColumnReferences);
}
```

createSelectGroupBy()方法完成了 select 语句中 order by 子句的处理,具体实现如下:

```java
public static void createSelectOrderBy(PlainSelect plain, String[] orderBys)
        throws JSQLParserException {
    List<OrderByElement> orderByElements = new ArrayList<OrderByElement>();
    for (int i = 0; i < orderBys.length; i++) {
        OrderByElement orderByElement = new OrderByElement();
        String orderByStr = orderBys[i];
        String desc = orderByStr.substring(orderByStr.length() - 4,
                orderByStr.length());
        // 解析 order by 子句
        Expression orderExpr = (Expression) (CCJSqlParserUtil
                .parseExpression(orderByStr));
        // 初始化表达式、初始化排序顺序
        orderByElement.setExpression(orderExpr);
```

```
        if ("DESC".equals(desc.toUpperCase()))
            orderByElement.setAsc(false);
        else
            orderByElement.setAsc(true);
        // 记录 order by 子句
        orderByElements.add(orderByElement);
    }
    // 设置 order by 子句
    plain.setOrderByElements(orderByElements);
}
```

JsqlParser 的基础知识就介绍到这里了，关于 JsqlParser 其他的使用方式，读者可以参考 JsqlParser 官方文档进行学习。

3. 分表插件

分库分表是笔者在实践中应用 MyBatis 插件实现的另一功能。一个系统随着业务量的不断发展，数据库中的数据量会不断增加，这时就可能会出现超大型的表（可能有千万级别的数据甚至更多），对这些表的查询操作就会频繁出现在慢查询日志中。即使通过添加合适的索引、优化 SQL 语句等手段对相关查询进行了优化，也可能依然无法满足性能方面的需求。此时，可以认为单表已经无法支持该业务量，应当考虑对这些超大型的表进行分表。之后，随着数据库中表的数量越来越多，数据库 I/O、磁盘、网络等方面都可能成为新的系统瓶颈，可以考虑通过分库的方式减小单个数据库的压力。

常见的分库分表的方式有分区方式、取模方式以及数据路由表方式。在实践开发中，笔者采用了用户 ID 取模的方式实现分库分表，其中一个主要原因是：实际业务中，所有维度的数据都与用户相关，查询所有非用户表时都是按照用户 ID 来进行查询的。这样，按照用户 ID 取模之后，可以让同一个用户的所有相关数据都落到同一张表中，从而避免了跨表查询的操作。具体的计算如下所示。

用户所在数据库 ID = 用户 ID % 数据库数量

用户所在数据表 ID = 用户 ID / 数据库数量 % 每个数据库中的表数量

在测试环境中，笔者使用了 4 个数据库，每个数据库中分了 8 张表，图 4-3 展示了分库分表之后整个系统的架构。

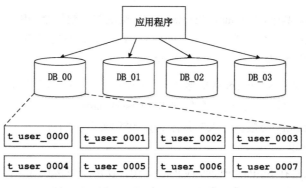

图 4-3

为了简化上层系统的开发,实现上层程序与数据库之间解耦,需要屏蔽上层应用程序对分库分表的感知。在上层应用系统的开发过程中,只关心使用的业务表名,并不需要关心具体的分库名后缀和分表名后缀。

在上述分库分表场景中,将 MyBatis 与 Spring 集成使用,选择具体分库的功能并不是直接在 MyBatis 中完成的,而是在 Spring 中配置了多个数据源,并通过 Spring 的拦截器实现的,这不是本节介绍的重点,感兴趣的读者可以参考 Spring 的相关资料。选择具体的分表功能是通过在 MyBatis 中添加一个分表插件实现的,在该插件中拦截 Executor.update()方法和 query()方法,并根据用户传入的用户 ID 计算分表的编号后缀。之后,该插件会将表名与编号后缀组合形成分表名称,解析并修改 SQL 语句,最终得到可以在当前分库中直接执行的 SQL 语句。到此为止,通过 MyBatis 实现分库分表功能的整体思路就介绍完了。

介绍完 JsqlParser 工具的基本使用之后,我们回到对分表插件的介绍。首先来看分表插件的整个结构,如图 4-4 所示,其中展示了插件类 ShardInterceptor 以及它依赖的 ShardStrategy 策略和 SqlParser 解析器。

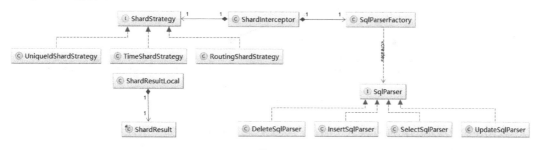

图 4-4

在图 4-4 的设计中涉及四种设计模式。第一种是在 ShardStrategy 策略的设计中,使用了策略设计模式。这里将每一种具体的分表策略封装成了 ShardStrategy 接口的实现,在图 4-4 中展示了三个 ShardStrategy 接口的实现,分别是 UniqueIdShardStrategy、TimeShardStrategy、

RoutingShardStrategy。其中，UniqueIdShardStrategy 实现类是根据全局唯一的 id，决定分表的后缀编号；TimeShardStrategy 实现类是根据时间信息，决定分表的后缀编号；RoutingShardStrategy 实现类是根据特定的路由表，决定分表的后缀编号。

第二种设计模式是在 SqlParser 解析器的设计中，使用到了简单工厂模式。在 ShardInterceptor 使用 SqlParser 解析器解析 SQL 时，会先向 SqlParserFactory 这个工厂类请求具体的 SqlParser 对象，而 SqlParserFactory 会根据传入的具体 SQL 语句类型，构造合适的 SqlParser 对象并返回给 ShardInterceptor 使用。

第三种设计模式是在 SqlParserFactory 的设计中，使用了单例模式。在整个系统中，只需要一个 SqlParserFactory 对象对外提供服务即可，所以将其做成单例的。

第四种设计模式是在 SqlParser 接口的实现类中，涉及了访问者模式，笔者个人认为，访问者模式是所有设计模式中最复杂，也是最难掌握的设计模式。这里仅对访问者模式做简单介绍。

访问者模式的主要目的是抽象处理某种数据结构中各元素的操作，可以在不改变数据结构的前提下，添加处理数据结构中指定元素的新操作。访问者模式的结构如图 4-5 所示。

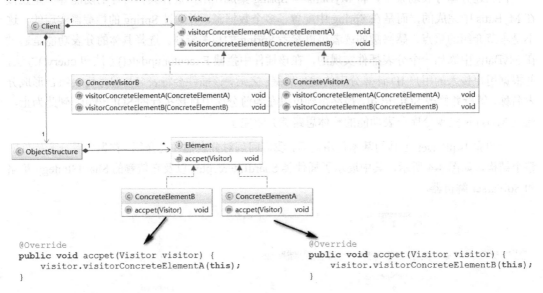

图 4-5

在图 4-5 中展示的访问者模式中的角色以及它们之间的关系如下所述。

- **访问者接口（Vistor）**：该接口为数据结构中的每个具体元素（ConcreteElement）声明一个对应的 visit*() 方法。
- **具体访问者（ConcreteVisitor）**：实现 Visitor 接口声明的方法。我们可以将整个 ConcreteVisitor 看作一个完整的算法，因为它会处理整个数据结构。而其中的每个方法实现了该算法的一部分。
- **元素接口（Element）**：该接口中定义了一个 accept()方法，它以一个访问者为参数，指定了接受哪一类访问者访问。
- **具体元素（ConcreteElement）**：实现抽象元素类所声明的 accept()方法，通常都会包含 visitor.visit(this)这个调用，这就会调用访问者来处理该元素。
- **对象结构（ObjectStructure）**：该类的对象就是前面不断提到的数据结构，它是一个元素的容器，一般包含一个记录多个不同类、不同接口的容器，如 List、Set、Map 等，在实践中一般不会专门再去抽象出这个角色。

介绍完访问者模式的结构和角色，下面介绍一下使用访问者模式会为我们带来哪些好处。

- 针对一个数据结构，如果要增加新的处理算法，则只要增加新的 Visitor 接口实现即可。无须修改任何其他的代码，这符合"开放-封闭"原则。
- 将整个数据结构中所有元素对象的处理操作集中到一个 ConcreteVisitor 对象中，这样便于维护。
- 在处理处理一个复杂数据结构时，并不是每个元素都是 ConcreteVisitor 对象需要处理的，ConcreteVisitor 可以跨越等级结构，处理属于不同层级的元素。

访问者模式当然也有缺点，其中最明显的缺点就是限制了数据结构的扩展，如果新增元素，则会导致 Visitor 接口以及所有实现的修改，代价比较大，也违背了"开放-封闭"原则。另一点就是访问者模式难于理解，也不利于错误定位。

下面开始对 ShardInterceptor 插件类的分析，首先关注 ShardInterceptor 中的@Intercepts 和@Signature 注解以及其核心字段的含义：

```
@Intercepts({@Signature(type = StatementHandler.class, method = "prepare",
        args = {Connection.class, Integer.class})})
public class ShardInterceptor implements Interceptor {
    // 日志工厂
    private static final Logger LOGGER = LoggerFactory.getLogger(ShardInterceptor.class);

    // 记录了原始类型及其封装类型、String 对应的 Class 对象，主要用于判断用户传入的实参对象
    // 这些简单类型还是封装 Java 对象
    private final static Set<Class<?>> PRIMITIVE_PARAM_CLASSES = new HashSet<Class<?>>();

    static { // 在静态代码块中初始化 PRIMITIVE_PARAM_CLASSES 集合
        PRIMITIVE_PARAM_CLASSES.add(String.class);
        PRIMITIVE_PARAM_CLASSES.add(int.class);
```

```
        PRIMITIVE_PARAM_CLASSES.add(Integer.class);
        PRIMITIVE_PARAM_CLASSES.add(long.class);
        PRIMITIVE_PARAM_CLASSES.add(Long.class);
        // ... 省略添加其他类型的代码
    }

    // 记录当前支持的分表策略集合
    private final Map<String, ShardStrategy> strategies =
            new HashMap<String, ShardStrategy>();

    // BoundSql 中 sql 字段对应的 Field 对象
    private final Field boundSqlField;

    // 默认的分表策略
    private String shardStrategyName = "UniqueIdShardStrategy";

    // ... 紧接着会具体分析其中的方法，这里暂时省略
}
```

通过 ShardInterceptor 中的@Intercepts 注解信息和@Signature 注解信息可以了解到，ShardInterceptor 会拦截 StatementHandler.prepare(Connection, Integer)方法，如果读者需要拦截其他方法，可以修改其中的@Signature 注解。

介绍完 ShardInterceptor 拦截的方法及其字段的含义之后，再来看 ShardInterceptor.plugin()方法，该方法是通过 Plugin.wrap()方法实现的，与 PageInterceptor.plugin()方法类似，具体实现如下：

```
public Object plugin(Object target) {
    return Plugin.wrap(target, this);
}
```

其中会解析 ShardInterceptor 中@Intercepts 注解和@Signature 注解的信息，从而确定需要拦截的方法，然后使用 JDK 动态代理的方式，为 StatementHandler 创建代理对象。在该代理对象中，会拦截 StatementHandler.prepare(Connection, Integer) 方法，拦截的具体逻辑是在 ShardInterceptor.intercept()方法中实现的，具体实现代码如下：

```
public Object intercept(Invocation invocation) throws Throwable {
    // 获取被拦截的方法的参数列表，在这里拦截的是 StatementHandler.prepare(Connection)方法
```

```java
Object[] args = invocation.getArgs();
Connection conn = (Connection) args[0];

// 获取被拦截的 StatementHandler 对象以及其中封装的 BoundSql 对象
StatementHandler statementHandler = (StatementHandler) invocation.getTarget();
BoundSql boundSql = statementHandler.getBoundSql();

String originalSql = boundSql.getSql();
LOGGER.debug("Shard Original SQL:{}", originalSql); // 日志输出原始的 SQL 语句

// 根据原始 SQL 语句的类型,创建 SqlParser 解析器
SqlParser sqlParser = SqlParserFactory.getInstance().createParser(originalSql);
// 解析原始的 SQL 语句中的表信息
List<Table> tables = sqlParser.getTables();
// 如果不存在表名,则直接执行目标方法,完成数据库操作
if (tables.isEmpty()) {
    return invocation.proceed();
}

ShardResult shardResult = null; // 记录分表结果
// 获取当前线程绑定的分表结果,用户可以通过此方式短路当前的分表策略
ShardResult specifiedResult = ShardResultLocal.get();
if (specifiedResult != null) {
    shardResult = specifiedResult;
    ShardResultLocal.remove();
} else {
    // 根据当前使用的分表策略
    ShardStrategy strategy = strategies.get(this.shardStrategyName);
    if (strategy == null) { // 找不到合适的分表策略,则抛出异常
        throw new SQLException("Shard Strategy Query Failed");
    }
    // 获取用户传入的实参对象
    Object parameterObject = boundSql.getParameterObject();
    // 记录参数信息
    Map<String, Object> params = null;
    // 简单参数的处理
    if (PRIMITIVE_PARAM_CLASSES.contains(parameterObject.getClass())) {
        List<ParameterMapping> mapping = boundSql.getParameterMappings();
```

```java
            if (mapping != null && !mapping.isEmpty()) {
                ParameterMapping m = mapping.get(0);
                params = new HashMap<String, Object>();
                params.put(m.getProperty(), parameterObject);
            } else {
                params = Collections.emptyMap();
            }
        } else { // 对象参数的处理
            if (parameterObject instanceof Map) {
                params = (Map<String, Object>) parameterObject;
            } else {
                params = new HashMap<String, Object>();
                // 将JavaBean中的属性名和属性值的对应关系记录到params集合中,如果对象结构
                // 更复杂,读者可以考虑为属性名增加前缀
                BeanInfo beanInfo =
                        Introspector.getBeanInfo(parameterObject.getClass());
                PropertyDescriptor[] propertyDescriptors =
                        beanInfo.getPropertyDescriptors();
                if (propertyDescriptors != null && propertyDescriptors.length > 0) {
                    for (PropertyDescriptor propDesc : propertyDescriptors) {
                        params.put(propDesc.getName(),
                                propDesc.getReadMethod().invoke(parameterObject));
                    }
                }
            }
        }
        // 根据指定的分表策略以及用户传入的实参,确定分表结果
        shardResult = strategy.parse(params);
    }

    for (Table t : tables) {
        String tableName = t.getName();
        // 根据解析结果,获取真实的表名
        t.setName(tableName + shardResult.getTableSuffix());
    }
    // 获取最终交由数据库执行的SQL语句,其中的表名是数据库中带有后缀的真实表名
    String targetSQL = sqlParser.toSQL();
    // 修改BoundSql中记录的SQL语句
```

```
        boundSqlField.set(boundSql, targetSQL);
        // 调用被拦截的方法，这里就是 StatementHandler.prepare()方法
        return invocation.proceed();
    }
```

下面来分析 SqlParserFactory 是如何根据传入的 SQL 语句创建相应的 SqlParser 对象的，SqlParserFactory 中字段的含义及构造方法如下：

```
public class SqlParserFactory {
    // 饿汉式单例模式，在类加载时就会初始化 instance
    private static SqlParserFactory instance = new SqlParserFactory();

    public static SqlParserFactory getInstance() {
        return instance;
    }

    // CCJSqlParserManager 是 JsqlParser 中用于解析 SQL 语句的工具类
    private final CCJSqlParserManager manager;

    private SqlParserFactory() { // 私有构造方法
        manager = new CCJSqlParserManager(); // 初始化 manager 字段
    }
}
```

SqlParserFactory.createParser()方法是 SqlParserFactory 对外提供的唯一方法，具体实现如下：

```
public SqlParser createParser(String originalSql) throws SQLException {
    try {
        // 通过 CCJSqlParserManager 解析 SQL 语句
        Statement statement = manager.parse(new StringReader(originalSql));
        if (statement instanceof Select) {
            // 对于 select 语句，返回 SelectSqlParser 对象
            SelectSqlParser select = new SelectSqlParser((Select) statement);
            select.init();
            return select;
        } else if (statement instanceof Update) {
            // ... 对于 update 语句，返回 UpdateSqlParser 对象，代码同上（略）
        } else if (statement instanceof Insert) {
            // ... 对于 insert 语句，返回 InsertSqlParser 对象，代码同上（略）
```

```java
        } else if (statement instanceof Delete) {
            // ... 对于 delete 语句，返回 DeleteSqlParser 对象，代码同上（略）
        } else {
            throw new SQLException("...");
        }
    } catch (JSQLParserException e) {
        throw new SQLException("...");
    }
}
```

继续来分析 SqlParser 对象的功能，首先看 SqlParser 接口中定义的方法，具体如下：

```java
public interface SqlParser {
    // 获取 SQL 语句中涉及的表信息
    public List<Table> getTables();

    // 获取最终可由数据库执行的 SQL 语句，其中包含的表名是包含分表后缀的真实表名
    public String getSql();
}
```

SelectSqlParser 是 SqlParser 接口的实现之一，主要负责解析 select 语句。在这里由于篇幅限制，主要介绍 SelectSqlParser 的具体实现，SqlParser 接口的其他实现（UpdateSqlParser、InsertSqlParser、DeleteSqlParser）与其类似，不再展示具体的代码。

SelectSqlParser 不仅实现了 SqlParser 接口，还实现了 JsqlParser 中提供的多个 Visitor 接口。从名字上也能看得出，这些 JsqlParser 提供的 Visitor 接口扮演了访问者接口的角色，SelectSqlParser 是具体访问者，而 SQL 语句对应的 Select 对象则是数据结构，Select 对象中的每一部分片段则是具体元素。SelectSqlParser 中字段的含义以及构造方法的具体实现如下：

```java
public class SelectSqlParser implements SqlParser, SelectVisitor,
            FromItemVisitor, ExpressionVisitor, ItemsListVisitor {

    // 标识当前 SelectSqlParser 对象是否已经初始化
    private boolean inited = false;

    // 记录了 SQL 语句解析后，得到的 Select 对象
    private Select statement;

    // 记录了 SQL 语句中所有的表对应的 Table 对象
```

```java
    private List<Table> tables = new ArrayList<Table>();

    public SelectSqlParser(Select statement) {
        this.statement = statement;
    }
    // ... 紧接着会分析 SelectSqlParser 中的关键方法，这里暂时省略
}
```

SelectSqlParser.init()方法是 SelectSqlParser 的初始化方法，其中就触发了对原始 SQL 语句的解析，具体实现如下：

```java
public void init() {
    if (inited) { return; } // SelectSqlParser 对象只能初始化一次
    inited = true;
    // 解析 SQL 语句，其中主要目的就是将 SQL 语句中的表信息记录到 tables 集合中
    statement.getSelectBody().accept(this);
}
```

在 SelectSqlParser 中实现的 Visitor 接口比较多，所以实现的 visit()方法重载就会比较多。下面只分析几个在解析原始 SQL 语句中比较重要的方法：

```java
public void visit(PlainSelect plainSelect) { // 针对 SQL 语句中 SelectBody 的处理方法
    plainSelect.getFromItem().accept(this);    // 处理 from 子句中的表
    // 处理 join 子句中的表
    if (plainSelect.getJoins() != null) {
        Iterator<Join> joinsIt = plainSelect.getJoins().iterator();
        while (joinsIt.hasNext()) {
            Join join = (Join) joinsIt.next();
            join.getRightItem().accept(this);
        }
    }
    // 处理 where 子句中的表
    if (plainSelect.getWhere() != null)
        plainSelect.getWhere().accept(this);
}

public void visit(Table table) { // 当解析到 SQL 语句中表时，会添加到 tables 集合中
    tables.add(table);
}
```

```java
public void visit(SubSelect subSelect) { // 针对子查询的处理方法
    subSelect.getSelectBody().accept(this);
}
```

最后要介绍的是该插件中涉及的分表策略，其对应的是 ShardStrategy 接口，该接口中只定义了一个 parse() 方法，该方法负责根据用户传入的实参计算分表的后缀名，具体如下：

```java
public interface ShardStrategy {
    // 根据用户传入的实参计算分表的后缀名
    public ShardResult parse(Map<String, Object> params);
}
```

由 ShardStrategy.parse() 计算得到的分表结果将记录到 ShardResult.tableSuffix 字段中。这里还提供了一种覆盖系统配置的 ShardStrategy 策略的方式，就是使用 ShardResultLocal 为当前线程绑定 ShardResult 对象。如果当前线程存在绑定的 ShardResult 对象，则使用该 ShardResult 对象确定分表后缀，否则使用系统配置的 ShardStrategy 策略与用户传入的实参进行计算。ShardResultLocal 的具体实现如下：

```java
public class ShardResultLocal {
    // 记录当前线程绑定的 ShardResult 对象
    private static final ThreadLocal<ShardResult> THREAD_LOCAL =
            new ThreadLocal<ShardResult>();

    // 设置当前线程绑定的 ShardResult 对象
    public static void put(ShardResult sc) { THREAD_LOCAL.set(sc); }

    // 获取当前线程绑定的 ShardResult 对象
    public static ShardResult get() { return THREAD_LOCAL.get(); }

    // 清除当前线程绑定的 ShardResult 对象
    public static void remove() {  THREAD_LOCAL.remove(); }
}
```

这里简单介绍一下 UniqueIdShardStrategy，供读者参考，读者可以根据自己的业务需求提供相应的 ShardStrategy 实现。UniqueIdShardStrategy 中字段的含义如下：

```java
private String propertyName;// 记录了参与计算分表后缀的属性名称
```

```
private Long dbNum;  // 记录了当前分库的数量

private Long tableNum;  // 记录了每个数据库中的表数量

// ... 在 UniqueIdShardStrategy 的初始化函数中，会根据配置初始化上述字段（略）
```

在 UniqueIdShardStrategy.parse()方法中会根据配置中指定的属性名称、用户传入的实参、分库数量以及分表数量，计算分表的后缀，具体实现如下：

```
public ShardResult parse(Map<String, Object> params) {
    // ... 边界检测,检测 params 是否存在需要的属性名,检测 dbNum 字段和 tableNum 字段是否合理(略)

    // 获取用于计算分表的属性值
    Long uniqueId = Long.valueOf(params.get(propertyName).toString());
    // 计算分表的后缀
    Long tableSuffix = uniqueId / dbNum % tableNum;

    // ... 边界检测,检测计算得到的 tableSuffix 后缀是否合理(略)

    // 将 tableSuffix 封装成 ShardResult 对象，并返回
    return new ShardResult(tableSuffix.toString());
}
```

到这里，分表插件的核心实现就介绍完了。在本小节最后，为读者提供另外几个分库分表的中间件，以及它们的比较信息，了解更多的信息之后，也能帮助读者选择更适合自己业务的分库分表技术。

- Amoeba 是一个真正的独立中间件服务，上层应用可以直接连接 Amoeba 操作 MySQL 集群，上层应用操作 Amoeba 就像操作单个 MySQL 实例一样。从 Amoeba 的架构中可以看出，Amoeba 底层使用 JDBC Driver 与数据库进行交互。Amoeba 不再更新代码，已经被 Cobar 取代了。
- Cobar 是在 Amoeba 基础上发展出来的另一个数据库中间件，接入成本较低。Cobar 与 Amoeba 的一个显著区别就是将底层的 JDBC Driver 改成了原生的 MySQL 通信协议层，也就是说，Cobar 不再支持 JDBC 规范，也不能支持 Oracle、PostgreSQL 等数据库。

  但是，原生的 MySQL 通信协议为 Cobar 在 MySQL 集群中的表现，提供了更大的发展空间，例如 Cobar 支持主备切换、读写分离、异步操作、在线扩容、多机房支持等等。

目前，Cobar 已经停止更新，笔者也不建议读者在新项目中使用。
- TDDL（Taobao Distributed Data Layer）并不是一个独立的中间件，它在整个系统中只能算是中间层。TDDL 以 jar 包的形式为上层提供支持，其具体位于 JDBC 层与业务逻辑层之间，由此可以看出，TDDL 底层还是使用 JDBC Driver 与数据库进行交互的。

  TDDL 支持了一些 Cobar 不支持的操作，例如读写分离、单库分多表等。例外，TDDL 比 Cobar 易于维护，运维成本也就低了很多。

- MyCAT 是在 Cobar 基础上发展起来的中间件产品。MyCAT 底层同时支持原生的 MySQL 通信协议以及 JDBC Driver 两种方式，与数据库进行交互。MyCAT 将底层的 BIO 改为 NIO，相较于 Cobar，支持的并发量上也有大幅提高。

  另外，MyCAT 还新增了对 order by、group by、limit 等聚合操作的支持。虽然 Cobar 也可以支持上述聚合操作，但是聚合功能需要业务系统自己完成。

  在笔者写作时，MyCAT 的社区还是比较活跃的，并且社区提供的文档等资料还是比较齐全的，感兴趣的读者可以参考 MyCAT 官网。

4. 其他场景

MyBatis 插件还有很多其他的场景，例如白名单和黑名单功能。在白名单中记录了当前系统允许执行的 SQL 语句或 SQL 模式，在黑名单中记录了当前系统不允许执行的 SQL 语句或 SQL 模式。

有些 SQL 语句在生产环境中是不允许执行的，例如，在两表数据量比较大时，执行两表的 JOIN 连接查询会非常耗时，甚至会造成数据库卡死的情况；或者，通过 "like %%" 方式进行模糊查询，这种查询方式无法使用索引，只能进行全表扫描，会导致比较严重的性能问题；再或者，在垂直分库的场景中，禁止不同分库的两个表进行连接查询。运维人员可以通过修改白名单和黑名单，控制可执行的 SQL 语句，从而避免上述场景。

我们可以通过在 MyBatis 中添加自定义插件的方式实现白名单和黑名单的功能。在自定义插件中，拦截 Executor 的 update() 方法和 query() 方法，将拦截到的 SQL 语句及参数与白名单及黑名单中的条目进行比较，从而决定该 SQL 语句是否可以执行。

MyBatis 插件的另一个应用场景是生成全局唯一 ID。如果系统需要主键自动生成的功能，可以使用数据库提供的自增主键功能，也可以使用 SelectKeyGenerator 执行指定的 SQL 语句来获取主键。但是，在某些场景中，这两种方法并不是很合适，例如电商系统中的订单号是需要长度相等且全局唯一的，在分库分表的场景中，数据库自增主键显然不是全局唯一的，所以不符合要求。而在高并发的场景中，通过 SelectKeyGenerator 执行指定的 SQL 语句获取主键的方式，在性能上会有缺陷，也不建议使用。

我们可以考虑在 MyBatis 中添加用于生成主键的自定义插件，该插件会拦截

Executor.update()方法，在拦截过程中会调用指定的主键生成算法生成唯一主键，并保存到用户传入的实参列表中，同样也会对 insert 语句进行解析和修改。至于具体的主键生成算法，读者可以根据具体的业务逻辑进行选择，例如，Java 自带的生成 UUID 的算法，该算法性能非常高，不会成为系统的瓶颈，但是并不是趋势递增的。如果要求主键趋势递增，则可以考虑 snowflake 算法，它是 Twitter 开源的分布式主键生成算法，其生成结果是一个 long 类型的主键，结构如图 4-6 所示。其中，有 41bit 高位表示毫秒时间戳，这就意味着生成的主键是趋势递增的，最低位 12bit 表示毫秒级内的序列号，这就意味着每台机器在每毫秒可以产生 4096 个主键，足够使用，不会成为性能瓶颈。

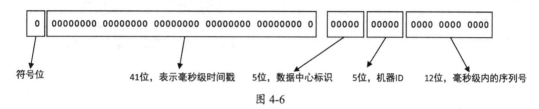

图 4-6

到此为止，MyBatis 插件模块涉及的设计理念、编写和配置方式、运行原理、使用场景等方面都已经介绍完了，希望读者能结合前面对 MyBatis 各个模块的分析，编写出性能良好、设计优秀的插件。

4.2 MyBatis 与 Spring 集成

Spring 是于 2003 年兴起的一个轻量级的 Java 开发框架，其主要目的是解决企业级应用程序开发中的复杂性。由于 Spring 设计优良、接口简单易用，一经发布就得到了开发人员的追捧，最终力压 EJB 成为 Java EE 开发的主流框架。在介绍 MyBatis 与 Spring 集成开发之前，Spring 有几个比较重要的概念需要在这里简单介绍一下。

4.2.1 Spring 基本概念

首先是 IoC（Inversion of Control，控制反转），其思想是将开发人员设计好的对象交给 IoC 容器控制，而不是直接在程序中通过 new 来创建需要的对象。当需要使用某个对象时，由 IoC 容器创建该对象并注入依赖对象中。这样，客户端在使用某个组件时，可以直接从 IoC 容器中获取该组件。

如图 4-7（a）所示，客户端需要同时了解类 A 和类 B 的具体实现以及它们的依赖关系，客户端在创建对象 A 和对象 B 之后，还需要根据依赖关系将对象 B 设置到对象 A 的相关属性中。使用 IoC 容器之后，则如图 4-7（b）所示，类 A 和类 B 的依赖关系是通过配置文件告诉 IoC 容器的,由 IoC 容器创建对象 A 和对象 B 并维护两者之间的关系,客户端在使用对象 A 时,可以直接从 IoC 容器中获取。

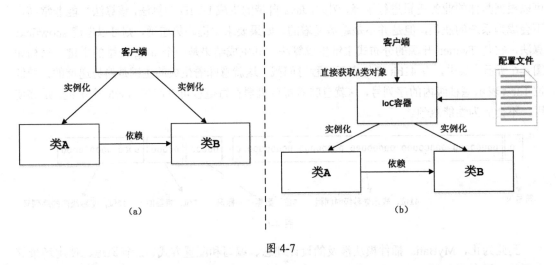

图 4-7

另一个概念是 DI(Dependency Injection,依赖注入),其含义是:对象之间的依赖关系是由容器在运行期决定的,也就是说,由容器动态地确定并维持两个对象之间的某个依赖关系。通过依赖注入机制,开发人员只需要通过简单的配置(XML 或注解),就可以确定依赖关系,实现组件的重用。

最后来看 AOP(Aspect Oriented Programming,面向切面编程),它是对面向对象编程的补充和完善。在面向对象编程中,开发人员可以通过封装、继承、多态等概念建立对象的层次结构。在系统中,除了核心的业务逻辑,还会有权限检测、日志输出、事务管理等相关的代码,它们会散落在多个对象中,横跨整个对象层次结构,但是这些功能与核心业务逻辑并无直接关系。如果单纯使用面向对象程序设计,会导致这种代码大量重复出现,不利于模块的重用。

AOP 利用"横切"技术将那些影响了多个类的公共代码抽取出来,封装到一个可重用的模块中,并将其称为 Aspect(切面)。这样就可以减少重复的代码,降低模块之间的耦合度,提高了系统的可维护性。下面简单介绍一下 AOP 中常见的名词。

- **横切关注点**:对哪些方法进行拦截,拦截后怎么处理,这些关注点称之为横切关注点。
- **切面(aspect)**:类是对物体特征的抽象,切面则是对横切关注点的抽象。
- **连接点(joinpoint)**:程序执行中明确的某个点,该点将会被拦截。Spring 只支持方法类型的连接点,所以在 Spring 中连接点指的就是被拦截到的方法。
- **切入点(pointcut)**:对连接点进行拦截的定义。
- **通知(advice)**:拦截到连接点之后要执行的代码,通知可以分为 5 类,分别是前置通知、后置通知、异常通知、最终通知、环绕通知。
- **织入（weave）**：将切面应用到目标对象，并创建相应代理对象的过程。

Spring AOP 最常见的应用场景就是事务管理，在下一小节会介绍 Spring AOP 的配置。

4.2.2　Spring MVC 介绍

Spring MVC 是 Spring 提供的一个强大而灵活的 Web 框架，它是一款实现了 MVC 设计模式的、请求驱动的轻量级 Web 框架。Spring MVC 使用 MVC 架构模式将 Web 层的各组件进行了解耦。借助 Spring 提供的注解功能，Spring MVC 提供了 POJO（Plain Ordinary Java Object）的开发模式，使得开发和测试更加简单，开发效率更高。

首先来简单介绍一下 MVC（Model-View-Controller，模型-视图-控制器）架构模式。从名字上就可以看出，MVC 中核心的三部分是 Model（模型）、View（视图）、Controller（控制器）。其中，Model 主要负责封装需要在视图上展示的数据；视图只用于展示数据，不包含任何业务逻辑；控制器主要负责接收用户的请求，调用底层的 Service 层执行具体的业务逻辑，之后，业务逻辑会返回一些数据在视图上进行展示，控制器会收集这些数据并准备模型对象在视图上展示。图 4-8 展示了 MVC 模式的核心组件和功能。

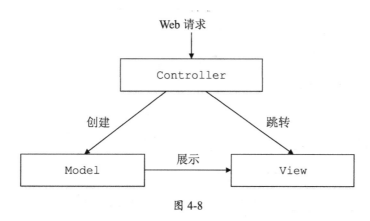

图 4-8

MVC 模式主要是通过分离模型、视图以及控制器三部分，实现业务逻辑与界面之间的解耦。MVC 模式的核心思想是将业务逻辑从界面中分离出来，允许它们单独变化且不会相互影响。

在 Spring MVC 应用程序中，Model 通常由 POJO 对象组成，它会在业务逻辑层中被处理，在持久层中被持久化。视图常用方案是使用 JSP 标准标签库（JSTL）编写的 JSP 模板。控制器则是通过 Spring MVC 注解配置的 Controller 类。

DispatcherServlet 是一个前端控制器，是整个 Spring MVC 框架的核心组件。它主要负责整体流程的调度，在接收 HTTP 请求之后，会根据请求调用 Spring MVC 中的各个组件。拦截指定格式的 URL 请求，初始化 WebApplicationContext，初始化 Spring MVC 的各个组成组件，根据 Controller 返回的逻辑视图名选择具体的视图进行渲染等一系列工作，都是由 DispatcherServlet 负责的。

下面来看看 Spring MVC 中常用的接口及其含义。

- Controller 接口：用户可以通过实现 Controller 接口实现控制器，但是多数情况下，使用的是@Controller 注解，被@Controller 修饰的类自动成为控制器。
- HandlerMapping 接口：主要负责用户请求到 Controller 之间映射。
- HandlerInterceptor 接口：拦截器，用户可以自定义实现，完成拦截请求的操作。
- ModelAndView：Controller 处理完请求之后，会将视图的名称以及模型数据封装成 ModelAndView 对象返回到 DispatcherServlet 中。
- ViewResolver 接口：主要负责将视图的逻辑名称映射成具体的视图。
- View 接口：具体视图。

介绍完 Spring MVC 的核心组件之后，下面介绍 Spring MVC 处理一个 HTTP 请求的整体流程，如图 4-9 所示。

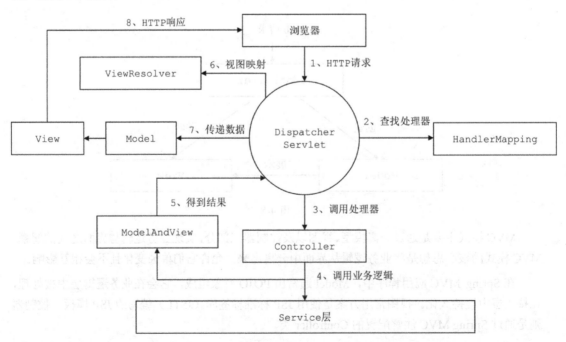

图 4-9

下面简单描述图 4-9 中展示的处理流程：

（1）用户通过浏览器发送 HTTP 请求后，首先会提交到 Spring MVC 中的 DispatcherServlet 中进行处理。

（2）DispatcherServlet 会根据请求查找一个或多个 HandlerMapping，并根据 HandlerMapping 查找处理请求的 Controller。

（3）DispatcherServlet 将请求提交到 Controller 进行处理。

（4）Controller 一般会调用 Service 层处理请求。

（5）Controller 调用 Service 层处理请求之后，会返回 ModelAndView。

（6）DispatcherServlet 会查询一个或多个 ViewResoler 视图解析器，进行视图解析。

（7）查找 ModelAndView 指定的视图。

（8）HTTP 响应，View 负责将结果显示到客户端。

4.2.3 集成环境搭建

本小节搭建 Spring 4、MyBatis 3.4、Spring MVC 的集成开发环境，最终搭建好的示例环境可以到 http://pan.baidu.com/s/1c2xk6kg 下载，其中包括完整的 jar 包、配置文件以及简单的测试类。如果读者想通过 Maven 对项目进行管理，请查阅 Maven 的相关资料。

首先需要创建一个 Web 项目，将 Spring、MyBatis、数据库驱动等相关 jar 包复制到 WEB-INF/lib 目录下，并添加到项目的 CLASSPATH 中，如图 4-10 所示。

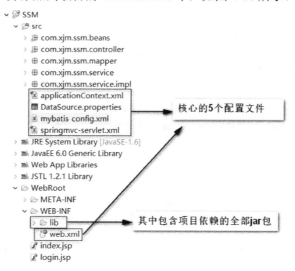

图 4-10

图 4-10 除了展示了整个项目结构，还特别展示了 5 个重要的配置文件，它们分别是 web.xml 配置文件、数据源配置文件 DataSource.properties、Spring 配置文件 applicationContext.xml、MyBatis 配置文件 mybatis-config.xml、SpringMVC 配置文件 springmvc-servlet.xml。

下面简单介绍这 5 个配置文件的核心内容，配置文件的完整内容请读者参考项目源码。首先来看 web.xml 配置文件，其中指定了 Spring 的监听器以及 Spring 配置文件的位置、配置了 Spring MVC 的前端控制器以及字符集过滤器。

```xml
<web-app version="2.5" ... >

    <!-- 配置 Spring 监听器 -->
    <listener>
        <listener-class>org.springframework.web.context.ContextLoaderListener
        </listener-class>
    </listener>

    <!-- 指定 Spring 配置文件的位置 -->
    <context-param>
        <param-name>contextConfigLocation</param-name>
        <param-value>/WEB-INF/classes/applicationContext.xml</param-value>
    </context-param>

    <!-- 配置 Spring MVC 的前端控制器 DispatcherServlet,拦截所有请求 -->
    <servlet>
        <servlet-name>springmvc</servlet-name>
        <servlet-class>org.springframework.web.servlet.DispatcherServlet</servlet-class>
        <!-- 指定 Spring MVC 的配置文件 -->
        <init-param>
            <param-name>contextConfigLocation</param-name>
            <param-value>/WEB-INF/classes/springmvc-servlet.xml</param-value>
        </init-param>
    </servlet>
    <servlet-mapping>
        <servlet-name>springmvc</servlet-name>
        <url-pattern>/</url-pattern>
    </servlet-mapping>

    <!-- 配置 Spring 框架提供的字符集过滤器 -->
```

```xml
<filter>
    <filter-name>encodingFilter</filter-name>
    <filter-class>org.springframework.web.filter.CharacterEncodingFilter
    </filter-class>
    <init-param>
        <param-name>encoding</param-name>
        <param-value>UTF-8</param-value>
    </init-param>
    <init-param>
        <param-name>forceEncoding</param-name>
        <param-value>true</param-value>
    </init-param>
</filter>
<filter-mapping>
    <filter-name>encodingFilter</filter-name>
    <url-pattern>/*</url-pattern>
</filter-mapping>
</web-app>
```

再来看数据源配置文件 DataSource.properties，其中主要配置了数据库驱动、数据库连接、用户名、密码等连接数据库时使用的信息，具体配置如下：

```
# 配置数据库驱动
jdbc.driver=com.mysql.jdbc.Driver
# 配置数据库 URL 地址
jdbc.url=jdbc:mysql://localhost:3306/test?useUnicode=true&characterEncoding=UTF-8
# 配置数据库用户名
jdbc.username=root
# 配置数据库密码
jdbc.password=
```

然后是 Spring 配置文件 applicationContext.xml，其中配置了数据源、SqlSessionFactory、自动扫描 MyBatis 中的 Mapper 接口、事务管理器等信息，具体配置如下：

```xml
<beans xmlns="http://www.springframework.org/schema/beans" ...>
    <!-- 开启 Spring 自动扫描的功能 -->
    <context:component-scan base-package="com.xjm.ssm"></context:component-scan>
```

```xml
<!-- 开启 AOP 支持 -->
<aop:aspectj-autoproxy />

<!-- 引入数据源配置文件 DataSource.properties 的信息 -->
<bean
    class="org.springframework.beans.factory.config.PropertyPlaceholderConfigurer">
    <property name="locations">
        <value>classpath:DataSource.properties</value>
    </property>
</bean>

<!-- 配置数据源 -->
<bean id="dataSource"
    class="org.springframework.jdbc.datasource.DriverManagerDataSource">
    <property name="driverClassName" value="${jdbc.driver}"></property>
    <property name="url" value="${jdbc.url}"></property>
    <property name="username" value="${jdbc.username}"></property>
    <property name="password" value="${jdbc.password}"></property>
</bean>

<!-- 配置 SqlSessionFactory -->
<bean id="sqlSessionFactory" class="org.mybatis.spring.SqlSessionFactoryBean">
    <property name="dataSource" ref="dataSource"></property>
    <!-- 加载 mybatis-config.xml 文件 -->
    <property name="configLocation" value="classpath:mybatis-config.xml"></property>
    <!-- 自动扫描需要定义类别名的包，将该包内的 Java 类的类名作为其别名 -->
    <property name="typeAliasesPackage" value="com.xjm.ssm.beans"></property>
</bean>

<!-- 自动扫描所有的 Mapper 接口，下一小节会详细介绍 MapperScannerConfigurer 的实现 -->
<bean class="org.mybatis.spring.mapper.MapperScannerConfigurer">
    <property name="basePackage" value="com.xjm.ssm.mapper"></property>
</bean>

<!-- 配置 Spring 事务管理器 -->
<bean id="txManager"
    class="org.springframework.jdbc.datasource.DataSourceTransactionManager">
```

```xml
        <property name="dataSource" ref="dataSource"></property>
    </bean>

    <!-- 定义个通知，并配置相关事务管理器-->
    <tx:advice id="txAdvice" transaction-manager="txManager">
        <tx:attributes>
            <tx:method name="delete*" propagation="REQUIRED" read-only="false"
                rollback-for="java.lang.Exception" />
            <tx:method name="save*" propagation="REQUIRED" read-only="false"
                rollback-for="java.lang.Exception" />
            <tx:method name="insert*" propagation="REQUIRED" read-only="false"
                rollback-for="java.lang.Exception" />
            <tx:method name="update*" propagation="REQUIRED" read-only="false"
                rollback-for="java.lang.Exception" />
            <tx:method name="load*" propagation="SUPPORTS" read-only="true" />
            <tx:method name="find*" propagation="SUPPORTS" read-only="true" />
            <tx:method name="search*" propagation="SUPPORTS" read-only="true" />
            <tx:method name="select*" propagation="SUPPORTS" read-only="true" />
            <tx:method name="get*" propagation="SUPPORTS" read-only="true" />
        </tx:attributes>
    </tx:advice>

    <aop:config>
        <!-- 配置一个切入点，拦截com.xjm.ssm.service.impl 包中以"ServiceImpl"结尾的类
            中的所有方法 -->
        <aop:pointcut id="serviceMethods"
            expression="execution(* com.xjm.ssm.service.impl.*ServiceImpl.*(..))" />
        <aop:advisor advice-ref="txAdvice" pointcut-ref="serviceMethods" />
    </aop:config>
</beans>
```

Spring MVC 的配置文件 springmvc-servlet.xml 中主要配置了视图解析器：

```xml
<beans xmlns="http://www.springframework.org/schema/beans"....>
    <!-- 配置自动扫描的包 --
    <context:component-scan base-package="com.xjm.ssm"></context:component-scan>

    <!-- 配置视图解析器，其中的prefix和suffix是查找视图页面的前缀和后缀，最终的视图名
```

```xml
       由"前缀[逻辑视图名]后缀"三部分共同构成 -->
    <bean class="org.springframework.web.servlet.view.UrlBasedViewResolver">
        <property name="viewClass"
            value="org.springframework.web.servlet.view.JstlView"></property>
        <property name="prefix" value="/"></property>
        <property name="suffix" value=".jsp"></property>
    </bean>
</beans>
```

最后来看 MyBatis 的 mybatis-config.xml 配置文件,其中配置了全局配置信息、别名配置以及映射配置文件的位置,具体如下:

```xml
<?xml version="1.0" encoding="UTF-8"?>
<!DOCTYPE configuration PUBLIC "-//mybatis.org/DTD Config 3.0//EN"
        "http://mybatis.org/dtd/mybatis-3-config.dtd" >
<configuration>

    <properties>
        ......
    </properties>
    <!-- 全局配置信息 -->
    <settings>
        <!-- 开启二级缓存 -->
        <setting name="cacheEnabled" value="true" />
        <!-- 开启延迟加载的功能 -->
        <setting name="lazyLoadingEnabled" value="true" />
        <!-- 即按需加载属性 -->
        <setting name="aggressiveLazyLoading" value="false" />
        <!-- 开启对数据库生成主键的支持 -->
        <setting name="useGeneratedKeys" value="false"/>
    </settings>

    <!-- 别名配置 -->
    <typeAliases>
        <typeAlias type="com.xxx.Author" alias="Author" />
        <typeAlias type="com.xxx.Comment" alias="Comment" />
        <typeAlias type="com.xxx.Blog" alias="Blog" />
        ......
```

```
        </typeAliases>

        <!-- 指定映射配置文件 -->
        <mappers>
            ... ...
        </mappers>
</configuration>
```

到此为止,Spring、Spring MVC、MyBatis 的集成开发环境就搭建好了。为了验证上述搭建的环境是否可正常使用,这里提供一个简单的测试方案。首先来看相应的数据库表结构和表中的测试数据,如下所示。

```
-- ----------------------------
-- 表结构如下
-- ----------------------------
DROP TABLE IF EXISTS `t_user`;
CREATE TABLE `t_user` (
  `id` int(11) NOT NULL,
  `username` varchar(255) DEFAULT NULL,
  `password` varchar(255) DEFAULT NULL,
  `account` double DEFAULT NULL,
  PRIMARY KEY (`id`)
) ENGINE=InnoDB DEFAULT CHARSET=latin1;

-- ----------------------------
-- 这里有 4 条测试数据
-- ----------------------------
INSERT INTO `t_user` VALUES ('0', 'wangli', '123456', '39');
INSERT INTO `t_user` VALUES ('1', 'lihao', 'abcdef', '850');
INSERT INTO `t_user` VALUES ('2', 'susan', '9876512', '123');
INSERT INTO `t_user` VALUES ('3', 'limaozhen', 'ABCDEF', '17');
```

数据表 t_user 对应的 JavaBean 对象如下:

```
public class UserBean implements Serializable {

    private Integer id;
    private String username;
```

```
    private String password;
    private Double account;

    // ... 省略上述字段对应的getter/setter方法
}
```

对应的 Mapper 接口为 UserMapper 接口,具体实现如下:

```
public interface UserMapper {
    // 定义了相应的SQL语句和映射规则
    @Select(" select * from t_user where id=#{id}")
    @Results({
            @Result(id = true, property = "id", column = "id", javaType = Integer.class),
            @Result(property = "username", column = "username", javaType = String.class),
            @Result(property = "password", column = "password", javaType = String.class),
            @Result(property = "account", column = "account", javaType = Double.class)})
    public UserBean selectUserById(int id) throws Exception;
}
```

对应的 Service 接口为 UserBeanSerivce 接口,具体定义如下:

```
public interface UserBeanService {

    public UserBean selectUserById(int id) throws Exception;
}
```

UserBeanSerivceImpl 是 UserBeanSerivce 接口的实现,具体实现如下:

```
@Service
public class UserBeanServiceImpl implements UserBeanService{

    @Resource
    private UserMapper userMapper; // 直接注入实现了UserMapper接口的代理对象

    @Override
    public UserBean selectUserById(int id) throws Exception {
        // 通过UserMapper执行SQL语句,完成查询并将结果映射成结果对象
        return userMapper.selectUserById(id);
    }
}
```

对应的 Controller 实现是 UserBeanController 类，具体实现如下：

```java
@Controller    // 使用@Controller 注解标识
public class UserBeanController {
    @Resource
    private UserBeanService userBeanService;    // 注入 UserBeanService 对象

    @RequestMapping("/getUser")
    public ModelAndView getUser(HttpServletRequest req, int id) {

        ModelAndView mv = new ModelAndView();
        UserBean userBean = null;
        // ... 省略 try/catch 代码块
        // 调用 Service 层，实现具体的业务逻辑
        userBean = userBeanService.selectUserById(id);
        if (userBean != null) {
            req.setAttribute("user", userBean);
        }
        mv.setViewName("index");
        return mv;
    }
}
```

最后来看两个 jsp 页面是如何发起请求和展示数据的，具体代码如下：

```jsp
<!-- 第一个页面 -->
<%@ page language="java" import="java.util.*" pageEncoding="UTF-8"%>
<% String path = request.getContextPath(); String basePath = ...;    %>
<html>
    <body>
        <form action="<%=basePath%>getUser" method="post">
            <input type="text" name="id" />
            <input type="submit" value="提交" />
        </form>
    </body>
</html>

<!-- 第二个页面 -->
```

```html
<html>
    <body>
        ${user.id},${user.username},${user.password},${user.account}
    </body>
</html>
```

4.2.4 Mybatis-Spring 剖析

在上一小节的示例中，我们将 MyBatis 与 Spring 进行了集成，其中使用了 mybatis-spring-X.X.X.jar 这个 Jar 包。该 JAR 的主要功能就是负责将 MyBatis 与 Spring 进行无缝集成，该 jar 包可以将 MyBatis 的事务交给 Spring 来管理，还可以将 SqlSession 等对象交给 Spring 管理并由 Spring IoC 容器将 SqlSession 对象注入到其他 Spring Bean 中。这一小节将详细介绍该 jar 包的实现原理。

1. SqlSessionFactoryBean

在前面介绍 MyBatis 初始化过程时提到，SqlSessionFactoryBuilder 会通过 XMLConfigBuilder 等对象读取 mybatis-config.xml 配置文件以及映射配置信息，得到 Configuration 对象，然后创建 SqlSessionFactory 对象。而在与 spring 集成时，MyBatis 中的 SqlSessionFactory 对象则是由 SqlSessionFactoryBean 创建的。在上一小节的集成示例中，applicationContext.xml 文件中配置了 SqlSessionFactoryBean，其中指定了数据源对象、mybatis-config.xml 配置文件的位置等信息。SqlSessionFactoryBean 中定义了很多与 MyBatis 配置相关的字段，如图 4-11 所示。

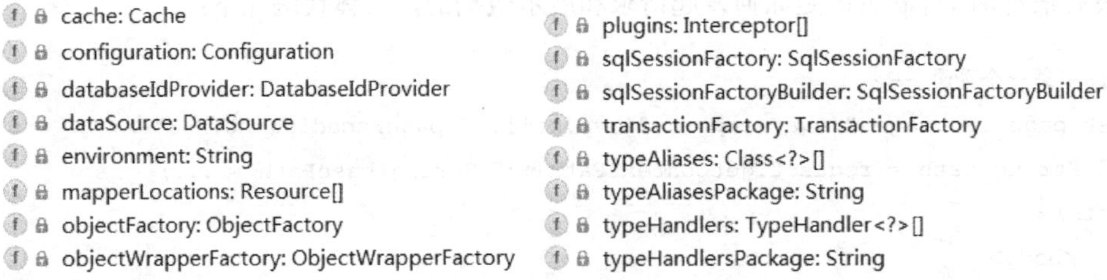

- cache: Cache
- configuration: Configuration
- databaseIdProvider: DatabaseIdProvider
- dataSource: DataSource
- environment: String
- mapperLocations: Resource[]
- objectFactory: ObjectFactory
- objectWrapperFactory: ObjectWrapperFactory
- plugins: Interceptor[]
- sqlSessionFactory: SqlSessionFactory
- sqlSessionFactoryBuilder: SqlSessionFactoryBuilder
- transactionFactory: TransactionFactory
- typeAliases: Class<?>[]
- typeAliasesPackage: String
- typeHandlers: TypeHandler<?>[]
- typeHandlersPackage: String

图 4-11

图 4-11 展示的所有字段对应了开发人员可以在 applicationContext.xml 配置文件中为 SqlSessionFactoryBean 配置的配置项，同时，也都可以在 Configuration 对象中找到相应的字段，其含义就不再重复描述了。

这里重点关注 SqlSessionFactoryBean 是如何创建 SqlSessionFactory 对象的，该功能是在 SqlSessionFactoryBean.buildSqlSessionFactory() 方法中实现的，其中涉及使用 XMLConfigBuilder 创建 Configuration 对象、对 Configuration 对象进行配置、使用 XMLMapperBuilder 解析映射配

置文件以及 Mapper 接口等一些列操作,这些操作的原理都在前面介绍过了。SqlSessionFactory-Bean.buildSqlSessionFactory()方法的具体实现如下:

```java
protected SqlSessionFactory buildSqlSessionFactory() throws IOException {
    Configuration configuration;
    XMLConfigBuilder xmlConfigBuilder = null;
    // 如果 Configuration 对象存在,则使用指定的 Configuration 对象并对其进行配置
    if (this.configuration != null) {
        configuration = this.configuration;
        //...省略配置的相关代码
    } else if (this.configLocation != null) {
        // 创建 XMLConfigBuilder 对象,读取指定的配置文件
        xmlConfigBuilder = new XMLConfigBuilder(this.configLocation.getInputStream(),
            null, this.configurationProperties);
        configuration = xmlConfigBuilder.getConfiguration();
    } else {
        // 直接创建 Configuration 对象并进行配置
        configuration = new Configuration();
        //...省略配置的相关代码
    }
    // 配置 objectFactory
    if (this.objectFactory != null) {
        configuration.setObjectFactory(this.objectFactory);
    }
    // 下面的配置内容在前面的章节都有对应的介绍,这里不再重复描述
    // ... 根据 applicationContext.xml 中的配置,设置 Configuration.objectWrapperFactory(略)
    // ... 根据 applicationContext.xml 中的配置,设置 Configuration.objectFactory(略)
    // ... 扫描 typeAliasesPackage 指定的包,并为其中的类注册别名(略)
    // ... 为 typeAliases 集合中指定的类注册别名(略)
    // ... 注册 plugins 集合中指定的插件(略)
    // ... 扫描 typeHandlersPackage 指定的包,并注册其中的 TypeHandler(略)
    // ... 注册将 typeHandlers 集合中指定的 TypeHandler(略)
    // ... 配置 databaseIdProvider(略)
    // ... 配置缓存(略)
    if (xmlConfigBuilder != null) {
        // 调用 XMLConfigBuilder.parse()方法,解析配置文件
        xmlConfigBuilder.parse();
```

```
        }
        // 如果未配置transactionFactory,则默认使用SpringManagedTransactionFactory
        if (this.transactionFactory == null) {
            this.transactionFactory = new SpringManagedTransactionFactory();
        }
        // ...设置Environment(略)
        if (!isEmpty(this.mapperLocations)) {
            // 根据mapperLocations配置,处理映射配置文件以及相应的Mapper接口
            for (Resource mapperLocation : this.mapperLocations) {
                XMLMapperBuilder xmlMapperBuilder =
                    new XMLMapperBuilder(mapperLocation.getInputStream(),configuration,
                        mapperLocation.toString(), configuration.getSqlFragments());
                xmlMapperBuilder.parse();
            }
        } else {
            // ... 输出日志(略)
        }
        // 最终调用SqlSessionFactoryBuilder.build()方法,创建sqlSessionFactory对象并返回
        return this.sqlSessionFactoryBuilder.build(configuration);
}
```

2. SpringManagedTransaction

通过上述分析可以了解到,如果在 applicationContext.xml 配置文件中没有明确为 SqlSessionFactoryBean 指定 transactionFactory 属性,则在 buildSqlSessionFactory()方法中默认使用 SpringManagedTransactionFactory, 该类实现了 TransactionFactory 接口,并实现了 newTransaction()方法,其中返回的 Transaction 接口实现为 SpringManagedTransaction。

SpringManagedTransaction 中核心字段的含义如下:

```
private Connection connection;// 当前事务管理中维护的数据库连接对象

private final DataSource dataSource; // 与当前数据库连接对象关联的数据源对象

private boolean isConnectionTransactional; // 标识该数据库连接对象是否由Spring的事务管
理器管理

private boolean autoCommit; // 事务是否自动提交
```

SpringManagedTransaction.connection 字段维护的 JDBC 连接来自 Spring 事务管理器,当应

用不再使用该连接时,会将其返还给 Spring 事务管理器。下面是 SpringManagedTransaction.get-Connection()方法和 close()方法的具体实现:

```java
public Connection getConnection() throws SQLException {
    if (this.connection == null) {
        openConnection(); // 获取数据库连接
    }
    return this.connection;
}

private void openConnection() throws SQLException {
    // 从 Spring 事务管理器中获取数据库连接对象,实际上,首先尝试从事务上下文中获取数据库连接,如果
    // 获取成功则返回该连接,否则从数据源获取数据库连接并返回
    // 底层是通过基于 TransactionSynchronizationManager.getResource()静态方法实现的,在
    // applicationContext.xml 中配置的事务管理器 DataSourceTransactionManager 中,也是通
    // 过该静态方法获取事务对象,并完成开启/关闭事务功能的
    this.connection = DataSourceUtils.getConnection(this.dataSource);
    // 记录事务是否自动提交,当使用 Spring 来管理事务时,并不会由 SpringManagedTransaction 的
    // commit()和 rollback()两个方法来管理事务
    this.autoCommit = this.connection.getAutoCommit();
    // 记录当前连接是否由 Spring 事务管理器管理
    this.isConnectionTransactional =
        DataSourceUtils.isConnectionTransactional(this.connection, this.dataSource);
    // ... 日志输出(略)
}

public void close() throws SQLException {
    // 将数据库连接归还给 Spring 事务管理器
    DataSourceUtils.releaseConnection(this.connection, this.dataSource);
}
```

在 SpringManagedTransaction.commit()方法和 rollback()方法中,会根据连接是否由 Spring 管理以及事务是否要自动提交(即 isConnectionTransactional 和 autoCommit 两个字段的值),决定是否真正提交/回滚事务。

```java
public void commit() throws SQLException {
    if (this.connection != null && !this.isConnectionTransactional && !this.autoCommit)
    {
```

```
        // ... 日志输出（略）
        // 当事务不由Spring事务管理器管理，且不需要自动提交时，则在此处真正提交事务
        this.connection.commit();
    }
}

public void rollback() throws SQLException {
    if (this.connection != null && !this.isConnectionTransactional && !this.autoCommit)
    {
        // ... 日志输出（略）
        // 当事务不由Spring事务管理器管理，且不需要自动提交时，则在此处真正回滚事务
        this.connection.rollback();
    }
}
```

3. SqlSessionTemplate & SqlSessionDaoSupport

SqlSessionTemplate 是 MyBatis-Spring 的核心，它实现了 SqlSession 接口，在 MyBatis 与 Spring 集成开发时，用来代替 MyBatis 中的 DefaultSqlSession 的功能，所以可以通过 SqlSessionTemplate 对象完成指定的数据库操作。SqlSessionTemplate 是线程安全的，可以在 DAO（Data Access Object，数据访问对象）之间共享使用，其底层封装了 Spring 管理的 SqlSession 对象。

SqlSessionTemplate 中核心字段的含义如下：

```
// 用于创建 SqlSession 对象的工厂类
private final SqlSessionFactory sqlSessionFactory;

// SqlSession 底层使用的 Executor 类型，前面已经介绍过，不再重复描述
private final ExecutorType executorType;

// 通过 JDK 动态代理生成的代理对象
private final SqlSession sqlSessionProxy;

// 异常转换器，不做重点描述
private final PersistenceExceptionTranslator exceptionTranslator;
```

在 SqlSessionTemplate 的构造方法中会初始化上述字段，具体实现如下：

```java
public SqlSessionTemplate(SqlSessionFactory sqlSessionFactory,
    ExecutorType executorType, PersistenceExceptionTranslator exceptionTranslator) {
    // ... 检测 sqlSessionFactory 和 executorType 两个参数不为空（略）
    this.sqlSessionFactory = sqlSessionFactory;
    this.executorType = executorType;
    this.exceptionTranslator = exceptionTranslator;
    // 通过 JDK 动态代理的方式，创建 SqlSession 类型的代理对象，并初始化 sqlSessionProxy 字段
    this.sqlSessionProxy = (SqlSession) newProxyInstance(
        SqlSessionFactory.class.getClassLoader(), new Class[] { SqlSession.class },
        new SqlSessionInterceptor());
}
```

SqlSessionTemplate 通过调用 sqlSessionProxy 的相应方法实现了 SqlSession 接口的所有方法，这里重点来分析创建代理对象时使用的 InvocationHandler 接口实现——SqlSessionInterceptor，其 invoke() 方法实现如下：

```java
public Object invoke(Object proxy, Method method, Object[] args) throws Throwable {
    // 通过静态方法 SqlSessionUtils.getSession() 获取 SqlSession 对象
    SqlSession sqlSession = SqlSessionUtils.getSqlSession(
            SqlSessionTemplate.this.sqlSessionFactory,
            SqlSessionTemplate.this.executorType,
            SqlSessionTemplate.this.exceptionTranslator);
    // ... 省略 try/catch 代码块，以及异常处理、SqlSession 关闭的相关代码
    // 调用 SqlSession 对象的相应方法
    Object result = method.invoke(sqlSession, args);
    // 检测事务是否由 Spring 进行管理，并据此决定是否提交事务
    if (!isSqlSessionTransactional(sqlSession,
            SqlSessionTemplate.this.sqlSessionFactory)) {
        sqlSession.commit(true);
    }
    return result; // 返回数据库操作的相应结果
}
```

在 SqlSessionUtils.getSession() 方法中，会首先尝试从 Spring 事务管理器中获取 SqlSession 对象，如果获取成功则直接返回，否则通过 SqlSessionFactory 新建 SqlSession 对象并将其交由 Spring 事务管理器管理后返回，具体实现如下：

```java
public static SqlSession getSqlSession(SqlSessionFactory sessionFactory,
```

```
    ExecutorType executorType, PersistenceExceptionTranslator exceptionTranslator) {
    // 从Spring事务管理器中获取SqlSessionHolder,其中封装了SqlSession对象
    SqlSessionHolder holder = (SqlSessionHolder) TransactionSynchronizationManager
        .getResource(sessionFactory);
    // 获取SqlSessionHolder中封装的SqlSession对象
    SqlSession session = sessionHolder(executorType, holder);
    if (session != null) {
        return session;    // 返回SqlSession对象
    }
    // 若上述SqlSession为空,则通过SqlSessionFactory创建新的SqlSession对象
    session = sessionFactory.openSession(executorType);
    // 将SqlSession对象与Spring事务管理器绑定
    registerSessionHolder(sessionFactory, executorType, exceptionTranslator, session);
    return session;
}
```

介绍完 SqlSessionTemplate 的实现原理之后，简单介绍 SqlSessionDaoSupport 的功能。

SqlSessionDaoSupport 是一个实现了 DaoSupport 接口的抽象类，其主要功能是辅助开发人员编写 DAO 层实现。

SqlSessionDaoSupport 的实现比较简单，它通过 sqlSession 字段维护了一个 SqlSessionTemplate 对象，并提供了 getSqlSession() 方法供子类获取该 SqlSessionTemplate 对象使用。该 SqlSessionTemplate 则是由其初始化时传入的 SqlSessionFactory 创建的。SqlSessionDaoSupport 的构造方法如下：

```
public void setSqlSessionFactory(SqlSessionFactory sqlSessionFactory) {
    // ... 省略一些简单的检测语句
    // 通过SqlSessionFactory参数创建SqlSessionTemplate对象
    this.sqlSession = new SqlSessionTemplate(sqlSessionFactory);
}
```

开发人员编写的 DAO 实现除了实现相关业务接口，通过继承 SqlSessionDaoSupport 抽象类，还可以更方便地获取 SqlSessionTemplate 对象，完成数据库访问操作。示例如下：

```
public class UserDaoImpl extends SqlSessionDaoSupport implements UserDao {
    public User getUser(String userId) {
        return (User) getSqlSession().selectOne("com.xjm.mapper.UserMapper.getUser",
            userId);
```

        }
    }

UserDaoImpl 在 applicationContext.xml 文件中相应的配置如下：

```xml
<bean id="userMapper" class="com.xjm.impl.UserDaoImpl">
    <property name="sqlSessionFactory" ref="sqlSessionFactory" />
</bean>
```

到此为止，Spring 如何管理 MyBatis 的初始化、事务对象、SqlSession 对象以及开发人员如何编写 DAO 实现的内容已经介绍完了。

4. MapperFactoryBean&MapperScannerConfigurer

在有些场景中，系统的 DAO 层实现比较简单，除了完成简单的数据库操作，没有任何其他的业务操作，这时使用 SqlSessionDaoSupport 或 SqlSessionTemplate 编写 DAO 层实现的话，重复的代码就显得比较多。

为了代替手工使用 SqlSessionDaoSupport 或 SqlSessionTemplate 编写 DAO 实现，MyBatis-Spring 提供了一个动态代理的实现——MapperFactoryBean。它可以直接将 Mapper 接口注入到 Service 层的 Bean 中，这样开发人员就不需要编写任何 DAO 实现的代码，在使用注入的 Mapper 接口对象时，就如同使用 DAO 一样，这是通过 MapperFactoryBean 为其自动创建代理对象实现的。

MapperFactoryBean 的具体配置示例如下：

```xml
<!-- 配置 id 为 userMapper 的 Bean -->
<bean id="userMapper" class="org.mybatis.spring.mapper.MapperFactoryBean">
    <!-- 配置 Mapper 接口 -->
    <property name="mapperInterface" value="com.xjm.mapper.UserMapper" />
    <!-- 配置 SqlSessionFactory，用于创建底层的 SqlSessionTemplate -->
    <property name="sqlSessionFactory" ref="sqlSessionFactory" />
</bean>
```

在 MapperFactoryBean 中使用 mapperInterface 字段（Class 类型）记录了 Mapper 接口的类型，并在 checkDaoConfig() 方法中完成加载。checkDaoConfig() 方法是从 Spring 的 DaoSupport 接口中继承下来的，MapperFactoryBean 的继承关系如图 4-12 所示。

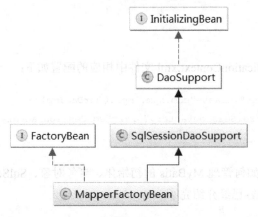

图 4-12

Spring 中 InitializingBean 接口的 afterPropertiesSet()方法主要用于完成 Bean 对象的初始化，在 DaoSupport 抽象类中实现了该方法并在其中调用 checkDaoConfig()这个抽象方法，这是模板方法模式的应用。DaoSupport.afterPropertiesSet()方法的具体实现如下：

```
public final void afterPropertiesSet() throws Exception {
    this.checkDaoConfig(); // 调用 checkDaoConfig()方法进行初始化
    try {
        this.initDao();// 调用 initDao()方法进行初始化
    } catch (Exception var2) {
        throw new BeanInitializationException("Initialization of DAO failed", var2);
    }
}
```

下面来看一下 MapperFactoryBean.checkDaoConfig()方法如何处理指定的 Mapper 接口：

```
protected void checkDaoConfig() {
    super.checkDaoConfig(); // 首先调用父类的 checkDaoConfig()方法
    // 获取 Configuration 配置对象
    Configuration configuration = getSqlSession().getConfiguration();
    if (this.addToConfig && !configuration.hasMapper(this.mapperInterface)) {
        // ... 省略 try/catch 代码块和异常处理的代码
        // 通过 Configuration.addMapper()方法实现 Mapper 接口注册的相关操作
        configuration.addMapper(this.mapperInterface);
    }
}
```

Configuration.addMapper()方法底层通过调用 MapperRegistry.addMapper()方法实现，在注册 Mapper 接口的同时，会创建对应的 MapperProxyFactory 对象，还会解析对应的映射配置文件。该注册过程以及涉及的组件的功能，在第 2 章对 binding 模块的分析以及第 3 章对 MyBatis 初始化流程的分析中都已介绍过了。

MapperFactoryBean 除了实现了 SqlSessionDaoSupport 抽象类，还实现了 Spring 提供的 FactoryBean 接口，它是一个用于创建 Bean 对象的工厂接口，其中最核心的方法就是 getObject() 方法。MapperFactoryBean.getObject()方法的实现如下：

```
public T getObject() throws Exception {
    // 获取 Mapper 接口的代理对象
    return getSqlSession().getMapper(this.mapperInterface);
}
```

读者可以回顾第 2 章对 binding 模块的相关介绍，其中提到了 Configuration.getMapper()方法底层通过 MapperRegistry.getMapper()方法获取 Mapper 接口对应的 MapperProxyFactory 对象，然后通过该 MapperProxyFactory 对象，使用 JDK 动态代理的方式创建 Mapper 接口的代理对象并返回。

MapperFactoryBean 的实现原理到这里就全部介绍完了。虽然通过 MapperFactoryBean 可以简化 DAO 层实现，但需要在 applicationContext.xml 文件中为每个 Mapper 接口都添加相应的配置。当系统中 Mapper 接口数量比较少的时候，这样做还是可以的。但是当 Mapper 接口数量比较多时，就会产生大量配置的信息。读者可能已经想到解决方案了，将这些 Mapper 接口统一放到一个或几个包下，然后由一个扫描器扫描这几个包并加载其中的 Mapper 接口。MyBatis-Spring 中提供的 MapperScannerConfigurer 就是完成该功能的扫描器，其配置在环境搭建小节已经给展示了，这里就不重复了。

下面来分析 MapperScannerConfigurer 中核心字段的含义：

```
// 指定扫描的包，该字段可以包含多个通过逗号分隔的包名，这些指定的包以及其子包都会被扫描
private String basePackage;

// annotationClass 字段不为 null 时，则 MapperScannerConfigurer 将只注册使用了
// annotationClass 注解标记的接口
private Class<? extends Annotation> annotationClass;

// markerInterface 字段不为 null 时，则 MapperScannerConfigurer 将只注册继承自
// markerInterface 的接口。如果 annotationClass 字段和 markerInterface 字段都不为 null 的话，
// 那么 MapperScannerConfigurer 将取它们的并集，注意，不是交集
```

```java
    private Class<?> markerInterface;

    private ApplicationContext applicationContext; // 上下文对象

    private BeanNameGenerator nameGenerator; // 名称生成器
```

MapperScannerConfigurer 实现了 BeanDefinitionRegistryPostProcessor 接口，该接口中的 postProcessBeanDefinitionRegistry() 方法会在系统初始化的过程中被调用，该方法是 MapperScannerConfigurer 实现扫描的关键，具体实现如下：

```java
public void postProcessBeanDefinitionRegistry(BeanDefinitionRegistry registry) {
    if (this.processPropertyPlaceHolders) {
        // 处理 applicationContext.xml 文件中 MapperScannerConfigurer 配置的占位符
        processPropertyPlaceHolders();
    }
    // 创建 ClassPathMapperScanner 对象
    ClassPathMapperScanner scanner = new ClassPathMapperScanner(registry);
    // ... 配置 ClassPathMapperScanner 对象，其中包括上面介绍的 annotationClass 字段、
    // markerInterface 字段等（略）

    // 根据上面的配置，生成相应的过滤器。这些过滤器在扫描过程中会过滤掉不符合添加的内容，例如，
    // annotationClass 字段不为 null 时，则会添加 AnnotationTypeFilter 过滤器，通过该过滤器
    // 实现只扫描 annotationClass 注解标识的接口的功能
    scanner.registerFilters();

    // 开始扫描 basePackage 字段中指定的包及其子包
    scanner.scan(StringUtils.tokenizeToStringArray(this.basePackage,
        ConfigurableApplicationContext.CONFIG_LOCATION_DELIMITERS));
}
```

ClassPathMapperScanner.scan()方法的核心逻辑在其 doScan()方法中实现，具体实现如下：

```java
public Set<BeanDefinitionHolder> doScan(String... basePackages) {
    // 遍历 basePackages 中指定的所有包，扫描每个包下的 Java 文件并进行解析。使用之前注册的过滤器
    // 进行过滤，得到符合条件的 BeanDefinitionHolder 对象
    Set<BeanDefinitionHolder> beanDefinitions = super.doScan(basePackages);
    if (beanDefinitions.isEmpty()) {
        logger.warn("...");
```

```
    } else {
        // 处理扫描得到的 BeanDefinitionHolder 集合
        processBeanDefinitions(beanDefinitions);
    }
    return beanDefinitions;
}
```

ClassPathMapperScanner.processBeanDefinitions() 方法会对 doScan() 方法中扫描到的 BeanDefinition 集合进行修改，主要是将其中记录的接口类型改造为 MapperFactoryBean 类型，并填充 MapperFactoryBean 所需的相关信息，这样，后续即可通过 MapperFactoryBean 完成相应功能了。ClassPathMapperScanner.processBeanDefinitions()方法的具体实现如下：

```
private void processBeanDefinitions(Set<BeanDefinitionHolder> beanDefinitions) {
    GenericBeanDefinition definition;
    for (BeanDefinitionHolder holder : beanDefinitions) { // 遍历 beanDefinitions 集合
        definition = (GenericBeanDefinition) holder.getBeanDefinition();

        // 将扫描到的接口类型作为构造方法的参数
        definition.getConstructorArgumentValues()
                .addGenericArgumentValue(definition.getBeanClassName());
        // 将 BeanDefinition 中记录的 Bean 类型修改为 MapperFactoryBean
        definition.setBeanClass(this.mapperFactoryBean.getClass());
        // ... 构造 MapperFactoryBean 的属性，将 sqlSessionFactory、sqlSessionTemplate 等信息
        // 填充到 BeanDefinition 中（略）
        // ... 修改自动注入方式(略)
    }
}
```

到此为止，MyBatis-Spring 中核心组件的实现原理就介绍完了，其中除了 MyBatis 的内容外，还涉及了 Spring 一些知识，希望通过本小节的介绍，读者能够理解 MyBatis 与 Spring 集成的原理。

4.3 拾遗

在本节中，主要介绍一些在使用 MyBatis 编程时用到的小技巧以及前面章节未涉及的内容，能够帮助读者提高开发效率，编写出更加优雅的代码，主要有下面几个方面的内容：

- 应用<sql>节点；

- OgnlUtils 工具类；
- SQL 语句生成器；
- 动态 SQL 可插拔脚本；
- MyBatis-Generator 逆向工程。

4.3.1 应用<sql>节点

之前有过 Mybatis 使用经历的读者，应该了解 MyBatis 中动态 SQL 的强大功能，我们可以根据自己的需要，编写出十分灵活的动态 SQL 语句。下面先来看一个比较常见的动态 SQL 的写法，如下所示。该动态 SQL 语句会根据用户传入的实参，拼凑出查找 t_customer 表的 where 子句部分，并将查询的结果集映射成 Customer 对象。

```xml
<select id="findCustomerList" resultType="com.xxx.Customer">
    SELECT
      customer.id,customer.name,customer.age,customer.sex,
        customer.address,customer.type,customer.level
    FROM t_customer AS customer
    <where>
       <if test="customer!=null">
          <!-- 生成相应的" AND customer.sex = 'F' "这段 SQL -->
          <if test="customer.sex!=null and customer.sex!=''">
             AND customer.sex = #{customer.sex}
          </if>
          <!-- 生成相应的" AND (customer.id=1 OR customer.id=2,...)"这段 SQL 片段-->
          <if test="ids!=null">
             <foreach collection="ids" item="customer_id" open="AND (" close=")"
                    separator="or">
                customer.id=#{customer.id}
             </foreach>
          </if>
          <!-- 生成相应的" AND customer.name LIKE '%wang%'"这段 SQL 片段-->
          <if test="customer.name!=null and customer.name!=''">
             AND customer.name LIKE '%${customer.name}%'
          </if>
       </if>
    </where>
</select>
```

除了此 SQL 节点，该映射配置文件中还有另一条动态 SQL 语句，如下所示。该动态 SQL 语句会根据用户传入的实参，拼凑出连接查询 t_customer 表和 t_order 表的 where 子句部分，并将查询的结果集映射成 Order 对象，其中还关联了一个 Customer 对象。

```xml
<select id="findOrderList" resultMap="orderMap">
    SELECT
      customer.id,customer.name,customer.age,customer.sex,customer.address,
      customer.type,customer.level,
      ordr.id,ordr.package,ordr.weight,ordr.type AS ordrType,ordr.sum,ordr.time
    FROM t_customer AS customer,t_order AS ordr
    <where>
        ordr.customer_id = customer.id
        <if test="customer!=null">
            <!-- 生成相应的" AND customer.sex = 'F' "这段 SQL -->
            <if test="customer.sex!=null and customer.sex!=''">
                AND customer.sex = #{customer.sex}
            </if>
            <!-- 生成相应的" AND (customer.id=1 OR customer.id=2,...)"这段 SQL 片段-->
            <if test="ids!=null">
                <foreach collection="ids" item="customer_id" open="AND (" close=")"
                         separator="or">
                    customer.id=#{customer.id}
                </foreach>
            </if>
            <!-- 生成相应的" AND customer.name LIKE '%wang%'"这段 SQL 片段-->
            <if test="customer.name!=null and customer.name!=''">
                AND customer.name LIKE '%${customer.name}%'
            </if>
        </if>
        <!-- 除了添加 t_customer 中的条件，还会添加针对 t_order 的条件 -->
        <if test="ordr!=null">
            <if test="order.package!=null and order.package!=''">
                AND ordr.package=#{order.package}</if>
            <if test="order.weight!=null and order.weight!=''">
                AND ordr.weight =#{order.weight}</if>
            <if test="order.sum!=null and order.sum!=''">
                AND ordr.sum =#{order.sum}</if>
```

```xml
            <if test="order.time!=null and order.time!=''">
                AND ordr.time = #{order.time}</if>
            <if test="order.type!=null and order.type!=''">
                AND ordr.type =#{order.type}</if>
        </if>
    </where>
</select>
```

假设现在有一个需求，需要去除对 t_customer 表中 sex 字段和 name 字段查询以及条件判断，这就需要修改 findCustomerList 节点中 select 语句查询的列名以及其 where 子句部分，以及 findOrderList 节点中 select 语句查询的列名及其 where 子句部分，总共四个地方。如果存在更多涉及 t_customer 表的查询，要修改的位置会更多，这样显然不易于维护。

读者在设计动态 SQL 语句时，可以考虑使用<sql>节点，将 SQL 语句中的公共部分独立出来，然后使用<include>节点引入这些公共部分。在该示例中，可以将表 t_customer 和表 t_order 中需要查询的字段分别封装到<sql>节点中，可得到如下<sql>节点定义：

```xml
<sql id="customer_cols">
    customer.id,customer.name,customer.age,customer.sex,
        customer.address,customer.type,customer.level
</sql>

<sql id="order_cols">
  ordr.id,ordr.package,ordr.weight,ordr.type AS ordrType,ordr.sum,ordr.time
</sql>
```

另外，还可以将表 t_customer 和表 t_order 涉及的 where 子句分别封装到<sql>节点中，可得到如下<sql>节点定义：

```xml
<sql id="customer_where">
    <if test="customer!=null">
        <!-- 生成相应的" AND customer.sex = 'F' "这段 SQL -->
        <if test="customer.sex!=null and customer.sex!=''">
            AND customer.sex = #{customer.sex}
        </if>
        <!-- 生成相应的" AND (customer.id=1 OR customer.id=2,...)"这段 SQL 片段-->
        <if test="ids!=null">
            <foreach collection="ids" item="customer_id" open="AND (" close=")"
                separator="or">
```

```xml
                customer.id=#{customer.id}
            </foreach>
        </if>
        <!-- 生成相应的" AND customer.name LIKE '%wang%'"这段SQL片段-->
        <if test="customer.name!=null and customer.name!=''">
            AND customer.name LIKE '%${customer.name}%'
        </if>
    </if>
</sql>

<sql id="order_where">
    <if test="ordr!=null">
        <if test="order.package!=null and order.package!=''">
            AND ordr.package=#{order.package}
        </if>
        <if test="order.weight!=null and order.weight!=''">
            AND ordr.weight =#{order.weight}
        </if>
        <if test="order.sum!=null and order.sum!=''">
            AND ordr.sum =#{order.sum}
        </if>
        <if test="order.time!=null and order.time!=''">
            AND ordr.time = #{order.time}
        </if>
        <if test="order.type!=null and order.type!=''">
            AND ordr.type =#{order.type}
        </if>
    </if>
</sql>
```

示例中的两条动态 SQL 语句可以直接通过<include>节点引用上述<sql>节点,这样能够复用<sql>节点。动态 SQL 语句的定义如下,这样维护起来就非常简单了,只需要修改<sql>节点中的内容即可。

```xml
<select id="findCustomerList" resultType="com.xxx.Customer">
    SELECT
    <!-- 引入 id 为 customer_cols 的 SQL 片段 -->
    <include refid="customer_cols"/>
```

```xml
        FROM t_customer AS customer
        <where>
            <!-- 引入 id 为 customer_where 的 SQL 片段 -->
            <include refid="customer_where"/>
        </where>
</select>


<select id="findOrderList" resultMap="orderMap">
    SELECT
    <!-- 引入 id 为 customer_cols 的 SQL 片段，注意结尾的逗号 -->
    <include refid="customer_cols"/>,
    <!-- 引入 id 为 order_cols 的 SQL 片段 -->
    <include refid="order_cols"/>
    FROM t_customer AS customer,t_order AS ordr
    <where>
        ordr.customer_id = customer.id
        <!-- 引入 id 为 customer_where 的 SQL 片段 -->
        <include refid="customer_where"/>
        <include refid="order_where"/>
    </where>
</select>
```

4.3.2　OgnlUtils 工具类

通过前面几章对 MyBatis 原理和代码的分析可知，OGNL 表达式主要应用在两个地方，一个是在动态 SQL 语句中，例如在<if>节点的 test 属性以及<bind>节点的 value 属性，MyBatis 会通过 OGNL 计算这些表达式的值之后，再开始进行动态 SQL 的解析。另一个是在"${}"参数中，例如${name}表达式，MyBatis 会通过 OGNL 解析该表达式并进行替换。

在上一小节的示例中，存在大量的<if>节点，其中的 test 属性主要的工作是对用户传入的实参进行检测，这些检测大都是判断是否为 null。现在假设需要修改 test 属性的判断条件，例如增加判断实参是否为空字符串，这就需要开发人员查找整个映射配置文件进行修改，这显然不是一个可行的方案。

笔者建议提供一个 OgnlUtils 类，其中提供多个用于条件检测的静态方法。下面是 OgnlUtils 工具类的简单示例，仅供参考，读者可以根据自己的实际业务，添加新的静态方法，扩充 OgnlUtils 工具类。

```java
public class OgnlUtils {
    // 用于判断 Collection 及其子类、Map、String、Array、Long、Integer、Short 等对象是否为空
    public static boolean isEmpty(Object o) throws IllegalArgumentException {
        return BeanUtils.isEmpty(o);
    }

    // 用于判断 Collection 及其子类、Map、String、Array、Long、Integer、Short 等对象是否为空
    public static boolean isNotEmpty(Object o) {
        return !isEmpty(o);
    }

    // 检测两个对象是否相等
    public static boolean equals(Object o1, Object o2) {
        return o1.equals(o2);
    }

    // 检测两个对象是否不相等
    public static boolean notEquals(Object o1, Object o2) {
        return !equals(o1, o2);
    }

    // 判断 Long 类型的对象是否不为空
    public static boolean isNotEmpty(Long o) {
        return !isEmpty(o);
    }

    // 判断指定对象是否为数字类型
    public static boolean isNumber(Object o) {
        return BeanUtils.isNumber(o);
    }
}
```

上述 OgnlUtils 中提供的方法多数依赖 BeanUtils 工具类，BeanUtils 中封装了对常见对象的判断方法，读者可以根据自己的实际业务进行扩充，本例中涉及的 BeanUtils 实现如下：

```java
public class BeanUtils {

    // 用于判断 Collection 及其子类、Map、String、Array、Long、Integer、Short 等对象是否为空
```

```java
public static boolean isEmpty(Object o) {
    if (o == null)
        return true;
    if (o instanceof Collection) {
        if (((Collection) o).isEmpty()) {
            return true;
        }
    } else if (o instanceof String) {
        if (((String) o).trim().length() == 0) {
            return true;
        }
    } else if (o.getClass().isArray()) {
        if (((Object[]) o).length == 0) {
            return true;
        }
    } else if (o instanceof Map) {
        if (((Map) o).isEmpty()) {
            return true;
        }
    } else if (o instanceof Long) {
        Long lEmpty = 0L;
        if (o == null || lEmpty.equals(o)) {
            return true;
        }
    }
    // ...对 Integer 和 Short 的检测与上面对 Long 的检测类似（略）
    return false;
}

public static boolean isNumber(Object o) {
    if (o == null)
        return false;
    if (o instanceof Number) {
        return true;
    }
    if (o instanceof String) {
        try {
            Double.parseDouble((String) o);
```

```
            return true;
        } catch (NumberFormatException e) {
            return false;
        }
    }
    return false;
    }
}
```

读者可以考虑使用 Apache BeanUtils 结合实际需求，丰富自己的 BeanUtils 工具。Apache BeanUtils 是 Apache 提供的操作 JavaBean 的工具包，它的底层是通过 Java 反射技术实现的。Apache BeanUtils 提供了提取/设置 JavaBean 属性值的功能，其中自带了很多 Converter 转换器，用户也可以自定义 Converter 进行扩展。Apache BeanUtils 还提供了对多个 JavaBean 对象动态排序的功能，动态创建 JavaBean 的功能等，很多开源框架，例如 Spring、Struts 等都使用了 Apache BeanUtils 工具包。

最后，我们回到对 OgnlUtils 工具类的介绍。第 3 章介绍 OGNL 表达式时提到了，它可以通过 "@类名@静态方法名()" 的方式调用指定类的指定静态方法，OgnlUtils 工具类的使用方式也是如此，下面通过一个动态 SQL 节点进行展示。

```xml
<sql id="order_where">
    <if test="ordr!=null">
        <if test="@Ognl@isNotEmpty(order.package)">
            AND ordr.package=#{order.package}
        </if>
        <if test="@Ognl@isNotEmpty(order.weight)">
            AND ordr.weight =#{order.weight}
        </if>
        <if test="@Ognl@isNotEmpty(order.sum)">
            AND ordr.sum =#{order.sum}
        </if>
        <if test="@Ognl@isNotEmpty(order.time)">
            AND ordr.time = #{order.time}
        </if>
        <if test="@Ognl@isNotEmpty(order.type)">
            AND ordr.type =#{order.type}
        </if>
    </if>
</sql>
```

4.3.3 SQL 语句生成器

相信很多 Java 开发人员都经历过一件非常痛苦的事情，就是在 Java 代码中嵌套编写 SQL 语句。之所以会这么做，是为了根据某些外部条件，例如用户传入的参数、系统运行的环境变量或者其他影响系统运行的因素，动态生成需要的 SQL 语句。

正如前文介绍的那样，MyBatis 提供的映射配置文件中有一套强大的动态 SQL 生成方案，可以满足大多数动态 SQL 语句的需求。但是，有的场景下，在 Java 代码中嵌套构造 SQL 语句也是必要的。此时，MyBatis 提供的 SQL 语句生成器就可以派上用场了。

在 MyBatis 官方文档中给出下面的 SQL 语句示例：

```
String sql = "SELECT P.ID, P.USERNAME, P.PASSWORD, P.FULL_NAME, "
    "P.LAST_NAME,P.CREATED_ON, P.UPDATED_ON "+
    "FROM PERSON P, ACCOUNT A "+
    "INNER JOIN DEPARTMENT D on D.ID = P.DEPARTMENT_ID "+
    "INNER JOIN COMPANY C on D.COMPANY_ID = C.ID "+
    "WHERE (P.ID = A.ID AND P.FIRST_NAME like ?) "+
    "OR (P.LAST_NAME like ?) "+
    "GROUP BY P.ID "+
    "HAVING (P.LAST_NAME like ?) "+
    "OR (P.FIRST_NAME like ?) "+
    "ORDER BY P.ID, P.FULL_NAME";
```

如果要在 Java 程序中动态生成上述 SQL 语句，就需要考虑引号、WHERE、AND、OR、括号等符号和关键字出现次数和位置，最终写出来的程序也非常复杂且不易于维护，用 MyBatis 官方文档上的话来说，这简直就是一场噩梦。

我们可以使用 MyBatis 中提供的 SQL 类重新组织上述 SQL 语句，具体实现如下：

```
private String selectPersonSql() {
    return new SQL() {{ //匿名内部类
        // 调用 SQL.SELECT()方法，指定查询的列名，在 MyBatis 3.4.2 版本之后，支持多参数
        SELECT("P.ID", "A.USERNAME", "A.PASSWORD", "P.FULL_NAME");
        SELECT("P.LAST_NAME, P.CREATED_ON, P.UPDATED_ON");
        // 调用 SQL.FROM()方法，指定查询的列名
        FROM("PERSON P");
        FROM("ACCOUNT A");
        INNER_JOIN("DEPARTMENT D on D.ID = P.DEPARTMENT_ID");
```

```
            INNER_JOIN("COMPANY C on D.COMPANY_ID = C.ID");
            // 调用 SQL.WHERE()方法，指定查询的条件
            WHERE("P.ID = A.ID");
            WHERE("P.FIRST_NAME like ?");
            // 调用 SQL.OR()方法，添加 OR 关键字
            OR();
            WHERE("P.LAST_NAME like ?");
            // 调用 SQL.GROUP_BY()方法，指定按照哪一列进行分组
            GROUP_BY("P.ID");
            HAVING("P.LAST_NAME like ?");
            OR();
            HAVING("P.FIRST_NAME like ?");
            // 调用 SQL.ORDER_BY()方法，指定按照哪一列进行排序
            ORDER_BY("P.ID");
            ORDER_BY("P.FULL_NAME");
        }}.toString();
    }
```

很明显，使用 SQL 类重新组织该 SQL 语句之后，SQL 语句的结构就比较清晰了，开发人员也不必特别小心地拼凑 SQL 语句的关键字和特殊字符了。

SQL 类还可以根据外部条件，动态拼凑 SQL 语句，示例如下：

```
public String selectPersonLike(final String id, final String firstName,
        final String lastName) {
    return new SQL() {{
        SELECT("P.ID, P.USERNAME, P.PASSWORD, P.FIRST_NAME, P.LAST_NAME");
        FROM("PERSON P");
        if (id != null) { // 根据 id 参数是否为空，决定是否添加 WHERE 条件
            WHERE("P.ID like #{id}");
        }
        if (firstName != null) { // 根据 firstName 参数是否为空，决定是否添加 WHERE 条件
            WHERE("P.FIRST_NAME like #{firstName}");
        }
        if (lastName != null) { // 根据 lastName 参数是否为空，决定是否添加 WHERE 条件
            WHERE("P.LAST_NAME like #{lastName}");
        }
        ORDER_BY("P.LAST_NAME");
    }}.toString();
}
```

SQL 类除了可以生产 select 语句，还可以动态生成 insert、update、delete 等类型的 SQL 语句，示例如下：

```
public String deletePersonSql() {
    return new SQL() {{
        DELETE_FROM("PERSON"); // 指定删除的表
        WHERE("ID = #{id}"); // 指定删除记录的 id
    }}.toString();
}

public String insertPersonSql() {
    return new SQL() {{
        INSERT_INTO("PERSON"); // 指定插入数据的表名
        VALUES("ID, FIRST_NAME", "#{id}, #{firstName}"); // 指定插入的列名和列值
        VALUES("LAST_NAME", "#{lastName}");
    }}.toString();
}

public String updatePersonSql() {
    return new SQL() {{
        UPDATE("PERSON"); // 指定更新的表名
        SET("FIRST_NAME = #{firstName}"); // 指定更新的列名和列值
        WHERE("ID = #{id}");
    }}.toString();
}
```

4.3.4 动态 SQL 脚本插件

在第 3 章中的 SqlNode&SqlSource 小节中，介绍了动态 SQL 语句的解析和处理，其中所有的 SQL 节点都是基于 XML 的标签，这些都是由 MyBatis 提供的语言驱动器 org.apache.ibatis.scripting.xmltags.XmlLanguageDriver 支持的。默认情况下，MyBatis 使用的就是 XmlLanguageDriver 这个驱动器，其别名为 "XML"，Configuration 构造函数中的如下代码可以印证这两条信息：

```
public Configuration() {
    // ... 省略其他注册过程
    // 注册别名
```

```
    typeAliasRegistry.registerAlias("XML", XMLLanguageDriver.class);
    // 将 XmlLanguageDriver 设置为默认的动态 SQL 语言驱动器
    languageRegistry.setDefaultDriverClass(XMLLanguageDriver.class);
}
```

MyBatis 除了为用户提供了默认的 XML 版本动态 SQL 语言驱动器，还提供了扩展接口。用户只要提供 org.apache.ibatis.scripting.LanguageDriver 接口的实现，并进行相应的配置，就可以让 MyBatis 支持用户自定义的动态 SQL 语言驱动器，这样，用户就可以使用自己熟悉的脚本编写动态 SQL 语句了。

现在假设有一个实现了 LanguageDriver 接口的驱动器 MyLanguageDriver，相应配置如下：

```
<typeAliases>
    <!-- 配置别名 -->
    <typeAlias type="com.xxx.MyLanguageDriver" alias="myLanguage"/>
</typeAliases>
<settings>
    <!-- 将 MyLanguageDriver 配置为默认的动态 SQL 语言驱动器，这样，所有的动态 SQL 语句
         都会由 MyLanguageDriver 及其相关组件进行解析了 -->
    <setting name="defaultScriptingLanguage" value="myLanguage"/>
</settings>
```

除了将用户自定义配置为默认语言驱动器，还可以针对特殊的语句指定特定语言驱动器，相关配置如下：

```
<select id="selectBlog" lang="myLanguage">
    SELECT * FROM BLOG
</select>

public interface Mapper {
    @Lang(MyLanguageDriver.class)
    @Select("SELECT * FROM BLOG")
    List<Blog>selectBlog();
}
```

目前，MyBatis 支持的动态 SQL 脚本语除了最常用的 XML 版本，还支持 Velocity 和 Freemarker 两种。配置不同的脚本语言来编写动态 SQL 语句的主要目的，就是使用用户自身熟悉的脚本语言，降低学习门槛。

这里通过一个示例介绍 MyBatis-Velocity 的使用。首先下载 mybatis-velocity-1.3.jar 以及相关依赖 jar，并添加到项目的 CLASSPATH 中。然后配置 mybatis-config.xml 配置文件，velocity 版本的驱动类注册别名，并将其设置为默认的动态 SQL 语言驱动类，具体配置如下：

```xml
<configuration>
    <typeAliases>
        <!-- 省略其他的别名注册-->
        <typeAlias alias="velocity" type="org.mybatis.scripting.velocity.Driver"/>
    </typeAliases>
    <settings>
        <!-- 省略其他的全局配置 -->
        <setting name="defaultScriptingLanguage" value="velocity"/>
    </settings>
</configuration>
```

Velocity 版本的驱动类到此就注册完成了，读者可以在映射配置文件中添加如下动态 SQL 节点进行测试，该动态 SQL 语句是由 Velocity 编写的。

```xml
<select id="findUser" lang="velocity">
    #set( $pattern = $_parameter.name + '%' )
    SELECT * FROM t_user
        WHERE username LIKE @{pattern, jdbcType=VARCHAR}
</select>
```

4.3.5　MyBatis-Generator 逆向工程

在使用 MyBatis 框架时，耗时最长的工作应该就是书写映射配置文件，开发人员由于手动编写，会比较枯燥（虽然比在 Java 中嵌套编写 SQL 语句好，但也挺枯燥的），也很容易出错。为了更大程度地解放程序员的双手，MyBatis 提供了一个 Mybatis-Generator 工具，帮助开发人员自动生成映射配置文件。本小节通过一个示例，为读者介绍 MyBatis-Generator 工具的基本使用。

首先需要从 MyBatis 官方 GitHub 上下载 MyBatis-Generator-1.3.5 这个 zip 包，其中包含的 mybatis-generator-core-1.3.5.jar 就是 MyBatis-Generator 的核心 jar 包。本例使用 MySQL 数据库，所以还需要准备 mysql-connector-java.jar。

之后需要提供一个 generatorConfig.xml 配置文件，它是 MyBatis-Generator 的核心配置文件。在 generatorConfig.xml 配置文件中指定了数据库驱动类、数据库连接地址、数据库的用户名和密码、生成的配置文件和 Java 类的位置。本例中的 generatorConfig.xml 配置文件如下：

```xml
<?xml version="1.0" encoding="UTF-8"?>
<!DOCTYPE generatorConfiguration
        PUBLIC "-//mybatis.org//DTD MyBatis Generator Configuration 1.0//EN"
        "http://mybatis.org/dtd/mybatis-generator-config_1_0.dtd">

<generatorConfiguration>
    <!-- 指定数据库驱动 -->
    <classPathEntry location="mysql-connector-java-5.1.38.jar"/>
    <!-- 指定数据库地址、数据库用户名和密码 -->
    <context id="DB2Tables" targetRuntime="MyBatis3">
        <jdbcConnection driverClass="com.mysql.jdbc.Driver"
                connectionURL="jdbc:mysql://localhost:3306/test"
                userId="root" password="">
        </jdbcConnection>

        <javaTypeResolver>
            <property name="forceBigDecimals" value="false"/>
        </javaTypeResolver>
        <!-- 指定生产的 Model 类的存放位置 -->
        <javaModelGenerator targetPackage="com.xxx.model" targetProject="src">
            <!-- 是否支持子包 -->
            <property name="enableSubPackages" value="true"/>
            <!-- 对 String 进行操作时，会添加 trim() 方法进行处理 -->
            <property name="trimStrings" value="true"/>
        </javaModelGenerator>

        <!-- 生成的映射配置文件的存放位置-->
        <sqlMapGenerator targetPackage="com.xxx.mapper" targetProject="src">
            <property name="enableSubPackages" value="true"/>
        </sqlMapGenerator>

        <!-- 生成的 DAO 类的存放位置-->
        <javaClientGenerator type="XMLMAPPER" targetPackage="com.xxx.dao"
                targetProject="src">
            <property name="enableSubPackages" value="true"/>
        </javaClientGenerator>
```

```xml
<!-- 数据库表与 Model 类之间的映射关系，根据 t_user 表进行映射-->
<table schema="test" tableName="t_user" domainObjectName="User"
    enableCountByExample="false" enableUpdateByExample="false"
    enableDeleteByExample="false"
    enableSelectByExample="false" selectByExampleQueryId="false">
</table>

<!-- 数据库表与 Model 类之间的映射关系，根据 t_user 表进行映射-->
<table schema="test" tableName="t_order" domainObjectName="Order"
    enableCountByExample="false" enableUpdateByExample="false"
    enableDeleteByExample="false"
    enableSelectByExample="false" selectByExampleQueryId="false">
</table>
    </context>
</generatorConfiguration>
```

然后启动一个命令行窗口，导航到 mybatis-generator-core-1.3.5.jar 所在的目录下，并将上述 generatorConfig.xml 配置文件放到该目录下，如图 4-13 所示。

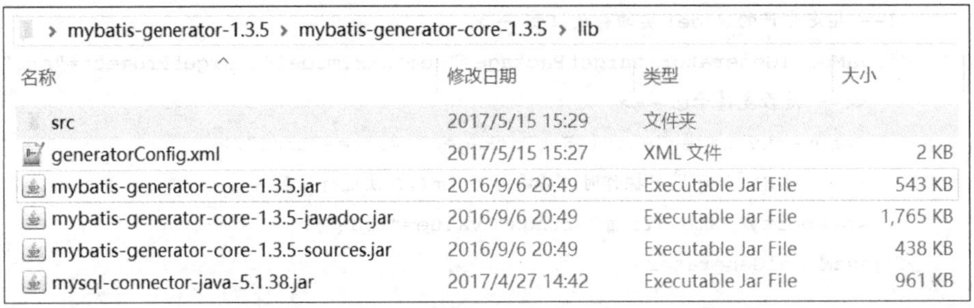

图 4-13

在命令行窗口中执行如下命令，其中通过 "-configfile" 参数指定 generatorConfig.xml 配置文件的位置，指定 "-overwrite" 参数表示生产的文件覆盖已有文件：

```
java -jar mybatis-generator-core-1.3.5.jar -configfile generatorConfig.xml -overwrite
```

命令执行成功后，可以看到如下字样：

```
MyBatis Generator finished successfully.
```

将生成的代码导入到集成开发环境中，可以得到如图 4-14 所示的结果。

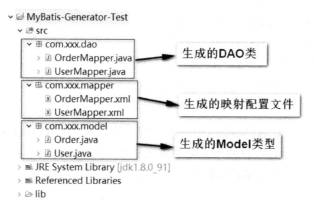

图 4-14

这里只介绍 t_user 表以及其生成结果，t_user 表的结果如下：

```
DROP TABLE IF EXISTS `t_user`;
CREATE TABLE `t_user` (
  `id` int(255) NOT NULL,
  `username` varchar(255) DEFAULT NULL,
  `password` varchar(255) DEFAULT NULL,
  `account` double(255,0) DEFAULT NULL,
  PRIMARY KEY (`id`)
) ENGINE=InnoDB DEFAULT CHARSET=latin1;
```

生成的 User 类如下：

```
public class User {
    private Integer id;
    private String username;
    private String password;
    private Double account;

    // ... 省略上述字段的 getter/setter 方法
}
```

t_user 表对应生成的 UserMapper 接口如下：

```
public interface UserMapper {
    int deleteByPrimaryKey(Integer id);
    int insert(User record);
```

```xml
    int insertSelective(User record);
    User selectByPrimaryKey(Integer id);
    int updateByPrimaryKeySelective(User record);
    int updateByPrimaryKey(User record);
}
```

t_user 表对应生成的 UserMapper.xml 映射配置文件如下,MyBatis-Generator 生成的映射配置文件中已经有了基本的 CRUD 操作对应的 SQL 语句,其中还自动生成了相应的动态 SQL 语句,读者可以按照需求,在其基础上做进一步修改。

```xml
<?xml version="1.0" encoding="UTF-8"?>
<!DOCTYPE mapper PUBLIC "-//mybatis.org//DTD Mapper 3.0//EN" "http://mybatis.org/dtd/mybatis-3-mapper.dtd">
<mapper namespace="com.xxx.dao.UserMapper">

    <!-- 映射规则 -->
    <resultMap id="BaseResultMap" type="com.xxx.model.User">
        <id column="id" jdbcType="INTEGER" property="id" />
        <result column="username" jdbcType="VARCHAR" property="username" />
        <result column="password" jdbcType="VARCHAR" property="password" />
        <result column="account" jdbcType="DOUBLE" property="account" />
    </resultMap>

    <!-- 使用<sql>节点封装了查询使用的列名 -->
    <sql id="Base_Column_List">
        id, username, password, account
    </sql>

    <!-- 按照主键查询 t_user 表-->
    <select id="selectByPrimaryKey" parameterType="java.lang.Integer"
        resultMap="BaseResultMap">
        select
        <include refid="Base_Column_List" />    <!-- 引入<sql>节点 -->
        from t_user
        where id = #{id,jdbcType=INTEGER}
    </select>

    <!-- 按照主键删除 t_user 表-->
```

```xml
<delete id="deleteByPrimaryKey" parameterType="java.lang.Integer">
    delete from t_user
    where id = #{id,jdbcType=INTEGER}
</delete>

<!-- 向t_user表中插入数据-->
<insert id="insert" parameterType="com.xxx.model.User">
    insert into t_user (id, username, password,
    account)
    values (#{id,jdbcType=INTEGER}, #{username,jdbcType=VARCHAR},
    #{password,jdbcType=VARCHAR},
    #{account,jdbcType=DOUBLE})
</insert>

<!-- 向t_user表中插入数据,其中包含动态SQL语句,根据用户传入的实参,插入指定的列-->
<insert id="insertSelective" parameterType="com.xxx.model.User">
    insert into t_user
    <trim prefix="(" suffix=")" suffixOverrides=",">
        <if test="id != null">id, </if>
        <if test="username != null">username,</if>
        <if test="password != null">password,</if>
        <if test="account != null">account,</if>
    </trim>
    <trim prefix="values (" suffix=")" suffixOverrides=",">
        <if test="id != null">#{id,jdbcType=INTEGER},</if>
        <if test="username != null">#{username,jdbcType=VARCHAR},</if>
        <if test="password != null">#{password,jdbcType=VARCHAR},</if>
        <if test="account != null">#{account,jdbcType=DOUBLE},</if>
    </trim>
</insert>

<!-- 更新t_user表中的数据,其中包含动态SQL语句,根据用户传入的实参,更新指定的列-->
<update id="updateByPrimaryKeySelective" parameterType="com.xxx.model.User">
    update t_user
    <set>
        <if test="username != null">username = #{username,jdbcType=VARCHAR},</if>
        <if test="password != null">password = #{password,jdbcType=VARCHAR},</if>
        <if test="account != null">account = #{account,jdbcType=DOUBLE},</if>
```

```xml
        </set>
        where id = #{id,jdbcType=INTEGER}
    </update>

    <!-- 更新t_user表中的数据-->
    <update id="updateByPrimaryKey" parameterType="com.xxx.model.User">
        update t_user
        set username = #{username,jdbcType=VARCHAR},
            password = #{password,jdbcType=VARCHAR},
            account = #{account,jdbcType=DOUBLE}
        where id = #{id,jdbcType=INTEGER}
    </update>
</mapper>
```

到此为止，MyBatis-Generator 的基本应用就介绍完了。更多 MyBatis-Generator 的高级应用，请读者参考 MyBatis-Generator 的官方文档进行学习。

4.4 本章小结

本章首先介绍了 MyBatis 中提供的插件扩展方式，分析了其中使用的责任链模式，分析了插件的编写和配置方式、运行原理，最后简单介绍了笔者在实践中应用 MyBatis 插件的几个场景以及常见插件的具体实现。之后，介绍了 MyBatis 与 Spring 的集成开发的相关内容，搭建了 Spring 4.3、MyBatis 3.4、Spring MVC 的集成开发环境，并完成了简单的测试，同时还介绍了集成开发中相关配置文件中各项配置的含义。然后剖析了 MyBatis-Spring 中核心组件的实现原理。最后介绍了一些在使用 MyBatis 编程时用到的小技巧以及前面章节未涉及的内容，其中包括<sql>节点的应用、对 OGNL 表达式的封装以及对 SQL 语句生成器、动态 SQL 脚本驱动器的介绍，还通过一个示例介绍了如何使用 MyBatis-Generator 工具由数据库表逆向生成项目中 Model 类、Mapper 接口以及映射配置文件。

在希望读者通过本章的阅读，能更好地理解 MyBatis 插件的原理，更深入地理解 MyBatis 与 Spring 集成开发的原理，了解一些 MyBatis 官方提供的工具，有助于提高开发效率。

反侵权盗版声明

　　电子工业出版社依法对本作品享有专有出版权。任何未经权利人书面许可，复制、销售或通过信息网络传播本作品的行为；歪曲、篡改、剽窃本作品的行为，均违反《中华人民共和国著作权法》，其行为人应承担相应的民事责任和行政责任，构成犯罪的，将被依法追究刑事责任。

　　为了维护市场秩序，保护权利人的合法权益，我社将依法查处和打击侵权盗版的单位和个人。欢迎社会各界人士积极举报侵权盗版行为，本社将奖励举报有功人员，并保证举报人的信息不被泄露。

举报电话：(010)88254396；(010)88258888
传　　真：(010)88254397
E - mail：dbqq@phei.com.cn
通信地址：北京市万寿路173信箱
　　　　　电子工业出版社总编办公室
邮　　编：100036

反侵权盗版声明

电子工业出版社依法对本作品享有专有出版权。任何未经权利人书面许可,复制、销售或通过信息网络传播本作品的行为;歪曲、篡改、剽窃本作品的行为,均违反《中华人民共和国著作权法》,其行为人应承担相应的民事责任和行政责任,构成犯罪的,将被依法追究刑事责任。

为了维护市场秩序,保护权利人的合法权益,我社将依法查处和打击侵权盗版的单位和个人。欢迎社会各界人士积极举报侵权盗版行为,本社将奖励举报有功人员,并保证举报人的信息不被泄露。

举报电话:(010)88254396;(010)88258888
传 真:(010)88254397
E-mail: dbqq@phei.com.cn
通信地址:北京市万寿路173信箱
电子工业出版社总编办公室
邮 编:100036